Studienbücher Wirtschaftsmathematik

Reihe herausgegeben von

Bernd Luderer, Chemnitz, Sachsen, Deutschland

Die Studienbücher Wirtschaftsmathematik behandeln anschaulich, systematisch und fachlich fundiert Themen aus der Wirtschafts-, Finanz- und Versicherungsmathematik entsprechend dem aktuellen Stand der Wissenschaft. Die Bände der Reihe wenden sich sowohl an Studierende der Wirtschaftsmathematik, der Wirtschaftswissenschaften, der Wirtschaftsinformatik und des Wirtschaftsingenieurwesens an Universitäten, Fachhochschulen und Berufsakademien als auch an Lehrende und Praktiker in den Bereichen Wirtschaft, Finanz- und Versicherungswesen.

Herausgegeben von
Prof. Dr. Bernd Luderer, Technische Universität Chemnitz

Weitere Bände in der Reihe https://link.springer.com/bookseries/12693

Udo Bankhofer

Quantitative Unternehmensplanung

Mathematische Methoden und
betriebliche Anwendungsbeispiele

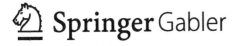 Springer Gabler

Udo Bankhofer
Quantitative Methoden der
Wirtschaftswissenschaften
Technische Universität Ilmenau
Ilmenau, Deutschland

ISSN 2627-2032   ISSN 2627-2040   (electronic)
Studienbücher Wirtschaftsmathematik
ISBN 978-3-8348-2465-3   ISBN 978-3-8348-2466-0   (eBook)
https://doi.org/10.1007/978-3-8348-2466-0

Die Deutsche Nationalbibliothek verzeichnet diese Publikation in der Deutschen Nationalbibliografie; detaillierte
bibliografische Daten sind im Internet über http://dnb.d-nb.de abrufbar.

Planung/Lektorat: Iris Ruhmann
Springer Gabler ist ein Imprint der eingetragenen Gesellschaft Springer Fachmedien Wiesbaden GmbH und ist
ein Teil von Springer Nature.
Die Anschrift der Gesellschaft ist: Abraham-Lincoln-Str. 46, 65189 Wiesbaden, Germany

Vorwort

Grundlegende Modelle und Methoden des Operations Research sind heute ein wesentlicher Bestandteil eines Studiums der Wirtschaftswissenschaften, der Wirtschaftsinformatik, der Ingenieurwissenschaften sowie verwandter Studiengänge. Das vorliegende Buch entstand aus Vorlesungen zur quantitativen Unternehmensplanung, die an der Technischen Universität Ilmenau für die Studiengänge Medienwirtschaft, Wirtschaftsinformatik und Wirtschaftsingenieurwesen angeboten werden und richtet sich somit vor allem an Studierende dieser Studiengänge, aber auch anderer Studiengänge, in denen grundlegende Kenntnisse quantitativer Methoden der Unternehmensplanung benötigt werden. Bei der Darstellung der entsprechenden Methoden wird besonderer Wert daraufgelegt, dass auch das Anwendungsspektrum nicht zu kurz kommt. Aus diesem Grund werden zahlreiche betriebliche Anwendungsbeispiele beschrieben und die einzelnen Methoden anhand dieser Beispiele erläutert, um den Anwendungsbezug herauszustellen und darüber hinaus das grundlegende Verständnis der Methoden zu vertiefen.

Dieses Buch gliedert sich in fünf Teile. In Teil 1 erfolgt eine Darstellung der Grundlagen der quantitativen Unternehmensplanung. Dabei werden in den Kapiteln 1 und 2 Grundfragen der Planung sowie die quantitative Planung im Unternehmen thematisiert. Der Teil 2 widmet sich dann den Optimierungsmodellen und Optimierungsmethoden. Nach einer Darstellung der linearen Optimierung in Kapitel 3 werden in den Kapiteln 4 und 5 die ganzzahlige und die nichtlineare Optimierung behandelt. Der dritte Teil des Buches befasst sich anschließend mit der Projektplanung und der Netzplantechnik. Den Ausgangspunkt dazu stellen graphentheoretische Grundlagen und Darstellungsformen für Netzpläne dar, die Gegenstand der Kapitel 6 und 7 sind. Die Kapitel 8 bis 11 setzen sich mit den einzelnen Aufgabenstellungen der Projektplanung in Form der Zeitplanung mit Vorgangsknotennetzen, der Zeitplanung mit Vorgangspfeilnetzen, der Flussoptimierung sowie der Planung von Projektkosten auseinander. In Teil 4 werden dann stochastische Modelle behandelt. Im Einzelnen werden dabei in den Kapiteln 12 bis 14 homogene Markovketten, Warteschlangen und Lagerhaltungsmodelle dargestellt. Abschließend geht der Teil 5 des Buches noch auf die nichtexakten Lösungsverfahren ein. Mit den Kapiteln 15 und 16 werden hier heuristische Verfahren und der Ansatz der Simulation vorgestellt. Am Ende der Kapitel 3 bis 16 sind jeweils Übungsaufgaben mit Lösungen zu den jeweiligen Themenbereichen zu finden. Dabei wird als selbstverständlich vorausgesetzt, dass die Aufgaben zunächst eigenständig gelöst und anschließend mit den angegebenen Lösungen verglichen werden sollten.

Zum Lesen dieses Buches werden einige mathematische und wahrscheinlichkeitstheoretische Grundkenntnisse vorausgesetzt, wie sie üblicherweise in allen oben angesprochenen Studiengängen in den ersten Semestern vermittelt werden. Neben elementaren Grundlagen der Schulmathematik und formalen Grundlagen der Mengenlehre werden vor allem Kenntnisse der linearen Algebra (Matrizenrechnung, Punktmengen des n-dimensionalen Raums, lineare Gleichungssysteme, Determinanten und Eigenwertprobleme) und der Analysis (Differentialrechnung bei Funktionen einer und mehrerer Variablen sowie Integralrechnung) benötigt. Diesbezüglich sei exemplarisch auf Opitz et al. (2017) und Sydsaeter et al. (2018) verwiesen. Wahrscheinlichkeitstheoretische Grundlagen können beispielsweise bei Bankhofer und Vogel (2008) oder Bamberg et al. (2022) nachgeschlagen werden. Hier sind insbesondere Kenntnisse über Zufallsvariablen und deren Verteilungen sowie entsprechender Verteilungsparameter notwendig.

Ich möchte dieses Vorwort nicht schließen, ohne mich bei all denjenigen recht herzlich zu bedanken, die an der Entstehung dieses Buches mitgewirkt haben. Zunächst sind hier meine Mitarbeiter, Herr Steve Röhrig, M.Sc. und Herr Tobias Rockel, M.Sc. zu nennen, die mich beim Korrekturlesen des Manuskripts unterstützt haben. Herr Röhrig hat darüber hinaus die Lösungen zu den Aufgaben umgesetzt. Des Weiteren möchte ich mich bei Herrn Kollegen Prof. Dr. Bernd Luderer bedanken, der mich zum Schreiben dieses Buches motiviert und mit zahlreichen Hinweisen zur Fertigstellung beigetragen hat. Schließlich möchte ich noch Frau Lisanne Werwitz, B.Sc. erwähnen, die Vorarbeiten zur Erstellung der Literaturhinweise geleistet hat. Besonderer Dank geht auch an den Springer Gabler Verlag und in diesem Zusammenhang vor allem an Frau Agnes Herrmann und Frau Iris Ruhmann, die mit mir bis zur endgültigen Fertigstellung des Manuskripts verständnisvoll und jederzeit hilfsbereit zusammengearbeitet haben.

Ilmenau, im Juni 2022   Udo Bankhofer

Inhaltsverzeichnis

Teil 4: Stochastische Modelle

Teil 5: Nichtexakte Lösungsverfahren

Teil 1
Grundlagen der quantitativen Unternehmensplanung

1   Grundfragen der Planung

Der Ausgangspunkt eines Planungsproblems in einem Unternehmen stellt typischerweise ein vorliegendes **Entscheidungsproblem** dar. Das Unternehmen bzw. die Unternehmensleitung ist folglich gezwungen, eine Entscheidung zu treffen und diese auch umzusetzen. Die **Planung** stellt dabei eine Entscheidungshilfe dar und beinhaltet die systematische, gedankliche Vorwegnahme von Handlungskonsequenzen zur Entscheidungsunterstützung und Ableitung von Handlungsempfehlungen. Dabei sollen gegebene Bewertungskriterien zur Beurteilung der Konsequenzen unternehmerischen Handelns optimiert werden.

Der **Planungsprozess** ist folglich ein informationsverarbeitender und willensbildender Prozess, der ziel- und zukunftsorientiertes Denken und Handeln fördert und Entscheidungen und Maßnahmen in den Unternehmensbereichen koordiniert. Er dient auch der Information hinsichtlich der Ziele, der geplanten Aktivitäten und des erforderlichen Ressourceneinsatzes und trägt zur Identifikation von Chancen sowie zur Erkennung von Risiken bei. Planung ist somit unerlässlich für eine zeitgemäße Unternehmensführung und beinhaltet insbesondere die folgenden Aspekte:

- **Zukunftsaspekt:** Planung ist vorausschauend.

- **Rationalitätsaspekt:** Rationales Handeln steht im Vordergrund.

- **Gestaltungsaspekt:** Planung ist die Grundlage für zielgerichtete Entscheidungen.

- **Ergebnisaspekt:** Maßnahmen werden bei gegebenem Mitteleinsatz festgelegt.

- **Steuerungsaspekt:** Planung ist ein Instrument zur Lenkung sozialer Systeme.

- **Sozialaspekt:** Planung hat eine soziale, machtorientierte Seite.

- **Informationsaspekt:** Planung impliziert einen parallel ablaufenden Informationsprozess.

Des Weiteren ist die Planung abzugrenzen von der **Improvisation**, bei der eine Entscheidungsfindung ohne systematische Entscheidungsvorbereitung erfolgt. Entscheidungen werden also aus dem Bauch heraus getroffen und sind damit auch nicht durchdacht. Auch abzugrenzen sind **Prognosen**, die Aussagen über zukünftige Sachverhalte auf der Basis von Beobachtungen und Theorien treffen. Prognosen stellen jedoch eine wichtige Grundlage für eine Planung dar.

Zur Lösung von Planungsproblemen können Methoden des **Operations Research (OR)** zur Anwendung kommen. Unter Operations Research wird allgemein die Entwicklung und Anwendung quantitativer Methoden zur Entscheidungsvorbereitung und Entscheidungsfindung verstanden. Im günstigsten Fall soll dabei eine optimale Entscheidung ermöglicht werden. Zu diesem Zweck wird eine Abbildung des realen Entscheidungsproblems durch ein mathematisches Planungsmodell vorgenommen, das durch die Anwendung quantitativer Analysemethoden gelöst wird. Darauf wird im nachfolgenden Abschnitt 1.1, in dem der

© Springer Fachmedien Wiesbaden GmbH, ein Teil von Springer Nature 2022
U. Bankhofer, *Quantitative Unternehmensplanung*, Studienbücher
Wirtschaftsmathematik, https://doi.org/10.1007/978-3-8348-2466-0_1

konkrete Ablauf eines Planungsprozesses dargestellt wird, noch ausführlicher eingegangen. Des Weiteren werden dann in Abschnitt 1.2 noch die Planungsmodelle und zugehörigen OR-Verfahren behandelt und in Abschnitt 1.3 einige Literaturhinweise zum Themenbereich dieses Kapitels gegeben. Abschließend sei noch darauf hingewiesen, dass anstelle des Begriffs Operations Research in der deutschsprachigen Literatur auch andere, im Wesentlichen synonyme Begriffe wie Optimalplanung, quantitative Unternehmensplanung, Unternehmensforschung, Entscheidungsforschung, Ablauf- und Planungsforschung, mathematische Planungsrechnung, Operationsforschung und Optimierungsrechnung verwendet werden.

1.1   Planungsablauf

Eine Planung läuft grundsätzlich in mehreren Schritten ab, die auch nicht unabhängig voneinander stattfinden und Rückkopplungen untereinander zulassen. In der einschlägigen Literatur unterscheidet sich die Anzahl der angegebenen Arbeitsstufen deutlich. Die Unterschiede liegen aber im Wesentlichen im Grad der Detailliertheit der jeweiligen Darstellung. Die nachfolgende Betrachtung geht von sechs Arbeitsschritten im Rahmen des **Planungsprozesses** aus:

(1)   **Problemidentifizierung und -analyse**

(2)   **Festlegung von Zielen und Bestimmung von Handlungsalternativen**

(3)   **Formulierung eines mathematischen Modells**

(4)   **Beschaffung problemrelevanter Daten**

(5)   **Modellanalyse und -lösung**

(6)   **Interpretation und Bewertung der Ergebnisse**

In den Schritten (1) und (2) geht es zunächst darum, ein vorliegendes Problem zu erkennen und zu konkretisieren. Dabei müssen auch Zielvorstellungen berücksichtigt werden. Unter einem **Ziel** versteht man allgemein einen angestrebten, zukünftigen Zustand der Realität, den ein Unternehmen auf der Basis von Rahmenbedingungen definiert. Dabei steht die Festlegung von Zielen in enger Beziehung zu den **Strategien** des Unternehmens. Strategien sind mittel- und langfristig wirkende Grundsatzentscheidungen, die nachgeordnete Entscheidungen und den Mitteleinsatz eines Unternehmens an den Bedarfs- und Wettbewerbsbedingungen sowie am vorhandenen Leistungspotential ausrichten und auf die Erreichung der Ziele hin kanalisieren.

Das reale Problem muss dann in Schritt (3) in ein mathematisches Planungsproblem transformiert werden. Dabei werden die Handlungsalternativen durch **Variablen** zum Ausdruck gebracht. Die vorliegenden Ziele können in **Zielfunktionen** übertragen und vorhandene Einschränkungen und Restriktionen als **Nebenbedingungen** berücksichtigt werden. Mathematisch werden also Funktionen, Gleichungen und Ungleichungen verwendet, um ein vereinfachtes Abbild des realen Systems zu erzeugen. Neben einer **deterministischen** Modellierung ist auch eine **stochastische** Betrachtung möglich, so dass durch die Verwendung von

Zufallsvariablen auch das **Risiko** bzw. die **Unsicherheit** bei entsprechenden Planungsproblemen berücksichtigt werden kann.

Nach der Erhebung problemrelevanter Daten in Schritt (4) erfolgt die Analyse und Lösung des aufgestellten Modells in Schritt (5). Im Idealfall können **exakte Algorithmen** zur Anwendung kommen, die dann auch zu einer exakten Modelllösung führen. Falls exakte Verfahren nicht zur Verfügung stehen oder zu aufwendig oder schwierig sind, stellen oft **approximative Verfahren** einen Lösungsansatz dar. Diese liefern in der Regel zwar nur eine Näherungslösung, die Abweichung von der exakten Lösung kann aber meist abgeschätzt werden. Als weitere Lösungsalternative können **heuristische Verfahren** bzw. **Heuristiken** genannt werden. Bei diesen Verfahren handelt es sich um methodische Anleitungen zur Lösung des Problems, die nicht zwingend zu einer Optimallösung, aber dafür mit einem vertretbaren Aufwand zu einer zufriedenstellenden Lösung führen. Schließlich kann zur Modelllösung auch noch der Ansatz der **Simulation** herangezogen werden. Dabei erfolgt ein Experimentieren mit dem Modell durch das Treffen fiktiver Entscheidungen und die Analyse der jeweiligen Auswirkungen, wobei man durch eine hohe Zahl an Wiederholungen versucht, der erwarteten Modelllösung näher zu kommen.

Im letzten Arbeitsschritt einer Planung müssen schließlich noch die gefundenen Ergebnisse interpretiert und bewertet werden. Dies sollte vor allem im Hinblick auf das gegebene reale Problem durchgeführt werden, so dass letztendlich auch eine Entscheidungshilfe bzw. -unterstützung gegeben werden kann. Die nachfolgende Abbildung 1.1 fasst noch einmal den eben beschriebenen Ablauf eines Planungsprozesses zusammen, der damit einer idealtypischen Vorgehensweise im Rahmen eines OR-Projekts entspricht.

Abbildung 1.1   Vorgehensweise bei OR-Projekten

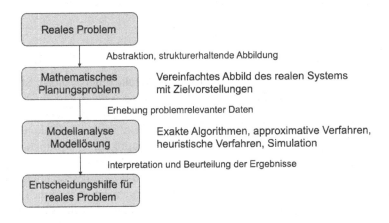

Quelle: Hauke und Opitz, 2003

1.2   Planungsmodelle

Wie bereits im letzten Abschnitt aufgezeigt wurde, wird im Rahmen des Planungsprozesses durch Abstraktion und strukturerhaltende Abbildungen mit Hilfe von (Zufalls-)Variablen, Funktionen, Gleichungen, Ungleichungen ein **mathematisches Planungsmodell** formuliert, das ein im Allgemeinen vereinfachtes Abbild des realen Systems darstellt. Abhängig vom vorliegenden Modelltyp können dann unterschiedliche Verfahren des Operations Research zum Einsatz kommen. Im Folgenden sollen die Zusammenhänge zwischen Modelltyp und OR-Verfahren aufgezeigt werden, die auch in der Abbildung 1.2 dargestellt sind.

Abbildung 1.2   OR-Verfahren und Modelltypen

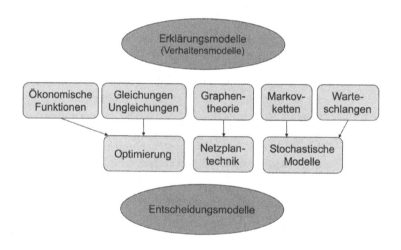

Quelle: Eigene Darstellung

Grundsätzlich lassen sich Erklärung- und Entscheidungsmodelle unterscheiden. Mit einem **Erklärungsmodell**, das auch **Verhaltensmodell** genannt wird, erfolgt eine Beschreibung und Erklärung eines Problems durch Zielvorstellungen, Handlungsmöglichkeiten und Restriktionen sowie deren Zusammenhänge. Dazu werden im einfachsten Fall **ökonomische Funktionen**, wie Gewinnfunktionen, Kostenfunktionen, Erlösfunktionen, Produktionsfunktionen oder Preis-Absatz-Funktionen sowie **Gleichungen** und **Ungleichungen** herangezogen. Falls die Zusammenhangsstrukturen komplexer sind und eine Beschreibung mittels Funktionen, Gleichungen und Ungleichungen nicht oder nur sehr schwer möglich ist, können alternativ Ansätze der **Graphentheorie** zur Anwendung kommen. Schließlich sind noch **Markovketten** und **Warteschlangen** zu nennen, mit denen stochastische Ansätze zur Beschreibung grundsätzlicher Zustandsänderungen in einem System sowie des Warte- und Abfertigungsverhaltens in einem Warte- bzw. Bediensystemen vorliegen.

Durch die Verwendung von Methoden des Operations Research zur Lösung eines Modells wird das Erklärungsmodell zum **Entscheidungsmodell**. Damit ist jetzt eine Entscheidungsunterstützung möglich und es werden im Sinne der Zielsetzung optimale Handlungsalternativen festgelegt. Ausgehend von einem Erklärungsmodell kommt man also mit Hilfe eines geeigneten Lösungsalgorithmus zu einem Entscheidungsmodell. In diesem Zusammenhang können die Ansätze der **Optimierung**, der **Netzplantechnik** sowie entsprechende **stochastische Modelle** genannt werden, die in den Teilen 2, 3 und 4 dieses Buchs noch ausführlich vorgestellt werden.

1.3   Literaturhinweise

Nachfolgend sollen noch einige Literaturhinweise gegeben werden, die sich auf die Inhalte dieses Kapitels beziehen. Dabei kann zunächst festgehalten werden, dass der Begriff der Planung natürlich in einer Vielzahl von Publikationen zu finden ist, die auch über die rein betriebswirtschaftliche Betrachtung hinausgehen. Beschränkt man sich auf den Bereich der Planung in einem Unternehmen, dann finden sich allgemeine Darstellungen dazu beispielsweise in Domschke und Scholl (2008), Ehrmann (2013), Hopfenbeck (2002), Mack (2004), Mosler (2017), Rosenkranz (2018) sowie Wöhe et al. (2020).

Der in Abschnitt 1.1 beschriebene Planungsablauf im Zusammenhang mit OR-Projekten wird in der Literatur grundsätzlich sehr ähnlich dargestellt, weist aber in den einzelnen Publikationen deutliche Unterschiede im Grad der Detailliertheit auf. Exemplarisch sei dazu auf Behrens et al. (2004), Bradtke (2015), Domschke und Scholl (2008), Domschke et al. (2015a), Hauke und Opitz (2003), Klein und Scholl (2012), Koop und Moock (2018), Müller-Merbach (1973), Rosenkranz (2018) sowie auf Schwenkert und Stry (2015) verwiesen.

Eine allgemeine Darstellung zu Planungsmodellen, wie sie auch in Abschnitt 1.2 vorzufinden ist, kann z. B. Jockisch und Rosendahl (2009) entnommen werden, in deren Ausführungen auch die Unterschiede zwischen betriebswirtschaftlichen und ingenieurwissenschaftlichen Modellen erarbeitet werden. Entsprechende grundlegende Planungsmodelle des Operations Research finden sich beispielsweise in den Arbeiten von Ellinger et al. (2003), Hauke und Opitz (2003), Heinrich und Grass (2006), Heinrich (2013), Klein und Scholl (2012), Runzheimer et al. (1999), Runzheimer et al. (2005) sowie von Zimmermann (2008).

2 Quantitative Planung im Unternehmen

Die Planung stellt neben Konzeption, Entscheidung, Realisation und Kontrolle eine Phase im **Managementprozess** eines Unternehmens dar. Das Unternehmen legt also Ziele fest, plant, entscheidet, realisiert und kontrolliert, ob das Ergebnis den Zielvorgaben auch genügt. Wenn dies nicht der Fall ist, können sich Rückwirkungen auf die Ziele ergeben, so dass der Kreis geschlossen wird. Folglich spricht man hier auch von einem **Managementkreislauf**, wie er in der Abbildung 2.1 dargestellt ist.

Abbildung 2.1   Managementkreislauf

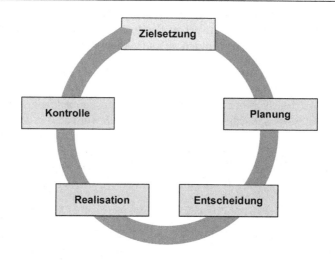

Quelle: Eigene Darstellung

In diesem Lehrbuch steht die quantitative Planung in einem Unternehmen im Vordergrund. Im Gegensatz zu einer **qualitativen Planung**, bei der beispielsweise eine Expertenbefragung oder ein Brainstorming als Planungsmethode zum Einsatz kommen kann, werden bei einer **quantitativen Planung** mathematische Modelle und Methoden verwendet, um entsprechende Probleme im Unternehmen zu lösen. Im nachfolgenden Abschnitt 2.1 sollen nun zunächst die verschiedenen Planungsbereiche und -dimensionen in einem Unternehmen betrachtet werden, in denen quantitative Planungsmethoden herangezogen werden können. In Abschnitt 2.2 werden dann einige einfache betriebliche Anwendungsbeispiele vorgestellt, bei denen ausgehend von einem realen Problem vor allem die Umsetzung in ein Planungsmodell im Vordergrund steht. Der Abschnitt 2.3 beschließt dieses Kapitel mit einigen Literaturhinweisen zu betrieblichen Anwendungen der quantitativen Planung.

© Springer Fachmedien Wiesbaden GmbH, ein Teil von Springer Nature 2022
U. Bankhofer, *Quantitative Unternehmensplanung*, Studienbücher
Wirtschaftsmathematik, https://doi.org/10.1007/978-3-8348-2466-0_2

2.1 Bereiche der quantitativen Planung

Quantitative Planungsmethoden kommen in vielen Bereichen und unterschiedlichen Planungsdimensionen in einem Unternehmen zur Anwendung. Der gesamte **Prozess der Unternehmensplanung** lässt sich allgemein durch die in der Abbildung 2.2 dargestellten, logisch und chronologisch differenzierbaren Phasen kennzeichnen.

Abbildung 2.2   Prozess der Unternehmensplanung

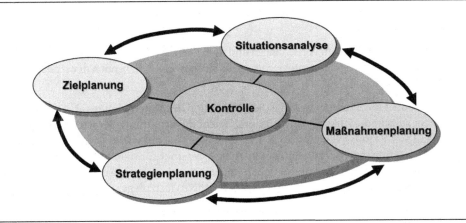

Quelle: Hörschgen et al., 1993

Das Herzstück dieses Planungsprozesses stellt die **Ziel-** und **Strategienplanung** dar, da sie vor allem als Rahmen für die Planung konkreter (Einzel-)Maßnahmen fungiert. Unter einem **Ziel** versteht man einen angestrebten, zukünftigen Zustand der Realität, den ein Unternehmen auf der Basis der in der Situationsanalyse ermittelten internen und externen Rahmenbedingungen definiert. Ziele dürfen dabei nicht isoliert voneinander betrachtet werden, sondern es ist stets das Beziehungsgeflecht aller Ziele zu analysieren. Demgegenüber sind **Strategien** mittel- und langfristig wirkende Grundsatzentscheidungen mit Instrumentalcharakter. Ihnen kommt die Aufgabe zu, nachgeordnete Entscheidungen und den Mitteleinsatz eines Unternehmens an den Bedarfs- und Wettbewerbsbedingungen sowie am vorhandenen Leistungspotential auszurichten und auf die Erreichung der Ziele hin zu kanalisieren.

Die Ziel- und Strategienplanung baut auf den im Rahmen der **Situationsanalyse** gewonnenen Daten auf. Die unternehmensindividuelle Vorgehensweise bei der Informationsaufnahme und die planerische Umsetzung werden dabei wesentlich von der jeweiligen Unternehmenskultur und -philosophie beeinflusst. Zusammen mit den Ressourcen eines Unternehmens sowie den spezifischen Rahmenbedingungen determinieren sie weitgehend die inhaltliche Ausgestaltung der Ziel- und Strategienplanung. Als Gegenstandsbereiche der Situationsanalyse können das Unternehmen, der Markt und das Umfeld beschrieben werden, so dass folgende Analysen durchzuführen sind:

■ **Unternehmensanalyse:** Eigene Stärken/Schwächen, Synergiepotentiale, aktuell rentabilitätsbestimmende Faktoren, Erkennen strategischer Erfolgspotentiale

■ **Konkurrenzanalyse:** Analyse der Wertvorstellungen und Zielsetzungen der Konkurrenz zum Erkennen eigener strategischer Möglichkeiten, Stärken-Schwächen-Analyse

■ **Branchenanalyse:** Beurteilung der Wettbewerbssituation, branchenbezogene Chancen und Risiken erkennen, Koalitionsmöglichkeiten eruieren, Gewinnen von Informationen zur Abgrenzung der strategischen Geschäftseinheiten

■ **Marktanalyse:** Beurteilung der Unternehmensentwicklung und der Marktmöglichkeiten, Erkennen von Bedürfniskonstellationen, Segmentierung des Marktes, Beurteilung des Rentabilitätspotentials

■ **Umweltanalyse:** Erkennen von Chancen und Risiken neuer Strategien, Bereitstellung von Daten zur Abgrenzung der strategischen Geschäftseinheiten, Erkennen der strategischen Schlüsselprobleme

Im Ergebnis bildet die Situationsanalyse die Ist-Situation des Unternehmens ab. Da Entscheidungen aber stets in die Zukunft gerichtet sind, reicht die Ermittlung der gegenwärtigen Situation nicht aus. Es muss vielmehr auch noch eine Prognose der wichtigsten Rahmenbedingungen durchgeführt werden. Damit ist der Ausgangspunkt für die Strategienplanung gegeben, bei der auf Basis dieser Informationen für jede einzelne strategische Geschäftseinheit die zur Zielerreichung am besten geeignete(n) Strategie(n) festzulegen sind.

Abbildung 2.3   Grundlagen der Strategienplanung

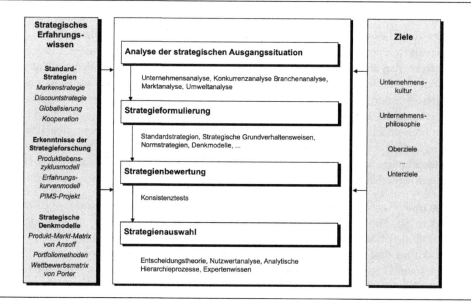

Quelle: Eigene Darstellung

Wie der Abbildung 2.3 zu entnehmen ist, kann dabei das strategische Erfahrungswissen als Entscheidungshilfe dienen. Zum einen besteht die Möglichkeit, sogenannte **Standardstrategien** zu adaptieren. Eine zweite Handlungsalternative stellt die Ausrichtung an empirisch oder deduktiv gewonnenen Erkenntnissen der **Strategieforschung** dar. Darüber hinaus stehen dem Entscheidungsträger als dritte Orientierungshilfe eine Reihe von speziell entwickelten **Denkmodellen** für bestimmte strategische Ausgangssituationen zur Verfügung. Wie zu sehen ist, kommen im Rahmen der Strategienplanung häufig qualitative Planungsansätze zur Anwendung, wenngleich auch quantitativ orientierte Ansätze existieren. Darauf soll an dieser Stelle aber nicht weiter eingegangen werden.

Während die strategische Planung (Ziel- und Strategienplanung) eher lang- bzw. mittelfristig ausgerichtet und durch kreative Prozesse gekennzeichnet ist, verwendet die **Maßnahmenplanung** in vielen ihrer Aufgabenbereiche vor allem mathematisch-orientierte Planungsverfahren und versucht auf meist operativer Ebene Probleme zu lösen, die kurz- bis maximal mittelfristiger Natur sind. Dabei steht auch die Umsetzung der Strategien im Vordergrund und nach dem Objekt der Planung kann man dabei die Betriebsaufbauplanung, die Programmplanung und die Betriebsablaufplanung unterscheiden. Die **Betriebsaufbauplanung** legt den Gesamtaufbau des Unternehmens in organisatorischer, finanzieller und technischer Sicht fest und wird sehr stark durch die strategische Planung beeinflusst. Bei der **Programmplanung** werden für einen bestimmten Zeitraum das Produktionsprogramm und die Produktionsmengen fixiert. Sie wird langfristig durch die strategische Planung festgelegt, mittel- und kurzfristig hingegen durch die operative Planung. Schließlich baut die **Betriebsablaufplanung** auf der Programmplanung auf und hat die Aufgabe, die Produktionsfaktoren richtig aufeinander abzustimmen und einzusetzen. Sie kann nach den Phasen des Betriebsprozesses in die **Beschaffungsplanung**, **Materialplanung**, **Produktionsplanung**, **Lagerplanung** und **Absatzplanung** untergliedert werden.

Abbildung 2.4   Bereiche der Maßnahmenplanung

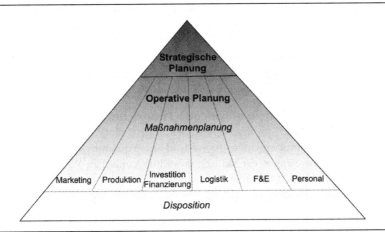

Quelle: Homburg, 2000

Nachfolgend wird von einer eher funktionalen Unterscheidung der Planungsbereiche der Maßnahmenplanung ausgegangen, die der Abbildung 2.4 entnommen werden kann. Wie auch hier nochmal zu sehen ist, steht die strategische Planung oberhalb der Maßnahmenplanung und darunter befindet sich die sogenannte **Disposition**, die sich mit der Planung der laufenden Geschäftsaktivitäten beschäftigt und somit als unterste Ebene der operativen Planung bezeichnet werden kann.

Im Rahmen der **Maßnahmenplanung im Marketing** hat sich mittlerweile die Erkenntnis durchgesetzt, dass klassische OR-Modelle allein zur Lösung entsprechender Probleme nur bedingt beitragen können. Dies liegt vor allem darin begründet, dass der Schwerpunkt der quantitativen Modellierung im Marketing häufig nicht in der Optimierung liegt, sondern vielmehr in der Beschreibung und Erklärung von Phänomenen wie beispielsweise dem Verhalten der Abnehmer. Man benötigt also problemspezifische Modelle, deren Struktur nicht festgelegt ist, sondern durch eine entsprechende Wahl der Parameter situationsgerecht gestaltet werden kann. So können quantitative Ansätze z. B. bei der Produktgestaltung (Conjoint-Analyse), der Produktpositionierung (Idealpunktmodelle, Multidimensionale Skalierung), der Lebenszyklusbestimmung (Diffusionsmodelle, z. B. Bass-Modell), der Preispolitik (Preis-Absatz-Modelle) oder der Kommunikationspolitik (Optimale Werbebudgets, z. B. Modell von Vidale/Wolf) zur Anwendung kommen. Methoden des Operations Research spielen dann beispielsweise im Absatzbereich (Bestimmung des optimalen Absatzprogramms) oder in der Distributionspolitik (siehe Maßnahmenplanung in der Logistik weiter unten) eine größere Rolle.

Ein Hauptanwendungsfeld von Methoden des Operations Research ist sicherlich der Bereich der **Maßnahmenplanung in der Produktion**. Neben der Bestimmung optimaler Produktionsprogramme sind hier vor allem Mischungs- und Verschnittprobleme, Maschinenbelegungs- und Fließbandabstimmungsprobleme sowie allgemeine Reihenfolgeprobleme und die Kapazitätsplanung zu nennen, die meist mit Hilfe von Ansätzen der Optimierung gelöst werden können. Ein weiterer Anwendungsbereich ist die Ermittlung optimaler Losgrößen, wobei im Rahmen der Losgrößenplanung verschiedene deterministische und stochastische Losgrößenmodelle herangezogen werden können. Auch Ansätze der Netzplantechnik spielen in der Produktion eine Rolle, wenn beispielsweise Durchlaufterminierungen oder allgemeine Terminplanungen erfolgen sollen. Schließlich können auch noch die Bereiche Wartung und Instandhaltung von Maschinen und Produktionsanlagen genannt werden, in denen Ersatz-, Erneuerungs- und Zuverlässigkeitsprobleme betrachtet werden.

Die **Maßnahmenplanung im Investitions- und Finanzierungsbereich** umfasst beispielsweise Investitionseinzel- und -programmentscheidungen, die Planung der Liquidität und des Kapitalbedarfs oder simultane Investitions- und Finanzplanungsprobleme. Während bei Investitionseinzelentscheidungen die statischen und dynamischen Verfahren der Investitionsrechnung zur Anwendung kommen, können bei Investitionsprogrammentscheidungen Modelle der nichtlinearen oder ganzzahligen Optimierung herangezogen werden.

Die Bedeutung logistischer Probleme im Rahmen der Unternehmensplanung ergibt sich unter anderem aus der Höhe der Logistikkosten, die in vielen Branchen einen beträchtlichen Anteil an den Gesamtkosten in einem Unternehmen ausmachen. Folglich ist eine kostenminimale Gestaltung von Logistiksystemen unter Einhaltung von Mindestanforderungen an die Logistikleistungen von besonderer Wichtigkeit. Der Bereich der betrieblichen Logistik umfasst dabei alle Beschaffungs-, Transport-, Lager-, Umschlags- und Distributionsvorgänge zwischen Lieferanten und Unternehmen, innerhalb des Unternehmens sowie zwischen Unternehmen und Abnehmern. Zur **Maßnahmenplanung in der Logistik** zählen vor allem die Materialbedarfsplanung und die Bestimmung optimaler Bestellmengen und -zeitpunkte sowie die Bereiche der betrieblichen und innerbetrieblichen Standortplanung, der Lagerhaltung und der Transport- und der Tourenplanung. Die Methoden des Operations Research kommen dabei meist voll zum Einsatz, wobei die Komplexität der Probleme darüber entscheidet, welche Verfahrensklasse (exakte Verfahren, Näherungsverfahren, Heuristiken oder Simulationen) verwendet wird.

Im Bereich Forschung und Entwicklung sollen in einem Unternehmen neue Erkenntnisse unter Anwendung wissenschaftlicher Methoden gewonnen werden. Forschung ist dabei der generelle Erwerb neuer Kenntnisse, während die Entwicklung deren Konkretisierung und praktische Umsetzung meint. Neue Erkenntnisse können sich auf Produkte, Produktionsverfahren oder andere betriebliche Prozesse beziehen. In der **Forschungs- und Entwicklungsplanung** erfolgt zunächst eine Zielplanung, deren Ergebnisse sich in den F&E-Programmen niederschlagen. Im Bereich der Maßnahmenplanung sind dann eine Mittelplanung, d. h. die Planung der Verfügbarkeit benötigter Ressourcen (Budgets, Anlagen, Personal) sowie entsprechende Projektplanungen durchzuführen (Arbeits-, Reihenfolge- und Terminplanungen).

Abschließend ist noch die **Personalplanung** zu nennen, bei der es im Einzelnen um die Personalbestandsplanung, Personalbedarfsplanung, Planung der Personalbeschaffung und -freisetzung, Planung der Personalentwicklung, Planung der Personalkosten sowie der Personaleinsatzplanung geht. Diese Planungen sollen dafür sorgen, dass die im Unternehmen benötigten Arbeitnehmer kurz-, mittel- und langfristig verfügbar sind, wobei neben der Quantität auch die Qualität eine wichtige Rolle spielt und unternehmenspolitische Ziele entsprechend berücksichtigt werden.

2.2 Betriebliche Anwendungsbeispiele

In den nachfolgenden Kapiteln werden noch viele Anwendungsbeispiele zur Illustration der jeweiligen Methoden dargestellt. Aus diesem Grund soll hier anhand von zwei Beispielen im Wesentlichen aufgezeigt werden, wie ausgehend vom zugrundeliegenden Problem die entsprechende Umsetzung in ein Planungsmodell erfolgen kann. Das erste Beispiel bezieht sich dabei auf das Problem der Produktionsprogrammplanung, das mit Hilfe von Ansätzen der Optimierung gelöst werden kann.

Beispiel:

Im Rahmen einer Produktionsprogrammplanung sollen die (beliebig teilbaren) Quantitäten zweier Produkte ermittelt werden. Dabei ist der Gesamtgewinn zu maximieren. Die Rohstoffkapazität der nächsten Planperiode liegt bei 100 Einheiten und die Gewinne und Rohstoffverbrauchmengen der beiden Produkte können der Tabelle 2.1 entnommen werden.

Tabelle 2.1   Daten für das Produktionsprogrammplanungsbeispiel

	Gewinn je Mengeneinheit	Rohstoffverbrauch je Mengeneinheit
Produkt 1	2	2
Produkt 2	3	4

Quelle: Eigene Darstellung

Bezeichnet man mit x_1 und x_2 die zu bestimmenden Quantitäten der beiden Produkte, dann ergibt sich die zu maximierende Zielfunktion dadurch, dass für jedes Produkt der Gewinn je Mengeneinheit mit der zu bestimmenden Quantität multipliziert und diese Größen dann addiert werden. Die Einschränkung des Produktionsprogramms kann dann über eine Ungleichung abgebildet werden, bei der für jedes Produkt der Rohstoffverbrauch je Mengeneinheit mit der zu bestimmenden Quantität multipliziert wird und die Summe dieser Größen kleiner gleich der vorhandenen Rohstoffkapazität sein muss. Mit der weiteren Bedingung, dass die zu bestimmenden Quantitäten nicht negativ sein können, ergibt sich dann das folgende mathematische Modell:

$$
\begin{aligned}
2x_1 + 3x_2 &\rightarrow \quad \text{max} \\
2x_1 + 4x_2 &\leq \quad 100 \\
x_1, x_2 &\geq \quad 0
\end{aligned}
$$

Die Lösung dieses Problems kann mittels linearer Optimierung erfolgen (vgl. Kapitel 3). Falls alternativ ganzzahlige Quantitäten gefordert werden, erfolgt die Lösung mit Hilfe der ganzzahligen Optimierung (vgl. Kapitel 4).

Im nächsten Beispiel geht es um die Planung eines Produktionsauftrags, bei der zur Modellierung Ansätze der Graphentheorie herangezogen werden und eine Lösung mittels Methoden der Netzplantechnik möglich ist.

Beispiel:

Für ein Produkt soll eine Durchlaufterminierung, also die zeitliche Planung des entsprechenden Fertigungsauftrags erfolgen. Das Produkt (P) besteht aus zwei Mengeneinheiten eines Bauteils (B) sowie einer Mengeneinheit eines Einzelteils (E). Für das Produkt und das Bauteil liegen die in der Tabelle 2.2 angegebenen Rüstzeiten und Bearbeitungszeiten je Mengeneinheit auf der jeweiligen Maschine vor. Des Weiteren sind in der Tabelle auch die Zeitdauern für notwendige Transportvorgänge des Bauteils und des Einzelteils angegeben.

Tabelle 2.2   Daten für das Durchlaufterminierungsbeispiel

	Rüstzeit	Bearbeitungszeit je Mengeneinheit	Transportzeit
Bauteil (B)	1	2	1
Produkt (P)	2	2	–
Einzelteil (E)	–	–	1

Quelle: Eigene Darstellung

Gesucht ist jetzt die kürzeste Zeitdauer des Produktionsprozesses für eine Einheit des Produkts. Darüber hinaus möchte man wissen, welche Vorgänge für diese Dauer verantwortlich sind und deshalb zeitlich genau eingehalten werden müssen. Diese Vorgänge werden auch kritische Vorgänge genannt. Auf der anderen Seite ist man aber auch daran interessiert, welche zeitlichen Spielräume für Vorgänge bestehen, die nicht kritisch sind und somit einen sogenannten Puffer aufweisen. Eine graphentheoretische Modellierung führt zu dem Netzplan der Abbildung 2.5.

Abbildung 2.5   Modellierung des Durchlaufterminierungsbeispiels

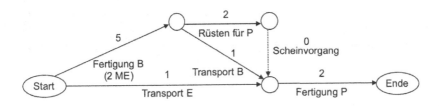

Quelle: Eigene Darstellung

Dabei werden die Vorgänge als Pfeile dargestellt, während die Knoten Ereignisse sind. Ereignisse können beispielsweise der Beginn oder das Ende eines Vorgangs sein und geben damit den Projektfortschritt an. Der Startknoten entspricht dem Projektbeginn und hier kann zum einen mit der Fertigung der beiden Bauteile begonnen werden, wobei die Maschine zunächst gerüstet werden muss (1 Zeiteinheit) und anschließend die Bearbeitung von zwei Mengeneinheiten des Bauteils erfolgt (2 mal 2 Zeiteinheiten). Der gesamte Vorgang dauert somit 5 Zeiteinheiten, was auf dem entsprechenden Pfeil abgetragen ist. Nach der Fertigung der Bauteile können gleichzeitig die Maschine für die Produktion des Produkts gerüstet und die Bauteile zur Startposition dieser Maschine transportiert werden. Auch hier sind die Zeitdauern auf dem jeweiligen Pfeil dargestellt. Um parallele Pfeil zu vermeiden, muss hier ein Scheinvorgang mit einer Dauer von 0 Zeiteinheiten eingeführt werden. Der Transport des Einzelteils zur Fertigung des Produkts kann unabhängig von den bislang angesprochenen

Tätigkeiten erfolgen, wie im Netzplan zu sehen ist. Abschließend wird dann das Produkt gefertigt und der Fertigungsauftrag ist abgeschlossen. Die Lösung erfolgt dann mittels Methoden der Netzplantechnik, wobei hier schon mal vorweggenommen werden kann, dass der längste Weg im Netzplan gesucht wird. Dies ist der Weg über die Fertigung von B, das Rüsten für P und die Fertigung von P, der mit einer Länge von 9 Zeiteinheiten damit auch der kürzesten Projektdauer entspricht. Während die Vorgänge auf diesem Weg genau eingehalten werden müssen, weisen die Transportvorgänge einen Puffer auf und könnten in gewissen Grenzen auch verschoben werden. Darauf wird dann in Teil 3 dieses Lehrbuchs noch ausführlich eingegangen.

2.3   Literaturhinweise

Nachfolgend werden noch einige Literaturhinweise gegeben, die sich auf die Inhalte dieses Kapitels beziehen. Der Prozess der Unternehmensplanung wird allgemein beispielsweise bei Ehrmann (2013), Fink (2003), Hammer (2015), Hörschgen et al. (1993) und Mosler (2017) behandelt. Spezielle Ausführungen zur Ziel- und Strategienplanung können Aurich und Schröder (1977), Hinterhuber und Thom (1979), Hörschgen et al. (1993), Hofer (1975), Homburg (2000), Hopfenbeck (2002), Lippold (2019), Meffert et al. (2018), Nieschlag et al. (2002) sowie Wöhe et al. (2020) entnommen werden.

Bezüglich allgemeiner Darstellungen zur Maßnahmenplanung sei exemplarisch auf Adam (1996), Berens et al. (2004), Domschke und Scholl (2008), Hauke und Opitz (2003), Homburg (2000) und Wöhe et al. (2020) verwiesen. Entsprechende Ansätze im Marketing sind bei Hildebrandt und Wagner (2000) und in der dort angegebenen Literatur sowie bei Little (2018) und Shaikh et al. (2018) zu finden. Maßnahmenplanungen im Bereich der Produktion werden in den Arbeiten von Buzacott et al. (2009), Domschke et al. (1997), Günther und Tempelmeier (2011), März et al. (2011) und Schneider et al. (2004) behandelt und für den Investitions- und Finanzierungsbereich wird beispielsweise auf Shaikh et al. (2018) verwiesen. Grundsätzliche Ausführungen zur Maßnahmenplanung in der Logistik können Domschke (2007), Domschke und Scholl (2010), Lasch (2020) sowie ten Hompel et al. (2018) entnommen werden. Speziell zur Materialbedarfsplanung wird auf Bankhofer (1999a), Bankhofer (1999b) und Lasch (2021) sowie zur Standortplanung auf Bankhofer (2000a), Bankhofer (2000b), Bankhofer (2001) sowie Domschke und Drexl (1996) verwiesen. Darstellungen zur Maßnahmenplanung im Personalbereich sind schließlich noch exemplarisch bei Jiang et al. (2004) und Günther (2011) zu finden.

Teil 2
Optimierungsmodelle und Optimierungsmethoden

3 Lineare Optimierung

Gemessen am Stand der heutigen Forschung und an der Skala der Anwendungsmöglichkeiten kann die lineare Optimierung wohl als das bedeutendste Teilgebiet des **Operations Research** bezeichnet werden. Es geht hierbei um die Lösung von Planungsproblemen, deren Struktur sich in einem System linearer **Gleichungen** und/oder **Ungleichungen** darstellen lässt. Konkret bedeutet dies, dass zunächst Restriktionen bezüglich Produktion, Kapital-, Arbeitseinsatz in Form von linearen (Un-)Gleichungen gegeben sind. Das vorliegende **Restriktionssystem** wird im Allgemeinen mehrere Lösungen besitzen, so dass ein Handlungsspielraum existiert, der unter Berücksichtigung von einem oder mehreren **Planungszielen** weiter eingeschränkt werden kann. Derartige Planungsziele können beispielsweise Kosten, Gewinne, Umsätze oder Deckungsbeiträge sein, die dann zu minimieren bzw. zu maximieren sind. Falls diese Zielfunktionen auch linear sind, kommt die lineare Optimierung (auch lineare Programmierung, kurz LP) zur Lösung der Problematik zum Einsatz.

In diesem Kapitel werden in Abschnitt 3.1 zunächst einige betriebliche Anwendungsbeispiele der linearen Optimierung aufgezeigt. Der Abschnitt 3.2 befasst sich dann mit den Möglichkeiten einer graphischen Lösung dieser Probleme. Die analytische Lösung ist nachfolgend Gegenstand des Abschnitts 3.3. Dabei werden im Einzelnen die Existenz und die Eindeutigkeit von Lösungen diskutiert sowie der Simplexalgorithmus und die Zwei-Phasen-Methode vorgestellt. Damit lassen sich bereits beliebige lineare Optimierungsprobleme lösen. In Ergänzung dazu werden in den Abschnitten 3.4, 3.5, 3.6 und 3.7 die Themenbereiche der Dualität, der postoptimalen Sensitivitätsanalyse, der parametrischen linearen Optimierung sowie der Mehrfachzielsetzungen angesprochen. Die Abschnitte 3.8 und 3.9 beschließen dann dieses Kapitel mit einigen Übungsaufgaben und Literaturhinweisen zur linearen Optimierung.

3.1 Betriebliche Anwendungsbeispiele

Es existieren eine Reihe von Anwendungsbeispielen der linearen Optimierung in der betrieblichen Praxis. Dabei wird meist eine starke Vereinfachung der Realität in Kauf genommen, da reale Probleme häufig komplexer sind. Dennoch sind diese Betrachtungen durchaus nützlich, da sie einen ersten Einblick in entsprechende reale Probleme erlauben. Nachfolgend werden vier konkrete Anwendungsbeispiele ausführlicher vorgestellt. Im Einzelnen sind dies

- das **Produktionsplanungsproblem**,

- das **Mischungsproblem**,

- das **Transportproblem** sowie

- das **Verschnittproblem**.

© Springer Fachmedien Wiesbaden GmbH, ein Teil von Springer Nature 2022
U. Bankhofer, *Quantitative Unternehmensplanung*, Studienbücher
Wirtschaftsmathematik, https://doi.org/10.1007/978-3-8348-2466-0_3

3.1.1   Produktionsplanungsproblem

Das **Produktionsplanungsproblem** ist dadurch charakterisiert, dass im Rahmen einer betrieblichen Produktion begrenzte Ressourcen vorliegen. Dazu zählen beispielsweise begrenzt verfügbare Mengen an Roh-, Hilfs- und Betriebsstoffen, begrenzte Maschinenkapazitäten oder Restriktionen hinsichtlich der verfügbaren Arbeitsstunden von Mitarbeitern. Letztendlich ist die Produktionsmenge unter Berücksichtigung der verfügbaren Ressourcen zu planen, wobei neben einer Maximierung der Produktionsmenge auch eine Maximierung von Umsatz, Gewinn oder Deckungsbeitrag möglich ist.

Beispiel:

Zur Herstellung zweier Produkte werden zwei Maschinen M_1 und M_2 benutzt und ein Rohstoff R verwendet. Die nachfolgende Tabelle 3.1 enthält dazu die vorliegenden Daten hinsichtlich der pro Tag verfügbaren Maschinen- und Rohstoffkapazitäten sowie die von den beiden Produkten beanspruchten Ressourcenmengen je produzierter Mengeneinheit. Des Weiteren sind in der letzten Spalte der Tabelle auch noch die zu erzielenden Deckungsbeiträge der beiden Produkte angegeben, da als Zielgröße der Gesamtdeckungsbeitrag herangezogen werden soll.

Tabelle 3.1   Daten des Produktionsplanungsbeispiels

Pro hergestellter Mengeneinheit von	benötigte Zeit auf M_1	benötigte Zeit auf M_2	benötigte Menge R	zu erzielender Deckungsbeitrag
Produkt 1	3	2	5	8
Produkt 2	4	4	5	10
Kapazitäten	16	24	25	

Quelle: Eigene Darstellung

Gesucht sind also die zu produzierenden Quantitäten x_1 und x_2 der beiden Produkte, die hier als beliebig teilbar vorausgesetzt werden, so dass der Gesamtdeckungsbeitrag maximal wird. Dazu muss zunächst das zugehörige mathematische Modell für dieses Problem aufgestellt werden. Dieses ergibt sich wie folgt:

$$
\begin{aligned}
8x_1 + 10x_2 &\rightarrow \max \\
3x_1 + 4x_2 &\leq 16 \\
2x_1 + 4x_2 &\leq 24 \\
5x_1 + 5x_2 &\leq 25 \\
x_1, x_2 &\geq 0
\end{aligned}
$$

Bei der zu maximierenden Zielfunktion werden die Deckungsbeiträge der beiden Produkte mit den zu bestimmenden Quantitäten x_1 und x_2 multipliziert. Durch Addition dieser beiden Größen resultiert dann der Gesamtdeckungsbeitrag. Analog können die Nebenbedingungen bezüglich der benötigten Maschinenzeiten und Rohstoffeinheiten formuliert werden, wobei die verfügbaren Kapazitäten als Obergrenzen durch die Verwendung von Ungleichungen zu berücksichtigen sind. Die Nichtnegativitätsbedingungen gewährleisten dann, dass nur ökonomisch sinnvolle Lösungen resultieren.

Im Vorgriff auf die in Abschnitt 3.2 beschriebene graphische Lösung eines linearen Optimierungsproblems ist in der Abbildung 3.1 die zugehörige graphische Darstellung für dieses Beispiel angegeben. Aus dieser Grafik ist die optimale Lösung des Problems mit $x_1 = 4$ und $x_2 = 1$ als Ecke des Zulässigkeitsbereichs Z ersichtlich, was allerdings Kenntnisse der Inhalte des Abschnitts 3.2 voraussetzt. Der im Optimum resultierende Gesamtdeckungsbeitrag ergibt sich dann mit $8 \cdot 4 + 10 \cdot 1 = 42$.

Abbildung 3.1   Graphische Darstellung des Produktionsplanungsbeispiels

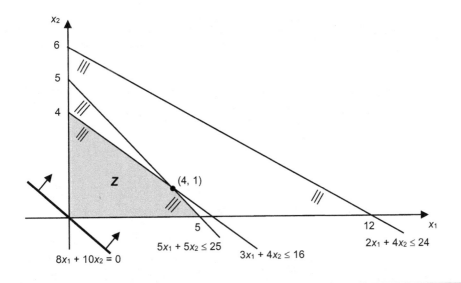

Quelle: Eigene Darstellung

3.1.2   Mischungsproblem

Bei einem **Mischungsproblem** werden unterschiedliche Einsatzgüter zu einem neuen Gut vermischt, so dass das resultierende Mischgut gewisse Eigenschaften aufweist und möglichst kostengünstig ist. Die verwendeten Einsatzgüter weisen ihrerseits jeweils einen bestimmten Gehalt an Stoffen auf und für das Mischgut werden dann Mindest- oder Höchstmengen bezüglich der jeweiligen Stoffgehalte gefordert. Des Weiteren sind die Preise der Einsatzgüter bekannt, damit letztendlich die Kosten des Mischgutes minimiert werden können.

Beispiel:

Aus vier Gasen G_1, ..., G_4 soll ein Mischgas G erzeugt werden, das einen Heizwert von mindestens $10 \cdot 10^6$ Joule/m^3 sowie einen Schwefelgehalt von höchstens 4 g/m^3 besitzt. Für die einzelnen Gase sind in der Tabelle 3.2 die Heizwerte sowie der jeweilige Schwefelgehalt angegeben. Darüber hinaus enthält die Tabelle auch die Preise der zur Mischung eingesetzten Gase.

Tabelle 3.2   Daten des Mischungsbeispiels

Gas	G_1	G_2	G_3	G_4	G	Einheit
Preis	15	21	30	25	min	Cent/m^3
Heizwert	5	10	20	15	≥ 10	10^6 Joule/m^3
Schwefelgehalt	4	5	1	3	≤ 4	g/m^3

Quelle: Eigene Darstellung

Gesucht sind nun die optimalen Anteile x_i der Gase $i = 1$, ..., 4 im Mischgas G, so dass die Kosten von G minimal sind. Dazu kann das folgende Optimierungsproblem aufgestellt werden:

$$
\begin{aligned}
15x_1 + 21x_2 + 30x_3 + 25x_4 &\rightarrow \quad \min \\
x_1 + x_2 + x_3 + x_4 &= \quad 1 \\
5x_1 + 10x_2 + 20x_3 + 15x_4 &\geq \quad 10 \\
4x_1 + 5x_2 + x_3 + 3x_4 &\leq \quad 4 \\
x_1, x_2, x_3, x_4 &\geq \quad 0
\end{aligned}
$$

Die Zielfunktion resultiert durch Addition der Produkte aus Preis und Anteilswert der einzelnen Gase. Bei den Nebenbedingungen ist zunächst die Mischungsbedingung zu berücksichtigen, nach der die Anteilswerte in der Summe den Wert 1 ergeben müssen. Des Weiteren sind noch der Mindestheizwert sowie der Höchstgehalt an Schwefel für das sich ergebende Mischgas abzubilden. Die Nichtnegativitätsbedingungen für die Anteilswerte gewährleisten schließlich, dass nur sinnvolle Lösungen resultieren.

3.1.3   Transportproblem

Das klassische **Transportproblem** ist dadurch charakterisiert, dass ein kostenminimaler Transport von m Angebotsorten zu n Bedarfsorten gesucht wird. Angebotsorte können beispielsweise Produktionsstätten oder Lager eines Unternehmens sein, von denen aus zu anderen Unternehmen oder privaten Endkunden entsprechende Waren transportiert werden sollen. Zur Vereinfachung wird im Grundmodell von einem zu transportierenden Gut ausgegangen. Gesucht sind folglich die Transportmengen x_{ij} von Angebotsort i ($i = 1, ..., m$) zu Bedarfsort j ($j = 1, ..., n$). Bei den Angebotsorten wird von einer gegebenen Angebotsmenge a_i am Ort i ($i = 1, ..., m$) ausgegangen. Analog liegen für die Bedarfsorte j ($j = 1, ..., n$) entsprechende Bedarfsmengen b_j vor. Um das Problem zu formulieren, müssen schließlich noch die Transportkosten c_{ij} einer Einheit des Guts von Angebotsort i zu Bedarfsort j bekannt sein. Formal resultiert dann folgende Darstellung:

$$\sum_{i=1}^{m}\sum_{j=1}^{n} c_{ij} x_{ij} \to \min$$

$$\sum_{j=1}^{n} x_{ij} \le a_i \text{ für alle } i = 1,...,m$$

$$\sum_{i=1}^{m} x_{ij} \ge b_j \text{ für alle } j = 1,...,n$$

$$x_{ij} \ge 0 \ (i = 1,...,m, j = 1,...,n)$$

Die Nebenbedingungen gewährleisten, dass alle Transporte von Angebotsort i zu allen Bedarfsorten j das Angebot in i nicht überschreiten bzw. alle Transporte zu einem Bedarfsort j von allen Angebotsorten i den Bedarf in j nicht unterschreiten. Falls die Bedarfsmenge exakt gedeckt werden soll, wäre hier auch die Verwendung eines Gleichheitszeichens möglich.

Beispiel:

Ein Unternehmen möchte den Transport eines Gutes von zwei Lagern L_1 und L_2 zu drei Warenhäusern W_1, W_2 und W_3 planen. In der nachfolgenden Abbildung 3.2 sind dazu die vorliegenden Daten hinsichtlich der Angebotsmengen in den Lagern, der Bedarfsmengen in den Warenhäusern sowie der Transportkosten pro Einheit des Gutes auf den jeweiligen Wegen angegeben.

Abbildung 3.2   Graphische Darstellung des Transportbeispiels

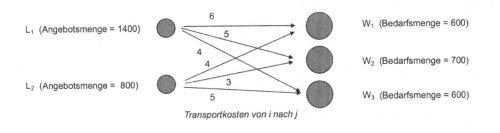

Quelle: Eigene Darstellung

Gesucht sind nun die Transportmengen x_{ij} von Lager i ($i = 1, 2$) zu Warenhaus j ($j = 1, ..., 3$), so dass die Gesamttransportkosten minimal werden. Das mathematische Modell ergibt sich dann wie folgt:

$$6x_{11} + 5x_{12} + 4x_{13} + 4x_{21} + 3x_{22} + 5x_{23} \rightarrow \min$$
$$x_{11} + x_{12} + x_{13} \leq 1400$$
$$x_{21} + x_{22} + x_{23} \leq 800$$
$$x_{11} + x_{21} \geq 600$$
$$x_{12} + x_{22} \geq 700$$
$$x_{13} + x_{23} \geq 600$$
$$x_{11}, x_{12}, x_{13}, x_{21}, x_{22}, x_{23} \geq 0$$

Wie bereits erwähnt, könnte bei den Nebenbedingungen der Bedarfsorte auch ein Gleichheitszeichen verwendet werden, wenn die Bedarfsmenge exakt abgebildet werden soll. Allerdings ist das nicht zwingend notwendig, da aufgrund der Zielfunktion ohnehin die geringstmöglichen Transportmengen ermittelt werden, die dann den genauen Bedarfsmengen entsprechen.

3.1.4   Verschnittproblem

Ein **Verschnittproblem** oder auch **Zuschnittproblem** liegt im Rahmen einer betrieblichen Produktion dann vor, wenn Rohmaterialien verschnitten bzw. zugeschnitten werden müssen und dabei nicht mehr verwertbare Abfälle minimiert werden sollen. Um das Problem formulieren zu können, werden alle mögliche Zuschnittvarianten i betrachtet, deren Anwendungshäufigkeiten x_i letztendlich zu bestimmen sind. Bei jeder Zuschnittvariante ist der entsprechende Verschnitt bekannt, so dass am Ende der Gesamtverschnitt oder auch die Kosten dafür zu minimieren sind. Des Weiteren muss gewährleistet sein, dass die insgesamt benötigten Teilzuschnitte auch vorliegen, so dass die bei den Zuschnittvarianten resultierenden Teilzuschnitte zu berücksichtigen sind.

Beispiel:

In einem holzverarbeitenden Betrieb müssen Holzleisten der Länge 150 cm so geschnitten werden, dass am Ende mindestens 10 Holzleisten der Längen 80 cm und 60 cm sowie 20 Holzleisten der Länge 40 cm vorliegen. Hierbei ist der Verschnitt zu minimieren. In der Tabelle 3.3 sind dazu die möglichen Zuschnittvarianten angegeben. Bei der Zuschnittvariante 1 werden eine Leiste mit 80 cm und eine Leiste mit 60 cm geschnitten, so dass ein Verschnitt von 10 cm resultiert. Zuschnittvariante 2 berücksichtigt die Möglichkeit, eine Leiste mit 80 cm und eine Leiste mit 40 cm zu schneiden. Dies würde im Vergleich zur ersten Zuschnittvariante zwar zu einem größeren Verschnitt von 30 cm führen, wäre aber dennoch eine grundsätzlich mögliche Option. Analog ergeben sich noch die anderen Zuschnittvarianten 3, 4 und 5 mit den entsprechenden Verschnittgrößen. Gesucht sind jetzt die Anwendungshäufigkeiten x_i der fünf Zuschnittvarianten $i = 1, ...,5$, so dass der Gesamtverschnitt minimiert wird und die mindestens benötigten Leisten der einzelnen Längen auch resultieren.

Tabelle 3.3   Daten des Verschnittbeispiels

Holzleisten	Zuschnittvariante					Bedarf
	1	2	3	4	5	
80 cm Länge	1	1	0	0	0	10
60 cm Länge	1	0	2	1	0	10
40 cm Länge	0	1	0	2	3	20
Verschnitt	10	30	30	10	30	

Quelle: Eigene Darstellung

Formal ergibt sich damit folgendes Optimierungsproblem:

$$10x_1 + 30x_2 + 30x_3 + 10x_4 + 30x_5 \rightarrow \quad \min$$
$$x_1 + x_2 \qquad\qquad\qquad\qquad \geq \quad 10$$
$$x_1 + \quad 2x_3 + \quad x_4 \qquad\quad \geq \quad 10$$
$$x_2 + \qquad\quad 2x_4 + 3x_5 \geq \quad 20$$
$$x_1, x_2, x_3, x_4, x_5 \geq \quad 0$$

Bei den Zuschnittvarianten 1 und 2 wird jeweils eine Leiste der Länge 80 cm gesägt, so dass die Summe der Anwendungshäufigkeiten dieser beiden Varianten mindestens dem Bedarf von 10 Leisten der Länge 80 cm entsprechen muss. Analog ergeben sich die anderen beiden Nebenbedingungen, um den Bedarf an Leisten der Längen 60 cm und 40 cm zu decken. Die Nichtnegativitätsbedingungen gewährleisten wiederum sinnvolle Lösungen, wenngleich eigentlich eine Ganzzahligkeit für die Variablen gefordert werden müsste. Darauf wird an dieser Stelle allerdings verzichtet, da dann genau genommen ein Problem der ganzzahligen Optimierung resultieren würde.

3.2   Graphische Lösung

Bei entsprechend niedrig dimensionierten linearen Optimierungsproblemen kann eine graphische Lösung durchgeführt werden. Falls also ein Problem nur zwei Variablen beinhaltet, ist eine graphische Darstellung im zweidimensionalen Raum möglich. Bei drei Variablen könnte folglich eine Betrachtung in drei Dimensionen erfolgen. Darauf wird allerdings meist verzichtet, so dass derartige Probleme nur dann graphisch gelöst werden, wenn eine Rückführung auf zwei Dimensionen mittels **Variablensubstitution** möglich ist. Dieser Fall wird später noch an einem Beispiel illustriert.

Auch wenn die graphische Lösung linearer Optimierungsprobleme durch diese Vorgaben eingeschränkt wird, gibt die graphische Darstellung einen guten Einblick in die Struktur dieser Probleme. Dies trägt auch zum besseren Verständnis bei und hilft bei der Erarbeitung einer analytischen Lösung. Aus diesem Grund wird nachfolgend die graphische Lösung exemplarisch vorgestellt.

Beispiel:

In einem Unternehmen werden zwei Produkte P1 und P2 in den (beliebig teilbaren) Quantitäten x_1 und x_2 hergestellt. Die Produktionsmengen sollen mit dem Ziel der Maximierung des Gesamtdeckungsbeitrags unter Beachtung von Beschränkungen hinsichtlich Rohstoffmenge, Arbeits- und Produktionsstunden ermittelt werden. In der Tabelle 3.4 sind die entsprechenden Daten für das Beispiel angegeben.

Tabelle 3.4   Daten des Produktionsplanungsbeispiels

Produkt	Rohstoffeinheiten pro Produkteinheit	Arbeitsstunden pro Produkteinheit	Maschinenstunden pro Produkteinheit	Deckungsbeitrag pro Produkteinheit
P1	1	2	1	4
P2	3	1	1	5
Kapazitäten	1500	1200	700	

Quelle: in Anlehnung an Hauke und Opitz, 2003

Das zugehörige mathematische Modell für dieses Problem ergibt sich wie folgt:

$$
\begin{aligned}
4x_1 + 5x_2 &\rightarrow \quad \text{max} \\
x_1 + 3x_2 &\leq \quad 1500 \quad &\text{(I)} \\
2x_1 + x_2 &\leq \quad 1200 \quad &\text{(II)} \\
x_1 + x_2 &\leq \quad 700 \quad &\text{(III)} \\
x_1, x_2 &\geq \quad 0 \quad &\text{(IV),(V)}
\end{aligned}
$$

Da das Problem nur zwei Variablen x_1 und x_2 aufweist, ist eine graphische Darstellung im zweidimensionalen Raum möglich. Dazu müssen die Nebenbedingungen (I), (II) und (III) jeweils nach einer der beiden Variablen aufgelöst werden. Eine Auflösung nach der Variablen x_2 liefert beispielsweise das folgende Ergebnis:

$$
\begin{aligned}
\text{(I)} \quad & x_1 + 3x_2 \leq 1500 \quad \Leftrightarrow \quad x_2 \leq 500 - \tfrac{1}{3}x_1 \\
\text{(II)} \quad & 2x_1 + x_2 \leq 1200 \quad \Leftrightarrow \quad x_2 \leq 1200 - 2x_1 \\
\text{(III)} \quad & x_1 + x_2 \leq 700 \quad \Leftrightarrow \quad x_2 \leq 700 - x_1
\end{aligned}
$$

Durch die Ungleichungen werden Punktmengen im zweidimensionalen Raum definiert. Diese Punktmengen bestehen jeweils aus einer Geraden mit einem Achsenabschnitt und einer Steigung sowie aufgrund des Kleiner-gleich-Zeichens aus der darunter liegenden Fläche. Für die Nebenbedingung (I) ergibt sich beispielsweise die Gerade mit einem Achsenabschnitt von 500 und einer Steigung von −1/3. Der insgesamt zulässige Bereich Z resultiert dann als Menge der unter (I) bis (III) zulässigen Produktionskombinationen und damit als Schnittmenge der einzelnen Punktmengen, wie die Abbildung 3.3 verdeutlicht. Die Nichtnegativitätsbedingungen (IV) und (V) führen dazu, dass sich die Betrachtung auf den ersten Quadranten des Koordinatensystems beschränken kann.

Abbildung 3.3   Graphische Darstellung des Zulässigkeitsbereichs für das Beispiel

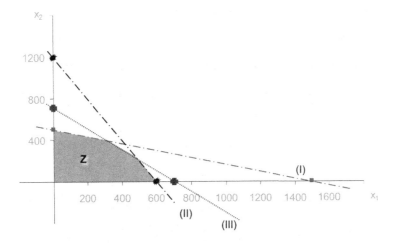

Quelle: in Anlehnung an Hauke und Opitz, 2003

Ausgehend von dem graphisch dargestellten Zulässigkeitsbereich kann jetzt die Zielfunktion zusätzlich berücksichtigt werden. Dazu wird die Zielfunktion, die ja dem Gesamtdeckungsbeitrag (DB) entspricht, ebenfalls nach x_2 aufgelöst:

$$4x_1 + 5x_2 = \text{DB} \quad \Leftrightarrow \quad x_2 = \frac{\text{DB}}{5} - \frac{4}{5}x_1$$

Bei der Übertragung der Zielfunktion in das Koordinatensystem spielt zunächst nur die Steigung der resultierenden Gleichung eine Rolle. Diese kann im Ursprung des Koordinatensystems abgetragen werden, wie der Abbildung 3.4 entnommen werden kann. Da der zugehörige Achsenabschnitt die Zielgröße positiv enthält, bedeutet ein größerer Achsenabschnitt auch einen höheren Zielfunktionswert. Folglich sollte die Gerade möglichst weit parallel nach oben geschoben werden und dabei gerade noch den Zulässigkeitsbereich tangieren. Dies ist ebenfalls in der Abbildung 3.4 illustriert. Damit ergibt sich in diesem Beispiel die optimale Lösung in einer Ecke des Zulässigkeitsbereichs mit $x_1 = 300$ und $x_2 = 400$.

Abbildung 3.4   Bestimmung der Optimallösung für das Beispiel

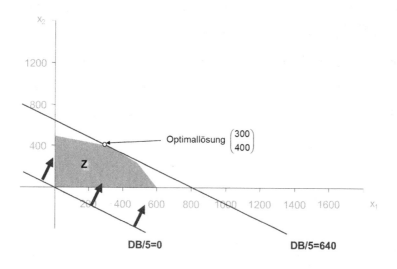

Quelle: in Anlehnung an Hauke, Opitz, 2003

Falls ein genaues Ablesen der Lösung in der Graphik nicht möglich ist, kann die Lösung auch durch den Schnittpunkt der für die Ecke in Z verantwortlichen Geraden ermittelt werden, d. h. die als Gleichungen betrachteten Nebenbedingungen (I) und (III) werden gleichgesetzt und nach x_1 aufgelöst. Es resultiert folgende Rechnung und der sich ergebende Gesamtdeckungsbeitrag im Optimum:

$$500 - \tfrac{1}{3}x_1 = 700 - x_1 \Rightarrow x_1^* = 300; \quad x_2^* = 400; \quad DB = 4 \cdot 300 + 5 \cdot 400 = 3200$$

In dem bislang betrachteten Beispiel konnte die Lösung als Ecke des Zulässigkeitsbereichs identifiziert werden. Dies ist aber nicht immer der Fall, wie eine Modifikation des Beispiels verdeutlichen soll. Dazu wird die Zielfunktion in der Form abgeändert, dass der Deckungsbeitrag von Produkt 2 jetzt mit vier statt fünf Geldeinheiten gegeben ist. Die entsprechende Auflösung der neuen Zielfunktion nach x_2 führt dann zu folgendem Ergebnis:

$$4x_1 + 4x_2 = DB \quad \Leftrightarrow \quad x_2 = \frac{DB}{4} - x_1$$

Die Übertragung dieser Zielfunktion in das Koordinatensystem kann analog erfolgen, allerdings weist die zugehörige Gerade jetzt eine Steigung von −1 auf, so dass bei einer Parallelverschiebung die komplette Verbindungsgerade zwischen zwei Eckpunkten tangiert wird. Dieser Sachverhalt und die zugehörigen Eckpunkte sind in der Abbildung 3.5 dargestellt.

Abbildung 3.5   Mehrdeutige Optimallösung

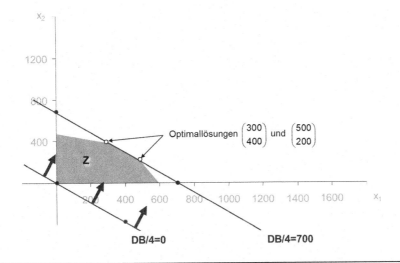

Quelle: in Anlehnung an Hauke und Opitz, 2003

Der Optimalbereich Z^* resultiert damit als Konvexkombination dieser beiden Eckpunkte:

$$Z^* = \left\{ \begin{pmatrix} x_1 \\ x_2 \end{pmatrix} \in \mathbb{R}_+^2 : \begin{pmatrix} x_1 \\ x_2 \end{pmatrix} = \lambda \begin{pmatrix} 300 \\ 400 \end{pmatrix} + (1-\lambda) \begin{pmatrix} 500 \\ 200 \end{pmatrix}, \lambda \in [0,1] \right\}$$

Wie bereits zu Beginn dieses Abschnitts dargestellt wurde, ist eine graphische Lösung im zweidimensionalen Raum bei Problemen mit mehr als zwei Variablen nur möglich, wenn eine **Variablensubstitution** durchgeführt werden kann. Dies setzt bei Problemen mit drei Variablen beispielsweise voraus, dass mindestens eine Nebenbedingung in Form einer Gleichung vorliegt, auf deren Basis die Substitution einer Variablen vorgenommen wird.

Beispiel:

Aus drei Futtersorten F_1, F_2 und F_3 soll ein Mischfutter F erzeugt werden, das einen Mindestgehalt eines Nährstoffs sowie einen Höchstgehalt an Fett aufweist. Für die einzelnen Futtersorten sind in der Tabelle 3.5 jeweils Nährstoff- und Fettgehalt angegeben. Darüber hinaus enthält die Tabelle auch die Preise der einzelnen Futtersorten.

Tabelle 3.5		Daten des Mischungsbeispiels			
Futtersorte	**F₁**	**F₂**	**F₃**	**F**	**Einheit**
Preis	0,1	0,3	0,2	min	EUR/100g
Fettgehalt	2	1	3	≤ 2	g/100g
Nährstoffgehalt	1	2	4	≥ 2	g/100g

Quelle: in Anlehnung an Hauke und Opitz, 2003

Gesucht sind die optimalen Anteile x_i der Futtersorten $i = 1, 2, 3$ im Mischfutter F, so dass die Kosten von F minimal sind. Dazu kann das folgende Optimierungsproblem aufgestellt werden:

$$
\begin{array}{rll}
0{,}1x_1 + 0{,}3x_2 + 0{,}2x_3 & \rightarrow & \min \\
2x_1 + \ x_2 + \ 3x_3 & \leq \ 2 & \text{(I)} \\
x_1 + \ 2x_2 + \ 4x_3 & \geq \ 2 & \text{(II)} \\
\text{Mischungsbedingung:} \quad x_1 + \ x_2 + \ x_3 & = \ 1 & \text{(III)} \\
x_1, x_2, x_3 & \geq \ 0 & \text{(IV),(V),(VI)}
\end{array}
$$

Das Problem ist zunächst in seiner Originalform nicht im zweidimensionalen Raum graphisch lösbar. Da aber eine Nebenbedingung in Gleichungsform gegeben ist, kann eine Variablensubstitution durchgeführt werden. Man erhält ein System mit zwei Variablen, das dann graphisch gelöst werden kann. Dazu wird die Nebenbedingung (III) beispielsweise nach x_1 wie folgt aufgelöst:

$$x_1 + x_2 + x_3 = 1 \ \Leftrightarrow \ x_1 = 1 - x_2 - x_3$$

Jetzt kann die Variable x_1 entsprechend ersetzt werden und es ergibt sich folgendes modifiziertes Problem:

$$
\begin{array}{rll}
\text{ZF:} \quad 0{,}1(1 - x_2 - x_3) + 0{,}3x_2 + 0{,}2x_3 & \rightarrow & \min \\
\Leftrightarrow \quad 0{,}1 \qquad\quad + 0{,}2x_2 + 0{,}1x_3 & \rightarrow & \min \\
\text{NB:} \quad 2(1 - x_2 - x_3) + \ x_2 + 3x_3 = 2 - x_2 + x_3 & \leq \ 2 & \text{(I)} \\
(1 - x_2 - x_3) + \ 2x_2 + 4x_3 = 1 + x_2 + 3x_3 & \geq \ 2 & \text{(II)} \\
(1 - x_2 - x_3) & \geq \ 0 & \text{(IV)} \\
x_2, x_3 & \geq \ 0 & \text{(V),(VI)}
\end{array}
$$

Dabei ist zu beachten, dass in der Nichtnegativitätsbedingung (IV) ebenfalls die entsprechende Substitution durchgeführt werden muss. Das Auflösen der Nebenbedingungen (I), (II) und (IV) beispielsweise nach x_3 liefert dann folgendes Ergebnis:

$$\begin{array}{llll}
\text{(I)} & 2 - x_2 + x_3 & \leq 2 & \Leftrightarrow & x_3 \leq x_2 \\
\text{(II)} & 1 + x_2 + 3x_3 & \geq 2 & \Leftrightarrow & x_3 \geq \tfrac{1}{3} - \tfrac{1}{3}x_2 \\
\text{(IV)} & 1 - x_2 - x_3 & \geq 0 & \Leftrightarrow & x_3 \leq 1 - x_2
\end{array}$$

Eine graphische Darstellung der durch die Ungleichungen vorliegenden Punktmengen führt dann zu dem in der Abbildung 3.6 dargestellten Zulässigkeitsbereich. Dabei ist hier zu beachten, dass bei der Nebenbedingung (II) die entsprechende Gerade und alle oberhalb liegenden Punkte die entsprechende Punktmenge repräsentieren, da hier das Größer-gleich-Zeichen zu beachten ist.

Abbildung 3.6   Graphische Darstellung des Zulässigkeitsbereichs für das Beispiel

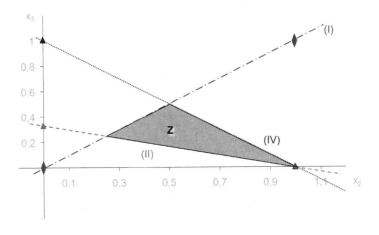

Quelle: Eigene Darstellung

Im nächsten Schritt kann wiederum die Zielfunktion des modifizierten Problems in die Betrachtung integriert werden. In diesem Beispiel gibt die Zielfunktion die Kosten (K) des Mischfutters an und kann wie folgt nach x_3 aufgelöst werden:

$$0,1 + 0,2x_2 + 0,1x_3 = K \quad \Leftrightarrow \quad x_3 = \frac{K}{0,1} - \frac{0,1}{0,1} - \frac{0,2}{0,1}x_2 = 10 \cdot K - 1 - 2x_2$$

Die Gerade wird mit der Steigung −2 in das Koordinatensystem im Ursprung übertragen, wie in der Abbildung 3.7 dargestellt. Da die Kosten minimiert werden sollen und im Achsenabschnitt positiv enthalten sind, sollte der Achsenabschnitt so klein wie möglich sein. Dies bedeutet, dass die Gerade möglichst wenig nach oben parallel verschoben werden sollte. Wie in der Abbildung 3.7 zu sehen ist, muss die Gerade aber zumindest soweit nach oben verschoben werden, dass sie den Zulässigkeitsbereich zum ersten Mal berührt. Dies ist im Eckpunkt (0,25; 0,25) der Fall.

Abbildung 3.7   Bestimmung der Optimallösung für das Beispiel

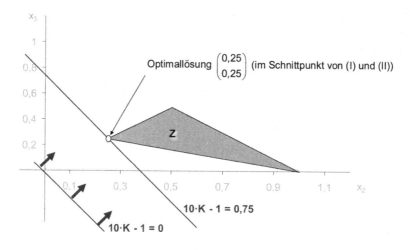

Quelle: in Anlehnung an Hauke, Opitz, 2003

Damit resultiert die Optimallösung mit dem in der Abbildung 3.7 angegebenen Eckpunkt. Dieser ergibt sich rechnerisch über den Schnittpunkt der als Geraden betrachteten Nebenbedingungen (I) und (II). Anschließend können noch die restlichen Variablen und der Zielfunktionswert wie folgt berechnet werden:

$$x_2 = \tfrac{1}{3} - \tfrac{1}{3}x_2 \Rightarrow x_2^* = 0,25; \ x_3^* = x_2^* = 0,25 \Rightarrow \ x_1^* = 1 - x_2^* - x_3^* = 0,5$$

$$K = 0,1 + 0,2 \cdot 0,25 + 0,1 \cdot 0,25 = 0,175$$

3.3   Analytische Lösung

Bevor in diesem Abschnitt auf die analytische Lösung eines linearen Optimierungsproblems in Form des Simplexalgorithmus und der Zwei-Phasen-Methode eingegangen werden kann, müssen zunächst die Standardprobleme definiert und deren Zusammenhänge erläutert werden. Grundsätzlich weist die lineare Optimierung die folgenden grundlegenden **Annahmen** auf, die auch die entsprechenden Probleme determinieren:

- **Proportionalität** in Zielfunktion und Nebenbedingungen

- **Additivität** in Zielfunktion und Nebenbedingungen

- **Teilbarkeit** hinsichtlich der Variablenwerte

- **Bestimmtheit** bezüglich der Modellparameter

Aufgrund der geforderten Proportionalität und Additivität in Zielfunktion und Nebenbedingungen resultieren lineare Strukturen ohne wechselseitige Abhängigkeiten der Variablen. Falls diese Voraussetzungen nicht vorliegen, wäre die **nichtlineare Optimierung** (vgl. Kapitel 5) eine alternative Lösungsmöglichkeit. Die Teilbarkeit hinsichtlich der Variablenwerte bedeutet, dass jedes Niveau der Variablen realisierbar ist. Alternativ stellt die **ganzzahlige Optimierung** (vgl. Kapitel 4) den entsprechenden Lösungsansatz dar. Schließlich müssen konkrete Werte für die Zielfunktions- und Restriktionskoeffizienten sowie die Koeffizienten bezüglich der Nebenbedingungen gegeben sein. Falls diese Bestimmtheit nicht vorliegt, können Ansätze der **Sensitivitätsanalyse** (vgl. Abschnitt 3.5) sowie der **parametrischen Optimierung** (vgl. Abschnitt 3.6) zum Einsatz kommen.

Unter Berücksichtigung dieser Annahmen ist ein **lineares Optimierungsproblem** mit n Variablen und m Nebenbedingungen allgemein charakterisiert durch eine lineare Zielfunktion

$$(c_0) \; + \; c_1 x_1 + \ldots + c_n x_n \; \rightarrow \; \min/\max$$

sowie lineare Nebenbedingungen der Form

$$a_{11}x_1 + \ldots + a_{1n}x_n \overset{=}{\underset{}{\leq,\geq}} b_1$$
$$\vdots \qquad\quad \vdots \qquad \vdots$$
$$a_{m1}x_1 + \ldots + a_{mn}x_n \overset{=}{\underset{}{\leq,\geq}} b_m$$
$$x_1, \ldots, x_n \geq 0.$$

Dabei sind $x_1, \ldots, x_n$ die **Planungs-** oder **Strukturvariablen**, $c_1, \ldots, c_n$ die **Zielfunktionskoeffizienten**, $b_1, \ldots, b_m$ die **Restriktionskoeffizienten** und a_{ij} ($i = 1, \ldots, m$, $j = 1, \ldots, n$) die **Koeffizienten** der Nebenbedingungen. Bei der Zielfunktion kann eine Konstante c_0 berücksichtigt werden, die allerdings lediglich Auswirkungen auf den optimalen Zielfunktionswert und nicht auf die optimale Lösung hat. Je nach Anwendung kann die Zielfunktion minimiert oder maximiert werden. Als Nebenbedingungen können grundsätzlich sowohl Gleichungen als auch Ungleichungen herangezogen werden. Diese sehr allgemeine Darstellung eines linearen Optimierungsproblems wird nachfolgend nun konkretisiert, was zu den folgenden **Standardproblemen** führt:

- **Standardmaximierungsproblem**

- **Standardminimierungsproblem**

- Lineares **Optimierungsproblem in Normalform**

Das **Standardmaximierungsproblem**, das in der Literatur auch üblicherweise als **LP2** bezeichnet wird, ist charakterisiert durch eine lineare, zu maximierende Zielfunktion

$$(c_0) + c_1 x_1 + \ldots + c_n x_n \rightarrow \max$$

sowie lineare Nebenbedingungen

$$a_{11} x_1 + \ldots + a_{1n} x_n \leq b_1$$
$$\vdots \qquad \vdots \qquad \vdots$$
$$a_{m1} x_1 + \ldots + a_{mn} x_n \leq b_m$$
$$x_1, \ldots, x_n \geq 0,$$

die mit Ausnahme der Nichtnegativitätsbedingen nur in Form von Ungleichungen mit dem Kleiner-gleich-Zeichen vorliegen. Bei diesem Problem ist also der Zulässigkeitsbereich typischerweise nach oben begrenzt, so dass hier eine Maximierung der Zielfunktion sinnvoll ist. Dieses Problem kann in Matrizenschreibweise wie folgt formuliert werden:

$$
\begin{aligned}
c^T x &\rightarrow \max \\
A x &\leq b \\
x &\geq 0
\end{aligned}
$$

Dabei bezeichnet $x^T = (x_1, \ldots, x_n)$ den **Vektor der Planungsvariablen**, $c^T = (c_1, \ldots, c_n)$ den **Vektor der Zielfunktionskoeffizienten**, $b^T = (b_1, \ldots, b_m)$ den **Beschränkungsvektor** und $A = (a_{ij})_{m,n}$ die **Koeffizientenmatrix** der Nebenbedingungen. Des Weiteren heißt x **zulässige Lösung**, wenn x alle Nebenbedingungen erfüllt, also Element des **Zulässigkeitsbereichs** Z ist. x^* wird dann als **optimale Lösung** bezeichnet, wenn x^* zulässig ist und den **Zielfunktionswert** $c^T x$ maximiert, also Element des **Optimalbereichs** Z^* ist. $c^T x^*$ stellt schließlich noch den **optimalen Zielfunktionswert** dar.

Das **Standardminimierungsproblem** der linearen Optimierung, auch **LP3** genannt, ist definiert durch eine lineare, zu minimierende Zielfunktion

$$(c_0) + c_1 x_1 + \ldots + c_n x_n \rightarrow \min$$

sowie lineare Nebenbedingungen in Form von Ungleichungen, die ausnahmslos das Größer-gleich-Zeichen heranziehen:

$$a_{11} x_1 + \ldots + a_{1n} x_n \geq b_1$$
$$\vdots \qquad \vdots \qquad \vdots$$
$$a_{m1} x_1 + \ldots + a_{mn} x_n \geq b_m$$
$$x_1, \ldots, x_n \geq 0$$

Im Gegensatz zum LP2 ist der Zulässigkeitsbereich des LP3 also typischerweise nach unten begrenzt, so dass hier eine Minimierung der Zielfunktion sinnvoll ist. Auch hier ist eine Dar–

stellung in Matrizenschreibweise in folgender Form möglich:

$$
\begin{aligned}
c^T x &\rightarrow \min \\
Ax &\geq b \\
x &\geq 0
\end{aligned}
$$

Zwischen dem LP2 und dem LP3 besteht ein Zusammenhang, da jedes LP2 in ein LP3 und umgekehrt umgewandelt werden kann. Es gilt:

$$
\begin{aligned}
c^T x \rightarrow \max &\Leftrightarrow -c^T x \rightarrow \min \\
Ax \leq b &\Leftrightarrow -Ax \geq -b \\
(\text{LP2}) &\Leftrightarrow (\text{LP3})
\end{aligned}
$$

Auch die Berücksichtigung von Gleichungen ist in den Problemen LP2 und LP3 möglich und geschieht wie folgt:

$$
\begin{aligned}
a_i^T x = b_i &\Leftrightarrow a_i^T x \leq b_i \quad \text{und} \quad a_i^T x \geq b_i \\
(\text{LP2}) &\Leftrightarrow a_i^T x \leq b_i \quad \text{und} \quad -a_i^T x \leq -b_i \\
(\text{LP3}) &\Leftrightarrow -a_i^T x \geq -b_i \quad \text{und} \quad a_i^T x \geq b_i
\end{aligned}
$$

Während die Standardformen LP2 und LP3 für die Formulierung realer Problemstellungen herangezogen werden können, stellt das lineare **Optimierungsproblem in Normalform**, auch **LP1** genannt, ein Problem dar, das weniger in der Realität anzutreffen ist, dafür aber rechentechnische Vorteile mit sich bringt. Dies wird bei der Darstellung des Simplexalgorithmus in Abschnitt 3.3.2 noch ersichtlich. Dieses Problem ist charakterisiert durch eine lineare, zu maximierende Zielfunktion

$$(c_0) + c_1 x_1 + \dots + c_n x_n \rightarrow \max$$

und lineare Nebenbedingungen, die mit Ausnahme der Nichtnegativitätsbedingungen alle in Form von Gleichungen vorliegen:

$$
\begin{aligned}
a_{11} x_1 + \dots + a_{1n} x_n &= b_1 \\
\vdots \qquad\qquad \vdots &\quad \vdots \\
a_{m1} x_1 + \dots + a_{mn} x_n &= b_m \\
x_1, \dots, x_n &\geq 0
\end{aligned}
$$

Des Weiteren lässt sich das Problem LP1 in Matrizenschreibweise wie folgt formulieren:

$$
\begin{aligned}
c^T x &\rightarrow \max \\
Ax &= b \\
x &\geq 0
\end{aligned}
$$

Jedes lineare Optimierungsproblem kann durch Einführung von **Schlupfvariablen** in Normalform gebracht werden. Für die Standardformen LP2 und LP3 ergibt sich dies wie folgt:

$$(LP2) \qquad c^T x \to \max \quad \text{mit} \quad A \cdot x + y = b, \quad x, y \geq 0$$

$$(LP3) \qquad c^T x \to \min \quad \text{mit} \quad A \cdot x - y = b, \quad x, y \geq 0$$

Für das LP2 ist diese Umwandlung exemplarisch noch einmal ausführlicher dargestellt:

$$
\begin{aligned}
c_1 x_1 + \ldots + c_n x_n + 0 y_1 + 0 y_2 + \ldots + 0 y_m \quad &\to \quad \max \\
a_{11} x_1 + \ldots + a_{1n} x_n + y_1 \qquad\qquad &= \quad b_1 \\
a_{21} x_1 + \ldots + a_{2n} x_n \qquad + y_2 \qquad &= \quad b_2 \\
\vdots \qquad\qquad \vdots \qquad\qquad &\qquad \vdots \\
a_{m1} x_1 + \ldots + a_{mn} x_n \qquad\qquad + y_m &= \quad b_m \\
x_1, \ldots, x_n &\geq 0 \\
y_1, \ldots, y_m &\geq 0
\end{aligned}
$$

Die Schlupfvariablen y_i ($i = 1, \ldots, m$) füllen also die Nebenbedingungen soweit auf, dass eine Gleichheit vorliegt. Für $y_i = 0$ gilt folglich, dass die i-te Nebenbedingung ausgeschöpft ist, während $y_i > 0$ andeutet, dass die i-te Nebenbedingung noch nicht ausgeschöpft ist, also beispielsweise Leerkapazitäten einer Maschine vorhanden sind.

3.3.1   Existenz und Eindeutigkeit der Lösungen

Nachfolgend soll kurz diskutiert werden, wann ein lineares Optimierungsproblem überhaupt eine Lösung besitzt und, falls es lösbar ist, ob eine einzige oder mehrere Lösungen vorliegen. Den Ausgangspunkt der Betrachtung stellt ein lineares Optimierungsproblem mit dem Zulässigkeitsbereich Z dar. Dieser Zulässigkeitsbereich kann leer sein. In diesem Fall ist auch der Optimalbereich als Teilmenge von Z leer und es existiert keine Optimallösung.

Abbildung 3.8   Bestimmung der Optimallösung für das Beispiel

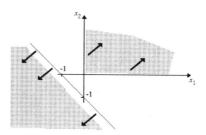

Quelle: Eigene Darstellung

Beispiel:

Betrachtet wird ein Optimierungsproblem mit den Nebenbedingungen $x_1 + x_2 \leq -1$ und $x_i \geq 0$ für $i = 1, 2$. Eine graphische Darstellung dieser Nebenbedingungen findet sich in der Abbildung 3.8. Wie zu sehen ist, weisen die Nebenbedingung $x_1 + x_2 \leq -1$ und die Nichtnegativitätsbedingungen keinen Schnittbereich auf, so dass der Zulässigkeitsbereich leer ist. Unabhängig von der Zielfunktion existiert damit auch keine optimale Lösung.

Falls der Zulässigkeitsbereich Z nicht leer ist, dann ist Z auf jeden Fall konvex. Dies liegt daran, dass Schnittmengen konvexer Mengen wieder konvex sind. Des Weiteren kann in diesem Fall eine Optimallösung existieren oder nicht. Dies hängt letztendlich davon ab, ob Z beschränkt oder unbeschränkt ist. Ist Z beschränkt, dann ist der Optimalbereich auf jeden Fall ungleich der leeren Menge, also $Z \neq \emptyset$ und Z beschränkt $\Rightarrow Z^* \neq \emptyset$. Falls der Zulässigkeitsbereich unbeschränkt ist, kann eine optimale Lösung zwar existieren, dies muss aber nicht zwingend der Fall sein. Das nachfolgende Beispiel soll diesen Sachverhalt illustrieren.

Beispiel:

Betrachtet wird ein Optimierungsproblem mit der zu maximierenden Zielfunktion $-x_1 + c_2 x_2$ unter den Nebenbedingungen $x_1 - x_2 \geq -1$ und $x_1, x_2 \geq 0$. In der Abbildung 3.9 ist der Zulässigkeitsbereich des Problems dargestellt. Für c_2 werden nun folgende Werte betrachtet:

a) $c_2 = 2$

b) $c_2 = 1$

c) $c_2 = 0{,}5$

d) $c_2 = 0$

Abbildung 3.9   Bestimmung der Optimallösung für das Beispiel

---

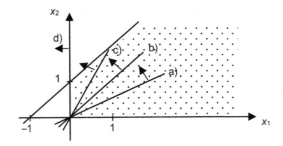

Quelle: Eigene Darstellung

Die resultierenden Zielfunktionen der Fälle a) bis d) sind ebenfalls in der Abbildung 3.9 im Ursprung des Koordinatensystems dargestellt. Für $c_2 = 2$ existiert keine Optimallösung, da der Zulässigkeitsbereich rechts oben unbeschränkt ist und die Zielfunktion damit beliebig weit nach rechts oben geschoben werden kann. Im Fall $c_2 = 1$ entspricht die Steigung der Zielfunktion der Steigung der Nebenbedingung $x_1 - x_2 \geq -1$ bzw. $x_2 \leq 1 + x_1$, so dass jeder Punkt auf dem oberen Rand von Z optimal ist. Für $c_2 = 0{,}5$ ist nur der Punkt $(x_1, x_2) = (0, 1)$ optimal und für $c_2 = 0$ jeder Punkt auf der Strecke zwischen $(x_1, x_2) = (0, 0)$ und $(x_1, x_2) = (0, 1)$.

Dieses Beispiel verdeutlich auch, dass die Optimallösung, falls sie überhaupt existiert, nicht immer eindeutig bestimmt ist. Unter den Optimallösungen befindet sich aber immer mindestens ein **Eckpunkt** von Z, so dass es ausreicht, unter den Ecken von Z nach Optimallösungen zu suchen. Falls zwei Ecken Optimallösungen sind, so ist auch jeder Punkt auf der Verbindungsstrecke dieser beiden Ecken optimal. Gesucht ist nun ein Algorithmus, der die Ecken möglichst effizient nach Optimallösungen absucht. Dieser Algorithmus wird im nächsten Abschnitt ausführlich vorgestellt.

3.3.2   Simplexalgorithmus

Den Ausgangspunkt des Simplexalgorithmus stellt zunächst ein LP2 mit $b \geq 0$ dar. Dieses Problem wird, wie bereits gezeigt, in ein LP1 überführt, das sich wie folgt ergibt:

$$
\begin{aligned}
c_1 x_1 + \ldots + c_n x_n & & & \rightarrow \max \\
a_{11} x_1 + \ldots + a_{1n} x_n + y_1 & & &= b_1 \\
a_{21} x_1 + \ldots + a_{2n} x_n & + y_2 & &= b_2 \\
\vdots \qquad\qquad \vdots & & & \vdots \\
a_{m1} x_1 + \ldots + a_{mn} x_n & & + y_m &= b_m \\
& x_1, \ldots, x_n &\geq 0 \\
& y_1, \ldots, y_m &\geq 0
\end{aligned}
$$

Die Darstellung in Matrizenschreibweise für dieses Problems resultiert dann mit

$$
\begin{aligned}
c^T x & \rightarrow \max \\
Ax + Ey = (A, E)\begin{pmatrix} x \\ y \end{pmatrix} &= b \\
x, y &\geq 0,
\end{aligned}
$$

wobei c und x Vektoren der Dimension n, b und y Vektoren der Dimension m, A eine $(m \times n)$-Matrix, E die $(m \times m)$-Einheitsmatrix und somit (A, E) eine $(m \times (n+m))$-Matrix sind.

Eine zulässige Lösung (x^T, y^T) des oben stehenden Problems wird als **Basislösung** bezeichnet, wenn n Variablen gleich null sind und die zu den restlichen m Variablen gehörenden Spaltenvektoren aus (A, E) linear unabhängig sind. Diese m linear unabhängigen Variablen heißen dann **Basisvariablen**, die übrigen n Variablen werden entsprechend als **Nichtbasisvariablen** bezeichnet. Genau dann, wenn (x^T, y^T) eine Basislösung ist, ist x auch ein Eckpunkt des Zulässigkeitsbereichs des ursprünglichen LP2.

Damit wird nun auch klar, warum die Bedingung $b \geq 0$ gefordert wird. Diese Bedingung gewährleistet nämlich, dass eine erste Basislösung und damit ein Start-Eckpunkt x^0 direkt mit dem Ausgangsproblem vorliegt, wie das nachfolgende Beispiel verdeutlicht.

Beispiel:

Nachfolgend wird das in Abschnitt 3.2 bereits dargestellte Produktionsplanungsbeispiel mit den in Tabelle 3.4 angegebenen Daten aufgegriffen. Bei diesem Problem handelt es sich um ein LP2 mit $b \geq 0$. Eine Überführung dieses Problems in ein LP1 liefert folgende Darstellung:

$$
\begin{aligned}
\text{ZF:} \quad & 4x_1 + 5x_2 \quad \rightarrow \max \\
\text{NB:} \quad & x_1 + 3x_2 + y_1 && = 1500 && \text{(I)} \\
& 2x_1 + x_2 \quad + y_2 && = 1200 && \text{(II)} \\
& x_1 + x_2 \quad\quad + y_3 && = 700 && \text{(III)} \\
& x_1, x_2, y_1, y_2, y_3 && \geq 0 && \text{(IV)}, \dots, \text{(VIII)}
\end{aligned}
$$

Anhand der Nebenbedingungen ist sofort ersichtlich, dass $m = 3$ Spaltenvektoren in (A, E) linear unabhängig sind, und zwar die Spalten im Bereich der Einheitsmatrix E. Die diese Spaltenvektoren repräsentierenden Schlupfvariablen y_1, y_2 und y_3 sind damit die Basisvariablen, während die $n = 2$ Variablen x_1 und x_2 die Nichtbasisvariablen darstellen. Für $x_1 = 0$ und $x_2 = 0$ liegt damit direkt eine Basislösung vor, die sich mit $(x^T, y^T) = (0, 0, 1500, 1200, 700)$ ergibt. Damit stellt die Lösung $x^T = (0, 0)$ mit dem Zielfunktionswert 0 bereits einen ersten Eckpunkt des Zulässigkeitsbereichs des LP2 dar, wie in der Abbildung 3.10 ersichtlich ist.

Abbildung 3.10 Basislösungen und Eckpunkte des Beispiels

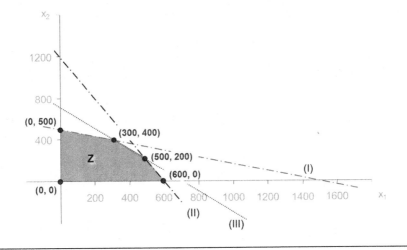

Ausgehend vom Start-Eckpunkt x^0 werden nun im Rahmen des Simplexalgorithmus die benachbarten Eckpunkte bzw. Basislösungen bezüglich der Zielfunktion betrachtet und es wird dabei derjenige Eckpunkt als neue Basislösung gewählt, der den höheren Zielfunktionswert aufweist. Damit erfolgt also in jedem Iterationsschritt im Normalfall der Übergang von einem Eckpunkt von Z zu einem benachbarten, um eine Verbesserung des Zielfunktionswerts zu erreichen. Dieser Übergang stellt eine Basistransformation dar, bei der eine Basisvariable zu einer Nichtbasisvariable und umgekehrt wird.

Beispiel:

Ausgehend vom bereits ermittelten Start-Eckpunkt $(0, 0)$ des vorherigen Beispiels existieren zwei benachbarte Eckpunkte $(0, 500)$ und $(600, 0)$, wie der Abbildung 3.10 entnommen werden kann. Da die Zielfunktion $4x_1 + 5x_2$ in Richtung x_2 stärker ansteigt, wird x_2 neu in die Basis aufgenommen. Bei Betrachtung der Nebenbedingungen (I), (II) und (III) zeigt sich, dass die Bedingung (I) den Wert für die Variable x_2 am stärksten einschränkt, denn gemäß dieser Bedingung kann x_2 maximal den Wert 500 annehmen (gemäß den Bedingungen (II) bzw. (III) wären Maximalwerte von 1200 bzw. 700 für x_2 möglich). Damit ist sofort ersichtlich, dass die Nebenbedingung (I) nach dem Basistausch komplett ausgeschöpft und damit y_1 nicht mehr in der Basis enthalten sein wird. Im Einzelnen ergeben sich die folgenden Transformationen im Restriktionssystem:

(I) $x_1 + 3x_2 + y_1 = 1500$ $\Leftrightarrow \frac{1}{3}x_1 + x_2 + \frac{1}{3}y_1 = 500$
          $\Leftrightarrow x_2 = 500 - \frac{1}{3}x_1 - \frac{1}{3}y_1$

(II) $2x_1 + x_2 + y_2 = 1200$ (x_2 gemäß (I) ersetzen)
          $2x_1 + 500 - \frac{1}{3}x_1 - \frac{1}{3}y_1 + y_2 = 1200$ $\Leftrightarrow \frac{5}{3}x_1 - \frac{1}{3}y_1 + y_2 = 700$

(III) $x_1 + x_2 + y_3 = 700$ (x_2 gemäß (I) ersetzen)
          $x_1 + 500 - \frac{1}{3}x_1 - \frac{1}{3}y_1 + y_3 = 700$ $\Leftrightarrow \frac{2}{3}x_1 - \frac{1}{3}y_1 + y_3 = 200$

Aus der rechten Darstellung des Restriktionssystems ist erkennbar, dass x_2, y_2 und y_3 die Basisvariablen sowie x_1 und y_1 die Nichtbasisvariablen sind. Mit $x_1 = 0$ und $y_1 = 0$ resultiert dann die Basislösung $(0, 500, 0, 700, 200)$ und damit die nächste Ecke $(0, 500)$. Mit c als Zielfunktionswert kann für die Zielfunktion analog eine entsprechende Umformung durchgeführt werden:

ZF: $4x_1 + 5x_2 = c$ $\Leftrightarrow$
        $c - 4x_1 - 5x_2 = 0$ (x_2 gemäß (I) ersetzen)
        $c - 4x_1 - 5 \cdot (500 - \frac{1}{3}x_1 - \frac{1}{3}y_1) = 0$ $\Leftrightarrow c - \frac{7}{3}x_1 + \frac{5}{3}y_1 = 2500$

Aufgrund von $x_1 = 0$ und $y_1 = 0$ kann der Zielfunktionswert mit $c = 2500$ direkt abgelesen werden.

Die in diesem Beispiel dargestellten Berechnungen können mithilfe eines **Simplex-Tableaus** schematisiert und vereinfacht werden. Eine **Basistransformation** bzw. ein **Basistausch** kann in diesen Tableaus mittels eines entsprechend angepassten **Gauß-Algorithmus** durchgeführt

werden. Um den Gauß-Algorithmus anwenden zu können, muss das Ausgangsproblem zunächst in ein Starttableau überführt werden, wie es in der Abbildung 3.11 dargestellt ist.

Abbildung 3.11   Starttableau des Simplexalgorithmus

Var	x_1	...	x_n	y_1	...	y_m	
ZF	$-c_1$	...	$-c_n$	0	0	0	0
NB	a_{11}	...	a_{1n}	1	...	0	b_1
	$\vdots$		$\vdots$	$\vdots$		$\vdots$	$\vdots$
	a_{m1}	...	a_{mn}	0	...	1	b_m

Quelle: Eigene Darstellung

Die Zeilen der Nebenbedingungen ergeben sich entsprechend der mathematischen Formulierung im LP1, d. h. hier müssen nur die jeweiligen Koeffizienten übertragen werden. In der
Zeile der Zielfunktion werden die Zielfunktionskoeffizienten hingegen mit umgekehrtem
Vorzeichen eingetragen, da die Zielfunktion mit c als Zielfunktionswert wie folgt umgestellt
werden muss:

$$c = c_1 x_1 + ... + c_n x_n \Leftrightarrow c - c_1 x_1 - ... - c_n x_n = 0$$

Damit wird im Starttableau in der letzten Spalte der Zielfunktionszeile der Zielfunktionswert
der Startlösung festgehalten. Sofern keine Konstante in der Zielfunktion enthalten ist, ist dieser Wert grundsätzlich 0. Im Prinzip könnte man sich im Tableau auch eine mit c bezeichnete
Spalte mit einem weiteren Einheitsvektor mit der 1 in der Zielfunktionszeile vorstellen. Darauf kann aber verzichtet werden, da c linear von $x_1, ..., x_n$ abhängt und c ohnehin nicht aus
der Basis herausgenommen wird.

Die Wahl von **Pivotzeile** und **Pivotspalte** bedingt nun, welche Basistransformation durchgeführt wird und wirkt somit entscheidend auf den Erfolg des Algorithmus. Um das Prinzip
zu verstehen, soll nachfolgend der im vorherigen Beispiel bereits dargestellte Basistausch
nun mithilfe eines Simplex-Tableaus erfolgen.

Beispiel:

Das Starttableau für das Produktionsplanungsbeispiel ist in der Abbildung 3.12 angegeben.
Zunächst muss die Pivotspalte ausgewählt werden. Dazu wird die Spalte mit dem kleinsten
(negativen) Wert in der Zielfunktionszeile ausgewählt, in diesem Fall die Spalte mit der Variablen x_2. Sie entspricht der Nichtbasisvariable, die pro Einheit den Zielfunktionswert am
stärksten erhöht. Diese Wahl ist zwar sinnvoll, muss aber nicht zwingend so erfolgen. Grundsätzlich können alle Spalten mit einem negativen Wert in der Zielfunktionszeile als
Pivotspalte gewählt werden. Damit wird hier auf jeden Fall eine Verbesserung des Zielfunktionswerts erreicht, allerdings kann es dann unter Umständen länger dauern, bis der optima-

le Zielfunktionswert resultiert. Anders ist dies bei der Wahl der Pivotzeile. Hier muss zwingend die Zeile in den Nebenbedingungen gewählt werden, die einen Engpass für die Erhöhung der ausgewählten Nichtbasisvariablen darstellt. Dazu werden für die Nebenbedingungen in jeder Zeile die Restriktionskoeffizienten durch die jeweiligen Koeffizienten der Pivotspalte dividiert. Im Beispiel sind das die folgenden Rechnungen: NB I: 1500/3 = 500, NB II: 1200/1 = 1200, NB III: 700/1 = 700. Der Engpass liegt folglich in der Nebenbedingung I vor, x_2 darf somit maximal 500 betragen. Die Wahl einer anderen Zeile als Pivotzeile hätte zur Folge, dass die nach dem Basistausch resultierende Lösung nicht mehr zulässig wäre. Durch Pivotspalte und -zeile, in der Abbildung 3.12 grau hervorgehoben, wird letztendlich das **Pivotelement** festgelegt.

Abbildung 3.12   Starttableau für das Produktionsplanungsbeispiel

Var	x_1	x_2	y_1	y_2	y_3	
ZF	-4	-5	0	0	0	0
NB I	1	3	1	0	0	1500
NB II	2	1	0	1	0	1200
NB III	1	1	0	0	1	700

Quelle: Eigene Darstellung

Abbildung 3.13   Erste Basistransformation für das Produktionsplanungsbeispiel

Gauß-Algorithmus

Var	x_1	x_2	y_1	y_2	y_3	
❶	-4	-5	0	0	0	0
❷	1	3	1	0	0	1500
❸	2	1	0	1	0	1200
❹	1	1	0	0	1	700

Var	x_1	x_2	y_1	y_2	y_3		Operation
❺	-7/3	0	5/3	0	0	2500	= ❶ + 5/3 ❷
❻	1/3	1	1/3	0	0	500	= 1/3 ❷
❼	5/3	0	-1/3	1	0	700	= ❸ - 1/3 ❷
❽	2/3	0	-1/3	0	1	200	= ❹ - 1/3 ❷

Quelle: Eigene Darstellung

Ausgehend vom Starttableau wird nun ein Folgetableau ermittelt, das die neue Basislösung enthält. Die Anwendung des Gauß-Algorithmus führt zu den in der Abbildung 3.13 darge-stellten Ergebnissen. Dabei werden die elementaren Zeilentransformationen mit dem Ziel festgelegt, im Folgetableau in der Pivotspalte einen Einheitsvektor zu generieren, bei dem die 1 an der Stelle des Pivotelements steht. Um zu gewährleisten, dass die anderen Einheits-vektoren dabei erhalten bleiben, sollten die Zeilentransformationen immer wie folgt festge-legt werden:

- Die Pivotzeile wird durch das Pivotelement dividiert.

- Bei allen anderen Zeilen wird ausgehend von der jeweiligen Zeile ein Vielfaches der Pivotzeile addiert oder subtrahiert, so dass der gewünschte Wert 0 in der Pivotspalte re-sultiert.

Aus dem Tableau können nun die neue Basislösung mit (0, 500, 0, 700, 200) sowie der Ziel-funktionswert mit 2500 abgelesen werden. Diese Lösung stellt allerdings noch keine Opti-mallösung dar, da aufgrund eines negativen Werts in der Zielfunktionszeile weiteres Ver-besserungspotential besteht, wie die nachfolgende Umformung der neuen Zielfunktionszeile (Zeile 5 in der Abbildung 3.13) zeigt:

$$c - 7/3\,x_1 + 5/3\,y_1 = 2500 \iff c = 2500 + 7/3\,x_1 - 5/3\,y_1$$

Durch Aufnahme der Variablen x_1 in die Basis wäre also eine Erhöhung des Zielfunktions-werts möglich, so dass eine weitere Basistransformation durchgeführt werden muss. Diese ist in der Abbildung 3.14 dargestellt.

Abbildung 3.14   Zweite Basistransformation für das Produktionsplanungsbeispiel

Var	x_1	x_2	y_1	y_2	y_3	
❺	-7/3	0	5/3	0	0	2500
❻	1/3	1	1/3	0	0	500
❼	5/3	0	-1/3	1	0	700
❽	2/3	0	-1/3	0	1	200

Var	x_1	x_2	y_1	y_2	y_3		Operation
❾	0	0	1/2	0	7/2	3200	= ❺+ 7/2 ❽
❿	0	1	1/2	0	-1/2	400	= ❻ - 1/2 ❽
⓫	0	0	1/2	1	-5/2	200	= ❼ - 5/2 ❽
⓬	1	0	-1/2	0	3/2	300	= 3/2 ❽

Quelle: Eigene Darstellung

Die Wahl der Pivotspalte ist hier eindeutig, da nur eine negative Zahl in der Zielfunktionszeile steht. Die Wahl der Pivotzeile erfolgt wiederum über die bereits angesprochene Engpassprüfung: NB I: 500/(1/3) = 1500, NB II: 700/(5/3) = 420, NB III: 200/(2/3) = 300. Der Engpass liegt folglich in der Nebenbedingung III vor, x_1 darf somit maximal 300 betragen. Pivotspalte und -zeile sind in der Abbildung 3.14 wiederum grau hervorgehoben. Die ebenfalls dort angegebenen Zeilentransformationen führen schließlich zu einem Folgetableau, das zugleich ein Endtableau darstellt, da aufgrund der ausschließlich nicht-negativen Zielfunktionskoeffizienten keine weitere Verbesserung mehr möglich ist. Die resultierende Optimallösung kann mit $x^{*T} = (300, 400)$ bei einem Zielfunktionswert von 3200 wiederum aus dem Tableau direkt abgelesen werden.

Nachfolgend soll das Simplexverfahren noch in seiner allgemeinen Form dargestellt werden. Grundsätzlich läuft das Verfahren in den folgenden Schritten ab:

1. **Ausgangspunkt:** LP2 mit $b \geq 0$, das in ein LP1 überführt und in ein Starttableau gemäß Abbildung 3.11 übertragen wird.

2. **Basistransformationen bzw. Eckentausch:**

   (a) Wahl der **Pivotspalte** j aus $\min_{v}\{-c_v : -c_v < 0\} = -c_j$

   (b) Wahl der **Pivotzeile** i aus $\min_{\mu}\left\{\dfrac{b_\mu}{a_{\mu j}} : a_{\mu j} > 0\right\} = \dfrac{b_i}{a_{ij}}$

   Durch (a) und (b) erhält man das **Pivotelement** a_{ij}

   (c) Berechnung des **Folgetableaus** (Koeffizienten $\hat{a}_{\mu r}, \hat{b}_\mu, \hat{c}_r$ und $\hat{c}$) durch elementare Zeilentransformationen aus dem vorherigen Tableau (Koeffizienten $a_{\mu r}, b_\mu, c_r$ und c):

   - **Pivotzeile** i: $\hat{a}_{ir} = \dfrac{a_{ir}}{a_{ij}}, \hat{b}_i = \dfrac{b_i}{a_{ij}}$

   - **Pivotspalte** j: $\hat{a}_{\mu j} = 0$ für $\mu \neq i, \hat{a}_{ij} = 1, \hat{c}_j = 0$

   - **Restliche Zeilen** $\mu \neq i$: $\hat{a}_{\mu r} = a_{\mu r} - \dfrac{a_{\mu j} \cdot a_{ir}}{a_{ij}}, \hat{b}_\mu = b_\mu - \dfrac{a_{\mu j} \cdot b_i}{a_{ij}}, \hat{c}_r = c_r - \dfrac{c_j \cdot a_{ir}}{a_{ij}}, \hat{c} = c - \dfrac{c_j \cdot b_i}{a_{ij}}$

3. **Wiederholung der Basistransformationen:** Wiederholung von Schritt 2, bis die linke Seite der Zielfunktionszeile nur noch nicht-negative Werte enthält (Ablesen der Optimallösung aus dem daraus resultierenden Endtableau).

In Schritt 2 Teil (a) wird also die Variable bestimmt, in deren Richtung der Zielfunktionswert verbessert werden soll. Grundsätzlich kann jede Variable gewählt werden, die den Zielfunktionswert verbessert, typischerweise wird aber diejenige Variable genommen, die die stärkste Steigerung verspricht. Die in Schritt 2 Teil (b) dargestellte Herangehensweise garantiert die Einhaltung aller Nebenbedingungen und zugleich erfolgt eine maximale Erhöhung der neuen Basisvariablen. Das aus den Teilen (a) und (b) in Schritt 2 resultierende Pivotelement muss grundsätzlich positiv sein und legt letztendlich fest, welche bisherige Basisvariable nun Nichtbasisvariable wird. In Teil (c) des zweiten Schritts erfolgt schließlich die

Berechnung des Folgetableaus. Dabei wird in der Pivotzeile durch das Pivotelement dividiert, die Pivotspalte wird zum entsprechenden Einheitsvektor und die restlichen Transformationen entsprechen den im Beispiel bereits dargestellten Berechnungen. Beim Ablesen der
Optimallösung in Schritt 3 ist noch zu beachten, dass Werte für die Variablen direkt aus der
Spalte der Restriktionskoeffizienten abgelesen werden können, sofern es sich um Basisvariablen handelt. Die 1 des Einheitsvektors gibt dabei für die jeweilige Variable die Zeile an, in
der der Wert entnommen werden kann. Die Nichtbasisvariablen werden gleich 0 gesetzt und
der Zielfunktionswert steht im Endtableau oben rechts.

Abschließend erfolgen noch ein paar **Sonderfälle** bzw. **Anmerkungen** zum Simplexverfahren. Ist im LP2 die Bedingung $b \geq 0$ verletzt, d. h. es existiert mindestens ein $b_\mu < 0$, dann kann
die aufgezeigte Konstruktion einer Ausgangs-Basislösung nicht durchgeführt werden. Dies
hängt damit zusammen, dass die zugehörige Schlupfvariable y_μ negativ und damit nicht zulässig wäre. In diesem Fall kann die **Zwei-Phasen-Methode** zur Anwendung kommen, die
im nächsten Abschnitt gleich ausführlich vorgestellt wird.

Eine weitere Anmerkung betrifft die mögliche Situation, dass in einer Pivotspalte j alle $a_{\mu j} \leq 0$
sind. Da beim Simplexalgorithmus grundsätzlich nur positive Pivotelemente gewählt werden dürfen, kann folglich kein Basistausch durchgeführt werden, obwohl eine Verbesserung
des Zielfunktionswert möglich wäre. In diesem Fall ist der Zulässigkeitsbereich unbeschränkt und es existiert keine optimale Lösung, wie das nachfolgende Beispiel verdeutlicht.

Beispiel:

Betrachtet wird das folgende Optimierungsproblem:

$$x_1 + x_2 \rightarrow \max$$
$$-x_1 - x_2 \leq 5$$
$$-2x_1 - 3x_2 \leq 10$$
$$x_1, x_2 \geq 0$$

Das zugehörige Starttableau ist in der nachfolgenden Abbildung 3.15 angegeben.

Abbildung 3.15 Starttableau für das Beispiel mit unbeschränktem Zulässigkeitsbereich

Var	x_1	x_2	y_1	y_2	
ZF	-1	-1	0	0	0
NB I	-1	-1	1	0	5
NB II	-2	-3	0	1	10

Quelle: Eigene Darstellung

Die Spalten der beiden Variablen x_1 und x_2 könnten jeweils als Pivotspalte gewählt werden, da in beiden Fällen der Wert in der Zielfunktionszeile negativ ist und damit eine Verbesserung der Zielfunktion erreicht werden könnte. Allerdings sind sämtliche Koeffizienten der Nebenbedingungen in diesen Spalten negativ. Damit ist der Zulässigkeitsbereich unbeschränkt und es existiert keine Optimallösung. Dies ist auch sofort ersichtlich, wenn man das Ausgangsproblem genauer betrachtet. Für nicht-negative Werte von x_1 und x_2 sind die Nebenbedingungen grundsätzlich erfüllt, so dass der optimale Zielfunktionswert gegen Unendlich geht und es folglich keine optimale Lösung gibt.

Bei der Durchführung des Simplexalgorithmus kann es passieren, dass die Wahl der Pivotspalte j bzw. Pivotzeile i nicht eindeutig ist, da die jeweilige Minimierung mehrere Lösungen zur Folge hat. Diese Situation lag im Übrigen beim letzten Beispiel vor, da hier die Wahl der Pivotspalte nicht eindeutig war. In so einem Fall besteht grundsätzlich Wahlfreiheit. Falls der Simplexalgorithmus allerdings in entsprechender Software implementiert werden soll, muss eine konkrete Anweisung gegeben werden, so dass hier meist der kleinste Index j bzw. i gewählt wird.

Eine weitere Besonderheit, die beim Simplexverfahren auftreten kann, ist die Situation, dass im Endtableau für eine Nichtbasisvariable der Wert des Zielfunktionskoeffizienten 0 beträgt. In diesem Fall kann die entsprechende Variable ohne Veränderung des Zielfunktionswerts in die Basis aufgenommen werden, so dass eine weitere optimale Lösung resultiert. Dies kann auch gleichzeitig bei mehreren Nichtbasisvariablen vorkommen, wodurch sich die Anzahl optimaler Basislösungen entsprechend erhöht. Letztendlich sind damit aber auch alle **Konvexkombinationen** dieser Lösungen Optimallösungen, wie das nachfolgende Beispiel illustriert.

Beispiel:

Betrachtet wird das folgende Optimierungsproblem:

$$5x_1 + 5x_2 + 1 \rightarrow \max$$
$$2x_1 + x_2 \leq 12$$
$$x_1 + x_2 \leq 7$$
$$x_1, x_2 \geq 0$$

In der Abbildung 3.16 ist das Simplexverfahren für dieses Problem dargestellt. Im Starttableau ist in der Zeile 1 zu beachten, dass die Konstante der Zielfunktion bereits als erster Zielfunktionswert oben rechts eingetragen werden muss. Mit den Zeilen 7 bis 9 resultiert dann nach zwei Basistransformationen (die jeweiligen Pivotelemente sind hellgrau hervorgehoben) bereits ein Endtableau, da in der Zielfunktionszeile (Zeile 7) keine negativen Werte mehr enthalten sind. Allerdings weist diese Zeile in der Spalte der Nichtbasisvariablen y_1 den Wert 0 auf, so dass ein weiterer Basistausch ohne Veränderung des Zielfunktionswerts durchgeführt werden kann. Diese Basistransformation führt zu dem Endtableau in den Zeilen 10 bis 12. Auch in der Zeile 10 ist der Wert in der Spalte der Nichtbasisvariablen x_1 gleich 0, ein entsprechender Basistausch würde aber wieder zu den Zeilen 7 bis 9 führen. Aus den beiden Endtableaus können nun mit (5, 2) und (0, 7) die beiden optimalen Lösungen sowie der optimale Zielfunktionswert mit 36 abgelesen werden. Die Konvexkombination dieser Lösungen liefert dann den Optimalbereich für das betrachtete Problem, der sich wie folgt ergibt:

$$Z^* = \left\{ x \in \mathbb{R}_+^2 : x = \lambda \begin{pmatrix} 5 \\ 2 \end{pmatrix} + (1 - \lambda) \begin{pmatrix} 0 \\ 7 \end{pmatrix}, \ \lambda \in [0, 1] \right\}$$

Abbildung 3.16 Simplexverfahren für das Beispiel mit mehrdeutiger Lösung

Var	x_1	x_2	y_1	y_2	Wert	Operation
❶	-5	-5	0	0	1	
❷	2	1	1	0	12	
❸	1	1	0	1	7	
❹	0	-5/2	5/2	0	31	❶ + 5/2 ❷
❺	1	1/2	1/2	0	6	1/2 ❷
❻	0	1/2	-1/2	1	1	❸ - 1/2 ❷
❼	0	0	0	5	36	❹ + 5 ❻
❽	1	0	1	-1	5	❺ - ❻
❾	0	1	-1	2	2	2 ❻
❶❿	0	0	0	5	36	❼
❶❶	1	0	1	-1	5	❽
❶❷	1	1	0	1	7	❾ + ❽

Quelle: Eigene Darstellung

Eine abschließende Bemerkung betrifft die Werte $-c_{n+1}$, ..., $-c_{n+m}$ des Endtablaus, also die Koeffizienten der Zielfunktionszeile in den Spalten der Schlupfvariablen y_1, ..., y_m. Diese Werte stellen die **Schattenpreise** für eine zusätzliche Einheit bei den Nebenbedingen 1, ..., m dar. Sie geben damit an, um wie viele Einheiten sich der Zielfunktionswert verändert, wenn der Restriktionskoeffizient der entsprechenden Nebenbedingung um eine Einheit verändert wird. Falls dieser Schattenpreis 0 ist, bedeutet dies, dass die entsprechende Nebenbedingung nicht ausgeschöpft ist und damit eine zusätzliche Einheit keinen Wert besitzt. In diesem Fall handelt es sich typischerweise um eine Basisvariable. Falls der Schattenpreis größer als 0 ist, ist die entsprechende Nebenbedingung ausgeschöpft und die zugehörige Schlupfvariable ist eine Nichtbasisvariable. Falls also bei dieser Nebenbedingung eine Restriktionseinheit weniger vorliegen würde, würde der Zielfunktionswert um diesen Schattenpreis sinken und umgekehrt. Dieser Sachverhalt soll mit dem nachfolgenden Beispiel noch einmal kurz aufgegriffen werden.

Beispiel:

Im vorherigen Beispiel wurden in der Abbildung 3.16 bereits die Schattenpreise in der Zeile 7 bzw. 10 dunkelgrau hervorgehoben. In der Spalte der Schlupfvariablen y_1 findet sich der Wert 0, d. h. eine Restriktionseinheit der ersten Nebenbedingung besitzt keinen Wert, da es eine Lösung gibt, bei der diese Nebenbedingung nicht ausgeschöpft ist. Hier würde zwar die Lösung (5, 2) die erste Nebenbedingung ausschöpften, aber es gibt beispielsweise auch die Lösung (0, 7), bei der die Nebenbedingung nicht ausgeschöpft ist. Anders ist dies bei der zweiten Nebenbedingung, die von allen Lösungen des Optimalbereichs jeweils komplett ausgeschöpft wird. Der Schattenpreis liegt hier bei 5, d. h. wenn von dieser Restriktion beispielsweise eine Einheit weniger vorliegen würde (also 6 statt der 7 Einheiten), dann würde der Zielfunktionswert um 5 Einheiten sinken.

3.3.3   Zwei-Phasen-Methode

Im vorherigen Abschnitt wurde der Simplexalgorithmus ausführlich vorgestellt, der allerdings ein LP2 mit $b \geq 0$ voraussetzt. Die Besonderheit dieses Problems besteht darin, dass der Nullpunkt für dieses Problem eine zulässige Lösung darstellt und somit als Startecke im Rahmen des Simplexalgorithmus verwendet werden kann (vgl. dazu den Zulässigkeitsbereich des Produktionsplanungsbeispiels in Abbildung 3.3). Da bei Abweichungen von dieser Standardform der Nullpunkt im Allgemeinen nicht mehr zum zulässigen Bereich gehört und damit also keine zulässige Ausgangslösung darstellt (vgl. dazu den Zulässigkeitsbereich des Mischungsbeispiels in Abbildung 3.6), muss bei derartigen Problemen zuerst nach einer zulässigen Basislösung gesucht werden. Dies stellt in der Zwei-Phasen-Methode die **1. Phase** dar. Dabei kann der sogenannte **duale Simplexalgorithmus** zur Anwendung kommen, der nachfolgend noch ausführlicher vorgestellt wird. Nachdem am Ende der 1. Phase eine zulässige Basislösung gefunden wurde, erfolgt in der **2. Phase** die Suche nach dem Optimum mit Hilfe des normalen Simplexverfahrens.

Die Zwei-Phasen-Methoden läuft nach folgendem Schema ab:

- **Ausgangspunkt:** LP2 mit b beliebig, das in ein LP1 überführt und in ein Starttableau gemäß Abbildung 3.11 übertragen wird.

- **1. Phase:** Überführung einer unzulässigen in eine zulässige Basislösung durch veränderte Auswahl von Pivotzeile und -spalte gegenüber dem Standardsimplexverfahren:

  - **Wahl der Pivotzeile** i aus $\min_{\mu}\left\{b_{\mu} : b_{\mu} < 0\right\} = b_i$

  - **Wahl der Pivotspalte** j aus $\max_{v}\left\{\dfrac{c_v}{a_{iv}} : a_{iv} < 0\right\} = \dfrac{c_j}{a_{ij}}$

  - Durchführung eines normalen Simplexschritts auf Basis dieses Pivotelements
  - Durchführung der Phase 1 solange, bis eine zulässige Lösung erreicht ist, d. h. $b \geq 0$

- **2. Phase:** Durchführung des normalen Simplexalgorithmus bis das Optimum erreicht ist.

Existieren bei der Auswahl der Pivotspalte in der 1. Phase nur Koeffizienten $a_{iv} \geq 0$, so existiert keine zulässige Lösung des Problems, d. h. $Z = \emptyset$. Dies wird offensichtlich, wenn man beispielsweise die Nebenbedingung $x_1 + x_2 \leq -2$ betrachtet, die für $x_1, x_2 \geq 0$ nicht erfüllt werden kann. Des Weiteren ist in der 1. Phase zwingend zu beachten, dass eine Pivotzeile i mit einem negativen Restriktionskoeffizienten und eine Pivotspalte j mit $a_{ij} < 0$ gewählt wird. Die oben angegebenen Optimierungsansätze bewirken letztendlich nur die stärkste Erhöhung des Zielfunktionswerts.

Beispiel:

Betrachtet wird das folgende Optimierungsproblem:

$$x_1 + x_2 \rightarrow \max$$
$$3x_1 + x_2 \leq 9 \quad \text{(I)}$$
$$x_1 + 3x_2 \leq 9 \quad \text{(II)}$$
$$x_1 + x_2 \geq 2 \quad \text{(III)}$$
$$x_1, x_2 \geq 0$$

Dieses Optimierungsproblem entspricht nicht der Standardform für den Simplexalgorithmus aufgrund der Nebenbedingung (III). Diese kann jedoch durch Multiplikation mit (-1) in die Form $-x_1 - x_2 \leq -2$ überführt werden, wodurch ein LP2 erzeugt wird. Allerdings ist jetzt die Bedingung $b \geq 0$ verletzt, so dass die Anwendung des normalen Simplexalgorithmus nicht möglich ist. Dies wird auch anhand der Abbildung 3.17 ersichtlich, da der Nullpunkt nicht im Zulässigkeitsbereich liegt.

Abbildung 3.17   Zulässigkeitsbereich für das Beispiel zur Zwei-Phasen-Methode

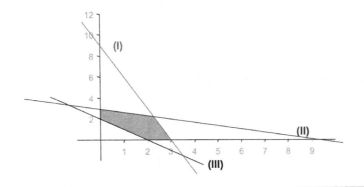

Damit kann nun das Starttableau für die 1. Phase der Zwei-Phasen-Methode aufgestellt werden, das in der Abbildung 3.18 dargestellt ist. Pivotzeile und -spalte sind in diesem Fall

eindeutig und das Pivotelement ist in der Abbildung 3.18 grau hervorgehoben. Die Durchführung eines Simplexschritts führt dann zu dem in der Abbildung 3.18 ebenfalls dargestellten Folgetableau mit der bereits zulässigen Lösung (2, 0).

Abbildung 3.18   1. Phase der Zwei-Phasen-Methode für das Beispiel

x_1	x_2	y_1	y_2	y_3	
-1	-1	0	0	0	0
3	1	1	0	0	9
1	3	0	1	0	9
-1	-1	0	0	1	-2
0	0	0	0	-1	2
0	-2	1	0	3	3
0	2	0	1	1	7
1	1	0	0	-1	2

Beginn 1. Phase
nicht zulässige Lösung

≥ 0

Quelle: Eigene Darstellung

Damit kann die 2. Phase beginnen, bei der ein normaler Simplexalgorithmus durchgeführt wird. Das Ergebnis kann der Abbildung 3.19 entnommen werden.

Abbildung 3.19   2. Phase der Zwei-Phasen-Methode für das Beispiel

x_1	x_2	y_1	y_2	y_3	C
0	0	0	0	-1	2
0	-2	1	0	3	3
0	2	0	1	1	7
1	1	0	0	-1	2
0	-0,667	0,333	0	0	3
0	-0,667	0,333	0	1	1
0	2,667	-0,333	1	0	6
1	0,333	0,333	0	0	3
0	0	0,25	0,25	0	4,5
0	0	0,25	0,25	1	2,5
0	1	-0,125	0,375	0	2,25
1	0	0,375	-0,125	0	2,25

Ende 1. Phase = Beginn 2. Phase

Ende 2. Phase

Quelle: Eigene Darstellung

Aus dem letzten Tableau kann dann die Optimallösung x^{*T} = (2,25; 2,25) und der optimale Zielfunktionswert 4,5 abgelesen werden.

3.4   Dualität

Mit dem bislang dargestellten Standardsimplexverfahren und der Zwei-Phasen-Methode können lineare Maximierungsprobleme beliebiger Art gelöst werden. Zur Lösung von Minimierungsproblemen kann der Zusammenhang zwischen den Standardformen LP2 und LP3 herangezogen werden. Bezeichnet man das Standardmaximierungsproblem LP2 als **primales Problem**, ergibt sich dazu ein **duales Problem** in Form eines Standardminimierungsproblems LP3. Die Koeffizienten des primalen und dualen Problems hängen in nachfolgender Weise zusammen:

$$
\begin{array}{rcl}
\text{LP2:}\quad \boldsymbol{c}^T\boldsymbol{x} & \rightarrow & \max \\
\boldsymbol{Ax} & \leq & \boldsymbol{b} \\
\boldsymbol{x} & \geq & \boldsymbol{0}
\end{array}
\qquad\qquad
\begin{array}{rcl}
\text{LP3:}\quad \boldsymbol{b}^T\boldsymbol{y} & \rightarrow & \min \\
\boldsymbol{A}^T\boldsymbol{y} & \geq & \boldsymbol{c} \\
\boldsymbol{y} & \geq & \boldsymbol{0}
\end{array}
$$

$$\text{(Primales Problem)} \qquad\qquad \text{(Duales Problem)}$$

Wie anhand der Darstellung zu sehen ist, müssen die Struktur- und die Schlupfvariablen sowie die Zielfunktions- und Restriktionskoeffizienten vertauscht werden. Des Weiteren ist die Koeffizientenmatrix zu transponieren und die Zielfunktion sowie die Nebenbedingungen werden gemäß der jeweiligen Standardform geschrieben. Mit dem nachfolgenden Beispiel soll dieser Zusammenhang zunächst noch einmal verdeutlicht werden.

Beispiel:

Es wird wiederum das bereits bekannte und in Abschnitt 3.2 dargestellte Produktionsplanungsbeispiel mit den in Tabelle 3.4 angegebenen Daten aufgegriffen, das sich mathematisch formuliert wie folgt ergab:

$$
\begin{array}{rcll}
4x_1 + 5x_2 & \rightarrow & \max & \\
x_1 + 3x_2 & \leq & 1500 & \text{(I)} \\
2x_1 + x_2 & \leq & 1200 & \text{(II)} \\
x_1 + x_2 & \leq & 700 & \text{(III)} \\
x_1, x_2 & \geq & 0 & \text{(IV),(V)}
\end{array}
$$

Dieses Problem weist bereits die Standardform LP2 auf und stellt damit das primale Problem dar. Die Nebenbedingungen (I), (II) und (III) stellen die Rohstoff-, Arbeitsstunden- und Maschinenstundenrestriktionen dar und für dieses Problem wurde die Optimallösung bereits mit x^{*T} = (300, 400) ermittelt. Darüber hinaus können aus dem in der Abbildung 3.14 dargestellten Endtableau des Simplexalgorithmus noch die Schattenpreise für die Restriktionskoeffizienten mit 1/2, 0 und 7/2 abgelesen werden, d. h. eine Arbeitsstunde hat im Optimum keinen Wert, während eine Rohstoffeinheit 1/2 Geldeinheiten und eine Maschinenstunde 7/2 Geldeinheiten Wert sind. Die Überführung dieses Problems in das zugehörige duale Problem führt dann zu folgendem Ergebnis:

$$1500y_1 + 1200y_2 + 700y_3 \quad \rightarrow \quad \min$$

$$y_1 + 2y_2 + y_3 \qquad\qquad \geq \quad 4 \qquad \text{(I)}$$

$$3y_1 + y_2 + y_3 \qquad\qquad \geq \quad 5 \qquad \text{(II)}$$

$$y_1, y_2, y_3 \qquad\qquad\qquad \geq \quad 0 \qquad \text{(III),(IV),(V)}$$

Mit dem dualen Problem wird damit die Frage beantwortet, was eine Restriktionseinheit für das Unternehmen im Optimum an Wert besitzt, so dass der Wertverzehr insgesamt möglichst gering ist (entspricht der zu minimierenden Zielfunktion) und der eingesetzte Wert je Produkt mindestens den vorgegebenen Wert in Form des Deckungsbeitrags annimmt (entspricht den Nebenbedingungen (I) und (II)). Diese Werte der Restriktionskoeffizienten wurden letztendlich bereits mit den Schattenpreisen ermittelt, die damit der Optimallösung des dualen Problems entsprechen.

Die am Beispiel aufgezeigten Zusammenhänge zwischen dem primalen und dem dualen Problem sollen nun allgemein betrachtet werden. Zunächst gilt, dass genau dann, wenn der primale und der duale Zulässigkeitsbereich Z_P bzw. Z_D nicht leer sind, auch die jeweiligen Optimalbereiche Z_P^* bzw. Z_D^* nicht leer sind, d. h.

$$Z_P \neq \emptyset \,, \, Z_D \neq \emptyset \;\Leftrightarrow\; Z_P^* \neq \emptyset \;\Leftrightarrow\; Z_D^* \neq \emptyset.$$

Des Weiteren ist der Zielfunktionswert des primalen Problems immer kleiner gleich dem des dualen Problems, d. h.

$$x \in Z_P, y \in Z_D \;\Rightarrow\; c^T x \leq b^T y$$

und im Optimum sind die beiden Zielfunktionswerte identisch, also

$$x^* \in Z_P^*, y^* \in Z_D^* \;\Leftrightarrow\; (x^* \in Z_P, y^* \in Z_D) \text{ und } (c^T x^* = b^T y^*).$$

Die Lösungen x^* und y^* können aus dem Endtableau des primalen Problems (LP2) bestimmt werden. Für das LP2 selbst läuft dies nach dem bereits bekannten Schema ab. Für das zugehörige duale Problem, also das LP3, steht die Lösung in der Zielfunktionszeile des Endtableaus in den Spalten der jeweiligen Schlupfvariablen. Mit Hilfe dieser Aussagen können nun mit dem Simplexalgorithmus auch Standardminimierungsprobleme gelöst werden. Dazu wird zunächst das zugehörige primale Problem aufgestellt, anschließend in Normalform überführt und dann mit dem Simplexalgorithmus gelöst.

Beispiel:

Zur Durchführung einer Diät ist eine Kombination von zwei geeigneten Nahrungsmitteln A und B mit den (beliebig teilbaren) Mengen y_1 und y_2 gesucht. Von den Nährstoffen Eiweiß, Fett und Energie muss dabei jeweils eine vorgegebene Mindestmenge aufgenommen werden. Ziel ist es, die kostenminimale Kombination der beiden Nahrungsmittel unter Beachtung der Mindestmengen der Nährstoffe zu bestimmen. In der Tabelle 3.6 sind die entsprechenden Daten für das Beispiel angegeben.

Tabelle 3.6   Daten des Kostenminimierungsbeispiels

Nahrungs-mittel	Eiweißeinheiten je Nahrungsmittel-einheit	Fetteinheiten je Nahrungsmittel-einheit	Energieeinheiten je Nahrungsmittel-einheit	Preis je Nahrungs-mitteleinheit
A	3	3	6	3
B	4	1	4	2
Mindestmenge	24	12	36	

Quelle: in Anlehnung an Hauke und Opitz, 2003

Das zugehörige mathematische Modell für dieses Problem ergibt sich wie folgt:

$$3y_1 + 2y_2 \rightarrow \min$$
$$3y_1 + 4y_2 \geq 24$$
$$3y_1 + 1y_2 \geq 12$$
$$6y_1 + 4y_2 \geq 36$$
$$y_1, y_2 \geq 0$$

Bei diesem Problem handelt es sich um ein LP3, das als das duale Problem betrachtet werden kann. Die Überführung in das zugehörige primale Problem liefert folgendes Ergebnis:

$$24x_1 + 12x_2 + 36x_3 \rightarrow \max$$
$$3x_1 + 3x_2 + 6x_3 \leq 3$$
$$4x_1 + 1x_2 + 4x_3 \leq 2$$
$$x_1, x_2, x_3 \geq 0$$

Das primale Problem selbst ist eigentlich nicht von Interesse und muss auch nicht weiter inhaltlich interpretiert werden. Entscheidend ist, dass durch die Lösung des primalen Problems mit Hilfe des Simplexalgorithmus automatisch auch die Lösung für das duale Problem und damit für das Ausgangsproblem dieses Beispiels geliefert wird. Das entsprechende Simplextableau findet sich in der Abbildung 3.20. Aus den Zeilen 8 und 9 des Tableaus könnte dann die Optimallösung des primalen Problems mit $x^{*T} = (0, 0, 1/2)$ abgelesen werden. Diese Lösung ist allerdings nicht von Interesse. Die Lösung des Ausgangsproblems stellt stattdessen die duale Lösung mit $y^{*T} = (4, 3)$ dar und kann der Zeile 7 entnommen werden. Der optimale Zielfunktionswert ergibt sich mit 18.

Abbildung 3.20   Simplextableau für das Beispiel

	x_1	x_2	x_3	y_1	y_2		
❶	-24	-12	-36	0	0	0	
❷	3	3	6	1	0	3	
❸	4	1	4	0	1	2	
❹	-6	6	0	6	0	18	❶ + 6 ❷
❺	1/2	1/2	1	1/6	0	1/2	1/6 ❷
❻	2	-1	0	-2/3	1	0	❸ - 4/6 ❷
❼	0	3	0	4	3	18	❹ + 3 ❻
❽	0	3/4	1	1/3	-1/4	1/2	❺ - 1/4 ❻
❾	1	-1/2	0	-1/3	1/2	0	1/2 ❻

Quelle: in Anlehnung an Hauke und Opitz, 2003

Während die primale Lösung in diesem Beispiel eindeutig ist, existieren für das duale Problem unendlich viele Lösungen. Dies ist daran ersichtlich, dass in der Zeile 9 der Restriktionskoeffizient gleich 0 ist. Dies bedeutet, dass die Addition eines Vielfachen der Zeile 9 zur Zeile 7 den Zielfunktionswert nicht ändern würde. Dabei müsste aber gewährleistet bleiben, dass es sich beim entstehenden Tableau nach wie vor um ein Endtableau handelt. Folglich muss die Addition eines Vielfachen der Zeile 9 zur Zeile 7 unter der Bedingung erfolgen, dass kein Wert der Zielfunktionszeile negativ wird. Um somit eine weitere Optimallösung des dualen Problems zu ermitteln, muss das maximale Vielfache u bestimmt werden, so dass in diesem Beispiel für alle Spalten gilt:

$$❼ + u \cdot ❾ \geq 0$$

Mit dieser Bedingung resultieren im Einzelnen folgende Einschränkung für u, die dann zusammengefasst werden können:

$$\left. \begin{array}{ccccc} 0+u\geq 0 & 3-\tfrac{1}{2}u\geq 0 & 0-0u\geq 0 & 4-\tfrac{1}{3}u\geq 0 & 3+\tfrac{1}{2}u\geq 0 \\ u\geq 0 & u\leq 6 & & u\leq 12 & u\geq -6 \end{array} \right\} \Rightarrow u \in [0,6]$$

Durch Addition des 6-Fachen der Zeile 9 zur Zeile 7 kann unter den Schlupfvariablen dann die weitere duale Optimallösung mit $y^{*T} = (2, 6)$ ermittelt werden. Der Optimalbereich ergibt sich schließlich mit

$$Z_D^* = \left\{ \boldsymbol{y} \in \mathbb{R}_+^2 : \boldsymbol{y} = \lambda \begin{pmatrix} 4 \\ 3 \end{pmatrix} + (1-\lambda) \begin{pmatrix} 2 \\ 6 \end{pmatrix}, \lambda \in [0,1] \right\}.$$

3.5   Postoptimale Sensitivitätsanalyse

Die Optimierungsproblematik, die bisher behandelt wurde, ist dadurch charakterisiert, dass alle Koeffizienten, d. h.

- die Koeffizienten der Matrix $A = (a_{ij})_{m,n}$ der Nebenbedingungen,

- die Koeffizienten des Zielfunktionsvektors $c^T = (c_1, ..., c_n)$ sowie

- die Koeffizienten des Beschränkungsvektors $b^T = (b_1, ..., b_m)$

fest gegeben sind. Allerdings erkennt man häufig, dass bereits bei geringfügiger Veränderung der Koeffizienten des Beschränkungsvektors b oder des Zielfunktionsvektors c eine Veränderung der gesamten Optimallösung bewirkt wird. Im Rahmen der nachfolgenden Überlegungen soll nun gerade der Fall behandelt werden, inwieweit Veränderungen

- eines Koeffizienten des Beschränkungsvektors oder

- eines Koeffizienten des Zielfunktionsvektors

vorgenommen werden können, ohne dass sich die Optimallösung qualitativ, d. h. in der Struktur der Basisvariablen, ändert. Den Ausgangspunkt der Betrachtung stellt dabei das Endtableau für ein LP2 in Normalform dar, wie es allgemein in der Abbildung 3.21 angegeben ist.

Abbildung 3.21   Endtableau des Simplexalgorithmus

Var	x_1	...	x_j	...	x_n	y_1	...	y_i	...	y_m	
ZF	$-\tilde{c}_1$	...	$-\tilde{c}_j$	...	$-\tilde{c}_n$	$-\tilde{c}_{n+1}$	...	$-\tilde{c}_{n+i}$	...	$-\tilde{c}_{n+m}$	$\tilde{c}$
NB	$\tilde{a}_{11}$	...	$\tilde{a}_{1j}$	...	$\tilde{a}_{1n}$	$\tilde{a}_{1,n+1}$	...	$\tilde{a}_{1,n+i}$	...	$\tilde{a}_{1,n+m}$	$\tilde{b}_1$
	$\vdots$	$\ddots$	$\vdots$		$\vdots$	$\vdots$	$\ddots$	$\vdots$		$\vdots$	$\vdots$
	$\tilde{a}_{i1}$	...	$\tilde{a}_{ij}$	...	$\tilde{a}_{in}$	$\tilde{a}_{i,n+1}$	...	$\tilde{a}_{i,n+i}$	...	$\tilde{a}_{i,n+m}$	$\tilde{b}_i$
	$\vdots$		$\vdots$	$\ddots$	$\vdots$	$\vdots$		$\vdots$	$\ddots$	$\vdots$	$\vdots$
	$\tilde{a}_{m1}$	...	$\tilde{a}_{mj}$	...	$\tilde{a}_{mn}$	$\tilde{a}_{m,n+1}$	...	$\tilde{a}_{m,n+i}$	...	$\tilde{a}_{m,n+m}$	$\tilde{b}_m$

Quelle: in Anlehnung an Hauke, Opitz, 2003

Im Folgenden wird nun zuerst die **Variation eines Koeffizienten im Beschränkungsvektor** betrachtet. Eine Variation in der i-ten Restriktion bedeutet, dass der ursprüngliche Koeffizient b_i durch den Koeffizienten $b_i + \beta$ ersetzt wird. β wird dann so bestimmt, dass

$$\tilde{b}_\mu + \beta \cdot \tilde{a}_{\mu,n+i} \geq 0 \quad \forall \mu = 1,...,m .$$

Dabei bleiben $\tilde{A}$ und $-\tilde{c}$ sowie die Basis- und Nichtbasisvariablen unverändert. Lediglich die Koeffizienten $\tilde{b}_\mu$ des Endtableaus verändern sich zu $\tilde{b}_\mu + \beta \cdot \tilde{a}_{\mu,n+i}$, so dass sich die primale Lösung auch entsprechend ändert. Die duale Lösung bleibt unverändert und der neue Zielfunktionswert ergibt sich gemäß $\tilde{c} + \beta(-\tilde{c}_{n+i})$. Diese allgemeine Darstellung soll nun für ein Beispiel zur Anwendung kommen. Dabei wird auch auf die Herleitung der eben gemachten Aussagen anhand des Beispiels eingegangen und es erfolgt eine graphische Illustration der zugrundeliegenden Situation, um das Verständnis für diese Thematik zu vertiefen.

Beispiel:

Die Möglichkeiten einer Variation von Restriktionskoeffizienten sollen für das bekannte, in Abschnitt 3.2 dargestellte Produktionsplanungsbeispiel untersucht werden. Für dieses Beispiel wurde bereits der Simplexalgorithmus durchgeführt und das resultierende Endtableau kann der Abbildung 3.14 entnommen werden. Zunächst wird aber eine graphische Betrachtung vorgenommen. Dabei soll der Restriktionskoeffizient der ersten Nebenbedingung betrachtet werden, der mit $b_1 = 1500$ gegeben und hinsichtlich der Variation $b_1 + \beta = 1500 + \beta$ zu untersuchen ist. Graphisch entspricht die Addition der Konstanten β einer Parallelverschiebung der entsprechenden Restriktionsgeraden. Ausgehend vom ursprünglichen Zulässigkeitsbereich, der in der Abbildung 3.22 rechts dargestellt ist, stellt sich damit die Frage, wie weit die zugehörige Restriktionsgerade nach oben oder unten parallel verschoben werden kann, ohne dass ein Basistausch vorgenommen werden muss. Ausgehend vom Eckpunkt (300, 400) wäre eine Parallelverschiebung nach unten bis zum Eckpunkt (500, 200) möglich (siehe mittlere Grafik in der Abbildung 3.22), nach oben eine Verschiebung bis zum Eckpunkt (0, 700), wie in der linken Grafik der Abbildung 3.22 zu sehen ist.

Abbildung 3.22 Graphische Illustration der Variation eines Restriktionskoeffizienten

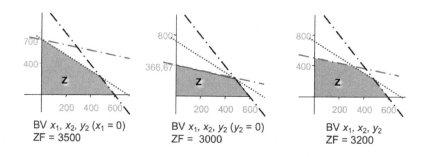

Quelle: in Anlehnung an Hauke, Opitz, 2003

Damit kann der Bereich ermittelt werden, in dem b_1 variieren kann. Ausgehend von der entsprechenden Nebenbedingung

$$x_1 + 3x_2 \leq b_1 \Leftrightarrow x_2 \leq \tfrac{b_1}{3} - \tfrac{1}{3}x_1$$

muss der Achsenabschnitt einen Wert zwischen 366,67 (siehe mittlere Grafik der Abbildung 3.22) und 700 (siehe linke Grafik der Abbildung 3.22) annehmen, d. h.

$$\left.\begin{array}{l} \frac{b_1}{3} \geq 366,67 \Leftrightarrow b_1 \geq 1100 \\ \frac{b_1}{3} \leq 700 \Leftrightarrow b_1 \leq 2100 \end{array}\right\} \Rightarrow b_1 \in [1100; 2100] \text{ bzw. } \beta \in [-400; 600]$$

Die graphische Lösung setzt natürlich voraus, dass die Achsenabschnitte der parallel verschobenen Restriktionsgeraden auch genau abgelesen werden können. Alternativ ist die Ermittlung auch algebraisch möglich. Formal ergibt sich für die entsprechende Nebenbedingung im Starttableau

$$
\begin{array}{rcrcrcrcr}
& x_1 & + & 3x_2 & + & y_1 & & & = & 1500 & + & \beta \\
\Leftrightarrow & x_1 & + & 3x_2 & + & y_1 - \beta & & & = & 1500,
\end{array}
$$

so dass die zugehörige Schlupfvariable jetzt mit $y_1 - \beta$ anstelle von y_1 in das Tableau übertragen werden kann. Mit dieser veränderten Variablenbezeichnung resultieren dann aus dem Endtableau die folgenden Gleichungen für die Nebenbedingungen:

$$
\begin{array}{rcrcrcr}
x_2 & + & \frac{1}{2}(y_1 - \beta) & & & - & \frac{1}{2}y_3 & = & 400 \\
& & \frac{1}{2}(y_1 - \beta) & + & y_2 & - & \frac{5}{2}y_3 & = & 200 \\
x_1 & - & \frac{1}{2}(y_1 - \beta) & & & + & \frac{3}{2}y_3 & = & 300
\end{array}
$$

Berücksichtigt man, dass die Nichtbasisvariablen y_1 und y_3 beide null sind und die Basisvariablen x_1, x_2 und y_2 größer gleich null sein müssen, dann ergibt sich

$$
\begin{array}{rcrcl}
x_2 & - & \frac{1}{2}\beta & = & 400 \\
& - & \frac{1}{2}\beta & + & y_2 & = & 200 \\
x_1 & + & \frac{1}{2}\beta & & = & 300
\end{array}
\Leftrightarrow
\begin{array}{rcl}
x_2 & = & 400 + \frac{1}{2}\beta \geq 0 \\
y_2 & = & 200 + \frac{1}{2}\beta \geq 0 \\
x_1 & = & 300 - \frac{1}{2}\beta \geq 0
\end{array}
\Leftrightarrow
\begin{array}{rcr}
\beta & \geq & -800 \\
\beta & \geq & -400 \\
\beta & \leq & 600
\end{array}
$$

Hieraus folgt schließlich $\beta \in [-400, 600]$ bzw. $b_1 \in [1100, 2100]$. Die primale Optimallösung resultiert dann mit $x^{*T} = (300 - \beta/2, 400 + \beta/2)$, während die duale Lösung unverändert bleibt. Zur Bestimmung des Zielfunktionswerts können die Berechnungen analog auf die Zielfunktionszeile im Endtableau übertragen werden, d. h.

$$c + \frac{1}{2}(y_1 - \beta) + \frac{7}{2}y_3 = 3200 \Rightarrow (\text{mit } y_1 = y_3 = 0)\, c = 3200 + \frac{1}{2}\beta,$$

so dass sich ein Zielfunktionswert von $3200 + \beta/2$ ergibt. Diese Ergebnisse erhält man deutlich schneller, wenn die vor dem Beispiel dargestellten Beziehungen verwendet werden. Dies soll nachfolgend noch kurz für die Variation der Restriktionskoeffizienten der anderen beiden Nebenbedingung des Beispiels gezeigt werden. Bei der zweiten Nebenbedingung ist die Variation $b_2 + \beta = 1200 + \beta$ zu untersuchen. Gemäß dem Endtableau resultierenden dann die folgenden Bedingungen:

$$400 + 0 \cdot \beta \geq 0$$
$$200 + 1 \cdot \beta \geq 0 \quad \Rightarrow \beta \geq -200 \text{ bzw. } b_2 \in [1000; \infty)$$
$$300 + 0 \cdot \beta \geq 0$$

Die primale Lösung ergibt sich dann mit $(300 + 0\beta; 400 + 0\beta) = (300; 400)$ bei einem Zielfunktionswert von $3200 + 0\beta = 3200$. Die Lösung ändert sich hier nicht, weil die zweite Restriktion im Optimum ohnehin nicht ausgeschöpft war, so dass eine Erhöhung nichts bringt. Umgekehrt wäre eine Reduzierung um maximal 200 Restriktionseinheiten möglich, dann wäre diese Nebenbedingung allerdings ausgeschöpft. Analog erhält man für die Variation der dritten Nebenbedingung $b_3 + \beta = 700 + \beta$ das folgende Ergebnis:

$$400 - \tfrac{1}{2}\beta \geq 0 \qquad \beta \leq 800$$
$$200 - \tfrac{5}{2}\beta \geq 0 \quad \Leftrightarrow \quad \beta \leq 80 \quad \Rightarrow \beta \in [-200; 80] \text{ bzw. } b_2 \in [500; 780]$$
$$300 + \tfrac{3}{2}\beta \geq 0 \qquad \beta \geq -200$$

Die primale Lösung resultiert dann mit $(300 + 3/2\beta; 400 - 1/2\beta)$ bei einem Zielfunktionswert von $3200 + 7/2\beta$.

Nachfolgend soll jetzt die **Variation eines Koeffizienten im Zielfunktionsvektor** betrachtet werden. Eine Variation des j-ten Zielfunktionskoeffizienten bedeutet, dass der ursprüngliche Koeffizient c_j durch den Koeffizienten $c_j + \gamma$ ersetzt wird. In diesem Fall muss unterschieden werden, ob die zum variierenden Zielfunktionskoeffizienten gehörige Variable eine Basis- oder eine Nichtbasisvariable im Endtableau (vgl. Abbildung 3.21) darstellt. Falls $x_j^* = \tilde{b}_i$ eine Basisvariable ist, wird γ dann so bestimmt, dass

$$-\tilde{c}_v + \gamma \cdot \tilde{a}_{iv} \geq 0 \quad \text{für alle } v \text{ mit } x_v \text{ als Nichtbasisvariable.}$$

Für den Fall, dass $x_j^* = 0$ eine Nichtbasisvariable im Endtableau ist, muss γ gemäß der nachfolgenden Beziehung bestimmt werden:

$$-\tilde{c}_j - \gamma \geq 0 \Leftrightarrow \gamma \leq -\tilde{c}_j$$

$\tilde{A}$ und $\tilde{b}$ sowie die Basis- und Nichtbasisvariablen bleiben unverändert. Allerdings verändern sich jetzt die Koeffizienten $-\tilde{c}_v$ des Endtableaus gemäß

$$-\tilde{c}_v \to -\tilde{c}_v + \gamma \cdot \tilde{a}_{iv} \quad \text{(falls } x_j^* = \tilde{b}_i \text{ Basisvariable) bzw.}$$
$$-\tilde{c}_v \to -\tilde{c}_v - \gamma \quad \text{(falls } x_j^* = 0 \text{ Nichtbasisvariable),}$$

so dass sich die duale Lösung entsprechend ändert. Die primale Lösung bleibt jetzt aber unverändert und der neue Zielfunktionswert resultiert gemäß

$$\tilde{c} + \gamma \cdot \tilde{b}_i \quad \text{(falls } x_j^* = \tilde{b}_i \text{ Basisvariable) bzw.}$$
$$\tilde{c} \quad \text{(falls } x_j^* = 0 \text{ Nichtbasisvariable).}$$

Diese allgemeine Darstellung soll wiederum für ein Beispiel zur Anwendung kommen. Dabei erfolgt auch hier eine graphische Illustration der zugrundeliegenden Situation und es wird auf die Herleitung der eben gemachten Aussagen anhand des Beispiels eingegangen.

Beispiel:

Es wird wiederum das Produktionsplanungsbeispiel mit dem Endtableau der Abbildung 3.14 aufgegriffen. Zunächst soll auch hier eine graphische Betrachtung vorgenommen werden. Dabei wird der Zielfunktionskoeffizient $c_1 = 4$ betrachtet und hinsichtlich der Variation $c_1 + \gamma = 4 + \gamma$ untersucht. Dabei ist zu beachten, dass die zugehörige Variable x_1 eine Basisvariable im Endtableau darstellt. Graphisch entspricht die Addition der Konstanten γ einer Veränderung der Steigung der Zielfunktion. Ausgehend von der ursprünglichen Zielfunktion, die in der Abbildung 3.23 in der rechten Grafik eingezeichnet ist, stellt sich damit die Frage, wie weit die zugehörige Gerade nach rechts oder links gedreht werden kann, ohne dass ein Basistausch vorgenommen werden muss. Ausgehend vom Eckpunkt (300, 400) wäre eine Drehung nach rechts bis zum Eckpunkt (500, 200) möglich (siehe mittlere Grafik in der Abbildung 3.23), nach links eine Drehung bis zum Eckpunkt (0, 500), wie in der linken Grafik der Abbildung 3.23 zu sehen ist.

Abbildung 3.23 Graphische Illustration der Variation eines Zielfunktionskoeffizienten

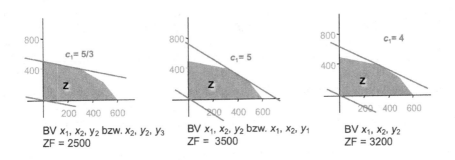

BV x_1, x_2, y_2 bzw. x_2, y_2, y_3
ZF = 2500

BV x_1, x_2, y_2 bzw. x_1, x_2, y_1
ZF = 3500

BV x_1, x_2, y_2
ZF = 3200

Damit kann der Bereich ermittelt werden, in dem c_1 variieren kann. Ausgehend von der Zielfunktion

$$c_1 x_1 + 5 x_2 = c \Leftrightarrow x_2 = \tfrac{c}{5} - \tfrac{c_1}{5} x_1$$

muss die Steigung einen Wert zwischen –1 (siehe Zielfunktion der mittleren Grafik der Abbildung 3.23) und –1/3 (siehe Zielfunktion der linken Grafik der Abbildung 3.23) annehmen:

$$-1 \leq -\tfrac{c_1}{5} \leq -\tfrac{1}{3} \Leftrightarrow \tfrac{5}{3} \leq c_1 \leq 5$$

Alternativ ist die Ermittlung auch wieder algebraisch möglich. Formal ergibt sich für die Zielfunktion im Starttableau

$$(4+\gamma)x_1 \; + \; 5x_2 \; = \; c$$
$$\Leftrightarrow \quad 4x_1 \; + \; 5x_2 \; = \; c \; - \; \gamma x_1,$$

so dass der Zielfunktionswert jetzt mit $c - \gamma x_1$ anstelle von c gesetzt wird. Mit dieser veränderten Bezeichnung für den Zielfunktionswert resultiert dann aus dem Endtableau die Zielfunktion

$$(c - \gamma x_1) + \tfrac{1}{2}y_1 + \tfrac{7}{2}y_3 = 3200,$$

die mit $x_1 = 300 + \tfrac{1}{2}y_1 - \tfrac{3}{2}y_3$ wie folgt umgeformt werden kann:

$$c - \gamma\left(300 + \tfrac{1}{2}y_1 - \tfrac{3}{2}y_3\right) + \tfrac{1}{2}y_1 + \tfrac{7}{2}y_3 = 3200$$
$$\Leftrightarrow \quad c - 300\gamma - \tfrac{1}{2}\gamma \cdot y_1 + \tfrac{3}{2}\gamma \cdot y_3 + \tfrac{1}{2}y_1 + \tfrac{7}{2}y_3 = 3200$$
$$\Leftrightarrow \quad c + y_1\underbrace{\left(-\tfrac{1}{2}\gamma + \tfrac{1}{2}\right)}_{\geq 0} + y_3\underbrace{\left(\tfrac{3}{2}\gamma + \tfrac{7}{2}\right)}_{\geq 0} = 3200 + 300\gamma$$

Wie in der letzten Zeile der Umformung bereits angedeutet, müssen die resultierenden Zielfunktionswerte bei den Variablen y_1 und y_3 größer gleich null sein, da alternativ ein Basistausch vorgenommen werden müsste. Hieraus folgt schließlich $\gamma \in [-7/3, 1]$ bzw. $c_1 \in [5/3, 5]$. Die duale Optimallösung resultiert dann mit $\boldsymbol{y}^{*T} = (1/2 - \gamma/2, 7/2 + 3/2\gamma)$, während die primale Lösung unverändert bleibt. Der Zielfunktionswert beträgt $3200 + 300\gamma$. Diese Ergebnisse erhält man wiederum deutlich schneller, wenn die vor dem Beispiel dargestellten Beziehungen verwendet werden, was hier sofort offensichtlich ist. Dies soll noch kurz für die Variation des Zielfunktionskoeffizienten c_2 des Beispiels gezeigt werden, dessen zugehörige Variable x_2 ebenfalls eine Basisvariable im Endtableau darstellt. Hier ist die Variation $c_2 + \gamma = 5 + \gamma$ zu untersuchen. Gemäß dem Endtableau resultierenden dann die folgenden Bedingungen:

$$\begin{array}{l} \tfrac{1}{2} + \tfrac{1}{2}\gamma \; \geq \; 0 \\ \tfrac{7}{2} - \tfrac{1}{2}\gamma \; \geq \; 0 \end{array} \Rightarrow \gamma \in \left[-1; 7\right] \text{ bzw. } c_2 \in \left[4; 12\right]$$

Die duale Lösung ergibt sich dann mit $(1/2 + \gamma/2; 7/2 - \gamma/2)$ bei einem Zielfunktionswert von $3200 + 400\gamma$.

Zum Abschluss dieses Beispiels soll noch die Variation eines Zielfunktionskoeffizienten betrachtet werden, dessen zugehörige Variable eine Nichtbasisvariable im Endtableau ist. Da die beiden Strukturvariablen Basisvariablen sind, wird die Variation des Zielfunktionskoeffizienten der Schlupfvariablen y_1 und damit die Variation $c_3 + \gamma = 0 + \gamma$ betrachtet. Formal ergibt sich dann für die Zielfunktion im Starttableau

$$4x_1 + 5x_2 + (0 + \gamma)y_1 = c \quad \Leftrightarrow \quad 4x_1 + 5x_2 = c - \gamma \cdot y_1,$$

so dass der Zielfunktionswert jetzt mit $c - \gamma y_1$ anstelle von c gesetzt wird. Mit dieser veränderten Bezeichnung für den Zielfunktionswert resultiert dann aus dem Endtableau die Ziel-funktion

$$\left(c - \gamma \cdot y_1\right) + 1/2\, y_1 + 7/2\, y_3 = 3200 \Leftrightarrow c + y_1 \underbrace{\left(1/2 - \gamma\right)}_{\geq 0} + 7/2\, y_3 = 3200 \,,$$

bei der die resultierenden Zielfunktionswerte bei den Variablen y_1 und y_3 größer gleich null sein müssen. Dies führt dann nur zur Bedingung $\gamma \leq \frac{1}{2}$ bzw. $c_3 \leq \frac{1}{2}$. Dies bedeutet inhaltlich, dass die erste Nebenbedingung, also die Rohstoffrestriktion ausgeschöpft bleibt, solange eine Rohstoffeinheit höchstens 0,5 Geldeinheiten kosten. Erst wenn eine Rohstoffeinheit mehr als 0,5 Geldeinheiten kosten würde, würde es sich nicht mehr lohnen, alle Einheiten auszuschöp-fen. Diese Interpretation deckt sich auch mit der des bereits bekannten Schattenpreises.

3.6   Parametrische Optimierung

Der Ansatz der linearen parametrischen Optimierung stellt eine Verallgemeinerung der im vorherigen Abschnitt vorgestellten postoptimalen Sensitivitätsanalyse dar. Dabei wurde der Frage nachgegangen, wie einzelne Zielfunktions- oder Restriktionskoeffizienten variiert wer-den können, so dass die Basis der Optimallösung erhalten bleibt. Im Rahmen der parametri-schen Optimierung erfolgt jetzt eine Analyse des Verhaltens der Lösung bei genereller Vari-ation der Zielfunktions- oder Restriktionskoeffizienten und damit die Ermittlung der Lösung entsprechender Optimierungsprobleme in Abhängigkeit dieser unbekannten Größen. Den Ausgangspunkt dazu stellt grundsätzlich ein LP2 dar, wobei eine Erweiterung auf das LP3 durch Ausnutzung der Dualität problemlos möglich ist. Auch die Zwei-Phasen-Methode könnte entsprechend verallgemeinert werden, so dass letztendlich beliebige lineare Optimie-rungsprobleme zugrunde liegen könnten.

Zunächst soll der Fall betrachtet werden, dass ein **Parameter im Beschränkungsvektor** vor-liegt. Den Ausgangspunkt der Betrachtung bildet dann das folgende parametrische Optimie-rungsproblem mit dem unbekannten Parameter t:

$$\begin{aligned}
c^T x &\rightarrow \max \\
Ax &\leq b + tp \\
x &\geq 0
\end{aligned}$$

Die Lösung dieses Problems kann grundsätzlich mit dem Simplexverfahren ermittelt wer-den. Dabei sind die folgenden Schritte zu durchlaufen:

1. Aufstellen des Starttableaus gemäß der Abbildung 3.24

2. Bestimmung der Parametermenge $T = \left\{ t \in \mathbb{R} : b + tp \geq 0 \right\}$

3. Simplexalgorithmus für alle $t \in T$ (mit Fallunterscheidung für Pivotzeile)

4. Dualer Simplexalgorithmus für alle $t \notin T$

Abbildung 3.24   Starttableau bei einem Parameter im Beschränkungsvektor

Var	x_1	...	x_n	y_1	...	y_m	
ZF	$-c_1$	...	$-c_n$	0	0	0	0
NB	a_{11}	...	a_{1n}	1	...	0	$b_1 + tp_1$
	...		...	...		...	...
	a_{m1}	...	a_{mn}	0	...	1	$b_m + tp_m$

Quelle: Eigene Darstellung

Mit der Parametermenge in Schritt 2 wird letztendlich festgelegt, für welche Parameterwerte ein normaler Simplexalgorithmus (Schritt 3) bzw. ein dualer Simplexalgorithmus (Schritt 4) durchgeführt werden muss. Dies läuft dann in Schritt 3 im Allgemeinen darauf hinaus, dass bei der Wahl einer Pivotzeile eine Fallunterscheidung gemacht werden muss und folglich unterschiedliche Tableaus in Abhängigkeit des Parameters t resultieren. In Schritt 4 kann es schließlich noch vorkommen, dass die ermittelte zulässige Basislösung nicht optimal ist und folglich weitere Simplexschritte notwendig sind.

Beispiel:

Betrachtet wird das folgende Optimierungsproblem mit einem Parameter im Beschränkungsvektor:

$$x_1 + x_2 \quad \rightarrow \quad \max$$
$$x_1 + 2x_2 \quad \leq \quad 3 + t$$
$$3x_1 + x_2 \quad \leq \quad 4 - 2t$$
$$x_1, x_2 \quad \geq \quad 0$$

Für dieses Problem resultiert in Schritt 1 das in der Abbildung 3.25 dargestellte Starttableau.

Abbildung 3.25   Starttableau für das Beispiel (Parameter in b)

Var	x_1	x_2	y_1	y_2	
❶	-1	-1	0	0	0
❷	1	2	1	0	$3 + t$
❸	3	1	0	1	$4 - 2t$

Quelle: Eigene Darstellung

In Schritt 2 muss nun zunächst die Parametermenge T bestimmt werden die sich mit

$$\left.\begin{array}{c} 3+t\geq 0 \\ 4-2t\geq 0 \end{array}\right\} \Rightarrow T=\{t\in\mathbb{R}:-3\leq t\leq 2\}$$

ergibt. Damit kann für alle $t\in T$ ein normaler Simplexalgorithmus durchgeführt werden (Schritt 3). Als Pivotspalte wird die erste Spalte gewählt, die in der Abbildung 3.25 bereits grau hervorgehoben ist. Um die jeweilige Pivotzeile zu ermitteln, erfolgt folgende Prüfung:

$$\frac{3+t}{1}\leq\frac{4-2t}{3} \Leftrightarrow 9+3t\leq 4-2t \Leftrightarrow 5t\leq -5 \Leftrightarrow t\leq -1$$

Damit muss für $t\in[-3;-1]$ die Zeile 2 und für $t\in[-1;2]$ die Zeile 3 als Pivotzeile gewählt werden, so dass die in den Abbildungen 3.26 und 3.27 dargestellten Folgetableaus für die beiden Fälle resultieren.

Abbildung 3.26   Erstes Folgetableau (Fall 1) für das Beispiel (Parameter in *b*)

Var	x_1	x_2	y_1	y_2		Operation
④	0	1	1	0	$3+t$	= ① + ②
⑤	1	2	1	0	$3+t$	= ②
⑥	0	-5	-3	1	$-5-5t$	= ③ - 3②

Quelle: Eigene Darstellung

Abbildung 3.27   Erstes Folgetableau (Fall 2) für das Beispiel (Parameter in *b*)

Var	x_1	x_2	y_1	y_2		Operation
④	0	-2/3	0	1/3	$4/3-2/3t$	= ① + 1/3 ③
⑤	0	5/3	1	-1/3	$5/3+5/3t$	= ② - 1/3 ③
⑥	1	1/3	0	1/3	$4/3-2/3t$	= 1/3 ③

Quelle: Eigene Darstellung

Das in der Abbildung 3.26 dargestellte Tableau stellt ein Endtableau dar, aus dem die Lösung $x^{*T}=(3+t,0)$ mit dem Zielfunktionswert $3+t$ für $t\in[-3;-1]$ abgelesen werden kann. Für alle $t\in[-1;2]$ muss das Simplexverfahren auf Basis des Tableaus der Abbildung 3.27 fortgeführt werden. Die Pivotspalte ist bereits grau schraffiert und zur Bestimmung der jeweiligen Pivotzeile wird die folgende Prüfung vorgenommen:

$$\frac{\frac{5}{3}+\frac{5}{3}t}{\frac{5}{3}} \leq \frac{\frac{4}{3}-\frac{2}{3}t}{\frac{1}{3}} \Leftrightarrow t \leq 1$$

Damit wird für $t \in [-1; 1]$ die Zeile 5 und für $t \in [1; 2]$ die Zeile 6 als Pivotzeile gewählt und es ergeben sich die in den Abbildungen 3.28 und 3.29 dargestellten Folgetableaus für die beiden Fälle.

Abbildung 3.28 Zweites Folgetableau (Fall 1) für das Beispiel (Parameter in *b*)

Var	x_1	x_2	y_1	y_2		Operation
❼	0	0	2/5	1/5	2	= ❹ + 2/5 ❺
❽	0	1	3/5	-1/5	1 + t	= 3/5 ❺
❾	1	0	-1/5	2/5	1 - t	= ❻ - 1/5 ❸

Quelle: Eigene Darstellung

Abbildung 3.29 Zweites Folgetableau (Fall 2) für das Beispiel (Parameter in *b*)

Var	x_1	x_2	y_1	y_2		Operation
❼	2	0	0	1	4 - 2t	= ❹ + 2 ❻
❽	-5	0	1	-2	-5 + 5t	= ❺ - 5 ❻
❾	3	1	0	1	4 - 2t	= 3 ❻

Quelle: Eigene Darstellung

Beide Tableaus stellen Endtableaus dar. Aus dem Tableau der Abbildung 3.28 resultiert die Lösung $x^{*T} = (1 - t, 1 + t)$ mit dem Zielfunktionswert 2 für $t \in [-1; 1]$ und das Tableau der Abbildung 3.29 liefert die Lösung $x^{*T} = (0, 4 - 2t)$ (Zielfunktionswert $4 - 2t$) für $t \in [-1; 1]$. Abschließend müsste jetzt in Schritt 4 der duale Simplexalgorithmus für $t \notin T$ zur Anwendung kommen. Da aber im Tableau der Abbildung 3.25 für $t < -3$ die Zeile 2 und für $t > 2$ die Zeile 3 nur nichtnegative Werte enthält, ist jeweils der Zulässigkeitsbereich leer. Insgesamt kann das Ergebnis damit wie folgt zusammengefasst werden:

$t \in$	$[-3; -1]$	$[-1; 1]$	$[1; 2]$
$x^*(t)$	$\begin{pmatrix} 3+t \\ 0 \end{pmatrix}$	$\begin{pmatrix} 1-t \\ 1+t \end{pmatrix}$	$\begin{pmatrix} 0 \\ 4-2t \end{pmatrix}$
$ZF(x^*(t))$	$3+t$	2	$4-2t$

Für $t \notin [-3; 2]$ existiert keine Lösung.

Nachfolgend wird jetzt noch der Fall betrachtet, dass ein **Parameter im Zielfunktionsvektor** vorliegt. Den Ausgangspunkt der Betrachtung bildet dann das folgende parametrische Optimierungsproblem mit dem unbekannten Parameter t:

$$(c + tq)^T x \; \rightarrow \; \max$$
$$Ax \; \leq \; b$$
$$x \; \geq \; 0$$

Die Lösung dieses Problems kann auch hier wieder mit dem Simplexverfahren ermittelt werden. Dabei sind die folgenden Schritte zu durchlaufen:

1. Aufstellen des Starttableaus gemäß der Abbildung 3.30

2. Überprüfung der folgenden Sachverhalte:

   a) Für welche t sind alle Elemente der Zielfunktionszeile größer gleich 0? ($\rightarrow$ Endtableau)

   b) Für welche t gilt $Z^* = \emptyset$?

3. Simplexalgorithmus in Abhängigkeit von t

4. Wiederholung der Schritte 2 und 3, bis Lösungen für alle Werte von t vorliegen

---

Abbildung 3.30 Starttableau bei einem Parameter im Zielfunktionsvektor

Var	x_1	...	x_n	y_1	...	y_m	
ZF	$-c_1$	...	$-c_n$	0	0	0	0
	$-t \cdot q_1$	...	$-t \cdot q_n$	0	0	0	0
NB	a_{11}	...	a_{1n}	1	...	0	b_1
	...	...	...	...	...	...	...
	a_{m1}	...	a_{mn}	0	...	1	b_m

Quelle: Eigene Darstellung

Mit dem Schritt 2 a) wird überprüft, ob mit dem Tableau bereits ein Endtableau vorliegt. Bei Schritt 2 b) kann gegebenenfalls für gewisse Werte von t gezeigt werden, dass keine Lösung existiert. Dies ist dann der Fall, wenn eine oder mehrere Spalten im Bereich der Nebenbedingungen keinen einzigen positiven Wert enthalten, da dann der Zulässigkeitsbereich unbeschränkt ist. Bei der Wahl der Pivotspalte in Schritt 3 ist noch zu beachten, dass diese zunächst nach der ersten und dann erst nach der zweiten Zielfunktionszeile erfolgen sollte.

Beispiel:

Betrachtet wird das folgende Optimierungsproblem mit einem Parameter im Zielfunktionsvektor:

$$(2+t)x_1 - (3+2t)x_2 \quad \rightarrow \quad \max$$
$$2x_1 - x_2 \qquad\qquad \leq \quad 3$$
$$x_1 - x_2 \qquad\qquad \leq \quad 1$$
$$-2x_1 + x_2 \qquad\qquad \leq \quad 1$$
$$x_1, x_2 \qquad\qquad\quad \geq \quad 0$$

Für dieses Problem resultiert in Schritt 1 das in der Abbildung 3.31 dargestellte Starttableau.

Abbildung 3.31   Starttableau für das Beispiel (Parameter in *c*)

Var	x_1	x_2	y_1	y_2	y_3	
❶	-2	3	0	0	0	0
❷	-t	2t	0	0	0	0
❸	2	-1	1	0	0	3
❹	1	-1	0	1	0	1
❺	-2	1	0	0	1	1

Quelle: Eigene Darstellung

Die Prüfung in Schritt 2 a) mit $-2-t \geq 0 \Leftrightarrow t \leq -2$ und $3+2t \geq 0 \Leftrightarrow t \geq -\frac{3}{2}$ zeigt, dass das Starttableau für keine Werte von *t* ein Endtableau darstellt. Auch der Schritt 2 b) führt zu keinem Ergebnis, da keine Spalte in den Nebenbedingungen ausnahmslos Werte kleiner gleich null enthält. Damit kann in Schritt 3 ein normaler Simplexalgorithmus durchgeführt werden. Als Pivotspalte wird die erste Spalte und als Pivotzeile die Zeile 4 (hier liegt der Engpass vor) gewählt, die in der Abbildung 3.31 bereits grau hervorgehoben sind. Das resultierende Folgetableau kann der Abbildung 3.32 entnommen werden.

Abbildung 3.32   Erstes Folgetableau für das Beispiel (Parameter in *c*)

Var	x_1	x_2	y_1	y_2	y_3		Operation
❻	0	1	0	2	0	2	= ❶ + 2❹
❼	0	t	0	t	0	t	= ❷ + t❹
❽	0	1	1	-2	0	1	= ❸ - 2❹
❾	1	-1	0	1	0	1	= ❹
❿	0	-1	0	2	1	3	= ❺ + 2❹

Quelle: Eigene Darstellung

Auf Basis dieses Tableaus werden nun die Schritte 2 und 3 wiederholt. Die Prüfung in Schritt 2 a) mit $1+t \geq 0 \Leftrightarrow t \geq -1$ und $2+t \geq 0 \Leftrightarrow t \geq -2$ führt zu der Erkenntnis, dass für $t \geq -1$ hier bereits ein Endtableau mit der Lösung $x^{*T} = (1, 0)$ (Zielfunktionswert $2 + t$) vorliegt. Der Schritt 2 b) führt allerdings wieder zu keinem Ergebnis, da keine Spalte in den Nebenbedingungen ausnahmslos Wert kleiner gleich null enthält. Damit wird in Schritt 3 wieder ein normaler Simplexalgorithmus durchgeführt, bei dem als Pivotspalte die zweite Spalte und als Pivotzeile die Zeile 8 (ist die einzige Zeile mit einem positiven Wert in der Pivotspalte) gewählt werden (in der Abbildung 3.32 grau hervorgehoben). Das resultierende Folgetableau ist in der Abbildung 3.33 dargestellt.

Abbildung 3.33   Zweites Folgetableau für das Beispiel (Parameter in c)

Var	x_1	x_2	y_1	y_2	y_3		Operation
❶⓿	0	0	-1	4	0	1	$= ⑥ - ⑧$
❶❷	0	0	-t	3t	0	0	$= ⑦ - t⑧$
❶❸	0	1	1	-2	0	1	$= ⑧$
❶❹	1	0	1	-1	0	2	$= ⑨ + ⑧$
❶❺	0	0	1	0	1	4	$= ❶⓿ + ⑧$

Quelle: Eigene Darstellung

In diesem Tableau liefert der Schritt 2 a) wegen $-1 - t \geq 0 \Leftrightarrow t \leq -1$ und $4 + 3t \geq 0 \Leftrightarrow t \geq -\frac{4}{3}$ die Lösung $x^{*T} = (2, 1)$ (Zielfunktionswert 1) für $t \in [-4/3; -1]$. In Schritt 2 b) zeigt sich, dass die 4. Spalte im Bereich der Nebenbedingungen keinen einzigen positiven Wert enthält und somit für $4 + 3t \geq 0 \Leftrightarrow t \leq -\frac{4}{3}$ der Zulässigkeitsbereich unbeschränkt ist und folglich keine Optimallösung existiert. Es bleibt noch anzumerken, dass für $t = -1$ die Verbindungsstrecke zwischen $(1, 0)$ und $(2, 1)$ optimal ist und für $t = -\frac{4}{3}$ weitere Lösungen auf einer Halbgeraden vorliegen, die sich aus dem Tableau der Abbildung 3.33 (Zeile 14) mit $x_1 - \lambda = 2 \Leftrightarrow x_1 = 2 + \lambda$ und aus der Zeile 13 $x_2 - 2\lambda = 1 \Leftrightarrow x_2 = 1 + 2\lambda$ ($\lambda \geq 0$) ergeben. Dies ist in diesem Beispiel eine sehr spezielle Situation, da für $t = -\frac{4}{3}$ die Variable y_2 in die Basis aufgenommen werden könnte, ohne den Zielfunktionswert zu verändern, in diesem Fall aber der Zulässigkeitsbereich unbeschränkt ist. Zusammenfassend kann dann folgendes Ergebnis festgehalten werden:

t	$= -\frac{4}{3}$	$\in \left(-\frac{4}{3}; -1\right)$	$= -1$	> -1
$x^*(t)$	$\begin{pmatrix} 2 \\ 1 \end{pmatrix} + \lambda \begin{pmatrix} 1 \\ 2 \end{pmatrix}$ $(\lambda \geq 0)$	$\begin{pmatrix} 2 \\ 1 \end{pmatrix}$	$\lambda \begin{pmatrix} 1 \\ 0 \end{pmatrix} + (1-\lambda) \begin{pmatrix} 2 \\ 1 \end{pmatrix}$ $(\lambda \in [0;1])$	$\begin{pmatrix} 1 \\ 0 \end{pmatrix}$
$ZF(x^*(t))$	1	1	$2 + t = 1$	$2 + t$

Für $t < -\frac{4}{3}$ existiert keine Lösung.

3.7   Mehrfachzielsetzungen

Im Gegensatz zu den bisher behandelten Optimierungsproblemen, bei denen stets nur eine Zielfunktion über einem zulässigen Bereich Z zu maximieren war, werden im Folgenden Ansätze präsentiert, mit deren Hilfe sich auch

- mehrere lineare Zielfunktionen $u_1(x)$, ..., $u_r(x)$

- über einen gemeinsamen Zulässigkeitsbereich $Z = \left\{ x \in \mathbb{R}^n : Ax \leq b, x \geq 0 \right\}$

maximieren lassen.

Zur Lösung dieses Problems stehen unter anderem folgende Verfahren zur Auswahl:

- **Zielgewichtung** der einzelnen Zielfunktionen

- **Maximierung des minimalen Zielerreichungsgrades (Körth-Regel)**

Grundgedanke der **Zielgewichtung** ist die Tatsache, dass die verschiedenen Zielfunktionen, die zu maximieren sind, verschieden wichtig bei der Suche nach dem Optimum sind. Dementsprechend werden die Zielfunktionen $u_1(x)$, ..., $u_r(x)$ unter Zuhilfenahme ihrer Wichtigkeit (Gewichte g_p, $i = 1$, ..., r) zu einer neuen linear-aggregierten Zielfunktion zusammengefasst, die wie gewohnt maximiert werden kann:

$$\Phi(x) = \sum_{p=1}^{r} g_p \cdot u_p(x) \text{ mit } g_p \geq 0 \text{ und } \sum_{p=1}^{r} g_p = 1$$

Beispiel:

Neben dem Ziel der Deckungsbeitragsmaximierung zweier Produkte mit 8 EUR bzw. 10 EUR Deckungsbeitrag pro Einheit (also $u_1(x) = 8x_1 + 10x_2$) sei auch das Ziel relevant, von x_2 einen möglichst hohen Absatz zu erzielen (also $u_2(x) = x_2$). Dabei sei der Absatz einer Einheit von Produkt 2 ebenso gut bewertet wie ein Deckungsbeitrag von 3 EUR. Daraus ergibt sich mit den Gewichten $g_1 = 1/4$ und $g_2 = 3/4$ die folgende zu maximierende Zielfunktion:

$$\Phi(x) = \tfrac{1}{4} u_1(x) + \tfrac{3}{4} u_2(x) = \tfrac{1}{4}(8x_1 + 10x_2) + \tfrac{3}{4}x_2 = 2x_1 + \tfrac{13}{4}x_2$$

Grundgedanke der **Körth-Regel** ist die Vorstellung, dass ein Zielsystem bestehend aus mehreren Zielen gerade so gut ist wie das am schlechtesten erreichte Ziel. Dementsprechend sollte man versuchen, die minimale Zielerreichung, d. h. die Zielerreichung bei dem am schlechtesten erfüllten Ziel, zu maximieren. Dies führt dann zur **Maximierung des minimalen Zielerreichungsgrades**, der wie folgt bestimmt werden kann. Für jedes Ziel $p \in \{1, ..., r\}$ gelte:

$$\bar{u}_p = \max_{x \in Z} u_p(x) > 0$$

Diese Werte stellen also die jeweils maximalen Zielfunktionswerte bei isolierter Betrachtung der einzelnen Ziele dar. Damit lässt sich dann der Zielerreichungsgrad für jedes Ziel angeben, so dass die Körth-Regel letztendlich folgende **Bewertungsfunktion** heranzieht:

$$\Phi(x) = \min\left\{\frac{u_p(x)}{\bar{u}_p} : p = 1,\dots,r\right\} \to \max$$

Die Lösung dieses Optimierungsansatzes führt dann zu dem folgenden linearen Optimierungsproblem:

$$
\begin{aligned}
w &\to \max \\
\frac{u_1(x)}{\bar{u}_1} &\geq w \\
&\vdots \\
\frac{u_r(x)}{\bar{u}_r} &\geq w \\
\end{aligned}
$$

$$x \in Z\,(\text{d. h. } Ax \leq b, x \geq 0)$$

w entspricht dabei dem zu maximierenden Mindestzielerreichungsgrad, da für die Zielerreichungsgrade aller Ziele gefordert wird, dass sie mindestens diesen Wert aufweisen. Das dargestellte Optimierungsproblem kann in die Normalform LP2 überführt und mittels des Simplexalgorithmus gelöst werden. Die Lösung resultiert mit (w^*, x^*), wobei x^* die Bewertungsfunktion optimiert und w^* dem Maximum des minimalen Zielerreichungsgrades entspricht.

Die oben dargestellte Körth-Regel ist für die meisten realen Problemstellungen ausreichend, setzt aber voraus, dass die Zielfunktionswerte der verschiedenen Teilziele positiv sind. Ist diese Voraussetzung nicht erfüllt, was beispielsweise bei Nutzenfunktionen der Fall sein kann, wäre ein alternativer Ansatz mit einer modifizierten Bewertungsfunktion zur Lösung der Problematik denkbar. Zusätzlich zur Größe $\bar{u}_p$ wird für jedes Ziel $p \in \{1, \dots, r\}$ auch noch die Größe $\underline{u}_p$ ermittelt, die wie folgt definiert ist:

$$\underline{u}_p = \min_{x \in Z} u_p(x)$$

Diese Größe stellt für jedes Ziel den kleinstmöglichen Zielfunktionswert dar, der auch negativ werden könnte. Die alternative **Bewertungsfunktion** lautet dann

$$\tilde{\Phi}(x) = \min\left\{\frac{u_p(x) - \underline{u}_p}{\bar{u}_p - \underline{u}_p} : p = 1,\dots,r\right\} \to \max$$

und das entsprechende Optimierungsproblem kann analog aufgestellt werden.

Beispiel:

Unter den Restriktionen $x_2 \leq 1, x_1 + x_2 \leq 2$ und $x_1, x_2 \geq 0$ sollen die beiden Zielfunktionen

$u_1(x) = x_1$ und $u_2(x) = x_2$ maximiert werden. Zunächst ergeben sich die Lösungen der einzelnen Optimierungsprobleme wie folgt:

$$\bar{u}_1 = \max_{x \in Z} u_1(x) = 2 \text{ bzw. } \bar{u}_2 = \max_{x \in Z} u_2(x) = 1$$

Das Optimierungsproblem sowie das zugehörige LP2 ergeben sich dann wie folgt:

$$
\begin{array}{rcl}
w & \to & \max \\
\frac{x_1}{2} & \geq & w \\
\frac{x_2}{1} & \geq & w \\
& x \in Z &
\end{array}
\qquad \Rightarrow \qquad
\begin{array}{rcl}
w & \to & \max \\
-x_1 \quad +2w & \leq & 0 \\
-x_2 + w & \leq & 0 \\
x_2 & \leq & 1 \\
x_1 + x_2 & \leq & 2 \\
x_1, x_2 & \geq & 0
\end{array}
$$

In der Abbildung 3.34 sind schließlich noch das Starttableau sowie das nach Anwendung des Simplexalgorithmus resultierende Endtableau angegeben:

Abbildung 3.34   Simplexalgorithmus für das Beispiel zur Körth-Regel

- **Starttableau:**

x_1	x_2	w	y_1	y_2	y_3	y_4	
0	0	−1	0	0	0	0	0
−1	0	2	1	0	0	0	0
0	−1	1	0	1	0	0	0
0	1	0	0	0	1	0	1
1	1	0	0	0	0	1	2

- **Endtableau:**

x_1	x_2	w	y_1	y_2	y_3	y_4	
0	0	0	1/3	1/3	0	1/3	2/3
0	0	1	1/3	1/3	0	1/3	2/3
1	0	0	−1/3	2/3	0	2/3	4/3
0	0	0	−1/3	2/3	1	−1/3	1/3
0	1	0	1/3	−2/3	0	1/3	2/3

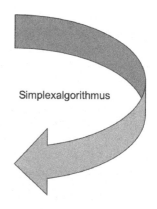

Simplexalgorithmus

Quelle: Eigene Darstellung

Die optimale Lösung nach der Körth-Regel kann mit $x^{*T} = (4/3, 2/3)$ abgelesen werden und das Maximum des minimalen Zielerreichungsgrades liegt bei 2/3, d. h. auch das am schlechtesten erfüllte Ziel wird immer noch zu 66, 67 % erfüllt.

3.8   Übungsaufgaben zur linearen Optimierung

Nachfolgend finden sich 15 Übungsaufgaben zur linearen Optimierung. Bei den Übungsaufgaben ist auch jeweils der Themenbereich angegeben, auf den sich diese Aufgabe im Wesentlichen bezieht. Des Weiteren ist im Anschluss an die jeweilige Aufgabe auch eine Lösung
dargestellt. Dabei ist zu beachten, dass es sich um einen Lösungsvorschlag handelt und
manchmal auch andere Lösungswege denkbar wären.

Aufgabe 1:   (Graphische Lösung)

Bestimmen Sie graphisch die Lösung des folgenden linearen Optimierungsproblems sowie
den optimalen Wert der Zielfunktion:

$$10x_1 + 5x_2 \rightarrow \max$$
$$x_1 + 2x_2 \leq 10$$
$$x_1 + x_2 \leq 6$$
$$x_1 \leq 5$$
$$x_1, x_2 \geq 0$$

Lösung zur Aufgabe 1:

Für die graphische Lösung müssen die Nebenbedingungen und die Zielfunktion nach einer
Variablen aufgelöst werden. Eine Auflösung nach beispielsweise x_2 liefert folgendes Ergebnis:

$$(\text{ZF}) \quad x_2 = \frac{\text{ZFW}}{5} - 2x_1$$
$$(\text{I}) \quad x_2 \leq 5 - \tfrac{1}{2}x_1$$
$$(\text{II}) \quad x_2 \leq 6 - x_1$$
$$(\text{III}) \quad x_1 \leq 5$$

Durch das Einzeichnen der Nebenbedingungen in ein Koordinatensystem ergibt sich der Zulässigkeitsbereich, welcher gemeinsam mit der im Koordinatenursprung abgetragenen Zielfunktion der nachfolgenden Grafik entnommen werden kann:

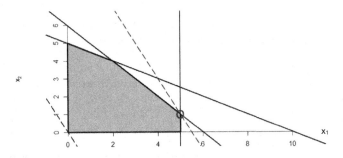

Da der Achsenabschnitt der Zielfunktion positiv ist, wird die Gerade der Zielfunktion möglichst weit parallel nach oben verschoben, so dass der Zulässigkeitsbereich gerade noch tangiert wird. Der Eckpunkt, an dem die Zielfunktion den Zulässigkeitsbereich verlassen würde, ist durch einen Kreis markiert. Dieser liefert die optimale Lösung mit $x_1 = 5$ und $x_2 = 1$. Der optimale Zielfunktionswert ergibt sich aus der folgenden Rechnung:

$$ZFW^* = 10 \cdot 5 + 5 \cdot 1 = 55$$

Aufgabe 2:   **(Graphische Lösung)**

In einem Unternehmen wurde die Produktion einer verlustbringenden Produktlinie eingestellt. Die dadurch freiwerdenden Kapazitäten sollen für zwei neue Produkte eingesetzt werden. Die nachfolgende Tabelle gibt diese Kapazitäten in Maschinenstunden pro Woche an:

Maschinentyp	freiwerdende Kapazität
Fräsmaschine	60
Drehbank	18
Schleifbank	44

Die Maschinenstunden pro Woche, die zur Herstellung einer Einheit der neuen Produkte benötigt werden, betragen:

Maschinentyp	Produkt 1	Produkt 2
Fräsmaschine	2	5
Drehbank	1	1
Schleifbank	3	1

Die Planungsabteilung erwartet, dass von Produkt 1 jede Produktionsmenge abgesetzt werden kann, während von Produkt 2 maximal 10 Einheiten pro Woche abgesetzt werden können. Der Gewinn pro Einheit des Produktes 1 bzw. 2 beträgt 200 EUR bzw. 100 EUR.

a)   Mit der Zielsetzung Gewinnmaximierung stelle man das Problem als lineare Optimierungsaufgabe dar.

b)   Lösen Sie das in a) formulierte Problem graphisch. Geben Sie die optimalen Mengen für Produkt 1 und 2 sowie den dabei entstehenden Gewinn an.

c)   Die Fräsmaschine muss gewartet werden und fällt damit 8 Stunden in einer Woche aus. Kann die in b) ermittelte Optimallösung trotzdem erreicht werden?

Lösung zur Aufgabe 2:

a)   Für die Darstellung als lineares Optimierungsproblem müssen die Variablen, die Zielfunktion und die Nebenbedingungen definiert werden. Anhand der Tabellen und der

Beschreibungen der Aufgabe ergibt sich folgende Problemstellung:

$$(ZF) \quad 200x_1 + 100x_2 \rightarrow \max$$

x_1: Produktionsmenge Produkt 1

x_2: Produktionsmenge Produkt 2

(I)	$2x_1 + 5x_2 \leq 60$	{Fräsmaschine}
(II)	$x_1 + x_2 \leq 18$	{Drehbank}
(III)	$3x_1 + x_2 \leq 44$	{Schleifbank}
(IV)	$x_2 \leq 10$	{max. 10 Einheiten}
(V),(VI)	$x_1, x_2 \geq 0$	

Es werden die Produktionsmengen x_1 und x_2 gesucht, welche den Gewinn maximieren, wodurch sich die Zielfunktion ergibt. Die Nebenbedingungen (I) bis (III) ergeben sich aus den Kapazitäten der jeweiligen Maschine sowie den jeweils benötigten Maschinenstunden zur Herstellung einer Quantität des Produkts 1 oder 2. Die Nebenbedingung (IV) ist das Resultat aus der Forderung, dass nur maximal 10 Einheiten des Produkts 2 pro Woche abgesetzt werden können. Außerdem sind die Nichtnegativitätsbedingungen zu beachten, damit ausschließlich sinnvolle Lösungen resultieren.

b) Für die graphische Lösung müssen die Nebenbedingungen und die Zielfunktion nach einer Variablen aufgelöst werden. Eine Auflösung nach beispielsweise x_2 liefert folgendes Ergebnis:

$$(ZF) \quad x_2 = \frac{\text{Gewinn}}{100} - 2x_1$$

$$(I) \quad x_2 \leq 12 - 0,4x_1$$

$$(II) \quad x_2 \leq 18 - x_1$$

$$(III) \quad x_2 \leq 44 - 3x_1$$

$$(IV) \quad x_2 \leq 10$$

Mit dem Einzeichnen der Nebenbedingungen und der Zielfunktion in ein Koordinatensystem ergibt sich nachfolgender Zulässigkeitsbereich:

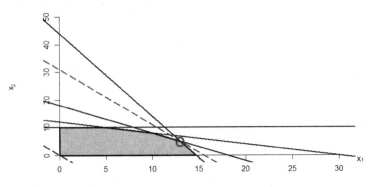

Da der Achsenabschnitt der Zielfunktion positiv ist, wird die Gerade der Zielfunktion möglichst weit parallel nach oben verschoben, so dass der Zulässigkeitsbereich gerade noch tangiert wird. Der Eckpunkt, an dem die Zielfunktion den Zulässigkeitsbereich verlassen würde, ist durch einen Kreis markiert. Da das Ablesen der Lösung in der Grafik nicht möglich ist, werden die Nebenbedingungen, welche den Eckpunkt bestimmen, gleichgesetzt und beispielsweise nach x_1 aufgelöst. Mit einem Achsenabschnitt von 18 und 44 betrifft dies die Nebenbedingungen (II) und (III). Es resultiert folgende Rechnung und der sich ergebende Gewinn im Optimum:

$$18 - x_1 = 44 - 3x_1 \Rightarrow x_1^* = 13; \ x_2^* = 5; \ \text{Gewinn} = 200 \cdot 13 + 100 \cdot 5 = 3100$$

c) Aufgrund des Ausfalls der Fräsmaschine für 8 Stunden pro Woche reduziert sich ihre Kapazität von 60 auf 52. Damit muss überprüft werden, ob die zuvor ermittelte optimale Lösung weiterhin die veränderte Nebenbedingung (I) erfüllt oder nicht. Die veränderte Nebenbedingung (I) ergibt sich folgendermaßen:

$$(I) \qquad 2x_1 + 5x_2 \le 60 - 8 \Leftrightarrow 2x_1 + 5x_2 \le 52 \qquad \{\text{Fräsmaschine}\}$$

Anschließend muss die zuvor bestimmte Optimallösung in die veränderte Nebenbedingung eingesetzt werden. Daraus ergibt sich die folgende Rechnung:

$$2 \cdot 13 + 5 \cdot 5 = 51 \le 52$$

Damit ist die Nebenbedingung (I) weiterhin erfüllt und es kann die in b) ermittelte Optimallösung weiterhin erreicht werden.

Aufgabe 3:   **(Graphische Lösung)**

Der geplante Universitätsneubau mit einer Bodenfläche von 3000 m² soll so mit einem Naturbelag ausgestattet werden, dass die Anschaffungskosten möglichst gering sind und die pro Jahr entstehenden Reinigungskosten ein vorgegebenes Budget von 20.000 EUR nicht überschreiten. Mindestens 800 m² sollen mit dem Naturbelag A belegt werden. Für die restliche Fläche kommen die Naturbeläge B und C in Frage. Weitere Daten sind:

	A	B	C	Kapazitätsgrenzen
Liefer- und Verlegungskosten in EUR/m²	30	15	10	
Reinigungskosten im Jahr in EUR/m²	5	8	10	20.000 EUR/Jahr

Lösen Sie das Problem graphisch mit Hilfe der Substitution. Geben Sie den optimalen Lösungsvektor und den optimalen Zielfunktionswert an.

Lösung zur Aufgabe 3:

Zunächst wird das lineare Optimierungsproblem aufgestellt. Dazu müssen die Variablen, die Zielfunktion und die Nebenbedingungen definiert werden. Anhand der Tabelle und den Beschreibungen aus Aufgabe 3 kann das folgende Optimierungsproblem aufgestellt werden:

$$(ZF) \qquad 30x_1 + 15x_2 + 10x_3 \rightarrow min$$

x_1: Fläche Bodenbelag A $\quad$ (I) $\qquad 5x_1 + 8x_2 + 10x_3 \leq 20.000$

x_2: Fläche Bodenbelag B $\quad$ (II) $\qquad x_1 \geq 800$

x_3: Fläche Bodenbelag C $\quad$ (III) $\qquad x_1 + x_2 + x_3 = 3000 \;\{Mischungsbedingung\}$

$$(IV),(V) \quad x_2, x_3 \geq 0$$

Die Zielfunktion resultiert aus der Minimierung der Anschaffungskosten. Die Nebenbedingung (I) ergibt sich aus den Reinigungskosten, welche ein Budget von 20.000 EUR nicht überschreiten dürfen. Nebenbedingung (II) bezieht sich auf die Aussage, dass mindestens 800 m² mit dem Naturbelag A belegt werden sollen und die Nebenbedingung (III) beschreibt das Mischungsproblem, welches sich auf die gesamte Bodenfläche bezieht. Außerdem sind die Nichtnegativitätsbedingungen zu beachten, damit ausschließlich sinnvolle Lösungen resultieren.

Die in der Aufgabenstellung geforderte Variablensubstitution wird mithilfe der Nebenbedingung (III) durchgeführt, da diese in Form einer Gleichung vorliegt. Nachfolgend wird die Nebenbedingung (III) beispielsweise nach x_3 aufgelöst:

$$x_1 + x_2 + x_3 = 3000 \Leftrightarrow x_3 = 3000 - x_1 - x_2$$

Anschließend wird die Variable x_3 in den anderen Nebenbedingungen ersetzt und es resultiert folgendes modifiziertes Problem:

$$(ZF) \qquad 30x_1 + 15x_2 + 10 \cdot (3000 - x_1 - x_2) \rightarrow min$$

$$\Leftrightarrow \qquad 20x_1 + 5x_2 + 30.000 \rightarrow min$$

$$(I) \qquad 5x_1 + 8x_2 + 10 \cdot (3000 - x_1 - x_2) \leq 20.000 \Leftrightarrow 5x_1 + 2x_2 \geq 10.000$$

$$(II),(IV) \quad \text{bleiben unverändert}$$

$$(V) \qquad 3000 - x_1 - x_2 \geq 0 \Leftrightarrow x_1 + x_2 \leq 3000$$

Das Auflösen der veränderten Nebenbedingungen und Zielfunktion nach beispielsweise x_2 liefert das folgende Ergebnis:

$$(ZF) \qquad x_2 = \frac{Kosten}{5} - 4x_1 - 6000$$

$$(I) \qquad x_2 \geq 5000 - 2,5x_1$$

$$(V) \qquad x_2 \leq 3000 - x_1$$

Anhand der Nebenbedingungen (II), (IV) sowie den veränderten Nebenbedingungen (I) und (V) kann der folgende Zulässigkeitsbereich erstellt werden:

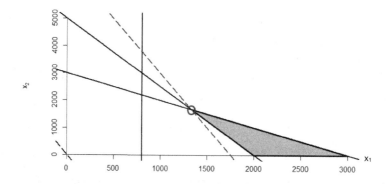

Da der Achsenabschnitt der Zielfunktion positiv ist und die Zielfunktion minimiert werden soll, wird die Gerade der Zielfunktion möglichst wenig parallel nach oben verschoben, so dass der Zulässigkeitsbereich das erste Mal tangiert wird. Der Eckpunkt, an dem die Zielfunktion den Zulässigkeitsbereich erreichen würde, ist durch einen Kreis markiert. Da das Ablesen der Lösung in der Grafik nicht möglich ist, werden die Nebenbedingungen, welche den Eckpunkt festlegen, gleichgesetzt und nach x_1 aufgelöst. Mit einem Achsenabschnitt von 5000 und 3000 betrifft dies die Nebenbedingungen (I) und (V). Damit kann anschließend x_3 und die minimalen Anschaffungskosten bestimmt werden. Es resultiert folgende Rechnung und die sich ergebenden Kosten im Optimum:

$$5000 - 2{,}5x_1 = 3000 - x_1 \Rightarrow x_1^* = 1333{,}\overline{3}; \; x_2^* = 1666{,}\overline{6}; \; x_3^* = 3000 - 1333{,}\overline{3} - 1666{,}\overline{6} = 0;$$
$$\text{Kosten} = 30 \cdot 1333{,}\overline{3} + 15 \cdot 1666{,}\overline{6} + 10 \cdot 0 = 65000$$

Aufgabe 4:   **(Graphische Lösung)**

Aus drei Rohstoffen R_1, R_2 und R_3 soll ein Schweinefutter gemischt werden, das jeweils mindestens 2400 Kalorien sowie 120 Milligramm eines bestimmten Vitamins pro kg Fertigfutter enthalten soll. Die Kosten (in EUR) sowie die Mengen an Kalorien und Vitaminen (in Milligramm) je kg Rohstoff entnehme man der nachfolgenden Tabelle.

	R_1	R_2	R_3
Kosten	1	2	3
Kalorien	0	2000	4000
Vitamine	200	100	100

a) Formulieren Sie dieses Problem als lineares Optimierungsproblem, wenn die Kosten für ein kg Fertigfutter minimiert werden sollen.

b) Stellt eine Mischung aus gleichen Anteilen von R_1, R_2 und R_3 eine zulässige Lösung dar?

c) Lösen Sie das in a) formulierte Optimierungsproblem graphisch. Geben Sie alle kostenminimalen Mischungen sowie das Kostenminimum an.

Lösung zur Aufgabe 4:

a) Für die Formulierung als lineares Optimierungsproblem müssen die Variablen, die Zielfunktion und die Nebenbedingungen definiert werden. Anhand der Tabelle und Beschreibungen aus Aufgabe 4 ergibt sich folgende Problemstellung:

$$\text{(ZF)} \quad x_1 + 2x_2 + 3x_3 \rightarrow \min$$

x_1: Menge Rohstoff R_1 in 1 kg Futter   (I) $2000x_2 + 4000x_3 \geq 2400$

x_2: Menge Rohstoff R_2 in 1 kg Futter   (II) $200x_1 + 100x_2 + 100x_3 \geq 120$

x_3: Menge Rohstoff R_3 in 1 kg Futter   (III) $x_1 + x_2 + x_3 = 1$ {Mischungsbedingung}

$$\text{(IV)}, \text{(V)}, \text{(VI)} \quad x_1, x_2, x_3 \geq 0$$

Die Zielfunktion resultiert aus der Minimierung der Kosten. Die Nebenbedingungen (I) und (II) ergeben sich aus den Mengen an Kalorien und Vitaminen (in Milligramm) je kg Rohstoff und die Nebenbedingung (III) stellt die Mischungsbedingung dar, in dem die Gesamtmenge aller Rohstoffe 1 kg Futter ergeben muss. Außerdem sind die Nichtnegativitätsbedingungen zu beachten, damit ausschließlich sinnvolle Lösungen resultieren.

b) Zur Überprüfung, ob eine Mischung aus gleichen Anteilen aller Rohstoffe eine zulässige Lösung darstellt, werden aus Nebenbedingung (III) die entsprechenden Anteile folgendermaßen bestimmt:

$$x_1 + x_2 + x_3 = 1 \text{ und } x_1 = x_2 = x_3 \Rightarrow x_1 = x_2 = x_3 = \tfrac{1}{3}$$

Daher soll ein Drittel kg jedes Rohstoffs zur Herstellung von 1 kg Futter verwendet werden. Zur Überprüfung, ob es sich dabei um eine zulässige Lösung handelt, müssen die Werte in die Nebenbedingungen eingesetzt werden.

$$\text{(I)} \quad 2000 \cdot \tfrac{1}{3} + 4000 \cdot \tfrac{1}{3} = 2000 \ngeq 2400$$

Aus Nebenbedingung (I) geht hervor, dass es sich hierbei um keine zulässige Lösung handelt.

c) Für eine graphische Lösung im zweidimensionalen Raum ist eine Variablensubstitution erforderlich. Dafür wird nachfolgend die Nebenbedingung (III) nach beispielsweise x_1 aufgelöst:

$$x_1 + x_2 + x_3 = 1 \Leftrightarrow x_1 = 1 - x_2 - x_3$$

Anschließend wird die Variable x_1 in den anderen Nebenbedingungen und der Zielfunktion ersetzt und es resultiert folgendes modifiziertes Problem:

(ZF)	$\left(1-x_2-x_3\right)+2x_2+3x_3 \to \min$
$\Leftrightarrow$	$1+x_2+2x_3 \to \min$
$(I),(V),(VI)$	bleiben unverändert
(II)	$200\cdot\left(1-x_2-x_3\right)+100x_2+100x_3 \geq 120 \Leftrightarrow 100x_2+100x_3 \leq 80$
(IV)	$1-x_2-x_3 \geq 0 \Leftrightarrow x_2+x_3 \leq 1$

Das Auflösen der veränderten Nebenbedingungen und Zielfunktion nach beispielsweise x_3 liefert das folgende Ergebnis:

(ZF)	Kosten $=1+x_2+2x_3$	$\Leftrightarrow x_3 = \frac{\text{Kosten}}{2}-0{,}5x_2-0{,}5$
(I)	$2000x_2+4000x_3 \geq 2400$	$\Leftrightarrow x_3 \geq 0{,}6-0{,}5x_2$
(II)	$100x_2+100x_3 \leq 80$	$\Leftrightarrow x_3 \leq 0{,}8-x_2$
(IV)	$x_2+x_3 \leq 1$	$\Leftrightarrow x_3 \leq 1-x_2$

Anhand der ursprünglichen und veränderten Nebenbedingungen kann der folgende Zulässigkeitsbereich erstellt werden:

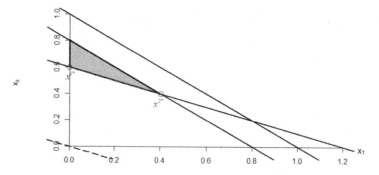

Da der Achsenabschnitt der Zielfunktion positiv ist und die Zielfunktion minimiert werden soll, wird die Gerade der Zielfunktion möglichst wenig parallel nach oben verschoben, so dass der Zulässigkeitsbereich das erste Mal tangiert wird. In diesem Fall entspricht dies der Verbindungsgerade zwischen den zwei Eckpunkten, welche mit einem Kreis markiert sind. Grund dafür ist, dass sowohl die Zielfunktion als auch die Nebenbedingung (I) einen Anstieg von $-0{,}5$ besitzen. Anhand der Eckpunkte können die beiden folgenden Lösungen entnommen werden:

$$x^{1^*} = \begin{pmatrix} x_1^{1^*} \\ 0 \\ 0{,}6 \end{pmatrix}, x^{2^*} = \begin{pmatrix} x_1^{2^*} \\ 0{,}4 \\ 0{,}4 \end{pmatrix}$$

Zu beachten ist, dass in beiden Fällen die Summe der verwendeten Rohstoffmengen 1 kg ergeben muss (Nebenbedingung (III)) und damit folgende Werte bestimmt werden können:

$$x_1^{1^*} = 1 - 0 - 0,6 = 0,4; \quad x_1^{2^*} = 1 - 0,4 - 0,4 = 0,2$$

Der Optimalbereich Z* resultiert damit als Konvexkombination dieser beiden Eckpunkte:

$$Z^* = \left\{ \begin{pmatrix} x_1 \\ x_2 \\ x_3 \end{pmatrix} \in \mathbb{R}_+^3 : \begin{pmatrix} x_1 \\ x_2 \\ x_3 \end{pmatrix} = \lambda \begin{pmatrix} 0,4 \\ 0 \\ 0,6 \end{pmatrix} + (1 - \lambda) \begin{pmatrix} 0,2 \\ 0,4 \\ 0,4 \end{pmatrix}, \lambda \in [0,1] \right\}$$

Aufgabe 5:   **(Simplexalgorithmus)**

Gegeben sei das folgende Standardmaximierungsproblem:

$$2x_1 + 2x_2 + x_3 + 2 \rightarrow \max$$
$$2x_1 + x_2 + x_3 \leq 7$$
$$x_1 + 2x_2 + x_3 \leq 8$$
$$2x_1 + 2x_2 + x_3 \leq 9$$
$$x_1, x_2, x_3 \geq 0$$

Bestimmen Sie **alle** Optimallösungen mit Hilfe des Simplexalgorithmus.

Lösung zur Aufgabe 5:

In dieser Aufgabe ist ein Standardmaximierungsproblem gegebenen, welches direkt mittels des Simplexalgorithmus gelöst werden kann. Das Simplexverfahren zum Lösen des Problems ist auf der nächsten Seite zu sehen.

Für das Starttableau (Zeilen 1 bis 4) werden die Koeffizienten aus der Problemstellung übernommen, wobei die Zielfunktionskoeffizienten mit umgekehrten Vorzeichen zu versehen sind. Als Pivotspalte kommen für das Starttableau die Spalten mit den Variablen x_1 und x_2 in Betracht, da diese den kleinsten (negativen) Zielfunktionskoeffizienten besitzen. Nachfolgend wurde die Spalte mit x_1 als Pivotspalte gewählt. Es folgt die Überprüfung des Engpasses, um die Pivotzeile festzulegen. Dazu werden für die Nebenbedingungen in den Zeilen 2 bis 4 die Restriktionskoeffizienten durch die jeweiligen Koeffizienten der Pivotspalte dividiert. Die Ergebnisse dieser Rechnung können der rechten Spalte des Simplextableaus entnommen werden. Der Engpass liegt folglich in Zeile 2 vor. Es resultiert das schwarz umrandete Pivotelement. Mittels Zeilentransformation wird anschließend das Folgetableau (Zeilen 5 bis 8) ermittelt. Dabei entsteht ein Einheitsvektor in der Pivotspalte, bei dem die 1 an der Stelle des Pivotelements steht. Die dazu erforderlichen elementaren Zeilentransformationen sind in der Spalte Operation zu finden. Das damit ermittelte Folgetableau ist kein Endtableau, da weiterhin ein negativer Zielfunktionskoeffizient (Zeile 5) und damit weiteres Verbesserungspotential existiert. Dementsprechend wird erneut ein Folgetableau gebildet. Wie zuvor werden die Spalte mit dem kleinsten negativen Zielfunktionswert als Pivotspalte (hier Spalte mit x_2) und die Zeile mit dem Engpass (hier Zeile 8) als Pivotzeile gewählt und es resultiert das erneut in schwarz gerahmte Pivotelement. Alle zur Bestimmung des Folgetableaus erforderlichen elementaren Zeilentransformationen sind weiterhin in der Spalte

„Operation" abgebildet. Das entstehende Tableau (Zeilen 9 bis 12) ist ein Endtableau, da keine weiteren negativen Zielfunktionskoeffizienten vorliegen. Die resultierende Optimallösung kann mit $x^{*T} = (5/2, 2, 0)$ bei einem Zielfunktionswert von 11 aus dem Tableau direkt abgelesen werden.

Nr	x_1	x_2	x_3	y_1	y_2	y_3	Wert	Operation	
1	-2	-2	-1	0	0	0	2		
2	$\boxed{2}$	1	1	1	0	0	7		$\frac{7}{2}$
3	1	2	1	0	1	0	8		8
4	2	2	1	0	0	1	9		$\frac{9}{2}$
5	0	-1	0	1	0	0	9	$\boxed{1}+\boxed{2}$	
6	1	$\frac{1}{2}$	$\frac{1}{2}$	$\frac{1}{2}$	0	0	$\frac{7}{2}$	$\boxed{2}\div 2$	$\frac{\frac{7}{2}}{\frac{1}{2}}=7$
7	0	$\frac{3}{2}$	$\frac{1}{2}$	$-\frac{1}{2}$	1	0	$\frac{9}{2}$	$\boxed{3}-\frac{1}{2}\cdot\boxed{2}$	$\frac{\frac{9}{2}}{\frac{3}{2}}=3$
8	0	$\boxed{1}$	0	-1	0	1	2	$\boxed{4}-\boxed{2}$	$\frac{2}{1}=2$
9	0	0	0	0	0	1	11	$\boxed{5}+\boxed{8}$	$x^{*1}=\left(\frac{5}{2},2,0\right)$
10	1	0	$\frac{1}{2}$	1	0	$-\frac{1}{2}$	$\frac{5}{2}$	$\boxed{6}-\frac{1}{2}\cdot\boxed{8}$	$5\ \Big|\ \frac{5}{2}$
11	0	0	$\boxed{\frac{1}{2}}$	$\boxed{1}$	1	$-\frac{3}{2}$	$\frac{3}{2}$	$\boxed{7}-\frac{3}{2}\cdot\boxed{8}$	$3\ \Big|\ \frac{3}{2}$
12	0	1	0	-1	0	1	2	$\boxed{8}$	
13a	0	0	0	0	0	1	11	$\boxed{9}$	$x^{*2}=\left(1,2,3\right)$
14a	1	0	0	0	-1	1	1	$\boxed{10}-\boxed{11}$	
15a	0	0	1	2	2	-3	3	$\boxed{11}\cdot 2$	
16a	0	1	0	-1	0	1	2	$\boxed{12}$	
13b	0	0	0	0	0	1	11	$\boxed{9}$	$x^{*3}=\left(1,\frac{7}{2},0\right)$
14b	1	0	0	0	-1	1	1	$\boxed{10}-\boxed{11}$	
15b	0	0	$\frac{1}{2}$	1	1	$-\frac{3}{2}$	$\frac{3}{2}$	$\boxed{11}$	
16b	0	1	$\frac{1}{2}$	0	1	$-\frac{1}{2}$	$\frac{7}{2}$	$\boxed{12}+\boxed{11}$	

Da im eben betrachteten Endtableau für zwei Nichtbasisvariablen (x_3 und y_1) der Wert des Zielfunktionskoeffizienten 0 beträgt, können die entsprechenden Variablen ohne Veränderung des Zielfunktionswerts in die Basis aufgenommen werden, so dass zwei weitere optimale Lösungen resultieren. Die optimale Lösung mit x_3 als Basisvariable ist den Zeilen 13a bis 16a zu entnehmen, wobei $x^{*T} = (1, 2, 3)$ und der Zielfunktionswert unverändert 11 ist. Die optimale Lösung mit y_1 als Basisvariable ist den Zeilen 13b bis 16b zu entnehmen. Die aus dem Tableau abzulesende optimale Lösung lautet $x^{*T} = (1, 7/2, 0)$ mit einem weiterhin unveränderten Zielfunktionswert von 11.

Die Konvexkombination dieser Lösungen liefert dann den Optimalbereich für das betrachtete Problem, der sich wie folgt ergibt:

$$Z^* = \left\{ \begin{pmatrix} x_1 \\ x_2 \\ x_3 \end{pmatrix} \in \mathbb{R}^3_+ : \begin{pmatrix} x_1 \\ x_2 \\ x_3 \end{pmatrix} = \lambda_1 \cdot \begin{pmatrix} \frac{5}{2} \\ 2 \\ 0 \end{pmatrix} + \lambda_2 \cdot \begin{pmatrix} 1 \\ 2 \\ 3 \end{pmatrix} + \lambda_3 \cdot \begin{pmatrix} 1 \\ \frac{7}{2} \\ 0 \end{pmatrix} \; \text{mit} \; \begin{matrix} \lambda_1, \lambda_2, \lambda_3 \geq 0 \\ \lambda_1 + \lambda_2 + \lambda_3 = 1 \end{matrix} \right\}$$

Aufgabe 6:   (Simplexalgorithmus)

Ein Kaffeehändler will 2 Sorten Kaffee einkaufen, eine teure Sorte A und eine billige Sorte B. Von A kann er höchstens 120 kg, von B höchstens 180 kg bekommen. Aus diesen beiden Sorten stellt er zwei Mischungen her. Die erste Mischung soll 20 % der Sorte A und 80 % der Sorte B, die zweite Mischung soll 60 % der Sorte A und 40 % der Sorte B enthalten. Der Verkaufspreis der 1. Mischung beträgt 12 EUR, der der 2. Mischung 18 EUR je kg. Die variablen Kosten sind mit 9 EUR bzw. 14 EUR für die 1. bzw. die 2. Mischung gegeben.

	A	B	Verkaufspreis	variable Kosten
Mischung 1	20 %	80 %	12 EUR	9 EUR
Mischung 2	60 %	40 %	18 EUR	14 EUR
Kapazitätsgrenzen	120 kg	180 kg		

a) Mit der Zielsetzung Deckungsbeitragsmaximierung stelle man das Problem als lineare Optimierungsaufgabe dar.

b) Lösen Sie das in a) formulierte Problem mit dem Simplexalgorithmus. Welche Mengen muss der Händler von jeder Mischung verkaufen und welcher Gesamtdeckungsbeitrag entsteht dabei.

Lösung zur Aufgabe 6:

a) Für die Formulierung als lineares Optimierungsproblem müssen die Variablen, die Zielfunktion und die Nebenbedingungen definiert werden. Anhand der Tabelle und der Beschreibungen in der Aufgabe ergibt sich folgende Problemstellung:

x_1: Verkaufsmenge Mischung 1
x_2: Verkaufsmenge Mischung 2

(ZF) $3x_1 + 4x_2 \rightarrow \max$
(I) $0{,}2x_1 + 0{,}6x_2 \leq 120$
(II) $0{,}8x_1 + 0{,}4x_2 \leq 180$
(III),(IV) $x_1, x_2 \geq 0$

Bei der Zielfunktion erfolgt eine Maximierung des aus dem Verkauf der Mischungen resultierenden Deckungsbeitrags, also der jeweiligen Differenz aus Verkaufspreis und variablen Kosten. Die Nebenbedingungen (I) und (II) resultieren aus den Anteilen der Sorten A und B in den jeweiligen Mischungen sowie der maximalen Bezugsmenge dieser Sorten. Außerdem sind die Nichtnegativitätsbedingungen zu beachten, damit ausschließlich sinnvolle Lösungen resultieren.

b)   Aus der Problemstellung geht ein LP2 hervor, welches direkt mittels Simplexalgorithmus gelöst werden kann. Das Simplexverfahren zum Lösen des Problems ist in der folgenden Tabelle zu sehen.

	x_1	x_2	y_1	y_2		
A	-3	-4	0	0	0	
B	0,2	0,6	1	0	120	
C	0,8	0,4	0	1	180	
D	-5/3	0	20/3	0	800	A+20/3B
E	1/3	1	5/3	0	200	1/0,6B
F	2/3	0	-2/3	1	100	C-2/3B
G	0	0	5	5/2	1050	D+5/2F
H	0	1	2	-1/2	150	E-1/2F
I	1	0	-1	3/2	150	3/2F

Für das Starttableau (Zeilen A bis C) werden die Koeffizienten aus der Problemstellung übernommen, wobei die Zielfunktionskoeffizienten mit umgekehrten Vorzeichen zu versehen sind. Als Pivotspalte wird die Spalte mit der Variablen x_2 gewählt, da diese den kleinsten (negativen) Zielfunktionskoeffizienten besitzt. Die Wahl der Pivotzeile erfolgt wiederum über die Engpassprüfung: B: 120/0,6 = 200, C: 180/0,4 = 450. Der Engpass liegt folglich in der Zeile B vor. Es resultiert das schwarz umrandete Pivotelement. Mittels Zeilentransformation wird anschließend das Folgetableau (Zeilen D bis F) ermittelt. Die dazu erforderlichen elementaren Zeilentransformationen sind in der rechten Spalte der Tabelle zu finden. Das damit ermittelte Folgetableau ist kein Endtableau, da weiterhin ein negativer Zielfunktionskoeffizient (Zeile D) und damit weiteres Verbesserungspotential existiert. Dementsprechend wird erneut ein Folgetableau gebildet. Wie zuvor wird die Spalte mit dem kleinsten negativen Zielfunktionskoeffizienten als Pivotspalte (hier Spalte mit x_1) und die Zeile mit dem Engpass (E: 200/(1/3) = 600, F: 100/(2/3) = 150), also Zeile F, als Pivotzeile gewählt. Es resultiert das erneut in schwarz gerahmte Pivotelement. Alle zur Bestimmung des Folgetableaus erforderlichen elementaren Zeilentransformationen sind weiterhin in der rechten Spalte abgebildet. Das entstehende Tableau (Zeilen G bis I) ist ein Endtableau, da keine weiteren negativen Zielfunktionskoeffizienten vorliegen. Es existieren auch keine weiteren optimalen Lösungen, da die Zielfunktionskoeffizienten der Nichtbasisvariablen größer 0 sind. Die resultierende Optimallösung kann mit x^{*T} = (150, 150) bei einem Deckungsbeitrag von 1050 aus dem Tableau direkt abgelesen werden.

Aufgabe 7:   **(Simplexalgorithmus)**

Ein Unternehmen produziert an einer Maschine die drei Produkte P_1, P_2, P_3 in den (beliebig teilbaren) Quantitäten x_1, x_2 und x_3. Die variablen Kosten pro Mengeneinheit von P_1, P_2 bzw. P_3 betragen 8, 4 bzw. 6 Geldeinheiten. Die Produkte P_j können verkauft werden zu Preisen p_j (Geldeinheiten pro Mengeneinheit); dabei gilt: $p_1 = 10$, $p_2 = 8$, $p_3 = 7$. Bei der Produktion je einer Einheit von P_1, P_2, P_3 verhalten sich die Maschinenzeiten wie 1 : 2 : 3; die Herstellung einer Einheit von Produkt P_1 erfordert 2 Zeiteinheiten an der Maschine. Insgesamt stehen an Maschinenkapazität 600 Zeiteinheiten zur Verfügung. Ferner soll die Produktion von Produkt P_1 mindestens 50 % und die Produktion von Produkt P_3 höchstens 20 % der gesamten Produktionsmenge der drei Produkte betragen.

a)   Formulieren Sie das Problem als Standardmaximierungsproblem mit dem Ziel Deckungsbeitragsmaximierung.

b)   Ermitteln Sie mit dem Simplexalgorithmus **alle** Optimallösungen.

Lösung zur Aufgabe 7:

a)   Für die Formulierung als lineares Optimierungsproblem wird zunächst anhand der Beschreibungen aus der Aufgabe eine Hilfstabelle erstellt, welche alle Informationen zusammenfasst:

Produkte	Mengen	var. Kost.	Preis	DB	Zeit	
P_1	x_1	8	10	2	2	mind. 50% der Prod.menge
P_2	x_2	4	8	4	4	
P_3	x_3	6	7	1	6	max. 20% der Prod.menge
					≤ 600	

Mittels dieser Hilfstabelle können für das lineare Optimierungsproblem die Zielfunktion und die Nebenbedingungen definiert werden. Es resultiert die folgende Problemstellung:

(ZF) $2x_1 + 4x_2 + 1x_3 \rightarrow \max$

(I) $2x_1 + 4x_2 + 6x_3 \leq 600$

(II) $x_1 \geq 0,5 \cdot (x_1 + x_2 + x_3) \Leftrightarrow -0,5x_1 + 0,5x_2 + 0,5x_3 \leq 0$

(III) $x_3 \leq 0,2 \cdot (x_1 + x_2 + x_3) \Leftrightarrow 0,2x_1 + 0,2x_2 - 0,8x_3 \geq 0 \Leftrightarrow -0,2x_1 - 0,2x_2 + 0,8x_3 \leq 0$

(IV),(V),(VI) $x_1, x_2, x_3 \geq 0$

Die Zielfunktion ergibt sich aus der Maximierung des aus dem Verkauf der Produkte resultierenden Deckungsbeitrags. Die Nebenbedingung (I) resultiert aus der maximalen Maschinenkapazität von 600 Zeiteinheiten und den pro Produkt benötigten Maschinenzeiten. Nebenbedingung (II) entspricht der Forderung, dass mindestens 50 % der Gesamtproduktionsmenge aus der Produktion von Produkt P_1 bestehen soll. Nebenbedingung (III) greift hingegen auf, dass maximal 20 % der Produktionsmenge aus der Produktion des Produkts P_3

bestehen darf. Außerdem sind die Nichtnegativitätsbedingungen zu beachten, damit ausschließlich sinnvolle Lösungen resultieren.

b) Aus der Problemstellung geht ein Standardmaximierungsproblem hervor, welches direkt mittels des Simplexalgorithmus gelöst werden kann. Das Simplexverfahren zum Lösen des Problems ist in der folgenden Tabelle dargestellt.

	x_1	x_2	x_3	y_1	y_2	y_3		
A	-2	-4	-1	0	0	0	0	
B	2	4	6	1	0	0	600	
C	-1/2	1/2	1/2	0	1	0	0	
D	-1/5	-1/5	4/5	0	0	1	0	
E	-6	0	3	0	8	0	0	A+8C
F	6	0	2	1	-8	0	600	B-8C
G	-1	1	1	0	2	0	0	2C
H	-2/5	0	1	0	2/5	1	0	D+2/5C
I	0	0	5	1	0	0	600	E+F
J	1	0	1/3	1/6	-4/3	0	100	1/6F
K	0	1	4/3	1/6	2/3	0	100	G+1/6F
L	0	0	17/15	1/15	-2/15	1	40	H+1/15F
	0				0	0	600	I
	1				0	0	300	J+2K
	0				1	0	150	3/2K
	0				0	1	60	L+1/5K

Für das Starttableau (Zeilen A bis D) werden die Koeffizienten aus der Problemstellung übernommen, wobei die Zielfunktionskoeffizienten mit umgekehrten Vorzeichen zu versehen sind. Als Pivotspalte wird die Spalte mit der Variablen x_2 gewählt, da diese den kleinsten (negativen) Zielfunktionskoeffizienten besitzt. Die Wahl der Pivotzeile erfolgt wiederum über die Engpassprüfung mit B: 600/2 = 300, C: 0/1/2 = 0 und D ist nicht möglich (da der entsprechende Koeffizient in der Spalte von x_2 negativ ist). Der Engpass liegt folglich in der Zeile C vor. Es resultiert das schwarz umrandete Pivotelement. Mittels Zeilentransformation wird anschließend das Folgetableau (Zeilen E bis H) ermittelt. Die dazu erforderlichen elementaren Zeilentransformationen sind in der rechten Spalte der Tabelle zu finden. Das damit ermittelte Folgetableau ist kein Endtableau, da weiterhin ein negativer Zielfunktionskoeffizient (Zeile E) und damit weiteres Verbesserungspotential besteht. Dementsprechend wird erneut ein Folgetableau gebildet. Wie zuvor wird die Spalte mit dem kleinsten negativen Zielfunktionswert als Pivotspalte (hier Spalte mit x_1) und die Zeile mit dem Engpass, also Zeile F (da die anderen Koeffizienten aus der Spalte negativ sind), als Pivotzeile gewählt. Es resultiert das erneut in schwarz gerahmte Pivotelement. Alle zur Bestimmung des Folgetableaus erforderlichen elementaren Zeilentransformationen sind weiterhin in der rechten Spalte abgebildet. Das entstehende Tableau (Zeilen I bis L) ist ein Endtableau, da keine weiteren negativen Zielfunktionskoeffizienten vorliegen. Die resultierende Optimallösung kann mit $x^{*T} = (100, 100, 0)$ bei einem Deckungsbeitrag von 600 aus dem Tableau direkt abgelesen werden. Da im zuvor betrachteten Endtableau für die Nichtbasisvariable y_2 der Wert des Zielfunktionskoeffizienten 0 beträgt, kann diese ohne Veränderung des Zielfunktionswerts in die Basis aufgenommen werden, so dass eine weitere optimale Lösung resultiert. Da alle Koeffizienten der Pivotspalte bis auf einen negativ sind, ist die Wahl der Pivotzeile mit Zeile K eindeutig. Das resultierende Pivotelement ist wiederum schwarz umrahmt. Die optimale Lösung mit y_2 als Basisvariable ist dem Folgetableau zu entnehmen, wobei $x^{*T} = (300, 0, 0)$ und der unveränderte Zielfunktionswert 600 ist. Die Konvexkombination dieser Lösungen liefert dann den Optimalbereich für das betrachtete Problem, der sich wie folgt ergibt:

$$Z^* = \left\{ \begin{pmatrix} x_1 \\ x_2 \\ x_3 \end{pmatrix} \in \mathbb{R}_+^3 : \begin{pmatrix} x_1 \\ x_2 \\ x_3 \end{pmatrix} = \lambda \cdot \begin{pmatrix} 100 \\ 100 \\ 0 \end{pmatrix} + (1-\lambda) \cdot \begin{pmatrix} 300 \\ 0 \\ 0 \end{pmatrix} \text{ mit } \lambda \in [0,1] \right\}$$

Aufgabe 8:   **(Simplexalgorithmus)**

Der Werbeplaner eines Markenartikelherstellers plant die Werbekampagne für ein neues Produkt. Im Bereich der TV-Werbung soll ein Spot täglich eventuell mehrmals durch die Sender PRO7, SAT1 und RTL ausgestrahlt werden, durch PRO7 höchstens dreimal und durch RTL höchstens zehnmal. Die Kosten in 1.000 EUR belaufen sich bei PRO7 auf 20, bei SAT1 auf 24 und bei RTL auf 10 je gesendetem Spot. Das tägliche Werbebudget ist auf 280.000 EUR begrenzt. Aus Medienanalysen ist bekannt, dass je Spot durchschnittlich folgende Reichweiten erzielt werden, wobei Überschneidungen nicht zu berücksichtigen sind:

Erreichte Haushalte in 1.000		
PRO7	**SAT1**	**RTL**
10	12	6

Der Mediaplaner möchte unter den gegebenen Bedingungen die Zahl der erreichten Haushalte maximieren.

a) Formulieren Sie das zugehörige Optimierungsproblem.

b) Lösen Sie das Optimierungsproblem mit dem Simplexalgorithmus und geben Sie alle optimalen Lösungen (auch die nicht-ganzzahligen Lösungen) sowie den Zielfunktionswert an.

c) Welche der optimalen Lösungen sind ganzzahlig? Interpretieren Sie Ihr Ergebnis.

Lösung zur Aufgabe 8:

a) Für die Formulierung als lineares Optimierungsproblem wird zunächst anhand der Tabelle und den Beschreibungen aus der Aufgabe eine Hilfstabelle erstellt, welche alle Informationen zusammenfasst:

	Sender	Ausstrahlung	Kosten · 1000 EUR	Reichweite
x_1 : Anzahl Spots auf PRO7	PRO7	$x_1 \leq 3$	20	10
x_2 : Anzahl Spots auf SAT 1	SAT1	x_2	24	12
x_3 : Anzahl Spots auf RTL	RTL	$x_3 \leq 10$	10	6
			≤ 280	

Mittels dieser Hilfstabelle können für das lineare Optimierungsproblem die Zielfunktion und die Nebenbedingungen definiert werden. Es resultiert die folgende Problemstellung:

$$\begin{aligned}
&\text{(ZF)} & 10x_1 + 12x_2 + 6x_3 &\rightarrow \max \\
&\text{(I)} & 20x_1 + 24x_2 + 10x_3 &\leq 280 \\
&\text{(II)} & x_1 &\leq 3 \\
&\text{(III)} & x_3 &\leq 10 \\
&\text{(IV),(V),(VI)} & x_1, x_2, x_3 &\geq 0
\end{aligned}$$

Die Zielfunktion ergibt sich aus der Maximierung der Anzahl der erreichten Haushalte. Die Nebenbedingung (I) resultiert aus den maximalen Kosten von 280.000 EUR und den pro Spot entstehenden Kosten. Die Nebenbedingungen (II) bzw. (III) entsprechen den Forderungen, dass maximal 3 Spots auf PRO7 bzw. maximal 10 Spots auf RTL ausgestrahlt werden können. Außerdem sind die Nichtnegativitätsbedingungen zu beachten, damit ausschließlich sinnvolle Lösungen resultieren.

b)   Aus der Problemstellung geht ein Standardmaximierungsproblem hervor, welches direkt mittels des Simplexalgorithmus gelöst werden kann. Das Simplexverfahren zum Lösen des Problems ist in der folgenden Tabelle dargestellt:

	x_1	x_2	x_3	y_1	y_2	y_3		
A	-10	-12	-6	0	0	0	0	
B	20	24	10	1	0	0	280	
C	1	0	0	0	1	0	3	
D	0	0	1	0	0	1	10	
E	0	0	-1	1/2	0	0	140	A+1/2B
F	5/6	1	5/12	1/24	0	0	35/3	1/24B
G	1	0	0	0	1	0	3	C
H	0	0	1	0	0	1	10	D
I	0	0	0	1/2	0	1	150	E+H
J	5/6	1	0	1/24	0	-5/12	15/2	F-5/12H
K	1	0	0	0	1	0	3	G
L	0	0	1	0	0	1	10	H
	0	0	0				150	I
	0	1	0				5	J-5/6K
	1	0	0				3	K
	0	0	1				10	L

Für das Starttableau (Zeilen A bis D) werden die Koeffizienten aus der Problemstellung übernommen, wobei die Zielfunktionskoeffizienten mit umgekehrten Vorzeichen zu versehen sind. Als Pivotspalte wird die Spalte mit der Variablen x_2 gewählt, da diese den kleinsten (negativen) Zielfunktionskoeffizienten besitzt. Die Wahl der Pivotzeile ist eindeutig, da nur der Koeffizient aus der Zeile B in der Spalte von x_2 größer 0 ist. Es resultiert das schwarz umrandete Pivotelement. Mittels Zeilentransformation wird anschließend das Folgetableau (Zeilen E bis H) bestimmt. Die dazu erforderlichen elementaren Zeilentransformationen sind in der rechten Spalte der Tabelle zu finden. Das damit ermittelte Folgetableau ist kein Endtableau, da weiterhin ein negativer Zielfunktionskoeffizient (Zeile E) und damit weiteres Verbesserungspotential besteht. Dementsprechend wird erneut ein Folgetableau gebildet. Wie zuvor wird die Spalte mit dem kleinsten negativen Zielfunktionswert als Pivotspalte, also die Spalte mit der Variablen x_3, gewählt. Zur Bestimmung der Pivotzeile ist eine Engpassprüfung erforderlich. Diese liefert die folgenden Werte: F: $(35/3)/(5/12) = 28$, G: nicht möglich, H: $10/1 = 10$. Damit liegt in Zeile H der Engpass vor und diese wird als Pivotzeile gewählt. Es resultiert das erneut in schwarz gerahmte Pivotelement. Alle zur Bestimmung des Folgetableaus erforderlichen elementaren Zeilentransformationen sind weiterhin in der rechten Spalte abgebildet. Das entstehende Tableau (Zeilen I bis L) ist ein Endtableau, da keine weiteren negativen Zielfunktionskoeffizienten (Zeile I) vorliegen. Die resultierende Optimallösung kann mit $x^{*T} = (0, 15/2, 10)$ aus dem Tableau abgelesen werden, die Anzahl erreichter Haushalte ergibt sich mit $150 \cdot 1000 = 150.000$.

Da im zuvor betrachteten Endtableau für die Nichtbasisvariable x_1 der Wert des Zielfunktionskoeffizienten 0 ist, kann diese ohne Veränderung des Zielfunktionswerts in die Basis aufgenommen werden, so dass eine weitere optimale Lösung resultiert. Die Engpassprüfung liefert mit J: $(15/2)/(5/6) = 9$, K: $3/1 = 3$ und L: nicht möglich, die Zeile K als Pivotzeile. Das resultierende Pivotelement ist wiederum schwarz umrahmt. Die optimale Lösung mit x_1 als Basisvariable ist dem Folgetableau zu entnehmen, wobei $x^{*T} = (3, 5, 10)$ und die unveränderte Anzahl erreichter Haushalte 150.000 ist. Die Konvexkombination dieser Lösungen liefert dann den Optimalbereich für das betrachtete Problem, der sich wie folgt ergibt:

$$Z^* = \left\{ \begin{pmatrix} x_1 \\ x_2 \\ x_3 \end{pmatrix} \in \mathbb{R}_+^3 : \begin{pmatrix} x_1 \\ x_2 \\ x_3 \end{pmatrix} = \lambda \cdot \begin{pmatrix} 0 \\ 7,5 \\ 10 \end{pmatrix} + (1-\lambda) \cdot \begin{pmatrix} 3 \\ 5 \\ 10 \end{pmatrix}, \lambda \in [0,1] \right\}$$

c) Um alle ganzzahligen Lösungen aus dem zuvor ermittelten Optimalbereich zu bestimmen, wird folgende Hilfstabelle erstellt:

x_1		x_2	x_3
0	$x_1 = \lambda \cdot 0 + (1-\lambda) \cdot 3 = 0 \ (\lambda = 1)$	7,5	/
1	$x_1 = \lambda \cdot 0 + (1-\lambda) \cdot 3 = 1 \ (\lambda = \frac{2}{3})$	$x_2 = \frac{2}{3} \cdot 7,5 + \frac{1}{3} \cdot 5 = 6,\overline{6}$	/
2	$x_1 = \lambda \cdot 0 + (1-\lambda) \cdot 3 = 2 \ (\lambda = \frac{1}{3})$	$x_2 = \frac{1}{3} \cdot 7,5 + \frac{2}{3} \cdot 5 = 5,8\overline{3}$	/
3	$\lambda = 0$	$x_2 = 5$	$x_3 = 10$

Dazu werden alle Fälle überprüft, in denen x_1 ganzzahlig ist. Aus der Nebenbedingung (II) folgt, dass x_1 maximal den Wert 3 annehmen kann. Deshalb müssen die Möglichkeiten für $x_1 \in \{0,1,2,3\}$ überprüft werden. Diese sind in der oberen Hilfstabelle abgebildet. In der ersten Spalte der Hilfstabelle sind die möglichen Werte für x_1 zu sehen. In der zweiten Spalte erfolgt die Bestimmung von λ, für das x_1 genau den Wert aus der ersten Spalte annimmt. In der dritten Spalte erfolgt die Bestimmung von x_2 mit dem in der zweiten Spalte berechneten λ und in der vierten Spalte erfolgt selbiges für x_3. Es ist offensichtlich, dass x_2 für $\lambda = 1$ den Wert 7,5 annimmt, was wiederum nicht ganzzahlig ist und x_3 deshalb nicht berechnet wird. Das Gleiche gilt für die Werte $x_1 = 1$ und $x_1 = 2$, denn auch hier wird durch das ermittelte Lambda x_2 nicht ganzzahlig, weshalb x_3 nicht berechnet wird. Ausschließlich für einen Wert von $x_1 = 3$ sind sowohl x_2 als auch x_3 ganzzahlig, weshalb $x^{*T} = (3, 5, 10)$ die einzige ganzzahlige Lösung darstellt.

Aufgabe 9:   **(Zwei-Phasen-Methode)**

Gegeben sei das folgende Optimierungsproblem:

$$x_1 - 2x_2 \to \max$$
$$x_1 + x_2 \leq 3$$
$$x_1 - x_2 \geq 1$$
$$x_1, x_2 \geq 0$$

Lösen Sie das Problem graphisch und mit Hilfe der Zwei-Phasen-Methode.

Lösung zur Aufgabe 9:

Für die graphische Lösung müssen zunächst die Zielfunktion und die Nebenbedingungen nach beispielsweise x_2 aufgelöst werden.

$$(ZF)\ x_2 = -\tfrac{ZFW}{2} + \tfrac{x_1}{2}, (I)\ x_2 \leq 3 - x_1, (II)\ x_2 \leq -1 + x_1$$

Durch das Einzeichnen der Nebenbedingungen in ein Koordinatensystem ergibt sich der Zulässigkeitsbereich, welcher gemeinsam mit der im Koordinatenursprung abgetragenen Zielfunktion der nachfolgenden Abbildung entnommen werden kann:

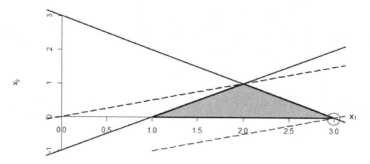

Da der Achsenabschnitt der Zielfunktion negativ ist, wird die Gerade der Zielfunktion möglichst weit parallel nach unten verschoben, so dass der Zulässigkeitsbereich gerade noch tangiert wird. Der Eckpunkt, an dem die Zielfunktion den Zulässigkeitsbereich verlassen würde, ist durch einen Kreis markiert. Dieser liefert die optimale Lösung mit $x_1 = 3$ und $x_2 = 0$. Der optimale Zielfunktionswert ergibt sich mit $ZFW^* = 3 - 2 \cdot 0 = 3$.

Das gegebene Optimierungsproblem entspricht aufgrund der Nebenbedingung (II) nicht der Standardform für den Simplexalgorithmus. Deshalb wird diese mit (–1) multipliziert und kann damit in die Form $-x_1 + x_2 \le -1$ überführt werden, wodurch ein LP2 erzeugt wird. Die Durchführung des normalen Simplexverfahrens ist dennoch nicht möglich, da die Bedingung $b \ge 0$ verletzt ist. Damit muss das Problem mit der Zwei-Phasen-Methode gelöst werden, was in der folgenden Tabelle dargestellt ist.

Nr.	x_1	x_2	y_1	y_2	Wert	Operation
1	–1	2	0	0	0	
2	1	1	1	0	3	
3	–1	1	0	1	–1	
4	0	1	0	–1	1	①–③
5	0	2	1	①	2	②+③
6	1	–1	0	–1	1	③·(–1)
7	0	3	1	0	3	④+⑤
8	0	2	1	1	2	⑤
9	1	1	1	0	3	⑥+⑤

Für das Starttableau (Zeilen 1 bis 3) werden (wie im Fall des normalen Simplexverfahrens) die Koeffizienten aus der angepassten Problemstellung übernommen, wobei die Zielfunktionskoeffizienten mit umgekehrten Vorzeichen zu versehen sind. Als Nächstes wird im Rahmen der ersten Phase der Zwei-Phasen-Methode die Pivotzeile festgelegt. Da nur ein negativer Restriktionskoeffizient vorliegt, ist die Wahl mit Zeile 3 als Pivotzeile eindeutig. Ebenso verhält es sich mit der anschließenden Wahl der Pivotspalte. Auch hier ist eindeutig, dass die Spalte mit x_1 Pivotspalte wird, da diese den einzigen negativen Koeffizienten im Bereich der Matrix (A, E) enthält. Es resultiert das schwarz umrandete Pivotelement. Mittels der aus dem normalen Simplexverfahren bekannten Zeilentransformation wird anschließend das Folgetableau (Zeilen 4 bis 6) ermittelt. Die dazu erforderlichen elementaren Zeilentransformationen sind unter der Spalte Operation zu finden. Mit dem Folgetableau endet die erste Phase der Zwei-Phasen-Methode, da nun alle Restriktionskoeffizienten positiv sind. Es folgt die zweite Phase der Zwei-Phasen-Methode und damit die Durchführung des normalen Simplexalgorithmus. Das eben beschriebene Folgetableau ist kein Endtableau, da ein negativer Zielfunktionskoeffizient in der Zeile 4 vorliegt. Die Spalte mit y_2 wird Pivotspalte, da sie als einzige einen negativen Zielfunktionskoeffizienten enthält. Eine Engpassprüfung zum Bestimmen der Pivotzeile ist nicht erforderlich, da nur ein Koeffizient in der Pivotspalte positiv ist. Deshalb wird Zeile 5 Pivotzeile und es resultiert das schwarz umrandete Pivotelement. Mittels elementaren Zeilentransformation wird erneut das Folgetableau (Zeilen 7 bis 9) ermittelt. Dabei handelt es sich um ein Endtableau, da keine weiteren negativen Zielfunktionskoeffizienten vorhanden sind. Deshalb kann aus dem letzten Tableau die Optimallösung $x^{*T} = (3, 0)$ und der optimale Zielfunktionswert 3 abgelesen werden.

Aufgabe 10:   **(Zwei-Phasen-Methode)**

Eine Legierung L soll hergestellt werden, die zu 30 % aus Metall A und zu 70 % aus Metall B besteht. Verwendbar sind dazu vier, ebenfalls nur aus den beiden Metallen A und B bestehende Legierungen 1, 2, 3 und 4, wobei folgende Tabelle angibt, welchen Anteil von Legierung i das Metall A ausmacht. Ferner gibt die Tabelle die Kosten pro Gramm an, zu denen die Legierung i erhältlich ist.

Legierung	1	2	3	4
Anteil des Metalls A	$\frac{1}{4}$	$\frac{1}{2}$	$\frac{3}{4}$	$\frac{7}{8}$
Preis pro Gramm (in EUR)	8	6	5	3

Die Herstellung der Legierung L geschieht dadurch, dass man gewisse Mengen der Legierungen 1, 2, 3 und 4 zum Schmelzen bringt und zusammenmischt.

Welche Mengen x_i (gemessen in Gramm) von Legierung i ($i = 1, \ldots, 4$) sollen verwendet werden, wenn möglichst kostengünstig 1 kg der Legierung L erzeugt werden soll? Berechnen Sie auch die dabei entstehenden minimalen Kosten und geben Sie alle Möglichkeiten der Wahl von $x_1, \ldots, x_4$ an, durch die die Kosten minimiert werden.

Lösung zur Aufgabe 10:

Als erstes wird die Problemstellung als lineares Optimierungsproblem formuliert. Anhand der Tabelle und den Beschreibungen aus der Aufgabe werden die Zielfunktion und die Nebenbedingungen definiert. Es resultiert die folgende Problemstellung:

$$
\begin{aligned}
&x_i: &&\text{Mengen der Legierung } i \text{ in Gramm} \\
&\text{(ZF)} &&8x_1 + 6x_2 + 5x_3 + 3x_4 \to \min \\
&\text{(I)} &&\tfrac{1}{4}x_1 + \tfrac{1}{2}x_2 + \tfrac{3}{4}x_3 + \tfrac{7}{8}x_4 = 300 &&\text{[Gramm]} \\
&\text{(II)} &&x_1 + x_2 + x_3 + x_4 = 1000 &&\text{[Gramm]} \\
&\text{(III),(IV),(V),(VI)} &&x_1, x_2, x_3, x_4 \geq 0
\end{aligned}
$$

Die Zielfunktion ergibt sich aus der Minimierung der Kosten zur Herstellung von 1 kg der Legierung L. Die Nebenbedingung (I) resultiert aus den Anteilen des Metalls A in den zu mischenden Legierungen, wobei in der Legierung L der Anteil des Metalls A 30 % betragen soll, was für 1 kg der Legierung L demnach 300 Gramm entspricht. Nebenbedingung (II) beschreibt den Umstand, dass die verwendeten Mengen x_i in Summe 1 kg, also 1000 Gramm, ergeben sollen. Außerdem sind die Nichtnegativitätsbedingungen zu beachten.

Aufgrund der vorhandenen Gleichheitszeichen im linearen Optimierungsproblem und der Minimierung der Zielfunktion ist es offensichtlich, dass kein LP2 vorliegt und damit Anpassungen erforderlich sind. Diese können folgendermaßen durchgeführt werden:

$$\text{ZF} \quad 8x_1 + 6x_2 + 5x_3 + 3x_4 \to \min \;|\cdot(-1) \quad \Leftrightarrow \quad \text{ZF} \quad -8x_1 - 6x_2 - 5x_3 - 3x_4 \to \max$$

$$\text{(I)} \quad \tfrac{1}{4}x_1 + \tfrac{1}{2}x_2 + \tfrac{3}{4}x_3 + \tfrac{7}{8}x_4 = 300 \quad \Leftrightarrow \quad \text{(Ia)} \quad \tfrac{1}{4}x_1 + \tfrac{1}{2}x_2 + \tfrac{3}{4}x_3 + \tfrac{7}{8}x_4 \le 300$$

$$\text{(Ib)} \quad \tfrac{1}{4}x_1 + \tfrac{1}{2}x_2 + \tfrac{3}{4}x_3 + \tfrac{7}{8}x_4 \ge 300 \;|\cdot(-1)$$

$$-\tfrac{1}{4}x_1 - \tfrac{1}{2}x_2 - \tfrac{3}{4}x_3 - \tfrac{7}{8}x_4 \le -300$$

$$\text{(II)} \quad x_1 + x_2 + x_3 + x_4 = 1000 \quad \Leftrightarrow \quad \text{(IIa)} \quad x_1 + x_2 + x_3 + x_4 \le 1000$$

$$\text{(IIb)} \quad x_1 + x_2 + x_3 + x_4 \ge 1000 \;|\cdot(-1)$$

$$-x_1 - x_2 - x_3 - x_4 \le -1000$$

Damit liegen eine zu maximierende Zielfunktion sowie ausschließlich Nebenbedingung in Form von Ungleichungen mit kleiner-gleich-Zeichen und damit ein LP2 vor. Jedoch sind nicht alle Restriktionskoeffizienten $b \ge 0$, weshalb die Zwei-Phasen-Methode zur Anwendung kommt. Die Lösung des Problems mittels Zwei-Phasen-Methode ist in der folgenden Tabelle dargestellt:

	x_1	x_2	x_3	x_4	y_1	y_2	y_3	y_4		
A	8	6	5	3	0	0	0	0	0	
B	1/4	1/2	3/4	7/8	1	0	0	0	300	
C	-1/4	-1/2	-3/4	-7/8	0	1	0	0	-300	
D	1	1	1	1	0	0	1	0	1000	
E	-1	-1	-1	-1	0	0	0	1	-1000	
F	5	3	2	0	0	0	0	3	-3000	A+3E
G	-5/8	-3/8	-1/8	0	1	0	0	7/8	-575	B+7/8E
H	5/8	3/8	1/8	0	0	1	0	-7/8	575	C-7/8E
I	0	0	0	0	0	0	1	1	0	D+E
J	1	1	1	1	0	0	0	-1	1000	-E
K	0	0	1	0	8	0	0	10	-7600	F+8G
L	1	3/5	1/5	0	-8/5	0	0	-7/5	920	-8/5G
M	0	0	0	0	1	1	0	0	0	H+G
N	0	0	0	0	0	0	1	1	0	I
O	0	2/5	4/5	1	8/5	0	0	2/5	80	J+8/5G
	0	0				0	0		-7600	I
	1	0				0	0		800	L-3/2O
	0	0				1	0		0	M
	0	0				0	1		0	N
	0	1				0	0		200	5/2O

Für das Starttableau (Zeilen A bis E) werden die Koeffizienten aus der angepassten Problemstellung übernommen, wobei die Zielfunktionskoeffizienten mit umgekehrten Vorzeichen zu versehen sind. Als Nächstes wird im Rahmen der ersten Phase der Zwei-Phasen-Methode die Pivotzeile für das Starttableau festgelegt. Dazu wird die Zeile mit dem kleinsten negativen Restriktionskoeffizienten ausgewählt. Dies entspricht im Starttableau der Zeile E. Für die Wahl der Pivotspalte wird der Quotient aus dem Zielfunktionskoeffizient der jeweiligen Spalte und dem dazugehörigen Koeffizienten aus der zuvor bestimmten Pivotzeile gebildet: x_1: $8/(-1) = -8$, x_2: $6/(-1) = -6$, x_3: $5/(-1) = -5$, x_4: $3/(-1) = -3$, y_1 bis y_4 müssen nicht betrachtet werden, da deren Koeffizienten in der Pivotzeile größer gleich 0 sind. Aus den eben gebildeten Quotienten wird nun das Maximum ausgewählt, welches in der Spalte von x_4 vorliegt. Es resultiert das schwarz umrandete Pivotelement. Mittels elementarer Zeilentransformation wird das Folgetableau (Zeilen F bis J) gebildet. Die Zeilentransformationen sind der rechten Spalte zu entnehmen. Da weiterhin ein negativer Restriktionskoeffizient (Zeile G) existiert, ist die erste Phase noch nicht abgeschlossen. Da nur der Restriktionskoeffizient aus der Zeile G negativ ist, wird die entsprechende Zeile folglich zur Pivotzeile. Als Pivotspalte kommen die Spalten mit x_1, x_2 und x_3 in Betracht. Die zur Bestimmung der Pivotspalte erforderlichen Rechnung ergeben sich folgendermaßen: x_1: $5/(-5/8) = -8$, x_2: $3/(-3/8) = -8$, x_3: $2/(-1/8) = -16$. Demnach kann sich für die Pivotspalte zwischen den Spalten mit x_1 und x_2 entschieden werden. Folgend wird x_1 als Pivotspalte festgelegt und es kann erneut ein Folgetableau (Zeilen K bis O) gebildet werden. Die dazu erforderlichen elementaren Zeilentransformationen sind wie zuvor in der rechten Spalte abgebildet. In dem somit bestimmten Folgetableau ist kein Restriktionskoeffizient mehr negativ, weshalb die erste Phase der Zwei-Phasen-Methode endet. Es handelt sich außerdem um ein Endtableau, da zusätzlich keine Zielfunktionskoeffizienten negativ sind. Daher können als Optimallösung $x^{*T} = (920, 0, 0, 80)$ und der optimale Zielfunktionswert -7600 abgelesen werden. Dabei ist zu beachten, dass die Zielfunktion zu Beginn mit (-1) multipliziert wird, weshalb auch der Zielfunktionskoeffizient mit (-1) multipliziert werden muss. Damit ergibt sich als minimale Kosten $-7600 \cdot (-1) = 7600$ EUR.

Da im zuvor betrachteten Endtableau für die Nichtbasisvariablen x_2 der Wert des Zielfunktionskoeffizienten 0 ist, kann diese ohne Veränderung des Zielfunktionswerts in die Basis aufgenommen werden, so dass eine weitere optimale Lösung resultiert. Die Engpassprüfung liefert mit L: $920/(3/5)= 1533,33$ und O: $80/(2/5) = 200$, die Zeile O als Pivotzeile. Das resultierende Pivotelement ist wiederum schwarz umrahmt. Nach Durchführung entsprechender Zeilentransformationen ergibt sich die optimale Lösung mit x_1 als Basisvariable. Diese ist dem Folgetableau zu entnehmen, wobei $x^{*T} = (800, 200, 0, 0)$ bei einem unveränderten Zielfunktionswert von -7600 bzw. 7600 ist. Die Konvexkombination dieser Lösungen liefert dann den Optimalbereich für das betrachtete Problem, der sich wie folgt ergibt:

$$Z^* = \left\{ \begin{pmatrix} x_1 \\ x_2 \\ x_3 \\ x_4 \end{pmatrix} \in \mathbb{R}_+^4 : \begin{pmatrix} x_1 \\ x_2 \\ x_3 \\ x_4 \end{pmatrix} = \lambda \cdot \begin{pmatrix} 920 \\ 0 \\ 0 \\ 80 \end{pmatrix} + (1-\lambda) \cdot \begin{pmatrix} 800 \\ 200 \\ 0 \\ 0 \end{pmatrix}, \lambda \in [0,1] \right\}$$

Aufgabe 11: (Dualität)

Gegeben sei das folgende lineare Optimierungsproblem:

$$y_1 + y_2 \to \min$$
$$y_1 + 2y_2 \geq 12$$
$$y_1 + y_2 \geq 10$$
$$4y_1 + 2y_2 \geq 24$$
$$y_1, y_2 \geq 0$$

a) Stellen Sie für das obige Optimierungsproblem das Starttableau für den Simplexalgorithmus auf.

b) Ermitteln Sie ausgehend vom Starttableau aus a) das Endtableau mit Hilfe des Simplexalgorithmus.

c) Bestimmen Sie auf Basis des Endtableaus aus b) alle Optimallösungen sowie den optimalen Zielfunktionswert für das obige Optimierungsproblem.

Lösung zur Aufgabe 11:

a) Für das Starttableau des Simplexalgorithmus muss zunächst das in der Aufgabe beschriebene duale Problem in ein primales Problem überführt werden. Dazu ergibt sich folgende Umwandlung:

(ZF)	$y_1 + y_2 \to \min$		(ZF)	$12x_1 + 10x_2 + 24x_3 \to \max$
(I)	$y_1 + 2y_2 \geq 12$		(I)	$1x_1 + 1x_2 + 4x_3 \leq 1$
(II)	$y_1 + y_2 \geq 10$	$\to$	(II)	$2x_1 + 1x_2 + 2x_3 \leq 1$
(III)	$4y_1 + 2y_2 \geq 24$		(III),(IV),(V)	$x_1, x_2, x_3 \geq 0$
(IV),(V)	$y_1, y_2 \geq 0$			

Da nun das primale Problem in Form eines LP2 vorliegt, kann dieses direkt in ein Simplextableau überführt werden. Es resultiert folgendes Tableau:

	x_1	x_2	x_3	y_1	y_2	
A	-12	-10	-24	0	0	0
B	1	1	4	1	0	1
C	2	1	2	0	1	1

b) Mit dem in a) erstellten Starttableau kann das normale Simplexverfahren angewendet werden. Die Durchführung ist der folgenden Tabelle zu entnehmen:

	x_1	x_2	x_3	y_1	y_2		
A	-12	-10	-24	0	0	0	
B	1	1	4	1	0	1	
C	2	1	2	0	1	1	
D	-6	-4	0	6	0	6	A+6B
E	1/4	1/4	1	1/4	0	1/4	1/4B
F	3/2	1/2	0	-1/2	1	1/2	C-1/2B
G	0	-2	0	4	4	8	D+4F
H	0	1/6	1	1/3	-1/6	1/6	E-1/6F
I	1	1/3	0	-1/3	2/3	1/3	2/3F
J	0	0	12	8	2	10	G+12H
K	0	1	6	2	-1	1	6H
L	1	0	-2	-1	1	0	I-2H

Für das Starttableau (Zeilen A bis C) werden die Koeffizienten aus dem primalen Problem übernommen, wobei die Zielfunktionskoeffizienten mit umgekehrten Vorzeichen zu versehen sind. Als Pivotspalte wird die Spalte mit der Variablen x_3 gewählt, da diese den kleinsten (negativen) Zielfunktionskoeffizienten besitzt. Die Wahl der Pivotzeile erfolgt wiederum über die Engpassprüfung: B: 1/4 = 0,25, C: 1/2 = 0,5. Der Engpass liegt folglich in der Zeile B vor. Es resultiert das schwarz umrandete Pivotelement. Mittels Zeilentransformation wird anschließend das Folgetableau (Zeilen D bis F) bestimmt. Die dazu erforderlichen elementaren Zeilentransformationen sind in der rechten Spalte der Tabelle zu finden. Das damit bestimmte Folgetableau ist kein Endtableau, da weiterhin negative Zielfunktionskoeffizienten (Zeile D) vorliegen und damit weiteres Verbesserungspotential besteht. Dementsprechend wird erneut ein Folgetableau gebildet. Wie zuvor werden die Spalte mit dem kleinsten negativen Zielfunktionswert als Pivotspalte (hier Spalte mit x_1) und die Zeile mit dem Engpass als Pivotzeile gewählt. Die Engpassprüfung ergibt: E: (1/4)/(1/4) = 1, F: (1/2)/(3/2) = 1/3. Damit ist Zeile F die Pivotzeile. Es resultiert das erneut in schwarz gerahmte Pivotelement. Alle zur Bestimmung des Folgetableaus erforderlichen elementaren Zeilentransformationen sind weiterhin in der rechten Spalte abgebildet. Das entstehende Tableau (Zeilen G bis I) ist erneut kein Endtableau, da weiterhin ein negativer Zielfunktionskoeffizient (Zeile G) existiert. Die dazugehörige Spalte der Variablen x_2 ist damit Pivotspalte und es kann sich nachfolgend zwischen den Zeilen H und I als Pivotzeile frei entschieden werden, da in beiden Fällen der Engpass 1 beträgt. Folgend wurde die Zeile H als Pivotzeile festgelegt, woraus das schwarz umrandete Pivotelement resultiert. Nach erneuter elementarer Zeilentransformation (siehe rechte Spalte) entsteht ein weiteres Folgetableau (Zeilen J bis K). Dabei handelt es sich um ein Endtableau, da keine weiteren negativen Zielfunktionskoeffizienten vorliegen.

c)   Nachfolgend werden die optimalen Lösungen für das in der Aufgabenstellung gegebene duale Problem gesucht. Dazu wird das Endtableau aus b) betrachtet. Hier kann für die

Schlupfvariablen aus der Zielfunktionszeile bereits die erste Lösung des dualen Problems entnommen werden. Diese ergibt sich mit $y^{*T} = (8, 2)$ und einem optimalen Zielfunktionswert von 10.

Da der Restriktionskoeffizient in Zeile L gleich 0 ist, resultieren weitere optimale Lösungen, die wie folgt bestimmt werden können:

$$0+u\cdot1\geq0 \quad 0+u\cdot0\geq0 \quad 12+u\cdot(-2)\geq0 \quad 8+u\cdot(-1)\geq0 \quad 2+u\cdot1\geq0$$
$$u\geq0 \qquad\qquad - \qquad\qquad u\leq6 \qquad\qquad u\leq8 \qquad\qquad u\geq-2 \quad\Rightarrow u\in[0;6]$$

Es muss die Addition eines Vielfachen der Zeile L zur Zeile J unter der Bedingung erfolgen, dass kein Wert der Zielfunktionszeile negativ wird. Um somit eine weitere Optimallösung des dualen Problems zu ermitteln, muss das maximale Vielfache u bestimmt werden. Wie den oben dargestellten Rechnungen zu entnehmen ist, kann das 0- bis 6-fache der Zeile L zur Zeile J addiert werden, ohne dass ein Zielfunktionskoeffizient negativ wird. Demzufolge kann, wie nachfolgend gezeigt, mittels des maximalen Vielfachen von $u = 6$ eine weitere Optimallösung bestimmt werden:

$$y_1^* = 8 - 1\cdot u = 8 - 1\cdot6 = 2$$
$$y_2^* = 2 + 1\cdot u = 2 + 1\cdot6 = 8$$

Wie den Rechnungen zu entnehmen ist, wird der Koeffizient aus Zeile L mit 6 multipliziert und zu dem Zielfunktionskoeffizienten der Schlupfvariable hinzuaddiert. Es resultiert folgende weitere Optimallösung: $y^{*T} = (2, 8)$ mit dem weiterhin optimalen Zielfunktionswert von 10. Die Konvexkombination dieser Lösungen liefert dann den Optimalbereich für das betrachtete Problem, der sich wie folgt ergibt:

$$Z^* = \left\{ \begin{pmatrix} y_1 \\ y_2 \end{pmatrix} \in \mathbb{R}_+^2 : \begin{pmatrix} y_1 \\ y_2 \end{pmatrix} = \lambda\cdot\begin{pmatrix} 8 \\ 2 \end{pmatrix} + (1-\lambda)\cdot\begin{pmatrix} 2 \\ 8 \end{pmatrix}, \lambda\in[0,1] \right\}$$

Aufgabe 12: (Postoptimale Sensitivitätsanalyse)

Gegeben sei das folgende lineare Optimierungsproblem:

$$c_1 x_1 + 4x_2 + 10 \to \max$$
$$3x_1 + 6x_2 \leq b_1$$
$$3x_1 + x_2 \leq 9$$
$$x_1, x_2 \geq 0$$

a) Lösen Sie das Problem für $c_1 = 3$ und $b_1 = 18$ graphisch und geben Sie die Optimallösung sowie den optimalen Zielfunktionswert an.

b) Untersuchen Sie anhand der Grafik aus a), in welchem Bereich der Wert für c_1 variieren darf, so dass die ermittelte Optimallösung erhalten bleibt.

c) Untersuchen Sie anhand der Graphik aus a), in welchem Bereich der Wert für b_1 variieren darf, so dass die Optimallösung des zugehörigen dualen Problems erhalten bleibt.

d) Lösen Sie das Problem für $c_1 = 3$ und $b_1 = 18$ mit Hilfe des Simplexverfahrens und geben Sie die Optimallösung sowie den optimalen Zielfunktionswert an.

e) Untersuchen Sie anhand des Endtableaus aus d), in welchem Bereich der Wert für c_1 variieren darf, so dass die ermittelte Optimallösung erhalten bleibt.

f) Untersuchen Sie anhand des Endtableaus aus d), in welchem Bereich der Wert für b_1 variieren darf, so dass die Optimallösung des zugehörigen dualen Problems erhalten bleibt.

Lösung zur Aufgabe 12:

a) Für die graphische Lösung müssen die Nebenbedingungen und die Zielfunktion nach einer Variablen aufgelöst werden. Eine Auflösung nach beispielsweise x_2 liefert folgendes Ergebnis:

$$(\text{ZF}) \ x_2 = \tfrac{\text{ZFW}}{4} - 0{,}75x_1 - 2{,}5, (\text{I}) \ x_2 \le 3 - 0{,}5 \cdot x_1, (\text{II}) \ x_2 \le 9 - 3x_1$$

Durch das Einzeichnen der Nebenbedingungen in ein Koordinatensystem ergibt sich der Zulässigkeitsbereich, welcher gemeinsam mit der im Koordinatenursprung abgetragenen Zielfunktion der nachfolgenden Grafik entnommen werden kann:

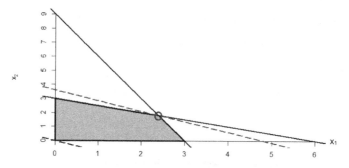

Da der Achsenabschnitt der Zielfunktion positiv ist, wird die Gerade der Zielfunktion möglichst weit parallel nach oben verschoben, so dass der Zulässigkeitsbereich gerade noch tangiert wird. Der Eckpunkt, an dem die Zielfunktion den Zulässigkeitsbereich verlassen würde, ist durch einen Kreis markiert. Da das Ablesen der Lösung in der Grafik nicht möglich ist, werden die Nebenbedingungen, welche den Eckpunkt verursachen, gleichgesetzt und nach x_1 aufgelöst. Mit einem Achsenabschnitt von 3 und 9 betrifft dies die Nebenbedingungen (I) und (II). Es resultiert folgende Rechnung und der sich ergebende optimale Zielfunktionswert:

$$3 - 0{,}5x_1 = 9 - 3x_1 \Rightarrow x_1^* = 2{,}4; \ x_2^* = 1{,}8; \ \text{ZFW}^* = 3 \cdot 2{,}4 + 4 \cdot 1{,}8 + 10 = 24{,}4$$

b) Die Variation von c_1 bewirkt, dass sich die Steigung der Zielfunktion verändert. Damit die optimale Lösung erhalten bleibt, kann die Steigung der Zielfunktion, wie aus der folgenden Abbildung ersichtlich wird, zwischen denen der beiden Nebenbedingungen (I) und (II) variiert werden.

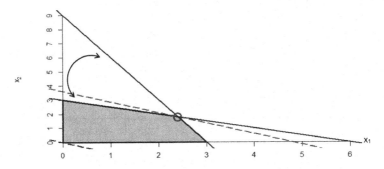

Damit ergibt sich folgende Rechnung:

$$-3 \leq \tfrac{-c_1}{4} \leq -\tfrac{1}{2} \Leftrightarrow 12 \geq c_1 \geq 2 \Rightarrow c_1 \in [2;12]$$

Demnach ist es möglich, den Zielfunktionskoeffizienten c_1 zwischen den Werten 2 und 12 zu variieren, ohne dass sich die optimale Lösung verändert.

c) Die Variation von b_1 bewirkt, dass sich der Achsenabschnitt der Nebenbedingung (I) verändert. Damit die optimale Lösung erhalten bleibt, kann der Achsenabschnitt der Nebenbedingung (I) so verändert werden, dass durch nach unten oder oben verschieben der Nebenbedingung die nächste Ecke des Zulässigkeitsbereichs erreicht wird. Dies ist in der folgenden Abbildung durch die gepunkteten Linien noch einmal konkret dargestellt:

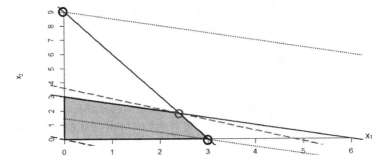

Wie der Abbildung zu entnehmen ist, kann der Achsenabschnitt der Nebenbedingung (I) zwischen 9 und 1,5 variiert werden, ohne dass sich die optimale Lösung des dazugehörigen dualen Problems ändert. Daraus resultiert die folgende Rechnung:

$$1,5 \leq \tfrac{b_1}{6} \leq 9 \Leftrightarrow 9 \leq b_1 \leq 54 \Rightarrow b_1 \in [9;54]$$

Demnach ist es möglich, den Restriktionskoeffizienten b_1 zwischen den Werten 9 und 54 zu variieren, ohne dass sich die optimale Lösung verändert.

d) Hier ist ein Standardmaximierungsproblem gegebenen, welches direkt mittels Simplexalgorithmus gelöst werden kann. Das Simplexverfahren zum Lösen des Problems ist in der folgenden Tabelle zu sehen:

	x_1	x_2	y_1	y_2		
A	-3	-4	0	0	10	
B	3	6	1	0	18	
C	3	1	0	1	9	
D	-1	0	2/3	0	22	A+4/6B
E	1/2	1	1/6	0	3	1/6B
F	5/2	0	-1/6	1	6	C-1/6B
G	0	0	3/5	2/5	24,4	D+2/5F
H	0	1	1/5	-1/5	1,8	E-1/5F
I	1	0	-1/15	2/5	2,4	2/5F

Für das Starttableau (Zeilen A bis C) werden die Koeffizienten aus der Problemstellung übernommen, wobei die Zielfunktionskoeffizienten mit umgekehrten Vorzeichen zu versehen sind. Als Pivotspalte wird die Spalte mit der Variablen x_2 gewählt, da diese den kleinsten (negativen) Zielfunktionskoeffizienten besitzt. Es folgt die Überprüfung des Engpasses, um die Pivotzeile festzulegen. Damit ergeben sich die folgenden Rechnungen: B: 18/6 = 3, C: 9/1 = 9. Es resultiert Zeile B als Pivotzeile und damit das schwarz umrandete Pivotelement. Mittels Zeilentransformation wird anschließend das Folgetableau (Zeilen D bis F) ermittelt. Die dazu erforderlichen elementaren Zeilentransformationen sind der rechten Spalte zu entnehmen. Das damit ermittelte Folgetableau ist kein Endtableau, da weiterhin ein negativer Zielfunktionskoeffizient (Zeile D) und damit weiteres Verbesserungspotential existiert. Dementsprechend wird erneut ein Folgetableau gebildet. Wie zuvor wird die Spalte mit dem kleinsten negativen Zielfunktionswert als Pivotspalte (hier Spalte mit x_1) und die Zeile mit dem Engpass als Pivotzeile gewählt. Dazu ist erneut eine Engpassprüfung erforderlich: E: 3/(1/2) = 6, F: 6/(5/2) = 2,4. Daraus resultiert Zeile F als Pivotzeile und damit das erneut in schwarz gerahmte Pivotelement. Alle zur Bestimmung des Folgetableaus erforderlichen elementaren Zeilentransformationen sind weiterhin in der rechten Spalte abgebildet. Das entstehende Tableau (Zeilen G bis I) ist ein Endtableau, da keine weiteren negativen Zielfunktionskoeffizienten vorliegen. Die resultierende Optimallösung kann mit $x^{*T} = (2,4; 1,8)$ bei einem optimalen Zielfunktionswert von 24,4 aus dem Tableau direkt abgelesen werden.

e) Mit der Untersuchung des Endtableaus, in welchem Bereich c_1 variiert werden kann, ohne dass sich die optimale Lösung ändert, wird wie zuvor eine postoptimale Sensitivitätsanalyse durchgeführt. Da es sich hierbei um einen Zielfunktionskoeffizienten handelt, muss zunächst überprüft werden, ob die dazugehörige Variable eine Basisvariable ist oder nicht. Da im Endtableau unter der Variablen x_1 ein Einheitsvektor gegeben ist, handelt es sich damit um eine Basisvariable. Folgend wird der Zielfunktionskoeffizient hinsichtlich der Variation $c_1 + \gamma = 3 + \gamma$ untersucht. Dazu sind die nachfolgenden Rechnungen zur Bestimmung des Variationsbereichs erforderlich:

$$\begin{aligned} \tfrac{3}{5} - \tfrac{1}{15}\gamma \geq 0 \\ \tfrac{2}{5} + \tfrac{2}{5}\gamma \geq 0 \end{aligned} \Rightarrow \gamma \in \left[-1;9\right] \Rightarrow c_1 \in \left[2;12\right]$$

Damit die im Endtableau gegebene optimale Lösung erhalten bleibt, müssen die Zielfunktionskoeffizienten der Nichtbasisvariablen y_1 und y_2 weiterhin größer gleich null sein. Nachfolgend werden zu den im Endtableau enthaltenen Zielfunktionskoeffizienten der beiden Nichtbasisvariablen die dazugehörigen Koeffizienten (aus der Zeile, aus dem der optimale Wert für x_1 abgelesen wird), zunächst mit γ erweitert und anschließend zu den Zielfunktionskoeffizienten addiert. Durch das Umformen nach γ ergibt sich der in der Rechnung ersichtliche Wertebereich, welcher anschließend für $c_1 = 3 + \gamma$ eingesetzt werden muss und daraus der Wertebereich $c_1 \in \left[2;12\right]$ resultiert. In diesem Wertebereich kann c_1 variieren, so dass die ermittelte Optimallösung erhalten bleibt.

f)   Die Variation von b_1 bezieht sich auf einen Restriktionskoeffizienten. Dieser wird folglich hinsichtlich der Variation $b_1 + \beta_1 = 18 + \beta_1$ untersucht. Folgende Rechnungen sind zur Bestimmung des Variationsbereichs erforderlich:

$$\begin{aligned} 2{,}4 - \tfrac{1}{15}\cdot\beta_1 \geq 0 \\ 1{,}8 + \tfrac{1}{5}\cdot\beta_1 \geq 0 \end{aligned} \Rightarrow \beta_1 \in \left[-9;36\right] \Rightarrow b_1 \in \left[9;54\right]$$

Es wird untersucht, welches Vielfache der zur Nebenbedingung (I) zugehörigen Koeffizienten der Schlupfvariablen y_1 zu den Restriktionskoeffizienten b_1 addiert werden kann, ohne dass dieser negativ wird. Der zu addierende Koeffizient der Schlupfvariablen ergibt sich aus der Spalte mit y_1 und der Zeile, aus dem die Lösung für x_1 bzw. x_2 abgelesen wird. Beide Ungleichungen ergeben einen Wertebereich für β_1. Mittels des daraus resultierenden Wertebereichs für β_1 kann anschließend der Bereich für b_1 durch Einsetzen in $b_1 = 18 + \beta_1$ bestimmt werden. Damit ergibt sich der Bereich, in dem b_1 variieren darf, mit $b_1 \in \left[9;54\right]$, so dass die Optimallösung des zugehörigen dualen Problems erhalten bleibt.

Aufgabe 13:   (Parametrische Optimierung)

Lösen Sie das Problem

$$\begin{aligned} (2-t)x_1 - x_2 &\rightarrow \max \\ 3x_1 + 2x_2 &\leq 5 \\ x_1, x_2 &\geq 0 \end{aligned}$$

und geben Sie das Ergebnis in Abhängigkeit von t explizit an.

Lösung zur Aufgabe 13:

Betrachtet wird ein Optimierungsproblem mit einem Parameter im Zielfunktionsvektor. Dazu wird im ersten Schritt folgendes Starttableau aufgestellt:

	x_1	x_2	y_1	
A	-2	1	0	0
B	t	0	0	0
C	$\boxed{3}$	2	1	5

In Schritt 2 a) (vgl. Abschnitt 3.6) wird anschließend überprüft, ob mit diesem Tableau bereits ein Endtableau vorliegt. Mit $-2+t \geq 0 \Leftrightarrow t \geq 2$ liegt für t größer gleich 2 bereits ein Endtableau vor. Die resultierende Optimallösung kann mit $x^{*T} = (0; 0)$ bei einem optimalen Zielfunktionswert von 0 aus dem Tableau direkt abgelesen werden. Da keine Spalte in den Nebenbedingungen ausnahmslos Werte kleiner gleich null enthält, liefert Schritt 2 b) kein Ergebnis. Anschließend wird in Schritt 3 ein normaler Simplexalgorithmus durchgeführt. Als Pivotspalte wird die Spalte mit der Variablen x_1 gewählt und als Pivotzeile die Zeile C. Es resultiert das in schwarz gerahmte Pivotelement. Das entstehende Folgetableau ist in der nachfolgenden Abbildung zu sehen.

	x_1	x_2	y_1		Operation
D	0	$\frac{7}{3}$	$\frac{2}{3}$	$\frac{10}{3}$	$A + \frac{2}{3} \cdot C$
E	0	$-\frac{2}{3}t$	$-\frac{1}{3}t$	$-\frac{5}{3}t$	$B - \frac{1}{3}t \cdot C$
F	1	$\frac{2}{3}$	$\frac{1}{3}$	$\frac{5}{3}$	$\frac{1}{3} \cdot C$

Es folgt die Wiederholung der Schritte 2 und 3. Schritt 2 a) liefert mit $\frac{7}{3} - \frac{2}{3}t \geq 0 \Leftrightarrow t \leq 3{,}5$ und $\frac{2}{3} - \frac{1}{3}t \geq 0 \Leftrightarrow t \leq 2$ das Ergebnis, dass für $t \leq 2$ ein Endtableau mit der Lösung $x^{*T} = (5/3; 0)$ bei einem optimalen Zielfunktionswert von $\frac{10}{3} - \frac{5}{3}t$ vorliegt. Schritt 2 b) wiederum liefert auch für dieses Tableau kein Ergebnis. Da nun die Lösungen für alle Werte von t vorliegen, endet das Verfahren. Hierzu ist anzumerken, dass für $t = 2$ die Verbindungsstrecke zwischen den zuvor bestimmten Lösungen optimal ist. Zusammenfassend kann das folgende Ergebnis festgehalten werden:

t	$t < 2$	$t = 2$	$t > 2$
$x^*(t)$	$\begin{pmatrix} \frac{5}{3} \\ 0 \end{pmatrix}$	$\lambda \begin{pmatrix} \frac{5}{3} \\ 0 \end{pmatrix} + (1-\lambda)\begin{pmatrix} 0 \\ 0 \end{pmatrix}, \lambda \in [0;1]$	$\begin{pmatrix} 0 \\ 0 \end{pmatrix}$
$ZF(x^*(t))$	$\frac{10}{3} - \frac{5}{3}t$	0	0

Aufgabe 14:   (Parametrische Optimierung)

Lösen Sie folgende lineare Programme mit einem Parameter

a) in der Zielfunktion: b) im Beschränkungsvektor:

$$(3+t)x_1 + 2x_2 + t \to \max \qquad\qquad 3x_1 + 2x_2 \to \max$$
$$x_1 + 2x_2 \le 6 \qquad\qquad\qquad\quad x_1 + 2x_2 \le 6+t$$
$$2x_1 + x_2 \le 6 \qquad\qquad\qquad\quad 2x_1 + x_2 \le 6-3t$$
$$x_1, x_2 \ge 0 \qquad\qquad\qquad\qquad x_1, x_2 \ge 0$$

Lösung zur Aufgabe 14:

a) Hier liegt ein Optimierungsproblem mit einem Parameter im Zielfunktionsvektor vor. Dazu wird im ersten Schritt folgendes Starttableau aufgestellt:

	x_1	x_2	y_1	y_2	
A	−3	−2	0	0	0
B	−t	0	0	0	t
C	1	2	1	0	6
D	$\boxed{2}$	1	0	1	6

In Schritt 2 a) (vgl. Abschnitt 3.6) wird anschließend überprüft, ob bereits ein Endtableau vorliegt. Da in der Spalte von x_2 kein t enthalten ist, bleibt diese stets negativ und es kann kein Endtableau vorliegen. Da keine Spalte in den Nebenbedingungen ausnahmslos Werte kleiner gleich null enthält, liefert Schritt 2 b) kein Ergebnis. Anschließend wird in Schritt 3 ein normaler Simplexalgorithmus durchgeführt. Als Pivotspalte wird die Spalte mit dem kleinsten negativen Zielfunktionskoeffizienten in Zeile A gewählt und damit die Spalte mit der Variablen x_1. Für die Wahl der Pivotzeile ist eine Engpassprüfung erforderlich. Diese liefert folgende Werte: C: 6/1 = 6, D: 6/2 = 3. Damit wird Zeile D Pivotzeile und es resultiert das in schwarz gerahmte Pivotelement. Das entstehende Folgetableau ist in der nachfolgenden Abbildung zu sehen.

	x_1	x_2	y_1	y_2		Operation
E	0	$-\frac{1}{2}$	0	$\frac{3}{2}$	9	$A + \frac{3}{2} \cdot D$
F	0	$\frac{t}{2}$	0	$\frac{t}{2}$	$4t$	$B + \frac{t}{2} \cdot D$
G	0	$\boxed{\frac{3}{2}}$	1	$-\frac{1}{2}$	3	$C - \frac{1}{2} \cdot D$
H	1	$\frac{1}{2}$	0	$\frac{1}{2}$	3	$\frac{1}{2} \cdot D$

Es folgt die Wiederholung der Schritte 2 und 3. Schritt 2 a) liefert mit $-\frac{1}{2} + \frac{t}{2} \ge 0 \Leftrightarrow t \ge 1$ und $\frac{3}{2} + \frac{t}{2} \ge 0 \Leftrightarrow t \ge -3$ das Ergebnis, dass für $t \ge 1$ ein Endtableau mit der Lösung $x^{*T} = (3; 0)$ bei einem optimalen Zielfunktionswert von $9 + 4t$ vorliegt. Schritt 2 b) wiederum liefert auch für dieses Tableau kein Ergebnis. Anschließend wird in Schritt 3 ein normaler Simplexalgorithmus durchgeführt. Als Pivotspalte wird die Spalte mit der Variablen x_2 gewählt. Die

Engpassprüfung liefert folgende Werte: G: 3/(3/2) = 2, H: 3/(1/2) = 6. Damit wird Zeile G Pivotzeile und es resultiert das in schwarz gerahmte Pivotelement. Das entstehende Folgetableau ist in der nachfolgenden Abbildung zu sehen.

	x_1	x_2	y_1	y_2		Operation
I	0	0	$\frac{1}{3}$	$\frac{4}{3}$	10	$E + \frac{1}{3} \cdot G$
J	0	0	$-\frac{t}{3}$	$\frac{2}{3}t$	$3t$	$F - \frac{t}{3} \cdot G$
K	0	1	$\frac{2}{3}$	$-\frac{1}{3}$	2	$\frac{2}{3} \cdot G$
L	1	0	$-\frac{1}{3}$	$\boxed{\frac{2}{3}}$	2	$H - \frac{1}{3} \cdot G$

Es folgt erneut die Wiederholung der Schritte 2 und 3. Schritt 2 a) liefert mit $\frac{1}{3} - \frac{t}{3} \geq 0 \Leftrightarrow t \leq 1$ und $\frac{4}{3} + \frac{2}{3}t \geq 0 \Leftrightarrow t \geq -2$ das Ergebnis, dass für $-2 \leq t \leq 1$ ein Endtableau mit der Lösung $x^{*T} = (2; 2)$ bei einem optimalen Zielfunktionswert von $10 + 3t$ vorliegt. Schritt 2 b) wiederum liefert auch für dieses Tableau kein Ergebnis. Da der Bereich von $t \leq -2$ noch nicht untersucht wurde, ist das Verfahren trotz der positiven Zielfunktionskoeffizienten in Zeile I noch nicht abgeschlossen. Wenn für die Zielfunktionskoeffizienten der Zeile J $t \leq -2$ eingesetzt wird, dann ist der Zielfunktionskoeffizient der Spalte y_2 in Summe kleiner gleich 0 und diese Spalte resultiert als Pivotspalte. Als Pivotzeile kommt nur die Zeile L in Frage, da die Zeile K in der Pivotspalte einen negativen Koeffizienten besitzt. Daraus resultiert das in schwarz gerahmte Pivotelement. Das entstehende Folgetableau ist nachfolgend zu sehen.

	x_1	x_2	y_1	y_2		Operation
M	-2	0	1	0	6	$I - 2 \cdot L$
N	$-t$	0	0	0	t	$J - t \cdot L$
O	$\frac{1}{2}$	1	$\frac{1}{2}$	0	3	$K + \frac{1}{2} \cdot L$
P	$\frac{3}{2}$	0	$-\frac{1}{2}$	1	3	$\frac{3}{2} \cdot L$

Es folgt die erneute Wiederholung der Schritte 2 und 3. Schritt 2 a) liefert mit $-2 - t \geq 0 \Leftrightarrow t \leq -2$ das Ergebnis, dass für $t \leq -2$ ein Endtableau mit der Lösung $x^{*T} = (0; 3)$ bei einem optimalen Zielfunktionswert von $6 + t$ vorliegt. Schritt 2 b) wiederum liefert auch für dieses Tableau kein Ergebnis. Da nun die Lösungen für alle Werte von t vorliegen, endet das Verfahren. Zusammenfassend kann das folgende Ergebnis festgehalten werden:

t	$t < -2$	$t = -2$	$-2 < t < 1$	$t = 1$	$t > 1$
$x^*(t)$	$\begin{pmatrix} 0 \\ 3 \end{pmatrix}$	$\lambda \begin{pmatrix} 0 \\ 3 \end{pmatrix} + (1-\lambda) \begin{pmatrix} 2 \\ 2 \end{pmatrix}, \lambda \in [0;1]$	$\begin{pmatrix} 2 \\ 2 \end{pmatrix}$	$\lambda \begin{pmatrix} 2 \\ 2 \end{pmatrix} + (1-\lambda) \begin{pmatrix} 3 \\ 0 \end{pmatrix}, \lambda \in [0;1]$	$\begin{pmatrix} 3 \\ 0 \end{pmatrix}$
$\text{ZF}(x^*(t))$	$6 + t$	4	$10 + 3t$	13	$9 + 4t$

b)   Hier liegt ein Optimierungsproblem mit einem Parameter im Beschränkungsvektor vor. Dazu wird im ersten Schritt folgendes Starttableau aufgestellt:

	x_1	x_2	y_1	y_2	
A	-3	-2	0	0	0
B	1	2	1	0	$6+t$
C	2	1	0	1	$6-3t$

In Schritt 2 wird anschließend die Parametermenge T bestimmt:

$$\left.\begin{array}{l} 6+t \geq 0 \Leftrightarrow t \geq -6 \\ 6-3t \geq 0 \Leftrightarrow t \leq 2 \end{array}\right\} \Rightarrow T = \left\{ t \in \mathbb{R} : -6 \leq t \leq 2 \right\}$$

Damit kann im darauffolgenden Schritt 3 für $t \in T$ der Simplexalgorithmus mit Fallunterscheidung für die Pivotzeile durchgeführt werden. Die Spalte mit der Variablen x_1 wird als Pivotspalte gewählt, da sie den kleinsten negativen Zielfunktionskoeffizienten besitzt. Für die Wahl der Pivotzeile ist die folgende Fallunterscheidung erforderlich:

$$\frac{6+t}{1} \leq \frac{6-3t}{2} \Leftrightarrow t \leq -\frac{6}{5}$$

Demzufolge ist für $t \in \left[-6; -\frac{6}{5}\right]$ die Zeile B die Pivotzeile und für $t \in \left[-\frac{6}{5}; 2\right]$ ist Zeile C die Pivotzeile. Damit muss für beide Fälle ein Folgetableau erstellt werden. In der nachfolgenden Abbildung ist zunächst das Folgetableau für den ersten Fall also Zeile B als Pivotzeile zu sehen.

	x_1	x_2	y_1	y_2		Operation
D	0	4	3	0	$18+3t$	$A+3 \cdot B$
E	1	2	1	0	$6+t$	B
F	0	-3	-2	1	$-6-5t$	$C-2 \cdot B$

Hierbei handelt es sich um ein Endtableau, aus dem die Lösung $x^{*T} = (6+t; 0)$ mit dem Zielfunktionswert $18+3t$ für $t \in \left[-6; -\frac{6}{5}\right]$ abgelesen werden kann. Für $t \in \left[-\frac{6}{5}; 2\right]$ ergibt sich das nachfolgende Tableau:

	x_1	x_2	y_1	y_2		Operation
D	0	$-\frac{1}{2}$	0	$\frac{3}{2}$	$9-\frac{9}{2}t$	$A+\frac{3}{2} \cdot C$
E	0	$\frac{3}{2}$	1	$-\frac{1}{2}$	$3+\frac{5}{2}t$	$B-\frac{1}{2} \cdot C$
F	1	$\frac{1}{2}$	0	$\frac{1}{2}$	$3-\frac{3}{2}t$	$\frac{1}{2} \cdot C$

Aus dem Tableau ist ersichtlich, dass für alle $t \in \left[-\frac{6}{5}; 2\right]$ der Simplexalgorithmus fortgeführt werden muss. Die Pivotspalte ist mit der Spalte der Variablen x_2 gegeben. Zur Bestimmung der Pivotzeile ist erneut eine Fallunterscheidung durchzuführen. Diese ergibt sich folgendermaßen:

$$\frac{3+\frac{5}{2}t}{\frac{3}{2}} \leq \frac{3-\frac{3}{2}t}{\frac{1}{2}} \Leftrightarrow t \leq \frac{6}{7}$$

Damit wird für $t \in \left[-\frac{6}{5};\frac{6}{7}\right]$ die Zeile E und für $t \in \left[\frac{6}{7};2\right]$ die Zeile F Pivotzeile. Es muss erneut für beide Fälle ein Folgetableau erstellt werden. In der nachfolgenden Abbildung ist zunächst das Folgetableau mit der Zeile E als Pivotzeile zu sehen.

	x_1	x_2	y_1	y_2		Operation
G	0	0	$\frac{1}{3}$	$\frac{4}{3}$	$10-\frac{11}{3}t$	$D+\frac{1}{3}\cdot E$
H	0	1	$\frac{2}{3}$	$-\frac{1}{3}$	$2+\frac{5}{3}t$	$\frac{2}{3}E$
I	1	0	$-\frac{1}{3}$	$\frac{2}{3}$	$2-\frac{7}{3}t$	$F-\frac{1}{3}\cdot E$

Hierbei handelt es sich um ein Endtableau, aus dem die Lösung $x^{*T}=\left(2-\frac{7}{3}t;2+\frac{5}{3}t\right)$ mit dem Zielfunktionswert $10-\frac{11}{3}t$ für $t \in \left[-\frac{6}{5};\frac{6}{7}\right]$ abgelesen werden kann. Für $t \in \left[\frac{6}{7};2\right]$ ergibt sich das nachfolgende Tableau:

	x_1	x_2	y_1	y_2		Operation
G	1	0	0	2	$12-6t$	$D+F$
H	-3	0	1	-2	$-6+7t$	$E-3\cdot F$
I	2	1	0	1	$6-3t$	$2\cdot F$

Hierbei handelt es sich auch um ein Endtableau, aus dem die Lösung $x^{*T}=(0;6-3t)$ mit dem Zielfunktionswert $12-6t$ für $t \in \left[\frac{6}{7};2\right]$ abgelesen werden kann. In Schritt 4 wäre nun die Durchführung des dualen Simplexalgorithmus für $t \notin T$ erforderlich. Wie aber aus dem Starttableau hervorgeht, würde für $t < -6$ die Zeile B und für $t > 2$ die Zeile C nur nichtnegative Werte enthalten, weshalb der jeweilige Zulässigkeitsbereich leer ist. Insgesamt kann das Ergebnis dann wie folgt zusammengefasst werden:

$t \in$	$\left[-6;-\frac{6}{5}\right]$	$\left[-\frac{6}{5};\frac{6}{7}\right]$	$\left[\frac{6}{7};2\right]$
$x^*(t)$	$\begin{pmatrix} 6+t \\ 0 \end{pmatrix}$	$\begin{pmatrix} 2-\frac{7}{3}t \\ 2+\frac{5}{3}t \end{pmatrix}$	$\begin{pmatrix} 0 \\ 6-3t \end{pmatrix}$
$ZF\left(x^*(t)\right)$	$18+3t$	$10-\frac{11}{3}t$	$12-6t$

Für $t \notin [-6;2]$ existiert keine Lösung.

Aufgabe 15:   (Mehrfachzielsetzung)

Gegeben sei das folgende lineare Optimierungsproblem:

$$x_1 \to \max$$
$$x_2 \to \max$$
$$x_1+3x_2 \leq 15$$
$$2x_1+x_2 \leq 12$$
$$x_1+x_2 \leq 7$$
$$x_1,x_2 \geq 0$$

a) Ermitteln Sie eine Lösung mit den Zielgewichtungen $g_1 = g_2 = 1$.

b) Maximieren Sie den minimalen Zielerreichungsgrad.

Lösung zur Aufgabe 15:

a) Für das gegebene Optimierungsproblem wird nachfolgend eine gemeinsame Zielfunktion gebildet und diese sowie die gegebenen Nebenbedingungen nach beispielsweise x_2 aufgelöst.

$$(\text{ZF}) \qquad \Phi(x) = 1 \cdot x_1 + 1 \cdot x_2 \to \max$$
$$\Leftrightarrow \qquad x_2 = \text{ZFW} - x_1$$
$$(\text{I}) \qquad x_1 + 3x_2 \leq 15 \quad \Leftrightarrow x_2 \leq 5 - \tfrac{1}{3}x_1$$
$$(\text{II}) \qquad 2x_1 + x_2 \leq 12 \quad \Leftrightarrow x_2 \leq 12 - 2x_1$$
$$(\text{III}) \qquad x_1 + x_2 \leq 7 \quad \Leftrightarrow x_2 \leq 7 - x_1$$
$$(\text{IV}),(\text{V}) \quad x_1, x_2 \geq 0$$

Die neue Zielfunktion ergibt sich aus der linearen Aggregation der beiden in der Aufgabenstellung gegebenen Zielfunktionen unter Berücksichtigung der in Aufgabe a) definierten Gewichtungen. Die neue Zielfunktion und die Nebenbedingungen werden nach x_2 umgestellt, da sich eine graphische Lösung des Problems anbietet. Durch das Einzeichnen der Nebenbedingungen in ein Koordinatensystem ergibt sich der Zulässigkeitsbereich, welcher gemeinsam mit der im Koordinatenursprung abgetragenen Zielfunktion der nachfolgenden Grafik entnommen werden kann:

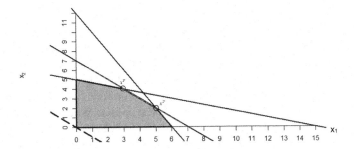

Da der Achsenabschnitt der Zielfunktion positiv ist, wird die Gerade der Zielfunktion möglichst weit parallel nach oben verschoben, so dass der Zulässigkeitsbereich gerade noch tangiert wird. In diesem Fall entspricht dies der Verbindungsgerade zwischen den zwei Eckpunkten, welche mit einem Kreis markiert sind. Grund dafür ist, dass sowohl die Zielfunktion als auch die Nebenbedingung (III) einen Anstieg von −1 besitzen. Anhand der Eckpunkte können die beiden folgenden Lösungen entnommen werden:

$$x^* = \begin{pmatrix} 3 \\ 4 \end{pmatrix}, x^* = \begin{pmatrix} 5 \\ 2 \end{pmatrix}$$

Als optimaler Zielfunktionswert ergibt sich mit $3 + 4 = 7$ bzw. $5 + 2 = 7$. Der Optimalbereich Z^* resultiert als Konvexkombination dieser beiden Eckpunkte:

$$Z^* = \left\{ \begin{pmatrix} x_1 \\ x_2 \end{pmatrix} \in \mathbb{R}_+^2 : \begin{pmatrix} x_1 \\ x_2 \end{pmatrix} = \lambda \begin{pmatrix} 3 \\ 4 \end{pmatrix} + (1-\lambda) \begin{pmatrix} 5 \\ 2 \end{pmatrix}, \lambda \in [0,1] \right\}$$

b) Für die Maximierung des minimalen Zielerreichungsgrads müssen zunächst die jeweils maximalen Zielfunktionswerte bei isolierter Betrachtung der einzelnen Ziele bestimmt werden. Dafür ist zu betrachten, welche maximalen Werte x_1 bzw. x_2 im Rahmen der Nebenbedingungen annehmen können. Nebenbedingung (II) ist die restriktivste hinsichtlich x_1 und liefert damit einen maximalen Zielfunktionswert von $\bar{u}_1 = 6$. Gleiches gilt für Nebenbedingung (I) und x_2, wobei hier der maximale Zielfunktionswert von $\bar{u}_2 = 5$ resultiert, wie die nachfolgenden Berechnungen zeigen:

$$\begin{array}{lll} \text{(I)} & x_1 + 3x_2 \leq 15 & \Rightarrow \bar{u}_2 = 5 \\ \text{(II)} & 2x_1 + x_2 \leq 12 & \Rightarrow \bar{u}_1 = 6 \\ \text{(III)} & x_1 + x_2 \leq 7 & \end{array}$$

Die kleinstmöglichen Zielfunktionswerte ergeben sich aus den Nichtnegativitätsbedingungen mit $\underline{u}_1 = \underline{u}_2 = 0$. Es resultieren die alternative Bewertungsfunktion sowie die beiden neuen Nebenbedingungen:

$$w = \min\left[\frac{x_1 - 0}{6} ; \frac{x_2 - 0}{5} \right] \rightarrow \max$$

$$\text{(VI)} \quad \frac{x_1}{6} \geq w \Rightarrow -\frac{1}{6}x_1 + w \leq 0$$

$$\text{(VII)} \quad \frac{x_2}{5} \geq w \Rightarrow -\frac{1}{5}x_2 + w \leq 0$$

Gemeinsam mit den in der Aufgabenstellung gegebenen Nebenbedingungen kann zum Lösen des Problems das Simplexverfahren verwendet werden. Eine Besonderheit ist lediglich damit gegeben, dass eine zusätzliche Variable w aufgrund der neuen Zielfunktion und den Nebenbedingungen (VI) und (VII) ergänzt wurde. Das Verfahren ist in der auf der nächsten Seite angegebenen Tabelle zu sehen. Die Durchführung unterscheidet sich nicht von dem der bisherigen Simplexverfahren. Für das Starttableau (Zeilen A bis F) werden die Koeffizienten aus der Problemstellung übernommen, wobei w als Zielfunktionskoeffizienten mit umgekehrten Vorzeichen zu versehen ist. Als Pivotspalte wird die Spalte mit der Variablen w gewählt, da diese den einzigen negativen Zielfunktionskoeffizienten besitzt. Die Wahl der Pivotzeile erfolgt wiederum über die Engpassprüfung, wobei Zeile B oder C mit einem Engpass von 0 als Pivotzeile in Frage kommen. Folgend wurde sich für Zeile B als Pivotzeile entschieden und es resultiert das in schwarz gerahmte Pivotelement. Mittels Zeilentransformation wird anschließend das Folgetableau (Zeilen G bis L) ermittelt. Die dazu erforderlichen elementaren Zeilentransformationen sind in der rechten Spalte der Tabelle zu finden. Das damit ermittelte Folgetableau ist kein Endtableau, da weiterhin ein negativer Zielfunktionskoeffizient (Zeile G) und damit weiteres Verbesserungspotenzial besteht. Dementsprechend wird erneut ein Folgetableau gebildet. Wie zuvor werden die Spalte mit dem kleinsten negativen Zielfunktionswert als Pivotspalte (hier Spalte mit x_1) und die Zeile mit dem Engpass, also Zeile I (mit einem Engpass von 0), als Pivotzeile gewählt. Es resultiert das erneut in schwarz gerahmte Pivotelement.

	x_1	x_2	w	y_1	y_2	y_3	y_4	y_5		
A	0	0	-1	0	0	0	0	0	0	
B	-1/6	0	1	1	0	0	0	0	0	
C	0	-1/5	1	0	1	0	0	0	0	
D	1	3	0	0	0	1	0	0	15	
E	2	1	0	0	0	0	1	0	12	
F	1	1	0	0	0	0	0	1	7	
G	-1/6	0	0	1	0	0	0	0	0	A+B
H	-1/6	0	1	1	0	0	0	0	0	B
I	1/6	-1/5	0	-1	1	0	0	0	0	C-B
J	1	3	0	0	0	1	0	0	15	D
K	2	1	0	0	0	0	1	0	12	E
L	1	1	0	0	0	0	0	1	7	F
M	0	-1/5	0	0	1	0	0	0	0	G+I
N	0	-1/5	1	0	1	0	0	0	0	H+I
O	1	-6/5	0	-6	6	0	0	0	0	6I
P	0	21/5	0	6	-6	1	0	0	15	J-6I
Q	0	17/5	0	12	-12	0	1	0	12	K-12I
R	0	11/5	0	6	-6	0	0	1	7	L-6I
S	0	0	0	6/11	5/11	0	0	1/11	7/11	M+1/11R
T	0	0	1	6/11	5/11	0	0	1/11	7/11	N+1/11R
U	1	0	0			0	0		42/11	O+6/11R
V	0	0	0			1	0		18/11	P-21/11R
W	0	0	0			0	1		13/11	Q-17/11R
X	0	1	0			0	0		35/11	5/11R

Alle zur Bestimmung des Folgetableaus erforderlichen elementaren Zeilentransformationen sind weiterhin in der rechten Spalte abgebildet. Das entstehende Folgetableau (Zeilen M bis R) ist erneut kein Endtableau. Dementsprechend muss ein weiteres Folgetableau gebildet werden. Wie zuvor wird die Spalte mit dem kleinsten negativen Zielfunktionswert als Pivotspalte (hier Spalte mit x_2) und die Zeile mit dem Engpass, also Zeile R (mit einem Engpass von 3,18), als Pivotzeile gewählt. Es resultiert das wiederum in schwarz gerahmte Pivotelement. Alle zur Bestimmung des Folgetableaus erforderlichen elementaren Zeilentransformationen sind weiterhin in der rechten Spalte abgebildet. Das entstehende Tableau (Zeilen S bis X) ist ein Endtableau, da keine weiteren negativen Zielfunktionskoeffizienten vorliegen. Die optimale Lösung kann dem Tableau wie gewohnt entnommen werden, mit der Besonderheit, dass die Information zum minimalen Zielerreichungsgrad redundant ist. Dieser kann sowohl in der Zeile T (über die Zeile mit der 1 in der Spalte der Variablen w) als auch direkt als Zielfunktionswert abgelesen werden. Daraus ergibt sich die folgende Lösung des Problems: $x^{*T} = \left(\frac{42}{11} ; \frac{35}{11}\right), \text{ZFW}^{*} = \frac{7}{11} \stackrel{\wedge}{=} 64\%$.

3.9   Literaturhinweise

Die lineare Optimierung ist in nahezu allen Standardwerken des Operations Research enthalten. Zu nennen sind in diesem Zusammenhang die Publikationen von Behrens et al. (2004), Bradtke (2015), Domschke et al. (2015a), Ellinger et al. (2003), Gohout (2013), Grundmann (2002), Heinrich (2013), Hillier und Liebermann (1996), Müller-Merbach (1973), Neumann und Morlock (2002), Nickel et al. (2014), Runzheimer (1999), Runzheimer et al. (2005), Taha (2010), Werners (2013), Zimmermann (2008) sowie Zimmermann und Stache (2001). Des Weiteren existiert eine Reihe von Arbeiten, die sich speziell mit der linearen Optimierung beschäftigen. Exemplarisch können hier die Werke von Bloech (1974), Bol (1980), Hochstättler (2017), Koop und Moock (2018), Nordmann (2002) sowie Unger und Dempe (2010) genannt werden.

Die in Abschnitt 3.1 beschriebenen betrieblichen Anwendungsbeispiele finden sich auch zahlreich in der Literatur wieder. Das Produktionsplanungsproblem wird beispielsweise ausführlich in Gohout (2013), Grimme und Bossek (2018), Kallrath (2013) sowie Suhl und Mellouli (2013) beschrieben. Darstellungen zum Mischungsproblem können z. B. den Arbeiten von Ellinger et al. (2001), Hauke und Opitz (2003) sowie Jarre und Stoer (2019) entnommen werden. Bezüglich des Transportproblems sei exemplarisch auf Jarre und Stoer (2019), Koop und Moock (2018), Lasch (2020) sowie Papageorgiou et al. (2015) verwiesen. Schließlich findet sich das Verschnittproblem z. B. in den Arbeiten von Grimme und Bossek (2018), Kallrath (2013) sowie Neumann und Morlock (2002).

Ausführliche theoretische Erklärungen zum Simplexalgorithmus können beispielsweise den Werken von Bonart und Bär (2018), Gohout (2013), Grimme und Bossek (2018), Mayer et al. (2011), Papageorgiou et al. (2015) sowie Runzheimer et al. (2005) entnommen werden. Entsprechende ökonomische Interpretation und graphische Lösungsansätze sind in Hauke und Opitz (2003), Runzheimer et al. (2005) sowie Suhl und Mellouli (2013) zu finden. Die Zwei-Phasen-Methode wird exemplarisch bei Grimme und Bossek (2018), Runzheimer et al. (2005) sowie Zimmermann (2008) dargestellt und an Beispielen erläutert. Ausführliche Beschreibungen zur Theorie der Dualität können z. B. in den Publikationen von Domschke et al. (2015a), Gohout (2013), Jarre und Stoer (2019), Mayer et al. (2011) und Werners (2013) nachgelesen werden. Der Ansatz der Sensitivitätsanalyse wird detailliert in den Arbeiten von Behrens et al. (2004), Dinkelbach (2012), Domschke et al. (2015a), Ellinger et al. (2001), Gohout (2013), Grimme und Bossek (2018), Hauke und Opitz (2003), Noltemeier (1970), Werners

(2013) sowie Zimmermann (2008) beschrieben und die parametrische Optimierung wird beispielsweise bei Bank (2021), Behrens et al. (2004), Dinkelbach (2012), Lorenzen (1974), Neumann und Morlock (2002), Stein (2021a), Zimmermann (2008) behandelt. Schließlich sei noch auf die Arbeiten von Domschke et al. (2015a), Köpcke (2010), Küfer et al. (2019), Maniak (2001), Raulf (2012) und Runzheimer et al. (2005) verwiesen, in denen ausführliche Darstellungen zu Mehrfachzielsetzung zu finden sind.

Übungsaufgaben zur linearen Optimierung sind in einigen der oben genannten Literaturquellen enthalten. Speziell sei hier auf die Publikationen von Grimme und Bossek (2018), Mayer et al. (2011), Papageorgiou et al. (2015), Suhl und Mellouli (2013) sowie Zimmermann (2008), verwiesen, in denen meist allgemeine Übungsaufgaben enthalten sind, die vor allem Wert auf die Berechnungen legen. Anwendungsbezogene Übungsaufgaben können beispielsweise Behrens et al. (2004), Gohout (2013), Hauke und Opitz (2003), Homburg (2000) sowie Werners (2013) entnommen werden. Als reines Übungsbuch zum Operations Research ist schließlich noch die Publikation von Domschke et al. (2015b) zu nennen, in dem auch zahlreiche Übungsaufgaben zur linearen Optimierung zu finden sind.

4   Ganzzahlige Optimierung

Die bislang betrachteten linearen Optimierungsprobleme gehen davon aus, dass eine beliebige Teilbarkeit hinsichtlich der Variablenwerte vorliegt und damit jedes Niveau der Variablen realisierbar ist. Bei realen Problemstellungen ist oft eine Teilbarkeit nicht gegeben, wenn beispielsweise im Rahmen einer Produktionsplanung optimal zu produzierende Stückzahlen von Produkten bestimmt werden sollen. Wird also für die Planungsvariablen gefordert, dass sie Element der Menge der nichtnegativen ganzen Zahlen sind, also $x_1, ..., x_n \in \mathbb{Z}_+$, dann führt dies zu einem (linearen) **ganzzahligen Optimierungsproblem**. Für den Fall der Standardform LP2 ergibt sich das Problem dann mit

$$
\begin{array}{rcl}
c^T x & \to & \max \\
Ax & \leq & b \\
x & \in & \mathbb{Z}_+,
\end{array}
$$

wobei natürlich auch andere Formen vorliegen können und unter Umständen auch nichtlineare Zielfunktionen oder Nebenbedingungen zu berücksichtigen sind. Man spricht des Weiteren von einem **gemischt-ganzzahligen Optimierungsproblem** für $x_1, ..., x_k \in \mathbb{Z}_+$ und $x_{k+1}, ..., x_n \in \mathbb{R}_+$ sowie von einem **binären Optimierungsproblem** für $x_1, ..., x_n \in \{0, 1\}$. Falls der Zulässigkeitsbereich eines ganzzahligen Problems endlich ist, spricht man darüber hinaus von einem **kombinatorischen Optimierungsproblem**. Dies hängt damit zusammen, dass sich die Anzahl der zulässigen Lösungen bei derartigen Problemen über kombinatorische Überlegungen bestimmen lässt, wie das nachfolgende Beispiel verdeutlicht.

Beispiel:

Ausgehend von n gegebenen Zahlen soll die Frage beantwortet werden, ob zwei dieser Zahlen identisch sind. Dazu müssen jeweils zwei Zahlen miteinander verglichen werden, wobei die Reihenfolge unerheblich ist und eine Zahl nicht mit sich selbst verglichen werden muss. Letztendlich könnten zur Beantwortung der Frage maximal

$$
\binom{n}{2} = \frac{n!}{(n-2)! \cdot 2!} = \frac{n(n-1)}{2} = \tfrac{1}{2}n^2 - \tfrac{1}{2}n
$$

Paarvergleiche durchgeführt werden.

Wie zu sehen ist, wächst bei dem im Beispiel dargestellten Problem die Rechenzeit **polynomial** mit der Problemgröße. Damit könnte man dieses Problem der **Problemklasse P** zuordnen. Demgegenüber sind ganzzahlige und kombinatorische Probleme meist **NP-schwer**, werden also der **Problemklasse NP** zugeordnet. NP steht für „non-deterministic polynomial", d. h. es gibt einen nicht-deterministischen Algorithmus, der das Problem in polynomialer Zeit löst. Dies wäre ein theoretischer Algorithmus, der an Verzweigungen automatisch den richtigen bzw. optimalen Weg zur Lösung des Problems verfolgt und würde im Prinzip einem Orakel entsprechen. NP-schwere Probleme besitzen daher meist ein expo-

© Springer Fachmedien Wiesbaden GmbH, ein Teil von Springer Nature 2022
U. Bankhofer, *Quantitative Unternehmensplanung*, Studienbücher
Wirtschaftsmathematik, https://doi.org/10.1007/978-3-8348-2466-0_4

nentielles Wachstum des Rechenaufwands mit der Problemgröße, so dass zur Lösung oft **heuristische Verfahren** (vgl. Kapitel 15) oder eine **begrenzte Enumeration** mit Hilfe des **Branch&Bound-Verfahrens** herangezogen werden.

In diesem Kapitel werden in Abschnitt 4.1 zunächst einige betriebliche Anwendungsbeispiele der ganzzahligen Optimierung aufgezeigt. Der Abschnitt 4.2 befasst sich dann mit Lösung derartiger Probleme. Dabei wird konkret das Branch&Bound-Verfahren vorgestellt und anhand einiger Anwendungsbeispiele illustriert. In Abschnitt 4.3 sind schließlich Übungsaufgaben sowie entsprechende Lösungen zur ganzzahligen Optimierung zu finden und der Abschnitt 4.4 beschließt dieses Kapitel mit entsprechenden Literaturhinweisen.

4.1 Betriebliche Anwendungsbeispiele

Es existieren zahlreiche betriebliche Anwendungen für die ganzzahlige Optimierung. Dazu zählen vor allem Zuordnungs- und Reihenfolgeprobleme. Beim **linearen Zuordnungsproblem** erfolgt beispielsweise eine Zuordnung von Tätigkeiten zu Arbeitern oder von Aufträgen zu Maschinen, so dass Kosten oder Fertigungszeiten minimiert werden. Das **quadratische Zuordnungsproblem** liegt typischerweise bei der **innerbetrieblichen Standortplanung** vor, wenn beispielsweise in einer Fertigungshalle die Maschinen so angeordnet werden sollen, dass die gesamten Transportleistungen minimal werden. **Reihenfolgeprobleme** liegen z. B. als **Maschinenbelegungsprobleme** vor, wenn es darum geht, in welcher Reihenfolge Aufträge auf einer Maschine zu bearbeiten sind. Aber auch das **Rundreiseproblem** zählt dazu, da hier beispielsweise ermittelt wird, in welcher Reihenfolge eine Vertriebsperson oder ein Auslieferungsfahrzeug die Orte der Kunden besuchen soll, um die zurückgelegte Wegstrecke zu minimieren. Nachfolgend sollen drei derartige Planungsprobleme ausführlicher dargestellt werden, und zwar

- die **Standortplanung,**
- die **Layoutplanung** und
- die **Tourenplanung.**

4.1.1 Standortplanung

Die betriebliche Standortwahl gehört zu den konstitutiven unternehmerischen Entscheidungen, da sie die Struktur des Unternehmens mit langfristiger Wirkung mitbestimmt. Eine Fehlentscheidung bei der Standortwahl kann später meist nur mit erheblichen Kosten korrigiert werden, ja sogar ein Unternehmen in existenzielle Bedrängnis bringen, so dass eine eingehende Standortanalyse vor dieser strategischen Entscheidung geboten ist. Unter dem Begriff **Standort** wird der geografische Ort verstanden, an dem das Unternehmen Güter erstellt oder verwertet. In dieser Definition ist die Möglichkeit eingeschlossen, dass ein Betrieb mehrere Standorte (z. B. Produktions-, Verwaltungs- bzw. Vertriebszentren) unterhält, was mit dem Begriff **Standortspaltung** umschrieben wird.

Im Rahmen einer Standortplanung ist der Begriff des **Standortfaktors** von Bedeutung. Darunter werden alle standortspezifischen Einflussgrößen auf den Erfolg des Unternehmens verstanden. So ist z. B. das Lohnniveau, das in verschiedenen Regionen unterschiedliche Höhen erreicht und damit standortspezifisch wirkt, über die Personalkosten eine Erfolgsgröße und somit ein Standortfaktor. Weitere Standortfaktoren sind beispielsweise die Transportkosten der Produkte zu den Absatzmärkten, Grundstückskosten, Kosten der Errichtung der Gebäude, Verkehrslage des Grundstücks, Arbeitskräftebeschaffung, Konkurrenz oder die Infrastruktur des Standorts. Wie zu sehen ist, lassen sich nicht immer alle Einflussgrößen quantitativ erfassen und häufig müssen auch qualitative Standortfaktoren berücksichtigt werden. Folglich existieren auch eine Reihe unterschiedlichster Ansätze einer Standortplanung, die von Scoring-Modellen bis zu klassischen Optimierungsmodellen reichen. Auf die letztgenannten Ansätze soll nachfolgend etwas ausführlicher eingegangen werden, wobei hier ausnahmslos quantitative Standortfaktoren herangezogen werden können.

Eine Gruppe von Optimierungsmodellen bilden die Modelle auf Basis des **Transportproblems**. Bei diesen Modellen werden zur Bestimmung neuer Standorte vor allem die Transportbeziehungen dieser Standorte zu anderen Orten betrachtet. Dabei erfolgt in erster Linie eine Minimierung der Transportkosten unter Einhaltung der geforderten und möglichen Transportleistungen. Ein grundlegendes Optimierungsmodell in diesem Zusammenhang ist das sogenannte kapazitierte, einstufige **Warehouse Location Problem**. Den Ausgangspunkt stellen m potenzielle (Lager- oder Produktions-)Standorte $i = 1,...,m$ mit maximalen Kapazitäten a_i dar, von denen aus n Standorte $j = 1,...,n$ mit gegebenen Bedarfsmengen b_j beliefert werden sollen. Des Weiteren sind die Transportkosten je Einheit k_{ij} von Standort $i = 1,...,m$ zu Standort $j = 1,...,n$ sowie die fixen Kosten f_i zur Errichtung des Standorts i ($i = 1,...,m$) bekannt. Mit der Zielsetzung einer Minimierung der Gesamtkosten soll dann bestimmt werden, welche der m potenziellen Standorte errichtet und welche Mengen x_{ij} dabei von Standort i zu Standort j transportiert werden müssen. Formal lässt sich das Problem wie folgt darstellen:

$$\sum_{i=1}^{m} f_i \cdot y_i + \sum_{i=1}^{m} \sum_{j=1}^{n} k_{ij} \cdot x_{ij} \rightarrow \min$$

$$\sum_{i=1}^{m} x_{ij} = b_j \quad \left(j = 1,...,n\right)$$

$$\sum_{j=1}^{n} x_{ij} \leq a_i \cdot y_i \quad \left(i = 1,...,m\right)$$

$$z_u \leq \sum_{i=1}^{m} y_i \leq z_o$$

$$x_{ij} \geq 0, y_i = \begin{cases} 1 & \text{falls Standort } i \text{ errichtet wird} \\ 0 & \text{sonst} \end{cases} \quad \left(i = 1,...,m; j = 1,...,n\right)$$

Die ersten beiden Nebenbedingungen gewährleisten, dass die Nachfrage jedes zu beliefernden Standorts befriedigt wird und diese Standorte nur von den Standorten eine Lieferung erhalten, die auch errichtet werden. Mit der dritten Nebenbedingung kann darüber hinaus eine Mindestanzahl z_u bzw. eine Höchstanzahl z_o von zu errichtenden Standorten festgelegt werden, wobei $z_u \leq z_o$ mit $z_u, z_o \in \{1,...,m\}$ gelten muss.

Natürlich können derartige Modelle erweitert oder modifiziert werden. So können beispielsweise mehrere Transportstufen und damit Standorte für unterschiedliche Betriebsstätten (beispielsweise Zwischen- und Auslieferungslager) in die Betrachtung eingehen. Auch die Berücksichtigung weiterer Restriktionen wie z. B. ein begrenztes Investitionsbudget wäre denkbar. Letztendlich können auch gemischt-ganzzahlige Optimierungsmodelle herangezogen werden, bei denen dann neben den Standorten auch gleichzeitig die optimalen Produktionsprogramme bestimmt werden. Mit dem nachfolgenden Beispiel soll noch eine vom Grundgedanken her zwar ähnliche, aber dennoch völlig andere Entscheidungssituation aufgezeigt werden.

Beispiel:

In einer Region von 8 Orten A_1, ..., A_8 sollen zwei Filialen F_1, F_2 einer Supermarktkette mit möglichen Standorten in A_1, ..., A_6 so errichtet werden, dass die Summe der Entfernungen zu allen Orten der Region möglichst klein ist. Für die beiden Filialen selbst wird eine Mindestentfernung von 8 Entfernungseinheiten gefordert und von jedem Ort aus soll zumindest eine der beiden Filialen in höchstens 7 Entfernungseinheiten erreicht werden können. Mit d_{ij} als kürzester Entfernung zwischen A_i und A_j liegen die in der Abbildung 4.1 in der Matrix rechts angegebenen Entfernungen vor, wobei eine graphische Illustration der Ausgangssituation in der Abbildung links zu finden ist.

Abbildung 4.1   Daten für das Standortbeispiel

Graph der direkten Verbindungen

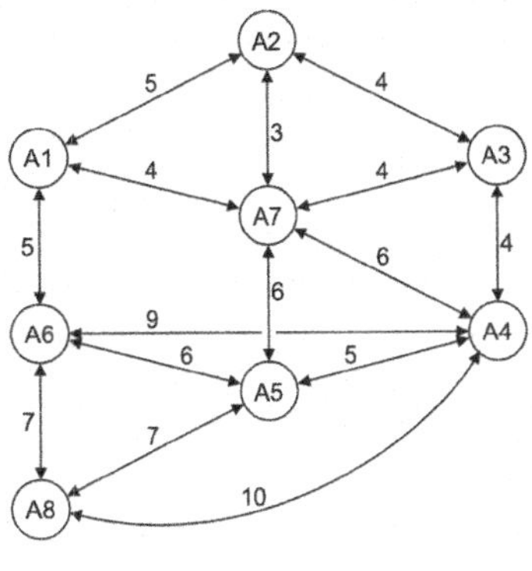

Matrix der Entfernungen d_{ij}

d_{ij}	1	2	3	4	5	6	7	8	Σ
1	0	5	8	10	10	5	4	12	54
2	5	0	4	8	9	10	3	16	55
3	8	4	0	4	9	13	4	14	56
4	10	8	4	0	5	9	6	10	52
5	10	9	9	5	0	6	6	7	52
6	5	10	13	9	6	0	9	7	59
7	4	3	4	6	6	9	0	13	45
8	12	16	14	10	7	7	13	0	79

Quelle: Eigene Darstellung

Beispielsweise besteht zwischen Ort A_1 und A_4 keine direkte Verbindung. Die kürzeste Entfernung d_{14} resultiert dann als kürzester Umweg über einen anderen Ort, in diesem Fall A_7, so dass $d_{14} = d_{17} + d_{74} = 4 + 6 = 10$. Analog ergeben sich auch die anderen in der Matrix angegebenen Entfernungen und es resultiert das folgende Optimierungsproblem:

$$\sum_{i=1}^{6}\sum_{k=1}^{8} d_{ik}x_i = 54x_1 + 55x_2 + 56x_3 + 52x_4 + 52x_5 + 59x_6 \to \min$$

(A) $x_i = \begin{cases} 1 & \text{falls in } A_i \text{ eine Filiale errichtet wird } (i = 1, \dots, 6) \\ 0 & \text{sonst} \end{cases}$

(B) $x_1 + x_2 + x_3 + x_4 + x_5 + x_6 = 2$

(C) $\displaystyle\sum_{i=1}^{6}\sum_{j=i+1}^{6} d_{ij}x_i x_j \geq 8$

(D) $\min\left\{d_{ik}x_i, d_{jk}x_j\right\} \leq 7 \quad (i, j = 1, \dots, 6; i \neq j; k = 1, \dots, 8)$

Mit der Nebenbedingung (A) wird die Binärkodierung für die Variablen vorgenommen. Die Bedingung (B) garantiert, dass genau zwei Standorte für die Filialen gewählt werden. Die Mindestentfernung dieser beiden Filialen wird mit der Bedingung (C) gewährleistet und dass von jedem Ort aus zumindest eine der beiden Filialen in höchstens 7 Entfernungseinheiten erreicht werden kann, wird mit der Nebenbedingung (D) zum Ausdruck gebracht. Die Zielfunktion minimiert dann die Summe der Entfernungen zu allen Orten der Region, wobei hier direkt die ersten sechs Zeilensummen der Entfernungsmatrix aus der Abbildung 4.1 verwendet werden können.

4.1.2   Layoutplanung

Im Mittelpunkt einer **Layoutplanung**, die auch **innerbetriebliche Standortplanung** genannt wird, steht die Frage, wie eine Menge ortsgebundener Betriebsmittel (Maschinen, Arbeitsplätze, Fertigungsanlagen, Fördersysteme etc.) auf einer in der Regel vordefinierten Fläche dauerhaft angeordnet werden soll. Falsche oder schlechte innerbetriebliche Standortentscheidungen verursachen überflüssige und/oder umfangreiche Transportvorgänge und damit hohe Materialflusskosten. Jedes Problem der Layoutplanung lässt sich zunächst durch zwei grundlegende Bestandteile charakterisieren. Zum einen durch eine Menge von **Anordnungsobjekten**, für die ein geeigneter Standort festzulegen ist, sowie durch eine abgegrenzte Fläche (**Standortträger**), die der Aufnahme der Objekte dienen soll. Bei Industrieunternehmen ist der Standortträger üblicherweise durch die Grundfläche einer Fabrikhalle definiert.

Das Problem der Layoutplanung kann aus verschiedenen Anlässen auftreten. Bei einer **Neugestaltung** sind nach der Errichtung einer Produktionsstätte in einer leeren Fabrikhalle die Standorte für alle Produktionssegmente erstmalig zu bestimmen. Ausgehend von einem System bereits fest angeordneter Segmente, also beispielsweise einer Fabrikhalle mit angeordneten Maschinen, können weitere Produktionssegmente eingegliedert werden, so dass in diesem Fall eine **Erweiterung** vorliegt. Schließlich kann auch eine **Umstellung** der Betriebsmittel notwendig sein, wenn z. B. aufgrund eines geänderten Produktionsprogramms die Standorte für einzelnen Maschinen neu festzulegen sind.

Das zu bewältigende Planungsproblem besteht nun darin, für jedes Anordnungsobjekt den günstigsten Standort innerhalb des Standortträgers zu finden. Ein günstiges Layout wird vor allem dann erreicht, wenn die insgesamt zu erbringende **Transportleistung** (ermittelt als Produkt aus Transportmenge und Transportstrecke) möglichst gering ist. Dadurch werden die variablen Transportkosten minimiert, die Transportmittelkapazität wird reduziert und die Transportzeiten sind gering, so dass auch die Durchlaufzeiten der Produktionsaufträge sinken und die Kapitalbindung durch Lagerbestände verringert wird.

Allerdings kann im Allgemeinen nicht jede Anordnung der organisatorischen Einheiten auch realisiert werden, da in der Regel eine Vielzahl von **Restriktionen** existieren, welche die Anordnung gewisser Objekte an bestimmten Standorten und/oder die räumliche Nachbarschaft gewisser Objekte verlangen oder verbieten. Neben Restriktionen wie beispielsweise Tragfähigkeitsbeschränkungen oder Mindestabständen zwischen Anlagen aufgrund von Unfallverhütungsvorschriften sind in diesem Zusammenhang vor allem Anforderungen der Organisationsform der Fertigung an das Layout der Betriebsmittel zu nennen. Bei der **Fließfertigung** erfolgt die Anordnung der Betriebsmittel hintereinander, wobei sich ihre Reihenfolge nach dem Objektprinzip bestimmt, d. h. nach der Abfolge der an den Werkstücken zu vollziehenden Tätigkeiten. Bei diesem Organisationstyp ist der Gestaltungsspielraum der Layoutplanung im Allgemeinen sehr gering. Anders ist das bei der **Werkstattfertigung**. Hier erfolgt die Anordnung der Betriebsmittel nach dem Verrichtungsprinzip (Funktionsprinzip). Maschinen, die gleichartige Bearbeitungsaufgaben erfüllen, werden räumlich und organisatorisch zu Einheiten, den Werkstätten (z. B. Dreherei, Fräserei) zusammengefasst. In diesem Fall lässt sich das Layoutplanungsproblem in zwei Teilprobleme zerlegen: (1) Bestimmung der Werkstattstandorte innerhalb des Standortträgers und (2) Bestimmung der Anordnung der Betriebsmittel innerhalb der Werkstätten. Schließlich kann auch noch die **Gruppenfertigung** (**Zentrenfertigung**) genannt werden, bei der Betriebsmittel unterschiedlicher Funktionen räumlich zusammengefasst werden, die eine möglichst vollständige Bearbeitung einer Gruppe von ähnlichen oder fertigungstechnisch verwandten Werkstücken erlauben. Damit reduziert sich das Problem weitgehend auf die Bestimmung der Betriebsmittelstandorte innerhalb der Zentren. Die Anordnung der Zentren zueinander ist im Idealfall bedeutungslos.

Nachfolgend wird das Layoutproblem als klassisches **quadratisches Zuordnungsproblem** dargestellt. Dabei sollen n Maschinen auf n Standorten innerhalb eines Standortträgers so angeordnet werden, dass die gesamten Transportleistungen minimiert werden. Das Problem ergibt sich allgemein wie folgt:

$$\sum_{h=1}^{n}\sum_{i=1}^{n}\sum_{j=1}^{n}\sum_{k=1}^{n} t_{hi} d_{jk} x_{hj} x_{ik} \to \min$$

(A) $x_{hj} = \begin{cases} 1 & \text{falls in Maschine } h \text{ auf Standort } j \text{ angeordnet wird} \\ 0 & \text{sonst} \end{cases}$

(B) $\sum_{j=1}^{n} x_{hj} = 1 \quad (h = 1, \ldots, n)$

(C) $\sum_{h=1}^{n} x_{hj} = 1 \quad (j = 1, \ldots, n)$

t_{hi} bezeichnet dabei die Transportmenge von Maschine h zu Maschine i und mit d_{jk} wird die Entfernung zwischen Standort j und Standort k zum Ausdruck gebracht. Die Variablen werden binär kodiert, wie anhand der Nebenbedingung (A) zu sehen ist. Durch diese Kodierung wird in der Zielfunktion gewährleistet, dass letztendlich nur die Transportleistungen zwischen den am Ende den Maschinen zugeordneten Standorten addiert werden. Die Nebenbedingung (B) stellt dabei sicher, dass jede Maschine h genau einen Standort erhält, während die Bedingung (C) garantiert, dass jeder Standort j von genau einer Maschine belegt wird.

4.1.3   Tourenplanung

Während bei einer klassischen Transportplanung (vgl. Abschnitt 3.1.3) die einzelnen Lieferorte gedanklich zu Abnehmerzentren und die einzelnen Liefervorgänge zu Transportströmen aggregiert werden, besteht die Aufgabenstellung der **Tourenplanung** darin, für einen eher kurzfristigen Zeitraum (oftmals nur für einen Tag) die verschiedenen Transportvorgänge mit dem Ziel der Fahrwegoptimierung aufeinander abzustimmen. Die Auslieferung der Produkte kann grundsätzlich auf zwei Arten erfolgen. Bei der **Einzelbelieferung** werden die Aufträge einzeln zu ihren Bestimmungsorten transportiert, was im Allgemeinen nur dann sinnvoll ist, wenn die Aufträge jeweils eine ausreichende Beladung der Fahrzeuge sicherstellen. In vielen Fällen sind die Aufträge im Verhältnis zur Fahrzeugkapazität jedoch so klein, dass eine **Gruppenbelieferung** der Abnehmer vorteilhaft ist. In diesem Fall wird das Fahrzeug mit Sendungen für mehrere Abnehmer beladen, liefert diese in einer vorgegebenen Reihenfolge an die Abnehmer aus und kehrt leer zu seinem Ausgangsort, z. B. einem Auslieferungslager oder einem Depot zurück.

Würde die Fahrzeugkapazität ausreichen, alle Sendungen mit einer Fahrt auszuliefern, dann wäre lediglich die kostengünstigste Rundreise über alle Abnehmerstandorte und zurück zum Depot zu bestimmen. Man spricht hier von einem **Rundreiseproblem** bzw. einem **Travelling-Salesman-Problem**. Aus Gründen der Vereinfachung wird dabei üblicherweise zwischen den Fahrkosten und der Fahrstrecke bzw. Fahrdauer eine proportionale Beziehung unterstellt. Ist die Kapazität eines Fahrzeugs aufgrund von Gewichts-, Volumen- oder Zeitbeschränkungen bezüglich der Gesamtlänge einer Tour aber derart beschränkt, dass nicht alle Sendungen im Rahmen einer Fahrt ausgeliefert werden können, dann entsteht das eigentliche **Tourenplanungsproblem**. Dabei sind zwei Teilprobleme zu lösen:

(1) **Zuordnung** von Sendungen zu einem Fahrzeug (Tour) unter Beachtung der Kapazitätsrestriktionen (**Zuordnungsproblem**)

(2) Bestimmung der kostengünstigsten **Rundreise** innerhalb einer Tour (**Rundreiseproblem**)

Diese beiden Probleme können einzeln oder simultan gelöst werden. Eine simultane Lösung erfolgt meist mit Heuristiken (vgl. Kapitel 15), während es sich bei einer isolierten Betrachtung jeweils um klassische Probleme der ganzzahligen Optimierung handelt. Das Rundreiseproblem soll nachfolgend ausführlicher vorgestellt werden. In der allgemeinen Formulierung wird von einem Handlungsreisenden ausgegangen, der ausgehend von seinem Wohnort n Orte der Reihe nach aufsuchen und am Ende zu seinem Wohnort zurückkehren möchte. Dabei soll die zurückzulegende Gesamtstrecke minimiert werden. Formal kann das Problem wie folgt formuliert werden:

$$\sum_{i=1}^{n}\sum_{j=1}^{n} d_{ij} x_{ij} \to \min$$

(A) $x_{ij} = \begin{cases} 1 & \text{falls nach Ort } i \text{ unmittelbar Ort } j \text{ aufgesucht wird} \\ 0 & \text{sonst} \end{cases}$

(B) $\sum_{j=1}^{n} x_{ij} = 1 \quad (i = 1,\ldots,n)$

(C) $\sum_{i=1}^{n} x_{ij} = 1 \quad (j = 1,\ldots,n)$

(D) $x_{i_1 i_2} + x_{i_2 i_3} + \ldots + x_{i_k i_1} \leq k-1$ $\qquad (k = 1,\ldots,\frac{n}{2}, \text{ falls n gerade bzw.}$
$\qquad\qquad k = 1,\ldots,\frac{n-1}{2}, \text{ falls n ungerade})$

d_{ij} bezeichnet dabei die Entfernung zwischen den Orten i und j, so dass mit der in (A) angegebenen Binärkodierung die Zielfunktion abgebildet werden kann. Die Nebenbedingung (B) gewährleistet, dass jeder Ort i genau einen Nachfolgeort erhält, während mit der Bedingung (C) zum Ausdruck gebracht wird, dass jeder Ort j genau einen Vorgängerort besitzt. Die Nebenbedingung (D) wird schließlich noch benötigt, um **Kurzzyklen**, d. h. Rundreisen mit weniger als n Orten, zu vermeiden. Das nachfolgende Beispiel soll diese Problematik kurz illustrieren.

Beispiel:

Betrachtet wird ein Rundreiseproblem mit 5 Orten, wobei Ort 1 der Start- und Zielort ist. Zur Vermeidung von Kurzzyklen müssen dann folgende Bedingungen erfüllt sein:

$$x_{11} \leq 0, x_{22} \leq 0, \ldots, x_{55} \leq 0$$
$$x_{12} + x_{21} \leq 1, x_{13} + x_{31} \leq 1, \ldots, x_{15} + x_{51} \leq 1$$

Durch das Verbot von Kurzzyklen der Länge k werden automatisch auch Kurzyklen der Länge $n - k$ ausgeschlossen. Durch den Ausschluss der obigen Kurzzyklen können damit auch keine Kurzzyklen mit 3 und 4 Orten vorkommen. Beispielsweise würden die oben stehenden Nebenbedingungen (B) und (C) die Lösung $x_{11} = x_{23} = x_{34} = x_{45} = x_{52} = 1$ zulassen, die aber zwei Kurzzyklen enthält. Durch die Forderung $x_{11} \leq 0$ wird diese Lösung aber ausgeschlossen, so dass letztendlich auch Kurzzyklen mit den vier Orten 2, 3, 4, und 5 (in beliebiger Reihenfolge) nicht gebildet werden können. Analog lassen die Bedingungen (B) und (C) z. B. die Lösung $x_{12} = x_{21} = x_{34} = x_{45} = x_{53} = 1$ zu. Diese Lösung enthält wiederum zwei Kurzzyklen, wird aber durch die Bedingung $x_{12} + x_{21} \leq 0$ ausgeschlossen, so dass dadurch indirekt auch alle Kurzzyklen zwischen den Orten 3, 4, und 5 (in beliebiger Reihenfolge) nicht mehr möglich sind.

4.2   Branch&Bound-Verfahren

Zur Lösung ganzzahliger Optimierungsprobleme können eine Vielzahl von Verfahren zur Anwendung kommen. Dabei lassen sich grundsätzlich heuristische und exakte Verfahren unterscheiden. Eines dieser exakten Verfahren stellt das **Branch&Bound-Verfahren** dar. Es handelt sich hierbei um ein Verfahren der **begrenzten Enumeration**, d. h. im Gegensatz zur vollständigen Enumeration werden durch Verzweigen (Branch) bzw. Aufspalten des Lösungsraums sowie mit Hilfe geeigneter Schranken (Bound) Teile des Lösungsbereichs ausgeschlossen, die nicht als Optimum in Frage kommen.

Ausgangspunkt ist ein ganzzahliges Optimierungsproblem mit der Zielfunktion $g(x)$ und dem Zulässigkeitsbereich Z_0. Dieses Problem wird nachfolgend mit P_0 bezeichnet. Im ersten Schritt des Branch&Bound-Verfahrens erfolgt eine **Zerlegung (Branch)** von P_0 in die Teilprobleme P_1, ..., P_k mit den Zulässigkeitsbereichen Z_1, ..., Z_k. Dabei ist zwingend zu beachten, dass keine Teile des Zulässigkeitsbereichs Z_0 verloren gehen, d. h. es muss

$$\bigcup_{i=1}^{k} Z_i = Z_0$$

gelten. Nach Möglichkeit sollten des Weiteren die Zulässigkeitsbereiche der Teilprobleme disjunkt sein, d. h.

$$Z_i \cap Z_j = \varnothing \quad (i \neq j).$$

Diese Forderung dient dazu, den Lösungsbereich nicht unnötig zu vergrößern, ist aber nicht zwingend notwendig. Die Probleme P_1, ..., P_k können dann im Laufe des Verfahrens entsprechend weiter zerlegt werden. Zur Beschränkung des Verzweigungsprozesses werden im zweiten Schritt **Schranken (Bound)** für den Zielfunktionswert berechnet, um zu entscheiden, ob eine weitere Verzweigung überhaupt notwendig ist. Bei Maximierungsproblemen bestimmt man zunächst für P_0 eine **untere Schranke** $\underline{ZF}_0$ des Zielfunktionswerts. Diese Schranke stellt den besten Zielfunktionswert dar, der zum jeweiligen Zeitpunkt bekannt ist. Zur Initiierung des Verfahrens kann im einfachsten Fall $\underline{ZF}_0 = -\infty$ gesetzt werden oder es wird für ein beliebiges, möglichst einfach zu findendes $x \in Z_0$ die Schranke mit $\underline{ZF}_0 = g(x)$ bestimmt. Des Weiteren werden für alle Probleme P_s ($s = 0, 1, 2, ..., k$) jeweils **obere Schranken** $\overline{ZF}_s$ des Zielfunktionswerts ermittelt. Dabei kommt ein weiterer wichtiger Schritt ins Spiel, und zwar die sogenannte **Relaxation**, bei der das Problem durch Weglassen oder Lockerung von Nebenbedingungen vereinfacht wird und damit auch einfacher zu lösen ist. Der Zulässigkeitsbereich des **relaxierten Problems** P_s' wird mit Z_s' bezeichnet und es gilt $Z_s' \supset Z_s$. Damit stellen die oberen Schranken die jeweils besten Zielfunktionswerte dar, die für die einzelnen Teilprobleme überhaupt erreichbar sind.

Um nun den Lösungsbereich einzuschränken zu können, muss man wissen, wann ein Teilproblem nicht weiter betrachtet und damit auch nicht weiter zerlegt werden muss. In diesem Zusammenhang kommt eine spezielle Eigenschaft eines Teilproblems ins Spiel, die mit dem folgenden Begriff umschrieben wird. Und zwar bezeichnet man ein Teilproblem P_s als **aus-**

gelotet (P_s muss nicht weiter zerlegt werden), wenn eine der folgenden, sich gegenseitig aus-
schließenden Bedingungen erfüllt ist:

1) $Z_s' = \emptyset \Rightarrow P_s'$ ist unlösbar, damit auch P_s

2) $\overline{ZF}_s \leq \underline{ZF}_0 \Rightarrow$ damit kann die Lösung von P_s' bzw. P_s nicht besser sein als die bisher beste
Lösung

3) $\overline{ZF}_s > \underline{ZF}_0$ und Lösung von P_s' ist zulässig für P_s und $P_0 \Rightarrow$ man erhält eine neue zulässige
Lösung für P_0 und setzt $\underline{ZF}_0 = \overline{ZF}_s$

Diese Bedingungen werden anschließend an einem Beispiel gleich ausführlich dargestellt. Es
bleibt noch anzumerken, dass für alle eben beschriebenen Schritte des Branch&Bound-Ver-
fahrens im Fall eines Minimierungsproblems gilt, dass $\underline{ZF}_s, \overline{ZF}_s, \leq, >$ durch $\overline{ZF}_s, \underline{ZF}_s, \geq, <$ zu
ersetzen sind. Auch dies wird anschließend noch an einem Beispiel illustriert.

Beispiel:

Gegeben sei das folgende Optimierungsproblem mit dem in der Abbildung 4.2 dargestellten
Zulässigkeitsbereich:

$$
\begin{aligned}
2x_1 + 3x_2 &\rightarrow \quad \max \\
x_1 + 2x_2 &\leq \quad 8 \quad \text{(A)} \\
2x_1 + x_2 &\leq \quad 9 \quad \text{(B)} \\
x_1, x_2 &\in \quad \mathbb{Z}_+
\end{aligned}
$$

Abbildung 4.2   Graphische Darstellung des Beispiels

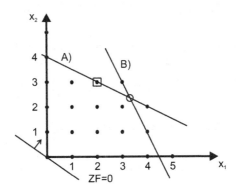

Quelle: Eigene Darstellung

Der Zulässigkeitsbereich des Problems wird durch die ganzzahligen Punkte innerhalb und
am Rand des Polyeders repräsentiert. Eine graphische Lösung liefert den in der Abbildung

4.2 mit „□" gekennzeichneten Punkt x^T = (2; 3) bei einem Zielfunktionswert von 13. Im Vergleich dazu würde sich für das zugehörige LP2, also das Problem ohne Ganzzahligkeitsbedingung, die Lösung in „o" mit x^T = (10/3; 7/3) und einem Zielfunktionswert von 41/3 ergeben. Damit wird ersichtlich, dass das Runden dieser Lösung nicht zur Lösung des Ausgangsproblems führen würde. Bei der Anwendung des Branch&Bound-Verfahrens wird für das Ausgangsproblem P_0 die untere Schranke einfach mit $\underline{ZF}_0 = -\infty$ gesetzt. Zur Relaxation von P_0 werden die Nebenbedingungen $x_1, x_2 \geq 0$ anstelle von $x_1, x_2 \in \mathbb{Z}_+$ herangezogen. Die optimale Lösung des zugehörigen LP2 wurde graphisch bereits mit x^{0T} = (10/3; 7/3) bestimmt, könnte aber auch durch Anwendung des Simplexalgorithmus ermittelt werden. Damit ergibt sich mit $\overline{ZF}_0$ = 41/3 die obere Schranke. P_0 ist allerdings nicht ausgelotet, da keine der drei Bedingungen erfüllt ist [1) $Z_{s'} \neq \varnothing$, 2) $41/3 \not\leq -\infty$, 3) $41/3 > -\infty$, aber nicht zulässig], so dass P_0 zerlegt werden muss. Die Zerlegung kann beispielsweise mit der Variablen x_2 erfolgen, so dass mit $x_2 \leq 2$ bzw. $x_2 \geq 3$ dann die Teilprobleme P_1 und P_2 resultieren. Für P_1 ergibt sich der Zulässigkeitsbereich $Z_1 = Z_0 \cap \{x \geq 0: x_2 \leq 2\}$ und die Relaxation erfolgt wie bei Z_0. Die optimale Lösung des relaxierten Problems kann wiederum graphisch oder mit Hilfe des Simplexalgorithmus ermittelt werden und man erhält x^{1T} = (7/2; 2). $\overline{ZF}_1$ = 13 stellt dann die obere Schranke dar. P_1 ist wiederum nicht ausgelotet, wie anhand der drei Bedingungen überprüft werden kann. Also wird P_1 für eine weitere Zerlegung vorgemerkt, zuvor aber P_2 mit dem Zulässigkeitsbereich $Z_2 = Z_0 \cap \{x \geq 0: x_2 \geq 3\}$ betrachtet. Die Relaxation mit $x_1, x_2 \geq 0$ anstelle von $x_1, x_2 \in \mathbb{Z}_+$ führt zur Optimallösung x^{2T} = (2; 3) mit der oberen Schranke $\overline{ZF}_2$ = 13. Wegen $\overline{ZF}_2 = 13 > \underline{ZF}_0 = -\infty$ und (2; 3) zulässig für P_2 und P_0, ist P_2 ausgelotet bezüglich der Bedingung 3) und man setzt $\underline{ZF}_0$ = 13. Wegen $\overline{ZF}_1 = 13 = \underline{ZF}_0$ bringt auch eine weitere Zerlegung von P_1 keine Verbesserungen. Die Lösung x^{2T} = (2; 3) mit dem Zielfunktionswert 13 ist damit optimal.

Nachfolgend soll noch das in Abschnitt 4.1.1 bereits dargestellte Beispiel einer betrieblichen Standortplanung aufgegriffen werden. Mit diesem Beispiel kann auch die Anwendung des Branch&Bound-Verfahrens für ein Minimierungsproblem illustriert werden.

Beispiel:

Betrachtet wird das Standortplanungsbeispiel des Abschnitts 4.1.1 mit den in der Abbildung 4.1 angegebenen Daten. Für das Ausgangsproblem P_0 wird die obere Schranke mit $\overline{ZF}_0 = \infty$ festgelegt. Zur Relaxation von Z_0 erfolgt eine Beschränkung auf die Nebenbedingungen (A) und (B) und die Optimallösung des relaxierten Problems kann mit x^{0T} = (0, 0, 0, 1, 1, 0) sehr einfach bestimmt werden, da genau zwei der sechs Variablen $x_1, \ldots, x_6$ gleich dem Wert 1 gesetzt werden müssen und dies anhand der kleinsten Zielfunktionskoeffizienten erfolgen kann. Die unter Schranke resultiert dann mit $\underline{ZF}_0$ = 104 . P_0 ist nicht ausgelotet wegen der Nebenbedingung (C), da d_{45} = 5 < 8, so dass P_0 zerlegt werden muss. Die Zerlegung kann dann z. B. mit $x_4 + x_5 \leq 1$ erfolgen und es resultieren die Teilprobleme P_1 und P_2. Für P_1 mit dem Zulässigkeitsbereich $Z_1 = Z_0 \cap \{x : x_4 + x_5 = 1\}$ wird die Relaxation wie zuvor vorgenommen. Auch hier kann die Optimallösung des relaxierten Problems mit x^{1T} = (1, 0, 0, 1, 0, 0) bzw. (1, 0, 0, 0, 1, 0) mit $\underline{ZF}_1$ = 106 sehr einfach bestimmt werden. P_1 ist aber wiederum nicht ausgelotet wegen der Nebenbedingung (D), da $d_{18}, d_{48} > 7$ bzw. $d_{13}, d_{53} > 7$. P_1 wird also zur Zerlegung vorgemerkt. Analog erhält man für das Teilproblem P_2 die folgenden Ergebnisse:

$Z_2 = Z_0 \cap \{x : x_4 + x_5 = 0\}$, Relaxation von Z_2 wie Z_0, Optimallösung $x^{2T} = (1, 1, 0, 0, 0, 0)$, $\underline{ZF}_2 = 109$, P_2 ist nicht ausgelotet wegen Nebenbedingung (C), da $d_{12} = 5 < 8$, also P_2 zur Zerlegung vormerken.

Jetzt muss entschieden werden, ob das Teilproblem P_1 oder das Teilproblem P_2 als erstes weiter zerlegt wird. Da $\underline{ZF}_1 = 106 < \underline{ZF}_2 = 109$ ist, fällt diese Entscheidung zugunsten von P_1. Mit beispielsweise $x_1 = 0$ und $x_2 \leq 1$ resultieren dann die Teilprobleme P_3 und P_4. Für P_3 ergibt sich $Z_3 = Z_1 \cap \{x : x_1 = x_2 = 0\}$ mit der bereits bekannten Relaxation. Als Optimallösungen des relaxierten Problems können $x^{3T} = (0, 0, 1, 1, 0, 0)$ und $x^{3T} = (0, 0, 1, 0, 1, 0)$ einfach bestimmt werden, die untere Schranke ist $\underline{ZF}_3 = 108$. P_3 ist allerdings nicht ausgelotet wegen der Nebenbedingung (C), da $d_{34} = 4 < 8$ bzw. $d_{31}, d_{51} > 7$ ist und wird zur Zerlegung vorgemerkt. Für P_4 mit $Z_4 = Z_1 \cap \{x : x_1 = 0, x_2 = 1\}$ und der Relaxation von Z_4 wie bei Z_0 erhält man analog die folgenden Ergebnisse: Optimallösung $x^{4T} = (0, 1, 0, 1, 0, 0)$ bzw. $(0, 1, 0, 0, 1, 0)$, $\underline{ZF}_4 = 107$, P_4 ist für die erste Lösung nicht ausgelotet wegen (D), da $d_{28}, d_{48} > 7$, aber P_4 ist für die zweite Lösung ausgelotet bezüglich der Bedingung 3), setze $\overline{ZF}_0 = 107$. Damit muss P_4 nicht weiter zerlegt werden und auch für P_2, P_3 sind keine weiteren Zerlegungen erforderlich, da die unteren Schranken mit $\underline{ZF}_2 = 109$ sowie $\underline{ZF}_3 = 108$ nicht verbessert werden können und diese Probleme damit nachträglich ausgelotet werden können. Die mit $x^{4T} = (0, 1, 0, 0, 1, 0)$ gefundene Lösung bei einem Zielfunktionswert von 107 ist damit optimal. Zusammenfassend resultiert der in der Abbildung 4.3 dargestellte Lösungsbaum für das Beispiel.

Abbildung 4.3 Lösungsbaum für das Standortbeispiel

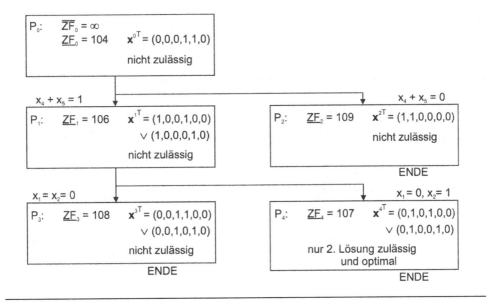

Quelle: Eigene Darstellung

4.3   Übungsaufgaben zur ganzzahligen Optimierung

Nachfolgend finden sich zwei Übungsaufgaben zur ganzzahligen Optimierung. Im Anschluss an die jeweilige Aufgabe wird auch eine Lösung dargestellt. Dabei ist zu beachten, dass es sich um einen Lösungsvorschlag handelt und manchmal auch andere Lösungswege denkbar wären.

Aufgabe 1:   **(Branch&Bound-Verfahren)**

Die binäre Optimierungsaufgabe

$$10x_1 + 8x_2 + 6x_3 + 4x_4 + 2x_5 \to \max$$
$$x_1 + x_2 + x_3 + x_4 + x_5 = 2$$
$$(x_1 + x_2 + x_3)^2 \le 1$$
$$(x_3 - x_4)^2 \ge 1$$
$$x_1, x_2, x_3, x_4, x_5 \in \{0,1\}$$

ist mit Hilfe des Branch&Bound-Verfahrens zu lösen, wobei dazu von der Relaxation

$$10x_1 + 8x_2 + 6x_3 + 4x_4 + 2x_5 \to \max$$
$$x_1 + x_2 + x_3 + x_4 + x_5 = 2$$
$$x_1, x_2, x_3, x_4, x_5 \in \{0,1\}$$

ausgegangen werden soll.

Lösung zur Aufgabe 1:

Für das Ausgangsproblem P_0 wird die untere Schranke mit $\underline{ZF}_0 = -\infty$ festgelegt. Außerdem wird, wie der Aufgabenstellung zu entnehmen ist, zur Relaxation von Z_0 die Gleichheitsbedingung genutzt. Die Optimallösung des relaxierten Problems kann mit $x^{0T} = (1, 1, 0, 0, 0)$ sehr einfach bestimmt werden, da genau zwei der fünf Variablen $x_1, ..., x_5$ gleich dem Wert 1 gesetzt werden müssen und dies anhand der größten Zielfunktionskoeffizienten erfolgen kann. Die obere Schranke resultiert dann mit $\overline{ZF}_0 = 18$. P_0 ist nicht ausgelotet wegen den Nebenbedingungen (II) und (III), da z. B. $(1+1+0)^2 = 4 \nleq 1$, so dass P_0 zerlegt werden muss. Die Zerlegung kann dann z. B. mit $x_1 + x_2 = 1$ erfolgen und es resultieren die Teilprobleme P_1 und P_2. Für P_1 mit dem Zulässigkeitsbereich $Z_1 = Z_0 \cap \{x : x_1 + x_2 = 1\}$ wird die Relaxation wie zuvor vorgenommen. Auch hier kann die Optimallösung des relaxierten Problems mit $x^{1T} = (1, 0, 1, 0, 0)$ und $\overline{ZF}_1 = 16$ sehr einfach bestimmt werden. P_1 ist aber wiederum nicht ausgelotet wegen der Nebenbedingung (II), da $(1+0+1)^2 = 4 \nleq 1$. P_1 wird also zur Zerlegung vorgemerkt. Analog erhält man für P_2 die folgenden Ergebnisse: $Z_2 = Z_0 \cap \{x : x_1 + x_2 = 0\}$, Relaxation von Z_2 wie Z_0, Optimallösung $x^{2T} = (0, 0, 1, 1, 0)$, $\overline{ZF}_2 = 10$ und P_2 ist nicht ausgelotet wegen Nebenbedingung (III), da $(1-1)^2 = 0 \ngeq 1$, also wird P_2 zur Zerlegung vorgemerkt. Da $\overline{ZF}_1 = 16 > \overline{ZF}_2 = 10$ wird P_1 als erstes weiter zerlegt. Mit beispielsweise $x_1 + x_3 = 1$ resultieren dann die Teilprobleme P_3 und P_4. Für P_3 ergibt sich $Z_3 = Z_1 \cap \{x : x_1 + x_3 = 1\}$ mit der bereits bekannten Relaxation. Als Optimallösungen des relaxierten Problems können $x^{3T} = (1, 0, 0, 1, 0)$ und $x^{3T} = (0, 1, 1, 0, 0)$ einfach bestimmt werden, die obere Schranke ist $\overline{ZF_3} = 14$. P_3 ist für die zweite Lösung nicht ausgelotet wegen der Nebenbedingung (II), da $(0+1+1)^2 = 4 \not\leq 1$, aber P_3 ist für die erste Lösung ausgelotet, weshalb $\underline{ZF_0} = 14$ gesetzt wird. Für P_4 mit $Z_4 = Z_1 \cap \{x : x_1 + x_3 = 0\}$ und der Relaxation von Z_4 wie bei Z_0 erhält man analog die folgenden Ergebnisse: Optimallösung $x^{4T} = (0, 1, 0, 1, 0)$ und $\overline{ZF_4} = 12$. P_4 ist damit ausgelotet wegen $\overline{ZF_3} = \underline{ZF_0} = 14 > \overline{ZF_4} = 12$. Damit muss P_4 nicht weiter zerlegt werden. Auch für P_2 ist keine weitere Zerlegung erforderlich, da die obere Schranke mit $\overline{ZF_2} = 10$ nicht verbessert und dieses Problem damit nachträglich ausgelotet werden kann. Die gefundene Lösung mit $x^{3T} = (1, 0, 0, 1, 0)$ bei einem Zielfunktionswert von 14 ist damit optimal. Zusammenfassend resultiert der nachfolgend dargestellte Lösungsbaum.

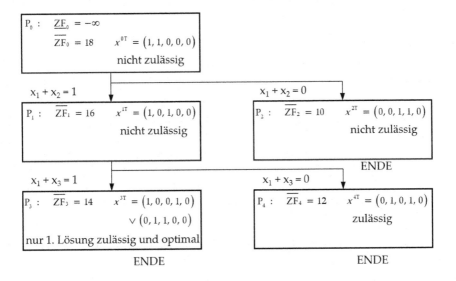

Aufgabe 2:   **(Branch&Bound-Verfahren)**

Zur Herstellung von zwei Produkten in den ganzzahligen Quantitäten x_1 und x_2 werden zwei Maschinen A und B benötigt, deren Kapazitäten begrenzt sind. Die Maschinenstunden, die zur Herstellung von jeweils einer Einheit der beiden Produkte benötigt werden, sowie die verfügbaren Maschinenkapazitäten pro Tag können der nachfolgenden Tabelle entnommen werden.

Je hergestellter Mengeneinheit von	benötigte Zeiteinheiten auf Maschine A	benötigte Zeiteinheiten auf Maschine B
Produkt 1	1	3
Produkt 2	3	2
Kapazitäten	7	10

Der Gewinn pro Einheit des Produktes 1 bzw. 2 beträgt 100 EUR bzw. 200 EUR.

a)   Mit der Zielsetzung Gewinnmaximierung stelle man das Problem als ganzzahlige Optimierungsaufgabe dar.

b)   Lösen Sie das in a) formulierte Problem mit Hilfe des Branch&Bound-Verfahrens, wobei als Relaxation das zugehörige LP2 verwendet werden soll. Geben Sie die optimalen Mengen für Produkt 1 und 2 sowie den dabei entstehenden Gewinn an.

Lösung zur Aufgabe 2:

a)   Für die Darstellung als ganzzahliges Optimierungsproblem müssen die Variablen, die Zielfunktion und die Nebenbedingungen definiert werden. Anhand der Tabelle und der Beschreibungen aus der Aufgabe ergibt sich folgende Problemstellung:

$$ (ZF) \quad 100x_1 + 200x_2 \to \max $$

x_1 : Produktionsmenge Produkt 1 $\quad$ (I) $\qquad x_1 + 3x_2 \leq 7$

x_2 : Produktionsmenge Produkt 2 $\quad$ (II) $\qquad 3x_1 + 2x_2 \leq 10$

$$ (V),(VI) \; x_1, x_2 \in \mathbb{Z}_+ $$

Es werden die ganzzahligen Produktionsmengen x_1 und x_2 gesucht, welche den Gewinn maximieren, wodurch sich die Zielfunktion ergibt. Die Nebenbedingungen (I) bzw. (II) ergeben sich aus den Kapazitäten der Maschine A bzw. B sowie den jeweils benötigten Maschinenstunden zur Herstellung einer Quantität des Produkts 1 oder 2. Außerdem ist die Forderung der nicht-negativen Ganzzahligkeit zu beachten.

b)   Damit aus dem in Aufgabe a) formulierten ganzzahligen Optimierungsproblem für die Relaxation ein LP2 generiert wird, muss die Forderung, dass x_1 und x_2 nicht-negative ganze Zahlen sind, durch die Nichtnegativitätsbedingungen ersetzt werden.

$$ (V),(VI) \; x_1, x_2 \in \mathbb{Z}_+ \Rightarrow (V),(VI) \; x_1, x_2 \geq 0 $$

Für die Erstellung des Zulässigkeitsbereichs müssen die Nebenbedingungen und die Zielfunktion nach einer Variablen aufgelöst werden. Eine Auflösung nach beispielsweise x_2 liefert folgendes Ergebnis:

$$ (ZF) \quad x_2 = \frac{ZFW}{5} - \frac{1}{2}x_1 $$

$$ (I) \quad x_2 \leq \tfrac{7}{3} - \tfrac{1}{3}x_1 $$

$$ (II) \quad x_2 \leq 5 - \tfrac{3}{2}x_1 $$

Durch das Einzeichnen der Nebenbedingungen in ein Koordinatensystem ergibt sich der Zulässigkeitsbereich, welcher gemeinsam mit der im Koordinatenursprung abgetragenen Zielfunktion der nachfolgenden Grafik entnommen werden kann:

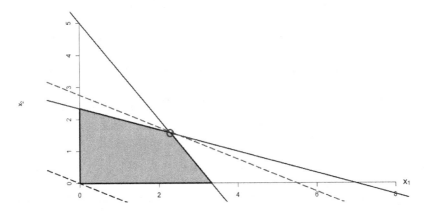

Da der Achsenabschnitt der Zielfunktion positiv ist, wird die Gerade der Zielfunktion möglichst weit parallel nach oben verschoben, so dass der Zulässigkeitsbereich gerade noch tangiert wird. Der Eckpunkt, an dem die Zielfunktion den Zulässigkeitsbereich verlassen würde, ist durch einen Kreis markiert. Dieser liefert die optimale Lösung mit $x_1 = (16/7)$ und $x_2 = (11/7)$. Der optimale Zielfunktionswert ergibt sich aus der folgenden Rechnung:

$$ZFW^* = 100 \cdot \tfrac{16}{7} + 200 \cdot \tfrac{11}{7} = 542\tfrac{6}{7}$$

Bei der Anwendung des Branch&Bound-Verfahrens wird für das Ausgangsproblem P_0 die untere Schranke mit $\underline{ZF}_0 = -\infty$ gesetzt. Die optimale Lösung des zugehörigen LP2 wurde graphisch mit $x^{0T} = (16/7;\ 11/7)$ bestimmt. Damit ergibt sich mit $\overline{ZF}_0 \approx 542{,}86$ die obere Schranke. P_0 ist allerdings nicht ausgelotet, da u. a. die Lösung nicht ganzzahlig ist, so dass P_0 zerlegt werden muss. Die Zerlegung kann beispielsweise mit der Variablen x_1 erfolgen, so dass mit $x_1 \leq 2$ bzw. $x_1 \geq 3$ dann die Teilprobleme P_1 und P_2 resultieren. Für P_1 ergibt sich der Zulässigkeitsbereich $Z_1 = Z_0 \cap \{x \geq 0:\ x_1 \leq 2\}$ und die Relaxation erfolgt wie bei Z_0. Die optimale Lösung des relaxierten Problems kann wiederum graphisch ermittelt werden und man erhält $x^{1T} = (2;\ 5/3)$. $\overline{ZF}_1 \approx 533{,}33$ stellt dann die obere Schranke dar. P_1 ist wiederum nicht ausgelotet, da x_2 nicht ganzzahlig ist. Also wird P_1 für eine weitere Zerlegung vorgemerkt. Zuvor wird P_2 mit dem Zulässigkeitsbereich $Z_2 = Z_0 \cap \{x \geq 0:\ x_1 \geq 3\}$ betrachtet. Die Relaxation mit $x_1, x_2 \geq 0$ anstelle von $x_1, x_2 \in \mathbb{Z}_+$ führt zur Optimallösung $x^{2T} = (3;\ 1/2)$ mit der oberen Schranke $\overline{ZF}_2 = 400$. P_2 ist wiederum auch nicht ausgelotet, da x_2 nicht ganzzahlig ist. Also wird P_2 für eine weitere Zerlegung vorgemerkt. Wegen $\overline{ZF}_1 \approx 533{,}33 > \overline{ZF}_2 = 400$ wird P_1 zunächst weiter zerlegt. Da in der Optimallösung von P_1 x_2 nicht ganzzahlig ist, erfolgt die Zerlegung insofern, dass mit $x_2 \leq 1$ bzw. $x_2 \geq 2$ die Teilprobleme P_3 und P_4 resultieren. Für P_3 ergibt sich der Zulässigkeitsbereich $Z_3 = Z_1 \cap \{x \geq 0:\ x_2 \leq 1\}$ und die Relaxation erfolgt wie bei Z_0. Die optimale Lösung des relaxierten Problems kann wiederum graphisch ermittelt werden und es resultiert $x^{3T} = (2;\ 1)$. $\overline{ZF}_3 = 400$ stellt dann die obere Schranke dar. Wegen $\overline{ZF}_3 = 400 > \underline{ZF}_0 = -\infty$ und $(2;\ 1)$ zulässig für P_3 und P_0, ist P_3 ausgelotet bezüglich der Bedingung 3) und man setzt $\underline{ZF}_0 = 400$. Dennoch muss das Teilproblem P_4 weiter überprüft werden. Für P_4 ergibt sich der Zulässigkeitsbereich $Z_4 = Z_1 \cap \{x \geq 0:\ x_2 \geq 2\}$ und die Relaxation erfolgt wie bei Z_0. Die optimale Lösung des relaxierten Problems kann wiederum graphisch ermittelt werden und man erhält $x^{4T} = (1; 2)$. $\overline{ZF}_4 = 500$ stellt dann die obere Schranke dar. Wegen $\overline{ZF}_4 = 500 > \overline{ZF}_3 = \underline{ZF}_0 = 400$ und $(1; 2)$ zulässig für P_4 und P_0, ist P_4 ausgelotet bezüglich der Bedingung 3) und man setzt $\underline{ZF}_0 = 500$. Damit greift nun für P_2 die Bedingung 2, da $\overline{ZF}_2 = 400 < \overline{ZF}_4 = \underline{ZF}_0 = 500$, so dass P_2 nachträglich ausgelotet werden kann. Die mit $x^{4T} = (1; 2)$ gefundene Lösung bei einem Zielfunktionswert von 500 ist damit optimal. Zusammenfassend resultiert der nachfolgend dargestellte Lösungsbaum.

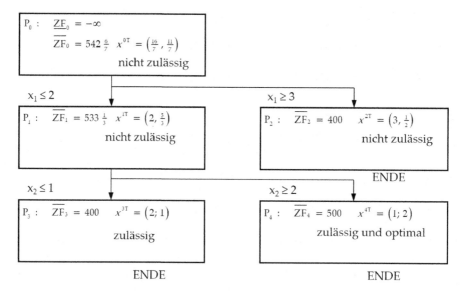

4.4   Literaturhinweise

Bezüglich der am Anfang des Kapitels vorzufindenden kurzen Ausführungen zur Komplexitätstheorie sei beispielsweise auf die Arbeiten von Grimme und Bossek (2018), Gritzmann (2013), Klose (2001), Kripfganz und Perlt (2020), Wegener (2013), Witt und Müller (2020) sowie Zelewski (2013) verwiesen. Mit Problemen der ganzzahligen Optimierung beschäftigen sich unter anderem Burkard (2013), Domschke et al. (2015a), Korte und Vygen (2012), Nemhauser und Wolsey (1999), Neumann und Morlock (2002) sowie Suhl und Mellouli (2013). In diesen Arbeiten werden auch andere Lösungsansätze als das Branch&Bound-Verfahren vorgestellt, das ausführlich auch bei Ellinger et al. (2001), Kallrath (2013), Klose (2001), Zimmermann et al. (2006), Zimmermann (2008) und Warmer (2018) beschrieben wird.

Konkrete betriebliche Anwendungsbeispiele zur ganzzahligen Optimierung sind in Form von Produktionsplanungsproblemen bei Gohout (2013), Tourenplanungsproblemen bei Kallrath (2013) und Lasch (2020), Standortplanungsproblemen bei Bankhofer (2001) und Dittes (2015) sowie Personaleinsatzplanungsproblemen bei Spengler et al. (2017) vorzufinden. Weitere Übungsaufgaben können beispielsweise Domschke et al. (2015b), Grimme und Bossek (2018), Homburg (2000) sowie Zimmermann (2008) entnommen werden.

5 Nichtlineare Optimierung

Die bei der linearen Optimierung geforderte Voraussetzung der Proportionalität und Additivität in der Zielfunktion und den Nebenbedingungen sowie die damit resultierenden linearen Strukturen ohne wechselseitige Abhängigkeiten der Variablen muss im Fall der **nichtlinearen Optimierung** nicht mehr vorliegen. Es können also grundsätzlich beliebige Funktionen $g(x)$ in der Zielfunktion vorliegen und auch die Nebenbedingungen müssen nicht zwingend lineare Strukturen aufweisen. Ein **allgemeines nichtlineares Optimierungsproblem** mit n Variablen und m Nebenbedingungen ergibt sich für ökonomische Problemstellungen damit gemäß

$$g(x) \to \min(\max)$$

$$\begin{array}{lcl} f_1(x) & \leq(=,\geq) & 0 \\ \vdots & \vdots & \vdots \\ f_m(x) & \leq(=,\geq) & 0 \end{array} \quad \text{mit } x = \begin{pmatrix} x_1 \\ \vdots \\ x_n \end{pmatrix} \geq 0.$$

Ein spezielles nichtlineares Optimierungsproblem liegt dann mit einem **konvexen Optimierungsproblem** vor. Das Problem

$$g(x) \to \min$$

$$\begin{array}{lcl} f_1(x) & \leq & 0 \\ \vdots & \vdots & \vdots \\ f_m(x) & \leq & 0 \end{array} \quad \text{mit } x = \begin{pmatrix} x_1 \\ \vdots \\ x_n \end{pmatrix} \geq 0.$$

heißt **konvex**, wenn $g, f_1, \ldots, f_m$ konvexe Funktionen sind. Der Fall ausnahmslos **konkaver** Funktionen $g, f_1, \ldots, f_m$ führt allerdings auch zu einem konvexen Optimierungsproblem, wie der folgende Zusammenhang verdeutlicht:

$$g, f_1, \ldots, f_m \text{ konkav} \Leftrightarrow -g, -f_1, \ldots, -f_m \text{ konvex}$$

$$\Rightarrow \quad -g(x) \to \min \text{ mit } -f_i(x) \leq 0 \, (i=1,\ldots,m), x \geq 0 \text{ ist konvexes OP}$$

$$\text{bzw. } g(x) \to \max \text{ mit } f_i(x) \geq 0 \, (i=1,\ldots,m), x \geq 0 \text{ ist konvexes OP}$$

Die Eigenschaft der **Konvexität** für ein nichtlineares Optimierungsproblem ist durchaus nützlich, da konvexe Probleme eine spezielle Lösungsstruktur aufweisen. Zum einen gilt, dass jedes lokale Optimum auch global ist, und zum anderen kann für den Fall, dass $g(x)$ streng konvex ist und der Optimalbereich nicht leer ist, gefolgert werden, dass das Problem genau eine Lösung besitzt.

Ein weiteres spezielles nichtlineares Optimierungsproblem stellt das **quadratische Optimierungsproblem** dar. Bei diesem Problem liegen eine quadratische Zielfunktion sowie lineare Nebenbedingungen vor. Des Weiteren wird in der **quadratischen Form** für die Matrix C gefordert, dass diese symmetrisch ist. Das **quadratische Minimierungsproblem** mit n Variablen und m Nebenbedingungen ergibt sich dann wie folgt:

© Springer Fachmedien Wiesbaden GmbH, ein Teil von Springer Nature 2022
U. Bankhofer, *Quantitative Unternehmensplanung*, Studienbücher
Wirtschaftsmathematik, https://doi.org/10.1007/978-3-8348-2466-0_5

$$x^T Cx + c^T x + c_0 = \sum_{i=1}^{n} \sum_{j=1}^{n} c_{ij} x_i x_j + c_1 x_1 + \ldots + c_n x_n + c_0 \rightarrow \min$$

$$a_{11} x_1 + \ldots + a_{1n} x_n \leq b_1$$
$$\vdots \qquad \vdots \qquad \vdots$$
$$a_{m1} x_1 + \ldots + a_{mn} x_n \leq b_m$$
$$x_1, \ldots, x_n \geq 0$$

Genau dann, wenn die Zielfunktion $x^T Cx + c^T x + c_0$ des obigen Problems konvex ist, ist die Matrix C positiv semidefinit. Analog kann auch ein quadratisches Maximierungsproblem formuliert werden, wobei hier dann eine konkave Zielfunktion vorliegen müsste.

Im nachfolgenden Abschnitt 5.1 wird nun zunächst auf betriebliche Anwendungsbeispiele der nichtlinearen Optimierung eingegangen. Anschließend werden dann in Abschnitt 5.2 Lösungsansätze für derartige Probleme aufgezeigt. Neben der analytischen Lösung wird dabei vor allem das Gradientenverfahren in seiner grundlegenden Form sowie unter Berücksichtigung linearer Nebenbedingungen behandelt. In Abschnitt 5.3 finden sich Übungsaufgaben zur nichtlinearen Optimierung und der Abschnitt 5.4 beschließt dieses Kapitel mit einigen Literaturhinweisen.

5.1 Betriebliche Anwendungsbeispiele

Nicht immer lassen sich betriebliche Zusammenhänge über lineare Strukturen abbilden. In manchen Anwendungssituationen sind stattdessen nichtlineare Funktionen besser geeignet, das entsprechende Problem adäquat zu modellieren. Nachfolgend sollen drei derartige Planungsprobleme ausführlicher dargestellt werden, und zwar

- die **Produktionsprogrammplanung**,
- die **Transportplanung mit nichtlinearen Kostenfunktionen** sowie
- die **Losgrößen- und Bestellmengenplanung**.

5.1.1 Produktionsprogrammplanung

Das Problem der **Produktionsprogrammplanung** wurde bereits im Rahmen der linearen Optimierung betrachtet. Hier wurde allerdings davon ausgegangen, dass beispielsweise die Deckungsbeiträge oder Stückgewinne der Produkte unabhängig von der Absatz- oder Produktionsmenge und damit fest vorgegeben sind. Dies kann für polypolistische Märkte durchaus unterstellt werden, wenngleich auch hier die Kosten von der Produktionsmenge abhängen können und damit nicht zwingend lineare Strukturen in der Deckungsbeitrags- oder Stückgewinnfunktion vorliegen müssen. Darüber hinaus wird im Gegensatz zum Polypol bei einem **Angebotsmonopol** typischerweise unterstellt, dass der Preis von der Absatzmenge abhängt. Nachfolgend wird daher ein Beispiel betrachtet, bei dem entsprechende **Preis-Absatz-**

Funktionen vorliegen, so dass dann letztendlich eine nichtlineare Zielfunktion unter einem System linearer Nebenbedingungen resultiert.

Beispiel:

Ein Unternehmen produziert zwei Produkte in den beliebig teilbaren Quantitäten x_1, $x_2 \geq 0$. Aufgrund der Marktsituation kann das Unternehmen von den folgenden beiden Preis-Absatz-Funktionen mit den zu erzielenden Preisen p_1 und p_2 ausgehen:

$$p_1(x_1) = 6 - x_1, p_2(x_2) = 4 - x_2$$

Das Unternehmen möchte seinen Gesamtdeckungsbeitrag maximieren und hat dazu die variablen Kosten der beiden Produkte mit jeweils 2 Geldeinheiten ermittelt. Der Gesamtdeckungsbeitrag (DB) resultiert dann gemäß

$$DB = p_1 x_1 - 2x_1 + p_2 x_2 - 2x_2 = (6 - x_1)x_1 - 2x_1 + (4 - x_2)x_2 - 2x_2 = -x_1^2 + 4x_1 - x_2^2 + 2x_2 .$$

Darüber hinaus liegen Kapazitätsrestriktionen für die Produktion vor, die mit $x_1 + x_2 \leq 2$ und $x_2 \leq 1$ gegeben sind. Insgesamt ergibt sich dann das folgende Optimierungsproblem:

$$-x_1^2 + 4x_1 - x_2^2 + 2x_2 \to \max$$
$$x_1 + x_2 \leq 2$$
$$x_2 \leq 1$$
$$x_1, x_2 \geq 0$$

Das Problem weist eine quadratische Zielfunktion mit linearen Nebenbedingungen auf und wird später im Rahmen des Abschnitts 5.2.3 wieder aufgegriffen.

5.1.2 Transportprobleme mit nichtlinearen Kostenfunktionen

Das klassische Transportproblem wurde bereits in Abschnitt 3.1.3 behandelt. Dabei ging es um einen kostenminimalen Transport von m Angebotsorten zu n Bedarfsorten. Zur Vereinfachung wurde im Grundmodell von einem zu transportierenden Gut ausgegangen. Gesucht waren dann die Transportmengen x_{ij} eines einzigen Guts von Angebotsort i ($i = 1, ..., m$) zu Bedarfsort j ($j = 1, ..., n$) bei gegebenen Angebotsmengen a_i am Ort i ($i = 1, ..., m$) sowie entsprechenden Bedarfsmengen b_j für die Bedarfssorte j ($j = 1, ..., n$). Das Problem wurde schließlich so formuliert, dass die Transportkosten c_{ij} einer Einheit des Guts von Angebotsort i zu Bedarfsort j proportional zur jeweiligen Transportmenge sind.

Nachfolgend wird nun unterstellt, dass die Transportkosten **degressiv** mit der Transportmenge wachsen. Dies ist damit zu begründen, dass die Kosten für das Be- und Entladen eines Fahrzeugs grundsätzlich anfallen, unabhängig davon, wie weit transportiert wird. Des Weiteren sind die reinen Fahrkosten für ein halb beladenes Fahrzeug nur minimal geringer als für ein voll beladenes. Zur Modellierung des degressiven Kostenverlaufs kann ein Unternehmen im einfachsten Fall auf Daten der Vergangenheit zurückgreifen. Für bereits durchgeführte Transportvorgänge mit vor allem unterschiedlichen Mengen müssen dazu die entsprechenden Kosten bekannt sein. Anschließend kann mit Hilfe einer **nichtlinearen Regression** der funktionale Zusammenhang geschätzt werden. Exemplarisch ist nachfolgend ein einfaches Modell dargestellt, das sich so ergeben könnte:

$$\sum_{i=1}^{m}\sum_{j=1}^{n} c_{ij} x_{ij}^{0,9} \to \min$$

$$\sum_{j=1}^{n} x_{ij} \leq a_i \quad \text{für alle } i = 1,...,m$$

$$\sum_{i=1}^{m} x_{ij} \geq b_j \quad \text{für alle } j = 1,...,n$$

$$x_{ij} \geq 0 \ (i = 1,...,m, j = 1,...,n)$$

Wie anhand der Zielfunktion zu sehen ist, verlaufen hier die Kosten für einen Transportvorgang degressiv mit der jeweiligen Transportmenge. Während bei einer Transportmenge von einer Einheit die vollen Transportkosten c_{ij} auf dem jeweiligen Weg anfallen, reduzieren sich diese auf in etwa die Hälfte der Kosten je zu transportierender Einheit im Fall einer Gesamttransportmenge von 1000 Einheiten.

5.1.3   Losgrößen- und Bestellmengenprobleme

Ein **Losgrößenproblem** ist dadurch charakterisiert, dass im Rahmen einer Produktion eine optimale Losgröße bestimmt werden soll, während bei einem **Bestellmengenproblem** die optimale Bestellmenge im Rahmen der Materialbeschaffung zu ermitteln ist. Diese auf den ersten Blick sehr unterschiedlichen Probleme sind von der Struktur her aber ähnlich, da in beiden Problemen die **Lagerkosten** minimiert werden sollen. Beim Losgrößenproblem sind dies die Lagerkosten für die produzierten Erzeugnisse, beim Bestellmengenproblem die Lagerkosten für die eingekauften Materialien. Als weitere Kostenkomponente kommen beim Losgrößenproblem die **Rüstkosten** hinzu, während im Bestellmengenproblem die **Bestellkosten** zu berücksichtigen sind. Da die Kosten für einen Rüst- bzw. einen Bestellvorgang aber fest gegeben sind, beeinflusst die Losgröße bzw. die Bestellmenge die entsprechenden Kosten je Einheit in gleichem Maße. Die Gesamtkostenfunktion, bestehend aus Lager- und Rüstkosten bzw. Lager- und Bestellkosten, ist folglich für beide Probleme von der Struktur her identisch, so dass dieselben Lösungsansätze herangezogen werden können.

Im Grundmodell zur Losgrößen- bzw. Bestellmengenbestimmung wird von einem linearen Verlauf der Lagerkosten sowie einem hyperbolischen Verlauf der Rüst- bzw. Bestellkosten ohne weitere Restriktionen ausgegangen, so dass hier aber bereits eine nichtlineare Zielfunktion vorliegt. Dieses Modell wird in Kapitel 14 ausführlich betrachtet. Darüber hinaus können die Lagerkosten aber auch nichtlinear modelliert werden, da entsprechende Ein- und Auslagervorgänge weitgehend unabhängig von der Menge stattfinden, die Kapitalbindungskosten aber mit der Menge zunehmen. Insgesamt würde dies einen degressiven Verlauf der

Lagerkosten zur Folge haben. Werden darüber hinaus auch noch Kapazitätsrestriktionen im Fertigungs- oder Lagerbereich sowie finanzielle Restriktionen berücksichtigt, dann liegt ein nichtlineares Optimierungsproblem vor.

5.2   Lösungsverfahren

In diesem Abschnitt werden nun mögliche Lösungsansätze im Fall eines nichtlinearen Optimierungsproblems vorgestellt. Im Einzelnen beschränken sich die Darstellungen zunächst auf die analytische Lösung in Abschnitt 5.2.1. Hier werden nichtlineare Zielfunktionen ohne Nebenbedingungen betrachtet. Der Abschnitt 5.2.2 widmet sich dem Gradientenverfahren ebenfalls ohne die Berücksichtigung von Nebenbedingungen. In Abschnitt 5.2.3 wird dann noch das Gradientenverfahren für den Fall einer nichtlinearen Zielfunktion unter linearen Nebenbedingungen vorgestellt.

5.2.1   Analytische Lösung

Den Ausgangspunkt der nachfolgenden Betrachtung stellt eine zu minimierende Zielfunktion $g(x)$ dar, wobei x ein n-dimensionaler Vektor reeller Zahlen und g zweimal stetig differenzierbar ist. Eine zu maximierende Zielfunktion kann über die bereits bekannte Beziehung $\max g(x) = -\min (-g(x))$ analog berücksichtigt werden. Des Weiteren ist der **Gradient** von g an der Stelle x, also der Vektor der ersten partiellen Ableitungen gegeben mit

$$\operatorname{grad} g(x)^T = \left(\frac{\partial g(x)}{\partial x_1}, \ldots, \frac{\partial g(x)}{\partial x_n} \right) = \left(g_{x_1}(x), \ldots, g_{x_n}(x) \right)$$

und die **Hessematrix** von g an der Stelle x, die die zweiten partiellen Ableitungen zusammenfasst, ist wie folgt definiert:

$$H(x) = \left(\frac{\partial^2 g(x)}{\partial x_i \, \partial x_j} \right)_{n,n}$$

Die Hessematrix $H(x)$ heißt **positiv definit** (semidefinit), genau dann, wenn $z^T H(x) z > 0$ (≥ 0) für alle $z \neq 0$ ist. Äquivalent dazu ist die Aussage, dass die **Eigenwerte** von $H(x)$ positiv (nichtnegativ) sind und im Fall der positiven Definitheit, dass die **Hauptunterdeterminanten** von $H(x)$ positiv sind. Die positive Semidefinitheit lässt sich nicht mit den Hauptunterdeterminanten nachweisen, da aus der positiven Semidefinitheit lediglich gefolgert werden kann, dass die Hauptunterdeterminanten von $H(x)$ nichtnegativ sind. Falls die Hessematrix $H(x)$ positiv definit (semidefinit) ist, dann ist g ist eine streng konvexe (konvexe) Funktion. Diese Eigenschaft bringt einige Vorteile mit sich. Existiert ein x^* mit $\operatorname{grad} g(x^*) = 0$, dann gilt:

a) $H(x^*)$ positiv definit $\Rightarrow x^*$ ist lokale Minimalstelle von g

b) $H(x)$ positiv definit für alle $x \Rightarrow x^*$ ist globale Minimalstelle von g

Beispiel:

Betrachtet wird die folgende Funktion:

$$f(x_1,x_2,x_3) = \tfrac{1}{3}x_1^3 - 3x_2^2 - x_3^2 + 2x_2x_3 - x_1 + 2x_2 + 2x_3 + 4$$

Durch partielles Ableiten kann zunächst der Gradient der Funktion bestimmt werden, der sich wie folgt ergibt:

$$\operatorname{grad} f(x_1,x_2,x_3)^T = (x_1^2 - 1; -6x_2 + 2x_3 + 2; -2x_3 + 2x_2 + 2)$$

Nochmaliges partielles Ableiten der ersten partiellen Ableitungen liefert dann die Hessematrix mit

$$H(x) = \begin{pmatrix} 2x_1 & 0 & 0 \\ 0 & -6 & 2 \\ 0 & 2 & -2 \end{pmatrix}.$$

Zur Bestimmung von Kandidaten für Extremwerte müssen die Nullstellen des Gradienten ermittelt werden. Dazu sind folgende Berechnungen notwendig:

$$\operatorname{grad} f(x_1,x_2,x_3)^T = (x_1^2 - 1; -6x_2 + 2x_3 + 2; -2x_3 + 2x_2 + 2) = \mathbf{0} \Leftrightarrow$$

$$x_1^2 - 1 = 0 \qquad\qquad \Rightarrow \quad x_1 = \pm 1$$

$$-6x_2 + 2x_3 + 2 = 0 \quad \Leftrightarrow \quad x_3 = -1 + 3x_2$$

$$-2x_3 + 2x_2 + 2 = 0 \quad \Rightarrow \quad -2(-1 + 3x_2) + 2x_2 + 2 = 0 \quad \Rightarrow \quad x_2 = 1, x_3 = 2$$

Folglich resultieren die Kandidaten $x^T = (1; 1; 2)$ und $x^T = (-1; 1; 2)$. Um zu überprüfen, ob es sich dabei um Minimalstellen handelt, werden die Kandidaten in die Hessematrix eingesetzt und die Definitheitseigenschaft dieser Matrix mit Hilfe der Hauptunterdeterminanten untersucht:

$$H(1,1,2) = \begin{pmatrix} 2 & 0 & 0 \\ 0 & -6 & 2 \\ 0 & 2 & -2 \end{pmatrix} \Rightarrow \det H_1 = 2, \det H_2 = 2 \cdot (-6) - 0 \cdot 0 = -12$$

$$H(-1,1,2) = \begin{pmatrix} -2 & 0 & 0 \\ 0 & -6 & 2 \\ 0 & 2 & -2 \end{pmatrix} \Rightarrow \det H_1 = -2$$

Anhand der oben berechneten Hauptunterdeterminanten ist bereits ersichtlich, dass die Hessematrix für keinen der Kandidaten positiv definit ist und somit keine (lokalen) Minimalstellen vorliegen. Zur Untersuchung auf Maximalstellen können die Kandidaten wie folgt ermittelt werden:

$$\operatorname{grad} - f(x_1,x_2,x_3) = \mathbf{0} \Rightarrow x^T = (1; 1; 2) \text{ und } x^T = (-1; 1; 2)$$

Damit resultiert in diesem Fall die Hessematrix mit

$$\tilde{H}(x) = -H(x) = \begin{pmatrix} -2x_1 & 0 & 0 \\ 0 & 6 & -2 \\ 0 & -2 & 2 \end{pmatrix}$$

und das Einsetzen der Kandidaten liefert

$$\tilde{H}(1,1,2) = \begin{pmatrix} -2 & 0 & 0 \\ 0 & 6 & -2 \\ 0 & -2 & 2 \end{pmatrix} \Rightarrow \det H_1 = -2,$$

$$\tilde{H}(-1,1,2) = \begin{pmatrix} 2 & 0 & 0 \\ 0 & 6 & -2 \\ 0 & -2 & 2 \end{pmatrix} \Rightarrow \det H_1 = 2, \det H_2 = 12, \det H_3 = 16.$$

Für $x^T = (-1; 1; 2)$ ist die Hessematrix also positiv definit und es liegt an dieser Stelle ein (lokales) Maximum vor.

5.2.2 Gradientenverfahren ohne Nebenbedingungen

Einen alternativen Lösungsansatz zur Bestimmung der Extremwerte einer nichtlinearen Funktion stellt das **Gradientenverfahren** dar. Dabei wird eine Näherungslösung ermittelt und dieser Ansatz kommt dann zur Anwendung, wenn die Nullstellen des Gradienten gegebenenfalls nur schwierig zu berechnen sind oder eine nicht differenzierbare Funktion vorliegt, was in ökonomischen Anwendungen häufig der Fall ist. Im letzten Fall kennt man aber typischerweise das Veränderungsverhalten der Funktion, was für die Anwendung des Gradientenverfahrens ausreichend ist.

Den Ausgangspunkt für die nachfolgende Betrachtung stellt eine einmal stetig differenzierbare Funktion $g(x)$ dar, die ohne Nebenbedingungen zu minimieren ist. Das grundlegende **Verfahrensprinzip** des **Gradientenverfahrens ohne Nebenbedingungen** kann dann wie folgt beschrieben werden: Ausgehend von einer Startlösung x^0 berechnet man Folgelösungen $x^1, x^2, \dots$ mit $g(x^0) \geq g(x^1) \geq g(x^2) \geq \dots$ gemäß

$$x^{k+1} = x^k - \lambda_k \operatorname{grad} g(x^k).$$

Wie zu sehen ist, wird dabei der negative Gradient der Funktion herangezogen und es wird eine Schrittweite λ_k verwendet. Dies soll anhand des folgenden Beispiels kurz erläutert werden.

Beispiel:

Betrachtet wird die Funktion

$$g(x_1, x_2) = (x_1 - 1)^2 + (x_2 + 1)^2 \to \min \text{ mit } \operatorname{grad} g(x)^T = (2x_1 - 2; 2x_2 + 2).$$

Der Ausdruck $(x_1 - 1)^2 + (x_2 + 1)^2 = r^2$ stellt dabei eine Kreislinie mit dem Mittelpunkt $(1; -1)$ und dem Radius r dar, wie in der Abbildung 5.1 für die nachfolgend exemplarisch angegebenen Punkte mit den jeweiligen Funktionswerten und Gradienten graphisch illustriert ist:

- $x^T = (1; -1)$: $g(x) = 0$, grad $g(x)^T = 0$
- $x^T = (2; -1)$: $g(x) = 1$, grad $g(x)^T = (2; 0)$
- $x^T = (2; 1)$: $g(x) = 5$, grad $g(x)^T = (2; 4)$
- $x^T = (4; 2)$: $g(x) = 18$, grad $g(x)^T = (6; 6)$

Abbildung 5.1   Graphische Illustration des Gradientenverfahrens für das Beispiel

---

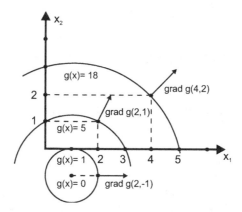

Quelle: Eigene Darstellung

In der Grafik der Abbildung 5.1 sind an den jeweiligen Punkten auch die Richtungen der Gradienten abgetragen. Der Gradient selbst ist also der Richtungsvektor, der in Richtung des stärksten Anstiegs der Funktionswerte zeigt. Da hier die Funktion aber minimiert werden soll, muss man sich in Richtung des negativen Gradienten bewegen. Des Weiteren ist die Länge des Gradienten ein Maß für die Stärke des An- bzw. Abstiegs, was exemplarisch für den Punkt $(2; 1)$ in Abhängigkeit verschiedener Werte für λ_k gezeigt werden soll:

$$x^{k+1} = \begin{pmatrix} 2 \\ 1 \end{pmatrix} - 1 \cdot \begin{pmatrix} 2 \\ 4 \end{pmatrix} = \begin{pmatrix} 0 \\ -3 \end{pmatrix}$$

$$x^{k+1} = \begin{pmatrix} 2 \\ 1 \end{pmatrix} - 0,5 \cdot \begin{pmatrix} 2 \\ 4 \end{pmatrix} = \begin{pmatrix} 1 \\ -1 \end{pmatrix}$$

$$x^{k+1} = \begin{pmatrix} 2 \\ 1 \end{pmatrix} - 0,25 \cdot \begin{pmatrix} 2 \\ 4 \end{pmatrix} = \begin{pmatrix} 1,5 \\ 0 \end{pmatrix}$$

Die Folgelösungen resultieren sehr unterschiedlich. Für $\lambda_k = 1$ schießt man über das Ziel hinaus, während bei $\lambda_k = 0{,}25$ die Verbesserung zu gering ist. Mit $\lambda_k = 0{,}5$ hätte man hier das Optimum exakt getroffen. Es wird auf jeden Fall ersichtlich, dass die Schrittweite λ_k richtig gewählt werden muss.

Der **Verfahrensablauf** für das **Gradientenverfahren ohne Nebenbedingungen** ergibt sich dann wie folgt:

(0) Bestimme Startlösung x^0, Abbruchschranke $\varepsilon > 0$, Zählindex $k = 0$

(1) $\left\| \text{grad } g(x^k) \right\| < \varepsilon \;\Rightarrow\; x^k$ ist Näherungslösung $\Rightarrow$ ENDE

(2) Berechne die optimale Schrittweite λ_k aus min $\varphi(\lambda) = $ min $g(x^k - \lambda \text{ grad } g(x^k))$

(3) Berechne $x^{k+1} = x^k - \lambda_k \text{grad } g(x^k)$, setze $k = k + 1$ und gehe zu **(1)**

Dabei ist anzumerken, dass die Effizienz des Verfahrens von der Startlösung abhängt, wie das nachfolgende Beispiel gleich verdeutlichen wird.

Beispiel:

Betrachtet werden die zu minimierende Zielfunktion $g(x_1, x_2) = x_1^2 - x_1 x_2 + x_2^2 - 3x_1$ mit dem Gradienten grad $g(x)^T = (2x_1 - x_2 - 3; -x_1 + 2x_2)$ sowie die beiden Startlösungen $x^{0T} = (1; 0)$ und $x^{0T} = (0; 0)$. Die Abbruchschranke wird mit $\varepsilon = 0{,}5$ festgelegt. Für die erste Startlösung ergeben sich dann folgende Berechnungen:

(1) $\left\| \text{grad } g(1;0) \right\| = \left\| (-1; -1) \right\| = \sqrt{(-1)^2 + (-1)^2} = \sqrt{2} > 0{,}5$

(2) $g\left[(1;0) - \lambda(-1;-1) \right] = g(1+\lambda; \lambda) = (1+\lambda)^2 - (1+\lambda)\lambda + \lambda^2 - 3(1+\lambda) = \varphi(\lambda) \to$ min

$\quad \varphi'(\lambda) = 2(1+\lambda) - 1 - 2\lambda + 2\lambda - 3 = 2\lambda - 2 = 0 \Rightarrow \lambda = 1$

$\quad \varphi''(\lambda) = 2 > 0 \Rightarrow$ Minimum

(3) $x^1 = \begin{pmatrix} 1 \\ 0 \end{pmatrix} - 1 \cdot \begin{pmatrix} -1 \\ -1 \end{pmatrix} = \begin{pmatrix} 2 \\ 1 \end{pmatrix}$

(1) $\left\| \text{grad } g(2;1) \right\| = 0 \Rightarrow x^1$ ist Näherungslösung mit $g(x^1) = -3 \Rightarrow$ ENDE

Für die zweite Startlösung resultiert dann:

(1) $\left\| \text{grad } g(0;0) \right\| = \left\| (-3;0) \right\| = 3 > 0{,}5$

(2) $g\left[(0;0) - \lambda(-3;0) \right] = g(3\lambda; 0) = 9\lambda^2 - 9\lambda = \varphi(\lambda) \to$ min

$\quad \varphi'(\lambda) = 18\lambda - 9 = 0 \Rightarrow \lambda = \tfrac{1}{2}$

$\quad \varphi''(\lambda) = 18 > 0 \Rightarrow$ Minimum

(3) $x^1 = \begin{pmatrix} 0 \\ 0 \end{pmatrix} - \tfrac{1}{2} \cdot \begin{pmatrix} -3 \\ 0 \end{pmatrix} = \begin{pmatrix} \tfrac{3}{2} \\ 0 \end{pmatrix}$

(1) $\left\| \text{grad } g(\tfrac{3}{2};0) \right\| = \left\| (0; -\tfrac{3}{2}) \right\| = \tfrac{3}{2} > 0{,}5$

(2) $g\left[(\tfrac{3}{2};0) - \lambda(0; -\tfrac{3}{2}) \right] = g(\tfrac{3}{2}; \tfrac{3}{2}\lambda) = \tfrac{9}{4}\lambda^2 - \tfrac{9}{4}\lambda - \tfrac{9}{4} = \varphi(\lambda) \to$ min $\Rightarrow \lambda = \tfrac{1}{2}$

(3) $\quad x^2 = \begin{pmatrix} \frac{3}{2} \\ 0 \end{pmatrix} - \frac{1}{2} \cdot \begin{pmatrix} 0 \\ -\frac{3}{2} \end{pmatrix} = \begin{pmatrix} \frac{3}{2} \\ \frac{3}{4} \end{pmatrix}$

(1) $\quad \left\| \operatorname{grad} g(\frac{3}{2};\frac{3}{4}) \right\| = \left\| (-\frac{3}{4};0) \right\| = \frac{3}{4} > 0{,}5$

(2) $\quad g\left[(\frac{3}{2};\frac{3}{4}) - \lambda(-\frac{3}{4};0) \right] = g(\frac{3}{2}+\frac{3}{4}\lambda;\frac{3}{4}) = \varphi(\lambda) \to \min \Rightarrow \lambda = \frac{1}{2}$

(3) $\quad x^3 = \begin{pmatrix} \frac{3}{2} \\ \frac{3}{4} \end{pmatrix} - \frac{1}{2} \cdot \begin{pmatrix} -\frac{3}{4} \\ 0 \end{pmatrix} = \begin{pmatrix} \frac{15}{8} \\ \frac{3}{4} \end{pmatrix}$

(1) $\quad \left\| \operatorname{grad} g(\frac{15}{8};\frac{3}{4}) \right\| = \frac{3}{8} < 0{,}5 \Rightarrow x^3$ ist Näherungslösung $\Rightarrow$ ENDE

Während also mit der ersten Startlösung die Optimallösung bereits nach einer Iteration gefunden wurde, hat die zweite Startlösung dazu geführt, dass der Abbruch des Verfahrens deutlich später erfolgte und die Lösung auch wirklich nur eine Näherungslösung ist. Dieser Sachverhalt ist in der Abbildung 5.2 noch einmal verdeutlicht. Bei der mit der ersten Startlösung gefundenen Lösung handelt es sich sogar um ein globales Minimum, wie analytisch leicht nachgewiesen werden kann. Grundsätzlich bleibt noch festzuhalten, dass im Fall einer nicht konvexen Zielfunktion näherungsweise auch ein Terrassenpunkt, also ein Wendepunkt mit einer Steigung von 0 resultieren kann.

Abbildung 5.2   Verlauf des Gradientenverfahrens mit verschiedenen Startlösungen

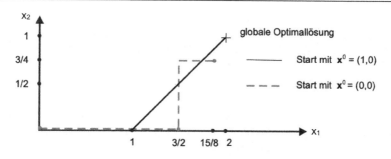

Quelle: Eigene Darstellung

5.2.3   Berücksichtigung linearer Nebenbedingungen

Das im vorherigen Abschnitt beschriebene Gradientenverfahren wird jetzt dahingehend erweitert, dass neben einer Zielfunktion auch Nebenbedingungen zugelassen sind. Den Ausgangspunkt der Betrachtung stellt damit das folgende Optimierungsproblem dar:

$$g(x) \to \min \text{ mit } g \text{ konvex}$$
$$Z = \left\{ x \geq 0 : Ax \leq b \right\} \text{ beschränkt und abgeschlossen}$$

Die **Verfahrensidee** des **Gradientenverfahrens mit linearen Nebenbedingungen** lautet
dann wie folgt: Für ein $x^k \in Z$ ($k = 0, 1, 2, \ldots$) bestimmt man die optimale Schrittweite λ_k und
berechnet die Folgelösung gemäß $x^{k+1} = x^k + \lambda_k r^k$ ($\in Z$) mit $g(x^{k+1}) \leq g(x^k)$. r^k gibt dabei die Abstiegsrichtung an und ist abhängig davon zu bestimmen, ob x^k ein innerer Punkt oder ein
Randpunkt des Zulässigkeitsbereichs ist, wie anhand der Abbildung 5.3 illustriert wird.

Abbildung 5.3   Illustration des Gradientenverfahrens mit Nebenbedingungen

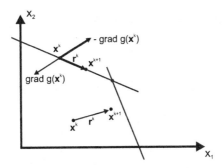

Quelle: Eigene Darstellung

Falls x^k ein innerer Punkt von Z ist, liegen in jede Richtung Punkte von Z. Die sinnvolle Abstiegsrichtung ergibt sich dann wie im Fall ohne Nebenbedingungen mit $r^k = -\text{grad } g(x^k)$ (vgl.
innerer Punkt von Z in der Abbildung 5.3). Etwas aufwendiger gestaltet sich die Bestimmung
des Richtungsvektor r^k, wenn x^k ein Randpunkt von Z ist. Wie in der Abbildung 5.3 für den
dort dargestellten Randpunkt zu sehen ist, ergibt sich die zulässige Abstiegsrichtung r^k entlang des Randes von Z mit einem spitzen Winkel zwischen $-\text{grad } g(x^k)$ und r^k. Hier greift
dann der Kosinussatz, nach dem für zwei Vektoren a und b und dem Winkel α zwischen
diesen Vektoren allgemein gilt:

$$a^T b = \|a\| \cdot \|b\| \cos \alpha$$

Übertragen auf das hier vorliegende Problem ergibt sich damit

$$r^{kT}(-\text{grad } g(x^k)) = \|r^k\| \cdot \|\text{grad } g(x^k)\| \cos \alpha \, .$$

Ein spitzer Winkel zwischen den beiden Vektoren liegt dann vor, wenn der Kosinus des Winkels positiv ist, d. h. aufgelöst nach $\cos \alpha$ muss

$$\cos \alpha = \frac{r^{kT}(-\text{grad } g(x^k))}{\|r^k\| \cdot \|\text{grad } g(x^k)\|} > 0$$

gelten. Dies ist dann äquivalent zu $r^{kT} \text{grad } g(x^k) < 0$.

Der **Verfahrensablauf** für das **Gradientenverfahren mit linearen Nebenbedingungen** kann damit allgemein wie folgt beschrieben werden:

(0) Bestimme Startlösung x^0, Abbruchschranke $\varepsilon > 0$, Zählindex $k = 0$

(1) $\left\| \operatorname{grad} g(x^k) \right\| < \varepsilon \Rightarrow x^k$ ist Näherungslösung $\Rightarrow$ ENDE

(2) Berechne zulässige Richtung r^k in x^k

   (a) x^k innerer Punkt von $Z \Rightarrow r^k = -\operatorname{grad} g(x^k)$

   (b) x^k Randpunkt von $Z \Rightarrow y^k$ aus min $y^T \operatorname{grad} g(x^k)$, $y \in Z$

   $(y^k - x^k)^T \operatorname{grad} g(x^k) = 0 \Rightarrow x^k$ optimal $\Rightarrow$ ENDE

   $(y^k - x^k)^T \operatorname{grad} g(x^k) < 0 \Rightarrow r^k = y^k - x^k$ zulässige Richtung

(3) Berechne die Schrittweite λ_k aus min $\varphi(\lambda) = $ min $g(x^k + \lambda\, r^k)$, $(x^k + \lambda\, r^k) \in Z$
   [$\lambda \in [0; 1]$ im Fall (2)(b)]

(4) Berechne $x^{k+1} = x^k + \lambda_k\, r^k$, setze $k = k + 1$ und gehe zu **(1)**

Zum Punkt (2)(b) ist noch anzumerken, dass für y^k aus min $y^T \operatorname{grad} g(x^k)$ und $y \in Z$ gilt, dass $y^{kT} \operatorname{grad} g(x^k) \le y^T \operatorname{grad} g(x^k)$ für alle $y \in Z$ und damit auch für x^k ist. Folglich können zwei Fälle auftreten, und zwar (i) $y^{kT} \operatorname{grad} g(x^k) < x^{kT} \operatorname{grad} g(x^k)$ und (ii) $y^{kT} \operatorname{grad} g(x^k) = x^{kT} \operatorname{grad} g(x^k)$. Im Fall (i) folgt durch Auflösen $(y^{kT} - x^{kT}) \operatorname{grad} g(x^k) < 0$, so dass $r^k = y^k - x^k$ der aus dem Kosinussatz abgeleiteten Bedingung genügt. Aus dem Fall (ii) folgt $(y^{kT} - x^{kT}) \operatorname{grad} g(x^k) = 0$, d. h. $\operatorname{grad} g(x^k)$ steht senkrecht zum Rand von Z, so dass x^k optimal ist.

Beispiel:

Nachfolgend wird das in Abschnitt 5.1.1 bereits dargestellte Produktionsprogrammplanungsbeispiel und damit das hier bereits in ein Minimierungsproblem umgewandelte Optimierungsproblem

$$g(x) = x_1^2 - 4x_1 + x_2^2 - 2x_2 \to \min$$
$$x_1 + x_2 \le 2$$
$$x_2 \le 1$$
$$x_1, x_2 \ge 0$$

betrachtet. Der Gradient der Zielfunktion ergibt sich mit $\operatorname{grad} g(x)^T = (2x_1 - 4; 2x_2 - 2)$. Als Startlösung wird $x^{0T} = (1/2, 1/2)$ gewählt und die Abbruchschranke wird mit $\varepsilon = 0{,}5$ festgelegt. In der Abbildung 5.4 findet sich eine graphische Illustration, auf die bei den nachfolgenden Berechnungen jeweils Bezug genommen wird:

(1) $\left\| \operatorname{grad} g(\tfrac{1}{2}; \tfrac{1}{2}) \right\| = \left\| (-3; -1) \right\| = \sqrt{10} > 0{,}5$

(2) x^0 ist innerer Punkt von Z (siehe Abbildung 3.41) $\Rightarrow r^0 = \begin{pmatrix} 3 \\ 1 \end{pmatrix}$

Abbildung 5.4   Graphische Illustration des Produktionsprogrammplanungsbeispiels

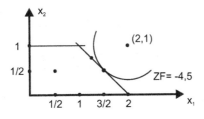

Quelle: Eigene Darstellung

(3) $g\left[(\tfrac{1}{2};\tfrac{1}{2})+\lambda(3;1)\right]=g(\tfrac{1}{2}+3\lambda;\tfrac{1}{2}+\lambda)=$

$(\tfrac{1}{2}+3\lambda)^2-4(\tfrac{1}{2}+3\lambda)+(\tfrac{1}{2}+\lambda)^2-2(\tfrac{1}{2}+\lambda)=\varphi(\lambda)\to\min$

$\Rightarrow\lambda=\tfrac{1}{2}$ nicht zulässig, da $\tfrac{1}{2}+3\cdot\tfrac{1}{2}+\tfrac{1}{2}+\tfrac{1}{2}=3\nleq 2$

$\Rightarrow$ wegen $\tfrac{1}{2}+3\lambda+\tfrac{1}{2}+\lambda=1+4\lambda\le 2\Leftrightarrow\lambda\le\tfrac{1}{4}$ folgt $\lambda=\tfrac{1}{4}$

($\varphi(\lambda)$ ist monoton fallend für $\lambda\le\tfrac{1}{2}$)

(4) $x^1=\begin{pmatrix}\tfrac{1}{2}\\\tfrac{1}{2}\end{pmatrix}+\tfrac{1}{4}\cdot\begin{pmatrix}3\\1\end{pmatrix}=\begin{pmatrix}\tfrac{5}{4}\\\tfrac{3}{4}\end{pmatrix}$ ist Randpunkt (siehe Abbildung 5.4)

(1) $\left\|\operatorname{grad}g(\tfrac{5}{4};\tfrac{3}{4})\right\|=\left\|(-\tfrac{3}{2};-\tfrac{1}{2})\right\|=\sqrt{\tfrac{5}{2}}>0{,}5$

(2) $-\tfrac{3}{2}y_1-\tfrac{1}{2}y_2\to\min,y\in Z\Rightarrow y^1=\begin{pmatrix}2\\0\end{pmatrix}$

$\Rightarrow\left[(2;0)-(\tfrac{5}{4};\tfrac{3}{4})\right]\cdot\begin{pmatrix}-\tfrac{3}{2}\\-\tfrac{1}{2}\end{pmatrix}=-\tfrac{3}{4}<0\Rightarrow r^1=\begin{pmatrix}2\\0\end{pmatrix}-\begin{pmatrix}\tfrac{5}{4}\\\tfrac{3}{4}\end{pmatrix}=\begin{pmatrix}\tfrac{3}{4}\\-\tfrac{3}{4}\end{pmatrix}$

(3) $g\left[(\tfrac{5}{4};\tfrac{3}{4})+\lambda(\tfrac{3}{4};-\tfrac{3}{4})\right]=g(\tfrac{5}{4}+\tfrac{3}{4}\lambda;\tfrac{3}{4}-\tfrac{3}{4}\lambda)=$

$(\tfrac{5}{4}+\tfrac{3}{4}\lambda)^2-4(\tfrac{5}{4}+\tfrac{3}{4}\lambda)+(\tfrac{3}{4}-\tfrac{3}{4}\lambda)^2-2(\tfrac{3}{4}-\tfrac{3}{4}\lambda)=\varphi(\lambda)\to\min$

$\Rightarrow\lambda=\tfrac{1}{3}$ (zulässig)

(4) $x^2=\begin{pmatrix}\tfrac{5}{4}\\\tfrac{3}{4}\end{pmatrix}+\tfrac{1}{3}\cdot\begin{pmatrix}\tfrac{3}{4}\\-\tfrac{3}{4}\end{pmatrix}=\begin{pmatrix}\tfrac{3}{2}\\\tfrac{1}{2}\end{pmatrix}$ ist Randpunkt (siehe Abbildung 5.4)

(1) $\left\|\operatorname{grad}g(\tfrac{3}{2};\tfrac{1}{2})\right\|=\left\|(-1;-1)\right\|=\sqrt{2}>0{,}5$

(2) $-y_1-y_2\to\min,y\in Z\Rightarrow y^2=\begin{pmatrix}2\\0\end{pmatrix}$ oder $\begin{pmatrix}1\\1\end{pmatrix}$

$\Rightarrow\left[(2;0)-(\tfrac{3}{2};\tfrac{1}{2})\right]\cdot\begin{pmatrix}-1\\-1\end{pmatrix}=0$ oder $\left[(1;1)-(\tfrac{3}{2};\tfrac{1}{2})\right]\cdot\begin{pmatrix}-1\\-1\end{pmatrix}=0$

$\Rightarrow x^2$ ist optimal mit $g(x^2)=-4{,}5$

5.3   Übungsaufgaben zur nichtlinearen Optimierung

Nachfolgend finden sich drei Übungsaufgaben zur nichtlinearen Optimierung. Bei den Übungsaufgaben ist auch jeweils der Themenbereich angegeben, auf den sich diese Aufgabe im Wesentlichen bezieht. Des Weiteren ist im Anschluss an die jeweilige Aufgabe auch eine Lösung dargestellt. Dabei ist zu beachten, dass es sich um einen Lösungsvorschlag handelt und manchmal auch andere Lösungswege denkbar wären.

Aufgabe 1:   **(Analytische Lösung)**

Eine Zweiproduktunternehmung produziert nach der folgenden Gesamtkostenfunktion

$$k(x_1, x_2) = x_1^2 - 20(x_1 + x_2) + 2x_2^2 + 300$$

mit $x_1, x_2 \geq 0$.

Aufgrund von Kapazitätsbeschränkungen sind bei der Produktion folgende Restriktionen gegeben:

$$x_1 + 2x_2 \leq 30 \quad \text{(Maschine A)}$$
$$10x_1 + 2x_2 \leq 90 \quad \text{(Maschine B)}$$

a) Ist k konvex oder konkav auf $\mathbb{R}_{++}^2 = \{(x_1, x_2) : x_1, x_2 > 0\}$?

b) Man ermittle die kostenminimalen Produktionsmengen x_1, x_2, wenn keine Restriktionen gegeben sind. Welche der Maschinen A und B stellt bezüglich dieser Produktionsmengen einen Engpass dar?

c) Bestimmen Sie unter Berücksichtigung der Restriktionen die kostengünstigsten Produktionsmengen.

Lösung zur Aufgabe 1:

a) Für die Bestimmung, ob k konvex oder konkav ist, wird für den Fall einer konvexen Funktion überprüft, ob die Hessematrix positiv definit ist. Dazu werden zunächst der Gradient gebildet und anschließend die Hessematrix bestimmt. Diese ergeben sich folgendermaßen:

$$\text{grad } k(x_1, x_2) = \begin{pmatrix} 2x_1 - 20 \\ 4x_2 - 20 \end{pmatrix}, H(x_1, x_2) = \begin{pmatrix} 2 & 0 \\ 0 & 4 \end{pmatrix}$$

Da die Hauptunterdeterminanten $\det H_1 = 2 > 0$ und $\det H_2 = 8 > 0$ sind, ist die Hessematrix positiv definit und die Funktion $k(x_1, x_2)$ damit streng konvex.

b)   Zur Bestimmung der kostenminimalen Produktionsmengen wird die Nullstelle des Gradienten folgendermaßen bestimmt:

$$\text{grad } k(x_1, x_2) = \begin{pmatrix} 2x_1 - 20 \\ 4x_2 - 20 \end{pmatrix} = 0 \quad \Leftrightarrow \quad \begin{matrix} 2x_1 - 20 = 0 & \Rightarrow x_1 = 10 \\ 4x_2 - 20 = 0 & \Rightarrow x_2 = 5 \end{matrix}$$

Da die Hessematrix wie in Aufgabe a) zuvor bestimmt positiv definit ist, ergeben sich die kostenminimalen Produktionsmengen mit $x^T = (10; 5)$ und den minimalen Kosten in Höhe von $k(10,5) = 10^2 - 20(10+5) + 2 \cdot 5^2 + 300 = 150$. Die zusätzlich geforderte Engpassprüfung resultiert aus dem Einsetzen der optimalen Lösung in die Nebenbedingungen, was folgendes Ergebnis liefert:

$$10 + 2 \cdot 5 = 20 \leq 30 \qquad \text{(Maschine A)}$$
$$10 \cdot 10 + 2 \cdot 5 = 110 \nleq 90 \qquad \text{(Maschine B)}$$

Maschine B stellt damit einen Engpass dar.

c)   Da wie in Aufgabe b) bestimmt für die Maschine B ein Engpass vorliegt, kann die entsprechende Restriktion beispielsweise nach x_2 aufgelöst werden.

$$10x_1 + 2x_2 \leq 90 \Leftrightarrow x_2 \leq 45 - 5x_1$$

Nach anschließendem Einsetzen in die Kostenfunktion resultiert:

$$k(x_1) = x_1^2 - 20(x_1 + 45 - 5x_1) + 2(45 - 5x_1)^2 + 300 = 51x_1^2 - 820x_1 + 3450$$

Damit kann die Bestimmung des Optimums vereinfacht erfolgen. Hierzu wird nun die erste Ableitung von $k(x_1)$ null gesetzt und anschließend mit der zweiten Ableitung überprüft, ob es sich bei der gefundenen Lösung um ein Minimum oder Maximum handelt. Damit ergeben sich die folgenden Rechnungen:

$$k'(x_1) = 102x_1 - 820 = 0 \Rightarrow x_1 \approx 8,04; x_2 = 45 - 5 \cdot 8,04 = 4,8$$
$$k''(x_1) = 102 > 0$$

Es resultiert eine optimale Produktionsmenge von $x^T = (8,04; 4,8)$. Die minimalen Kosten betragen dabei $k(8,04; 4,8) = 8,04^2 - 20(8,04 + 4,8) + 2 \cdot 4,8^2 + 300 \approx 153,92$.

Aufgabe 2:   **(Gradientenverfahren ohne und mit linearen Nebenbedingungen)**

Gegeben sei das folgende Optimierungsproblem:

$$(x_1 - 1)^2 + (x_2 - 2)^2 - x_1 - 2x_2 \rightarrow \min$$
$$x_1 + x_2 \leq 3$$
$$x_1, x_2 \geq 0$$

a) Man minimiere die Zielfunktion ohne Nebenbedingungen mit Hilfe der Differential-
    rechnung und gebe die Minimalstellen an.

b) Man löse a) mit einem Gradientenverfahren. Man wähle dabei $x^0 = \begin{pmatrix} 0 \\ 0 \end{pmatrix}$ und $\varepsilon = 0,1$.

c) Man löse das Problem mit Nebenbedingungen unter Verwendung des Gradientenver-
    fahrens der zulässigen Richtungen. Man wähle dabei $x^0 = \begin{pmatrix} 0 \\ 3 \end{pmatrix}$ und $\varepsilon = 0,1$.

Lösung zur Aufgabe 2:

a) Für die Minimierung der Zielfunktion mittels Differentialrechnung werden zunächst
    der Gradient der Funktion gebildet und anschließend die Hessematrix bestimmt. Diese
    ergeben sich folgendermaßen:

$$g(x_1, x_2) = (x_1 - 1)^2 + (x_2 - 2)^2 - x_1 - 2x_2$$

$$\operatorname{grad} g(x_1, x_2) = \begin{pmatrix} 2(x_1 - 1) - 1 \\ 2(x_2 - 2) - 2 \end{pmatrix} = \begin{pmatrix} 2x_1 - 3 \\ 2x_2 - 6 \end{pmatrix}, \quad H(x_1, x_2) = \begin{pmatrix} 2 & 0 \\ 0 & 2 \end{pmatrix}$$

Daraus wird ersichtlich, dass die Hauptunterdeterminanten mit $\det H_1 = 2$ sowie $\det H_2 = 4$
positiv sind und demzufolge die Hessematrix positiv definit, womit die Funktion streng konvex ist. Nachfolgend werden die Nullstellen des Gradienten bestimmt:

$$\operatorname{grad} g(x_1, x_2) = \begin{pmatrix} 2x_1 - 3 \\ 2x_2 - 6 \end{pmatrix} = \begin{pmatrix} 0 \\ 0 \end{pmatrix} \Leftrightarrow \begin{matrix} 2x_1 - 3 = 0 \Rightarrow x_1 = 1,5 \\ 2x_2 - 6 = 0 \Rightarrow x_2 = 3 \end{matrix}$$

Damit liegt an der Stelle $x^T = (1,5; 3)$ ein globales Minimum mit einem Zielfunktionswert von
$g(1,5; 3) = (1,5 - 1)^2 + (3 - 2)^2 - 1,5 - 2 \cdot 3 = -6,25$ vor.

b) Für die Lösung des Optimierungsproblems ohne Nebenbedingung wird zunächst der
    Gradient der Zielfunktion bestimmt. Dieser ist $\operatorname{grad} g(x)^T = (2x_1 - 3; 2x_2 - 6)$. Als Startlö-
    sung wird $x^{0T} = (0; 0)$ gewählt und die Abbruchschranke wird mit $\varepsilon = 0,1$ festgelegt. Da-
    mit können nachfolgende Berechnungen durchgeführt werden:

(1) $\| \operatorname{grad} g(0; 0) \| = \| (-3; -6) \| = \sqrt{45} > 0,1$

(2) $g \left(\begin{pmatrix} 0 \\ 0 \end{pmatrix} - \lambda \begin{pmatrix} -3 \\ -6 \end{pmatrix} \right) = g(3\lambda, 6\lambda) = (3\lambda - 1)^2 + (6\lambda - 2)^2 - 3\lambda - 12\lambda = \varphi(\lambda) \to \min$

   $\varphi'(\lambda) = 90\lambda - 45 = 0 \Rightarrow \lambda = \frac{1}{2}$

   $\varphi''(\lambda) = 90 > 0 \Rightarrow \text{Minimum}$

(3) $x^1 = x^0 + \lambda r^0 = \begin{pmatrix} 0 \\ 0 \end{pmatrix} - \frac{1}{2} \begin{pmatrix} -3 \\ -6 \end{pmatrix} = \begin{pmatrix} \frac{3}{2} \\ 3 \end{pmatrix}$

(4) $\left\| \operatorname{grad} g(\tfrac{3}{2};3) \right\| = \left\| \begin{pmatrix} 0 \\ 0 \end{pmatrix} \right\| = 0 < 0,1 \Rightarrow x^1$ ist Näherungslösung $\Rightarrow$ ENDE

Damit entspricht die Näherungslösung des Optimierungsproblems ohne Nebenbedingungen der Optimallösung (siehe a)) und ergibt sich mit $x^{1T} = (1,5;\ 3)$ und einem Zielfunktionswert von $-6,25$.

c) Für die Lösung des Optimierungsproblems mit Nebenbedingung wird zunächst der Gradient der Zielfunktion bestimmt. Dieser ist weiterhin $\operatorname{grad} g(x)^T = (2x_1 - 3;\ 2x_2 - 6)$. Als Startlösung ist $x^{0T} = (0;\ 3)$ gegeben und die Abbruchschranke wird mit $\varepsilon = 0,1$ festgelegt. Damit können nachfolgende Berechnungen durchgeführt werden:

(1) $\left\| \operatorname{grad} g(0;3) \right\| = \left\| (-3;0) \right\| = \sqrt{(-3)^2} > 0,1$

(2) x^0 ist Randpunkt von Z, da $0 + 3 = 3$ (erste Nebenbedingung)

$$(y_1;y_2)\begin{pmatrix} -3 \\ 0 \end{pmatrix} = -3y_1 \to \min, y \in Z \Rightarrow y^0 = \begin{pmatrix} 3 \\ 0 \end{pmatrix}$$

$$\left[\begin{pmatrix} 3 \\ 0 \end{pmatrix} - \begin{pmatrix} 0 \\ 3 \end{pmatrix} \right]^T \begin{pmatrix} -3 \\ 0 \end{pmatrix} = (3;-3)\begin{pmatrix} -3 \\ 0 \end{pmatrix} = -9 < 0$$

$$r^0 = y^0 - x^0 = \begin{pmatrix} 3 \\ 0 \end{pmatrix} - \begin{pmatrix} 0 \\ 3 \end{pmatrix} = \begin{pmatrix} 3 \\ -3 \end{pmatrix}$$

(3) $g\left[(0;3) + \lambda(3;-3)\right] = g(0 + 3\lambda; 3 - 3\lambda) =$

$(3\lambda - 1)^2 + (3 - 3\lambda - 2)^2 - 3\lambda - 6 + 6\lambda = \varphi(\lambda) \to \min$

$\varphi'(\lambda) = 36\lambda - 9 = 0 \Rightarrow \lambda = \tfrac{1}{4}$

$\varphi''(\lambda) = 36 > 0 \Rightarrow$ Minimum

(4) $x^1 = x^0 + \lambda r^0 = \begin{pmatrix} 0 \\ 3 \end{pmatrix} + \tfrac{1}{4}\begin{pmatrix} 3 \\ -3 \end{pmatrix} = \begin{pmatrix} \tfrac{3}{4} \\ \tfrac{9}{4} \end{pmatrix} \in Z$, da $0,75 + 2,25 = 3 \le 3$

(1) $\left\| \operatorname{grad} g(\tfrac{3}{4};\tfrac{9}{4}) \right\| = \left\| (-\tfrac{3}{2};-\tfrac{3}{2}) \right\| = \sqrt{2 \cdot \left(\tfrac{3}{2}\right)^2} = \tfrac{3}{\sqrt{2}} > 0,1$

(2) x^1 ist Randpunkt von Z

$$(y_1;y_2)\begin{pmatrix} -\tfrac{3}{2} \\ -\tfrac{3}{2} \end{pmatrix} = -\tfrac{3}{2}y_1 - \tfrac{3}{2}y_2 \to \min, y \in Z \Rightarrow y^1 = \begin{pmatrix} y_1 \\ 3 - y_1 \end{pmatrix} \text{mit } y_1 \in [0;3]$$

$$\left[\begin{pmatrix} y_1 \\ 3 - y_1 \end{pmatrix} - \begin{pmatrix} \tfrac{3}{4} \\ \tfrac{9}{4} \end{pmatrix} \right]^T \begin{pmatrix} -\tfrac{3}{2} \\ -\tfrac{3}{2} \end{pmatrix} = \left(y_1 - \tfrac{3}{4}; \tfrac{3}{4} - y_1\right)\begin{pmatrix} -\tfrac{3}{2} \\ -\tfrac{3}{2} \end{pmatrix} =$$

$$-\frac{3}{2}y_1 + \frac{9}{8} + \frac{3}{2}y_1 - \frac{9}{8} = 0 \Rightarrow x^1 \text{ ist optimal.}$$

Damit resultiert die Optimallösung mit $x^{1T} = (3/4;\ 9/4)$ und einem Zielfunktionswert von $\left(\tfrac{3}{4} - 1\right)^2 + \left(\tfrac{9}{4} - 2\right)^2 - \tfrac{3}{4} - 2 \cdot \tfrac{9}{4} = -5,125$.

Aufgabe 3:   (Gradientenverfahren mit linearen Nebenbedingungen)

Peter schreibt im Herbst Diplomprüfung. Während seines Studiums hat Peter festgestellt, dass die Prüfungsvorbereitungen am besten gelingen, wenn er viel Vitamin C in Form von Kiwis (x_1) und Eiweiß in Form von Joghurt (x_2) zu sich nimmt. Alle anderen Nahrungsmittel sind nicht mehr von Relevanz. Seine Nutzenfunktion hat dann folgende Form:

$$u(x_1,x_2) = 2 \cdot \ln(x_1 + 1) + \ln(x_2 + 1)$$

Da aber jede Form von Übertreibung schlecht ist, bestehen für Peter noch folgende Restriktionen:

$$2x_1 + 4x_2 \le 36$$
$$x_1, x_2 \ge 0$$

a) Zeigen Sie, dass obiges Problem eine einzige Maximalstelle über dem Zulässigkeitsbereich besitzt.

b) Zeigen Sie, dass die Maximalstelle mit Hilfe des Gradientenverfahrens der zulässigen Richtungen mit der Startlösung $x^0 = \begin{pmatrix} 10 \\ 4 \end{pmatrix}$ im zweiten Schritt bestimmt werden kann.

Lösung zur Aufgabe 3:

a) Für den Nachweis einer Maximalstelle über dem Zulässigkeitsbereich wird die Zielfunktion zunächst in ein Optimierungsproblem mit dem Ziel der Minimierung umgewandelt. Dazu wird die Zielfunktion mit (-1) multipliziert. Anschließend kann mit Hilfe der Hessematrix überprüft werden, ob die Funktion streng konvex ist und damit ein einziges Minimum besitzt. Dadurch ergeben sich die folgenden Rechnungen:

$$-u(x_1,x_2) = -2 \cdot \ln(x_1 + 1) - \ln(x_2 + 1) \rightarrow \min$$

$$\text{grad} \; -u(x_1,x_2) = \begin{pmatrix} -\frac{2}{x_1+1} \\ -\frac{1}{x_2+1} \end{pmatrix}, \; H(x_1,x_2) = \begin{pmatrix} \frac{2}{(x_1+1)^2} & 0 \\ 0 & \frac{1}{(x_2+1)^2} \end{pmatrix}$$

Die Hessematrix von $-u(x_1,x_2)$ ist positiv definit, da die beiden Hauptunterdeterminanten für $x_1, x_2 \ge 0$ stets positiv sind. Damit ist die Funktion $-u(x_1, x_2)$ streng konvex. Um zu beweisen, dass dieses Minimum eindeutig ist, wird ein Beweis durch Widerspruch angeführt. Dazu wird angenommen, dass zwei Punkte $a, b \in Z$ mit $a \ne b$ existieren und beide minimal sind. Außerdem sei $-u(a) \le -u(b)$. Da $-u(x_1,x_2)$ streng konvex ist, gilt für alle $\lambda \in (0;1)$:

$$-u(\lambda a + (1-\lambda)b) < \lambda(-u(a)) + (1-\lambda)(-u(b))$$
$$\le \lambda(-u(b)) + (1-\lambda)(-u(b))$$
$$= -u(b)$$

Dies ist ein Widerspruch zur Annahme, dass b ein Minimum von $-u(x_1, x_2)$ ist. Also ist es nicht möglich, dass zwei (oder mehr) Punkte aus dem Zulässigkeitsbereich ein Minimum sein können. Damit muss das Minimum eindeutig sein. Dadurch kann gefolgert werden, dass $u(x_1, x_2)$ nur eine einzige Maximalstelle über dem Zulässigkeitsbereich besitzt.

b) Für die Lösung des Optimierungsproblems mit Nebenbedingung wird zunächst der Gradient der Zielfunktion bestimmt. Dieser ist grad $-u(x_1,x_2)^T = (-2/(x_1 + 3); -1/(x_2 + 1))$. Die Startlösung ist mit $x^{0T} = (10; 4)$ gegeben. Die Abbruchschranke wird mit $\varepsilon = 0$ festgelegt, da im Folgenden die Maximalstelle gefunden werden soll. Damit können nachfolgende Berechnungen durchgeführt werden:

(1) $\left\| \text{grad} - u(10;4) \right\| = \left\| \left(-\frac{2}{11} ; -\frac{1}{5} \right) \right\| > 0$

(2) x^0 ist Randpunkt von Z, da $2 \cdot 10 + 4 \cdot 4 = 36$ (erste Nebenbedingung)

$$(y_1; y_2) \begin{pmatrix} -\frac{2}{11} \\ -\frac{1}{5} \end{pmatrix} = -\frac{2}{11} y_1 - \frac{1}{5} y_2 \to \min, y \in Z \Rightarrow y^0 = \begin{pmatrix} 18 \\ 0 \end{pmatrix}$$

$$\left[\begin{pmatrix} 18 \\ 0 \end{pmatrix} - \begin{pmatrix} 10 \\ 4 \end{pmatrix} \right]^T \begin{pmatrix} -\frac{2}{11} \\ -\frac{1}{5} \end{pmatrix} = -\frac{36}{55} < 0$$

$$r^0 = y^0 - x^0 = \begin{pmatrix} 18 \\ 0 \end{pmatrix} - \begin{pmatrix} 10 \\ 4 \end{pmatrix} = \begin{pmatrix} 8 \\ -4 \end{pmatrix}$$

(3) $-u[(10;4) + \lambda(8;-4)] = -u(10 + 8\lambda; 4 - 4\lambda) =$
$-2\ln(11 + 8\lambda) - \ln(5 - 4\lambda) = \varphi(\lambda) \to \min$

$$\varphi'(\lambda) = -\frac{2}{11 + 8\lambda} \cdot 8 - \frac{1}{5 - 4\lambda} \cdot (-4) = 0 \Rightarrow \lambda = \frac{3}{8}$$

$\varphi''(\lambda) = 96 > 0 \Rightarrow$ Minimum

(4) $x^1 = x^0 + \lambda r^0 = \begin{pmatrix} 10 \\ 4 \end{pmatrix} + \frac{3}{8} \cdot \begin{pmatrix} 8 \\ -4 \end{pmatrix} = \begin{pmatrix} 13 \\ 2,5 \end{pmatrix} \in Z$, da $2 \cdot 13 + 4 \cdot 2,5 = 36$

(1) $\left\| \text{grad} - u(13; 2,5) \right\| = \left\| \left(-\frac{1}{7} ; -\frac{2}{7} \right) \right\| > 0$

(2) x^1 ist Randpunkt von Z

$$(y_1; y_2) \begin{pmatrix} -\frac{1}{7} \\ -\frac{2}{7} \end{pmatrix} = -\frac{1}{7} y_1 - \frac{2}{7} y_2 \to \min, y \in Z \Rightarrow y^1 = \begin{pmatrix} y_1 \\ 9 - \frac{1}{2} y_1 \end{pmatrix} \text{mit } y_1 \in [0;18]$$

$$\left[\begin{pmatrix} y_1 \\ 9 - \frac{1}{2} y_1 \end{pmatrix} - \begin{pmatrix} 13 \\ 2,5 \end{pmatrix} \right]^T \begin{pmatrix} -\frac{1}{7} \\ -\frac{2}{7} \end{pmatrix} = \left(y_1 - 13 ; 6,5 - \frac{1}{2} y_1 \right) \begin{pmatrix} -\frac{1}{7} \\ -\frac{2}{7} \end{pmatrix} =$$

$-\frac{1}{7} y_1 + \frac{13}{7} - \frac{13}{7} + \frac{1}{7} y_1 = 0 \Rightarrow x^1$ ist optimal.

Damit resultiert für das Ausgangsproblem das Maximum an der Stelle $x^{1T} = (3/4; 9/4)$.

5.4   Literaturhinweise

Die nichtlineare Optimierung wird beispielsweise in den Arbeiten von Alt (2011), Avriel (2003), Bertsekas (2016), Domschke et al. (2015a), Neumann und Morlock (2002), Reinhardt et al. (2013), Spellucci (2013), Stein (2021b) sowie Ulbrich und Ulbrich (2012) ausführlich beschrieben, wobei in diesen Literaturquellen auch weitere Lösungsansätze zu finden sind, die über die Darstellungen dieses Kapitels hinausgehen. Speziell zum Gradientenverfahren sei an dieser Stelle auch auf Grimme und Bossek (2018), Nesterov (2003), Nocedal und Wright (2000) sowie Zimmermann (2008) verwiesen.

Konkrete betriebliche Anwendungsbeispiele zur nichtlinearen Optimierung können exemplarisch für das Produktionsplanungsproblem bei Domschke et al. (2015a), Ellinger et al. (2001) sowie Justus (2018) und für das Losgrößen- und Bestellmengenproblem bei Lasch und Schulte (2021) nachgeschlagen werden. Weitere Übungsaufgaben zur nichtlinearen Optimierung sind beispielsweise in den Werken von Domschke et al. (2015b), Grimme und Bossek (2018), Homburg (2000), Jarre und Stoer (2019), Papageorgiou et al. (2015) sowie Schwenkert und Stry (2015) zu finden.

Teil 3
Projektplanung und Netzplantechnik

6 Graphentheoretische Grundlagen

Das Grundproblem einer mathematischen Planungsaufgabe ist die Abbildung komplexer Zusammenhangs- und Abhängigkeitsstrukturen in einem geeigneten Modell. Dieses Modell muss aber nicht zwingend in Form von Funktionen, Gleichungen oder Ungleichungen vorliegen, um es mit Hilfe von Ansätzen der Optimierung lösen zu können. Häufig ist es notwendig, die Strukturen des Planungsproblems mit Hilfe von Graphen abzubilden und zu analysieren. Folglich gehört die sogenannte **Graphentheorie** heute zu den Basistechniken einer mathematischen Planung, die es ermöglicht, verschiedenste Probleme aus den Bereichen der Produktion und Logistik, der Projektplanung sowie der Aufbau- und Ablauforganisation zu lösen. Die Graphentheorie selbst stellt dabei Ansätze und Methoden zur Verfügung, die vor allem zur graphischen Abbildung der Zusammenhangsstrukturen einzelner Aktivitäten eines Projekts und damit zur Erklärung und Strukturierung von Abhängigkeiten und Zusammenhängen dienen. Damit liegt letztendlich ein Erklärungsmodell vor, das mit Hilfe von Methoden des Operations Research in ein Entscheidungsmodell überführt werden kann. Hier kommt dann die **Netzplantechnik** zum Einsatz, die in erster Linie Methoden zur Verfügung stellt, mit denen die Strukturierung, Planung, Überwachung und Steuerung komplexer Projekte vorgenommen werden kann. Man spricht hier auch von einem **Projektmanagement**. Dabei können Zeit-, Kosten- oder Kapazitätsplanungen entsprechender Projekte durchgeführt und sowohl deterministische als auch stochastische Modellvariablen, Zeitdauern und Strukturen verarbeitet werden.

In diesem Kapitel werden zunächst in Abschnitt 6.1 einige betriebliche Anwendungsbeispiele für graphentheoretische Modelle dargestellt. Der Abschnitt 6.2 beschäftigt sich dann mit Grundlagen und Grundbegriffen sowie den Möglichkeiten einer Beschreibung von Digraphen mittels Matrizen. In Abschnitt 6.3 wird das Problem der kürzesten Wege in einem Digraphen aufgegriffen und der Tripelalgorithmus zur Lösung dieses Problems vorgestellt. Im Abschnitt 6.4 finden sich schließlich noch Übungsaufgaben mit Lösungen zur Graphentheorie und der Abschnitt 6.5 beschließt dieses Kapitel mit einigen Literaturhinweisen.

6.1 Betriebliche Anwendungsbeispiele

Nachfolgend werden einige betriebliche Anwendungsmöglichkeiten graphentheoretischer Darstellungen aufgezeigt. Je nach Anwendungssituation kommen dabei **Graphen** und **Digraphen** ins Spiel, deren exakte Definition in Abschnitt 6.2 noch gegeben wird. An dieser Stelle ist es ausreichend zu wissen, dass ein Graph ein System aus Knoten und Kanten ist, während bei einem Digraphen anstelle der Kanten Pfeile verwendet werden. Damit stellt ein Digraph einen gerichteten Graphen dar, in dem die Verbindungen zwischen zwei Knoten differenzierter abgebildet werden können.

Im ersten Beispiel geht es um die Darstellung von **Verkehrsnetzen** mittels eines Graphen oder eines Digraphen. In der Abbildung 6.1 findet sich dazu ein sehr einfaches Beispiel zur

© Springer Fachmedien Wiesbaden GmbH, ein Teil von Springer Nature 2022
U. Bankhofer, *Quantitative Unternehmensplanung*, Studienbücher
Wirtschaftsmathematik, https://doi.org/10.1007/978-3-8348-2466-0_6

Illustration. Betrachtet wird dabei ein Straßennetz, in dem die Kanten den Fahrstrecken und die Knoten Anlauf- oder Kreuzungspunkte darstellen, wie links in der Abbildung 6.1 zu sehen ist. Im rechten Teil der Abbildung 6.1 ist ein entsprechender Digraph dargestellt, bei dem die Pfeile den Fahrtrichtungen entsprechen. Damit lassen sich beispielsweise auch Einbahnstraßen abbilden oder Hin- und Rückwege unterschiedlich bewerten. Eine Bewertung der Kanten oder Pfeile kann dann mit Entfernungen, Fahrzeiten oder Fahrkosten erfolgen, so dass optimale Wege zwischen den Knoten für eine Transportplanung oder optimale Rundreisen für eine Tourenplanung bestimmt werden können.

Abbildung 6.1   Verkehrsnetze als Graph oder Digraph

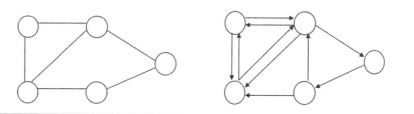

Quelle: Hauke und Opitz, 2003

Das nächste Beispiel betrifft die Darstellung von **Leitungsnetzen** wie z. B. Wasser-, Gas-, oder Stromversorgungsnetzen, Netzen zum Gas- oder Öltransport sowie Daten- und Telefonnetzen. Dabei soll eine gegebene Anzahl von Bedarfspunkten durch Kanten so verbunden werden, dass ein Netz entsteht, das eine minimale Länge besitzt oder mit minimalen Kosten betrieben werden kann, wie es exemplarisch in der Abbildung 6.2 dargestellt ist. Hier stellen die durchgezogenen Kanten die ausgewählten Verbindungen zwischen den Orten dar, während die gestrichelten Kanten mögliche, aber nicht verwendete Verbindungen sind.

Abbildung 6.2   Leitungsnetz als Graph

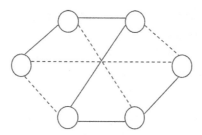

Quelle: Eigene Darstellung

Auch das in Kapitel 3 bereits als Optimierungsproblem betrachtete **Transportproblem** kann graphentheoretisch modelliert werden. In der Abbildung 6.3 sind dazu exemplarisch die Transportbeziehungen zwischen den Produktionsstätten 1, 2 und 3 sowie den Bedarfsorten 4 und 5 dargestellt und es soll eine entfernungs-, kosten- oder zeitoptimale Belieferung ermittelt werden. Durch die Bewertung der Pfeile $(0, j)$ für $j = 1, 2, 3$ können dann vorhandene Produktionskapazitäten und durch die Bewertungen der Pfeile $(i, 6)$ für $i = 4, 5$ entsprechende Bedarfswünsche der Abnehmer berücksichtigt werden. Mit den Pfeilen (i, j) mit $i = 1, 2, 3$ und $j = 4, 5$ sind darüber hinaus die vorhandenen Transportkapazitäten abbildbar.

Abbildung 6.3   Transportproblem als Digraph

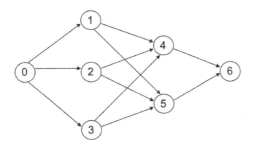

Quelle: Hauke und Opitz, 2003

Im nächsten Anwendungsbeispiel geht es um eine **programmorientierte Materialbedarfsplanung** mit dem in der Abbildung 6.4 exemplarisch dargestellten **Gozintographen.**

Abbildung 6.4   Programmorientierte Materialbedarfsplanung

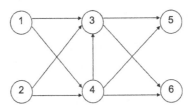

Quelle: Hauke und Opitz, 2003

Aus den Einzelteilen 1 und 2 werden zunächst die Bauteile 3 und 4 und anschließend die Endprodukte 5 und 6 gefertigt. Mit den Pfeilbewertungen können dann die jeweiligen Bedarfsmengen der Einzelteile zur Herstellung der Bauteile sowie der jeweils benötigten Bauteile zur Fertigung der Endprodukte abgetragen werden. Anhand der Bedarfsmengen der Endprodukte lassen sich schließlich die Bedarfsmengen der Bau- und Einzelteile ableiten.

Graphentheoretische Modelle können auch zur Darstellung von **Informations- oder Kommunikationssystemen** verwendet werden. Dabei stellen die Knoten des in der Abbildung 6.5 exemplarisch angegebenen Graphen Personen, Teams oder Abteilungen dar, die bei vorliegenden Kantenverbindungen auch miteinander kommunizieren können. Durch entsprechenden Kantenbewertungen lässt sich dann die Stärke des Informationsaustausches zum Ausdruck bringen, wobei hier vor allem Knoten (in der Abbildung mit X bezeichnet) von Interesse sind, die im Fall einer Eliminierung dazu führen würden, dass der Informationsfluss zwischen den restlichen Knoten unterbrochen wird.

Abbildung 6.5   Informations- und Kommunikationssysteme

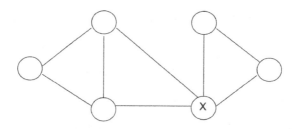

Quelle: Hauke und Opitz, 2003

Im letzten Beispiel wird noch eine klassische **Projektplanung** betrachtet, wie sie exemplarisch für den Fall einer Neuprodukteinführung der Abbildung 6.6 entnommen werden kann.

Abbildung 6.6   Projektplanung

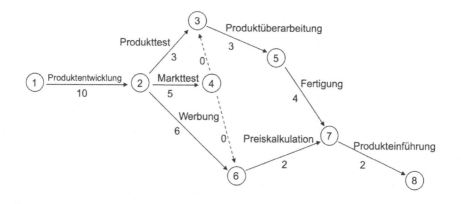

Quelle: Eigene Darstellung

Der Digraph liefert dabei eine Darstellung des strukturellen Projektablaufs mit seinen Einzeltätigkeiten, die hier als Pfeile dargestellt sind, sowie der erforderlichen Reihenfolgebeziehungen. Die Pfeilbewertungen entsprechen dabei den Vorgangsdauern. Im Beispiel der Abbildung 6.6 startet das Projekt mit der Produktentwicklung, die 10 Zeiteinheiten beansprucht. Anschließend können parallel der Produkttest, der Markttest und die Werbung durchgeführt werden. Die Produktüberarbeitung setzt die Erkenntnisse aus Produkt- und Markttest voraus, so dass zur Vermeidung paralleler Pfeil ein Scheinvorgang (gestrichelter Pfeil mit einer Zeitdauer von 0 Zeiteinheiten) eingeführt werden muss. Analog erfolgt die Modellierung in Richtung Preiskalkulation, die die Ergebnisse des Markttests und der durchgeführten Werbung heranzieht. Die Produkteinführung erfolgt dann als letzte Tätigkeit im Rahmen des Projekts, sobald die Preiskalkulation und die Fertigung abgeschlossen sind. Das Projekt gilt als abgeschlossen, wenn alle Vorgänge beendet sind. Im Vorgriff auf die nachfolgenden Ausführungen sei an dieser Stelle schon mal erwähnt, dass der längste Weg von Knoten 1 zu Knoten 8 die kürzeste Projektdauer angibt.

6.2   Grundlagen und Grundbegriffe

Nachfolgend sollen einige Grundlagen und Grundbegriffe der Graphentheorie definiert und erläutert werden. Ausgangspunkt ist dabei ein **ungerichteter Graph** $G = (V, E)$, der einem System aus Knoten und Kanten mit einer **Knotenmenge** $V = \{1, ..., n\}$ und einer **Kantenmenge** $E = \{[i, j] \in V \times V: i$ und j sind durch eine Kante verbunden$\}$ entspricht. Demgegenüber stellt ein **gerichteter Graph** $\vec{G} = (V, \vec{E})$ ein System aus Knoten mit $V = \{1, ..., n\}$ und Pfeilen der **Pfeilmenge** $\vec{E} = \{(i, j) \in V \times V:$ von i führt ein Pfeil nach $j\}$ dar. Während bei einem ungerichteten Graphen $[i, j] = [j, i]$ ist, gilt bei einem gerichteten Graphen $(i, j) \neq (j, i)$. Dies bedeutet insbesondere, dass bei einem gerichteten Graphen eine unterschiedliche Bewertung von Hin- und Rückpfeil möglich ist, bei einem ungerichteten Graphen hingegen nur eine Bewertung pro Kante erfolgen kann. In entsprechenden Anwendungen werden zur Bewertung von Kanten und Pfeilen beispielsweise Entfernungen, Fahrzeiten oder Fahrkosten herangezogen, so dass dann die Bestimmung optimaler Wege zwischen jeweils zwei Knoten oder die Bestimmung optimaler Rundreisen über alle Knoten möglich ist. Darauf wird später noch ausführlicher eingegangen.

Beispiel:

Betrachtet wird ein Straßennetz zwischen 4 Orten mit den in der Abbildung 6.7 zu findenden alternativen Darstellungsmöglichkeiten als ungerichteter oder gerichteter Graph. Ausgehend von der Knotenmenge $V = \{1, 2, 3, 4\}$ liegt hier für den ungerichteten Graphen (vgl. linke Darstellung in der Abbildung 6.7) die Kantenmenge $E = \{[1, 2]; [1, 3]; [2, 3]; [2, 4]\}$ vor. Die Kanten repräsentieren damit vorliegende Straßenverbindungen zwischen einzelnen Orten und könnten z. B. mit Entfernungen bewertet werden. Alternativ ist mit der rechten Darstellung in der Abbildung 6.7 ein gerichteter Graph mit der Knotenmenge $V = \{1, 2, 3, 4\}$ und der Pfeilmenge $\vec{E} = \{(1,2); (2,1); (1,3); (3,2); (2,4); (4,2)\}$ gegeben. Damit lassen sich im Fall eines einzigen Pfeils zwischen zwei Knoten beispielsweise Einbahnstraßen abbilden. Wenn hingegen zwischen zwei Knoten sowohl Hin- als auch Rückpfeil vorliegen, dann ist eine unterschiedliche Bewertung möglich, was bei Fahrzeiten oder Fahrkosten durchaus auch sinnvoll sein kann.

Abbildung 6.7 Ungerichteter und gerichteter Graph für das Beispiel

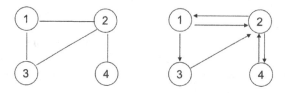

Quelle: Eigene Darstellung

Im Folgenden werden meist gerichtete Graphen betrachtet, da im Rahmen von Projektplanungen Reihenfolgebeziehungen relevant sind. Dabei wird ein schlichter, gerichteter Graph auch als **Digraph** bezeichnet, wobei **schlicht** bedeutet, dass keine parallelen Pfeile zwischen zwei Knoten und keine Schleifen von einem Knoten zu sich selbst vorliegen. Für Digraphen können die nachfolgenden Eigenschaften und Begriffe definiert werden:

- Ein Digraph heißt **vollständig**, wenn gilt: $\vec{E} = V \times V \setminus \{(i,i) \mid i \in V\}$

- Ein Digraph heißt **symmetrisch**, wenn gilt: $(i, j) \in \vec{E} \Rightarrow (j, i) \in \vec{E}$

- **Vorgängermenge** zum Knoten j: $V(j) = \{i \in V : (i,j) \in \vec{E}\}$

- **Nachfolgermenge** zum Knoten i: $N(i) = \{j \in V : (i,j) \in \vec{E}\}$

- Ein Knoten q mit $V(q) = \emptyset$ heißt **Quelle**. Ein Knoten s mit $N(s) = \emptyset$ heißt **Senke**.

- Eine Pfeilfolge $(i_0, i_1), (i_1, i_2), ..., (i_{m-1}, i_m) = (i_0, i_1, ..., i_m)$ heißt **offen**, wenn $i_0 \neq i_m$ ist.

- Eine Pfeilfolge $(i_0, i_1), (i_1, i_2), ..., (i_{m-1}, i_m) = (i_0, i_1, ..., i_m)$ heißt **geschlossen**, wenn $i_0 = i_m$ ist.

- Ein **Weg** ist eine offene Pfeilfolge mit paarweise verschiedenen Knoten.

- Ein **Zyklus** ist eine geschlossene Pfeilfolge mit paarweise verschiedenen Zwischenknoten.

- Existiert eine Pfeilfolge von i_0 nach i_m, so heißt i_m von i_0 aus **erreichbar** ($i_0 \rightsquigarrow i_m$).

Anzumerken ist noch, dass mit der im letzten Aufzählungspunkt verwendete, leicht gekrümmte Pfeil ($\rightsquigarrow$) bewusst so gewählt wurde, da damit angedeutet werden soll, dass irgendein Weg von i_0 zu i_m vorliegt. Dies muss nicht der optimale Weg sein, für den dann, wie in den weiteren Ausführungen dieses Abschnitts noch zu sehen ist, ein waagrechter Pfeil ($\rightarrow$) verwendet wird. Zunächst sollen allerdings die bislang dargestellten Eigenschaften und Begriffe an einem Beispiel illustriert werden.

Beispiel:

Der im vorherigen Beispiel bereits betrachtete, gerichtete Graph der Abbildung 6.7 ist ein Digraph, da er keine parallelen Pfeile oder Schleifen besitzt. Er ist nicht vollständig, da nicht alle Hin- und Rückpfeile zwischen jeweils zwei betrachteten Knoten vorliegen. Er ist auch nicht symmetrisch, da die Symmetrie voraussetzt, dass entweder zwischen zwei Knoten kein Pfeil oder gleichzeitig ein Hin- und ein Rückpfeil vorhanden sind. Für z. B. den Knoten 1 ist die Vorgängermenge mit $V(1) = \{2\}$ und die Nachfolgermenge mit $N(1) = \{2, 3\}$ gegeben. Der vorliegende Digraph besitzt keine Quelle und keine Senke und ein Weg von Ort 1 zu Ort 4 liegt beispielsweise mit den Pfeilfolgen (1, 2, 4), (1, 3, 2, 4) oder auch (1, 3, 2, 1, 3, 2, 4) vor. Der Knoten 4 ist also von Knoten 1 aus erreichbar. Beispiele für einen Zyklus stellen die Pfeilfolgen (1, 3, 2, 1), (2, 4, 2) oder (3, 2, 4, 2, 1, 3) dar.

Zur Beschreibung eines Digraphen $\vec{G} = (V, \vec{E})$ mit $|V| = n$ können des Weiteren eine Reihe unterschiedlicher Matrizen herangezogen werden. Im Einzelnen sind dies

- die Adjazenzmatrix,

- die Erreichbarkeitsmatrix,

- die Bewertungsmatrix,

- die Vorgängermatrix,

- die Entfernungsmatrix und

- die Wegematrix.

Eine **Adjazenzmatrix** A enthält nur Nullen und Einsen, wobei mit der Zahl 1 angegeben wird, welche Pfeile existierten, d. h.

$$A = \left(a_{ij}\right)_{n,n} \text{ mit } a_{ij} = \begin{cases} 1 & \text{falls } (i,j) \in \vec{E} \\ 0 & \text{sonst} \end{cases} \,.$$

Eine Nullzeile in A gibt folglich eine Senke an, da kein Pfeil vom entsprechenden Knoten weg geht. Umgekehrt bedeutet eine Nullspalte, dass der entsprechende Knoten eine Quelle ist. Durch Übertragen der Einsen aus A und Prüfung aller möglichen Umwege zwischen zwei Knoten kommt man zur **Erreichbarkeitsmatrix** B, die wie folgt definiert ist:

$$B = \left(b_{ij}\right)_{n,n} \text{ mit } b_{ij} = \begin{cases} 1 & \text{falls } i \rightsquigarrow j \text{ oder } i = j \\ 0 & \text{sonst} \end{cases}$$

Durch das Einführen von **Pfeilbewertungen** $c(i, j)$, die eine Abbildung $c : \vec{E} \rightarrow \mathbb{R}$ der Pfeilmenge in die reellen Zahlen darstellen, können dann auch **Wegbewertungen** $c(i_0 \rightsquigarrow i_m)$ gemäß

$$c\left(i_0 \rightsquigarrow i_m\right) = \sum_{\mu=1}^{m} c(i_{\mu-1}, i_\mu)$$

vorgenommen werden. Dabei erfolgt eine Addition aller Pfeilbewertungen auf dem jeweiligen Weg. Die Zusammenfassung aller Pfeilbewertungen erfolgt in der **Bewertungsmatrix C**, die für minimale Wege wie folgt definiert ist:

$$C = \left(c_{ij} \right)_{n,n} \text{ mit } c_{ij} = \begin{cases} 0 & \text{für } i = j \\ c(i,j) & \text{für } (i,j) \in \vec{E} \\ \infty & \text{sonst} \end{cases}$$

Falls maximale Wege bestimmt werden sollen, dann muss das Zeichen ∞ durch $-\infty$ ersetzt werden. Schließlich kann für einen Digraph noch eine **Vorgängermatrix V** definiert werden, die sich gemäß

$$V = \left(v_{ij} \right)_{n,n} \text{ mit } v_{ij} = \begin{cases} i & \text{für } i = j \text{ oder } (i,j) \in \vec{E} \\ \infty & \text{sonst} \end{cases}$$

ergibt. Diese Matrix gibt für alle Pfeile der Pfeilmenge jeweils den Startknoten des Pfeils an, der damit den unmittelbaren Vorgänger auf den direkten Wegen zwischen zwei Knoten darstellt.

Ein **kürzester Weg** von Knoten i_0 nach Knoten i_m, bezeichnet mit $i_0 \rightarrow i_m$, ist dann gefunden, wenn $c(i_0 \rightarrow i_m) = \min c(i_0 \rightsquigarrow i_m)$ gilt. Alternativ kann hier auch eine Maximierung vorgenommen werden, wenn der maximale Weg gesucht ist. Die Zusammenstellung der optimalen Wege der Knoten untereinander ergibt dann die sogenannte **Entfernungsmatrix D**, die für minimale Wege wie folgt definiert ist:

$$D = \left(d_{ij} \right)_{n,n} \text{ mit } d_{ij} = \begin{cases} 0 & \text{für } i = j \\ c(i \rightarrow j) & \text{für } i \rightsquigarrow j \\ \infty & \text{sonst} \end{cases}$$

Die genaue Pfeilfolge auf dem optimalen Weg kann aus der **Wegematrix W** abgelesen werden, die sich gemäß

$$W = \left(w_{ij} \right)_{n,n} \text{ mit } w_{ij} = \begin{cases} i & \text{für } i = j \\ k & \text{für } i \neq j, i \rightsquigarrow j, k \in V(j) \text{ auf } i \rightarrow j \\ \infty & \text{sonst} \end{cases}$$

ergibt. Diese Matrix gibt den unmittelbaren Vorgänger auf dem optimalen Weg zwischen jeweils zwei Knoten an. Zur Bestimmung der Matrizen D und W und damit zur Bestimmung von minimalen oder maximalen Wegen sowie der zugehörigen Pfeilfolgen in einem Digraphen kann der sogenannte **Tripelalgorithmus** zur Anwendung kommen, der im nächsten Abschnitt vorgestellt wird. An dieser Stelle soll mit dem nachfolgenden Beispiel daher nur auf die Matrizen A, B, C und V eingegangen werden.

Beispiel:

Für den aus der Abbildung 6.7 bekannten Digraphen liegen die in der Abbildung 6.8 mit angegebenen Fahrtzeiten auf den direkten Verbindungen zwischen den Orten vor.

Abbildung 6.8   Digraph mit Pfeilbewertungen

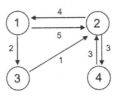

Quelle: Eigene Darstellung

Zunächst werden für den Digraphen die Adjazenz- und die Erreichbarkeitsmatrix bestimmt, die sich wie folgt ergeben:

$$A = \begin{pmatrix} 0 & 1 & 1 & 0 \\ 1 & 0 & 0 & 1 \\ 0 & 1 & 0 & 0 \\ 0 & 1 & 0 & 0 \end{pmatrix}, \; B = \begin{pmatrix} 1 & 1 & 1 & 1 \\ 1 & 1 & 1 & 1 \\ 1 & 1 & 1 & 1 \\ 1 & 1 & 1 & 1 \end{pmatrix}$$

Die Erreichbarkeitsmatrix enthält ausnahmslos Einsen, da alle Knoten gegenseitig erreichbar sind, man spricht hier auch von einem **stark zusammenhängenden** Digraphen. Schließlich können auch noch die Bewertungs- und die Vorgängermatrix gemäß

$$C = \begin{pmatrix} 0 & 5 & 2 & \infty \\ 4 & 0 & \infty & 3 \\ \infty & 1 & 0 & \infty \\ \infty & 3 & \infty & 0 \end{pmatrix} \text{ und } V = \begin{pmatrix} 1 & 1 & 1 & \infty \\ 2 & 2 & \infty & 2 \\ \infty & 3 & 3 & \infty \\ \infty & 4 & \infty & 4 \end{pmatrix}$$

ermittelt werden, wobei sich die Darstellung von C auf den Fall der Bestimmung minimaler Wege bezieht.

6.3   Tripelalgorithmus

Zur Bestimmung optimaler Wege in einem Digraphen wird nachfolgend der **Tripelalgorithmus** vorgestellt. Die Idee hinter dem Algorithmus ist relativ einfach und wird in der Abbildung 6.9 kurz illustriert: Man untersucht für jedes Tripel von Knoten (i, j, k), ob der Umweg über den Knoten k, also $i \rightsquigarrow k \rightsquigarrow j$ günstiger ist als der bisher beste Weg von $i \rightsquigarrow j$. Damit findet also ein Vergleich der bisher besten bekannten Wegbewertung $c(i \rightsquigarrow j)$ mit der Wegbewertung $c(i \rightsquigarrow k) + c(k \rightsquigarrow j)$ über den Umwegknoten k statt.

Abbildung 6.9   Idee des Tripelalgorithmus

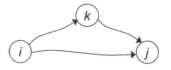

Quelle: Eigene Darstellung

Den Ausgangspunkt für den Tripelalgorithmus stellt damit ein bewerteter Digraph mit n Knoten und der Bewertungsmatrix C dar. Im Ergebnis resultieren dann die Entfernungsmatrix $D = (d_{ij})_{n,n}$ mit d_{ij} als Länge des optimalen Weges von i nach j sowie die entsprechende Wegematrix $W = (w_{ij})_{n,n}$ mit w_{ij} als direktem Vorgängerknoten von j auf dem optimalen Weg von i nach j. Im Rahmen der Optimierung kann sowohl eine Minimierung als auch eine Maximierung durchgeführt werden. Für die Bestimmung minimaler Wege ergibt sich der **Ablauf des Tripelalgorithmus** wie folgt:

0.   Gegeben sei ein bewerteter Digraph mit der Bewertungsmatrix C.

$$\text{Setze } D^0 = \left(d_{ij}^0\right)_{n,n} = C, \text{ d. h. } d_{ij}^0 = \begin{cases} 0 & \text{für } i = j \\ c(i,j) & \text{für } (i,j) \in \vec{E} \\ \infty & \text{sonst} \end{cases}$$

1.   Bestimme die Vorgängermatrix gemäß

$$V = W^0 = \left(w_{ij}^0\right)_{n,n} \text{ mit } w_{ij}^0 = \begin{cases} i & \text{für } i = j \text{ oder } (i,j) \in \vec{E} \\ \infty & \text{sonst} \end{cases}$$

2.   Berechne für $k = 1, ..., n$:

$$d_{ij}^k = \begin{cases} d_{ij}^{k-1} & \text{für } i = k \text{ oder } j = k \\ \min\left\{d_{ij}^{k-1}, d_{ik}^{k-1} + d_{kj}^{k-1}\right\} & \text{sonst} \end{cases} \quad \text{und } w_{ij}^k = \begin{cases} w_{ij}^{k-1} & \text{für } d_{ij}^k = d_{ij}^{k-1} \\ w_{kj}^{k-1} & \text{für } d_{ij}^k < d_{ij}^{k-1} \end{cases}$$

3. D^n ist dann die Entfernungsmatrix D und W^n die Wegematrix $W = (w_{ij}^n)_{n,n}$, für die gilt:

$$w_{ij}^n = \begin{cases} i & \text{für } i = j \\ k & \text{für } i \neq j, i \rightsquigarrow j, k \in V(j) \text{ auf } i \rightarrow j \\ \infty & \text{sonst} \end{cases}$$

Falls der Tripelalgorithmus zur Bestimmung maximaler Wege verwendet werden soll, dann müssen in Schritt 0 in C und damit auch in D^0 das Zeichen ∞ durch $-\infty$ und in Schritt 2 die Minimierung durch die Maximierung ersetzt werden.

Beispiel:

Auf Basis des Digraphen der Abbildung 6.8 und den im Beispiel des vorherigen Abschnitts bereits bestimmten Matrizen C und V (im Fall der Bestimmung minimaler Wege) ist die Startkonfiguration für den Tripelalgorithmus wie folgt gegeben (Schritte 0 und 1):

$$C = \begin{pmatrix} 0 & 5 & 2 & \infty \\ 4 & 0 & \infty & 3 \\ \infty & 1 & 0 & \infty \\ \infty & 3 & \infty & 0 \end{pmatrix} = D^0, V = \begin{pmatrix} 1 & 1 & 1 & \infty \\ 2 & 2 & \infty & 2 \\ \infty & 3 & 3 & \infty \\ \infty & 4 & \infty & 4 \end{pmatrix} = W^0$$

In Schritt 3 ist nun der Umweg über den ersten Knoten $k = 1$ zu prüfen. Damit werden sich die Werte in der ersten Zeile und der ersten Spalte der Matrix D^0 (oben fett hervorgehoben) sowie die Werte in der Hauptdiagonalen nicht verändern, so dass diese Werte direkt in die Folgematrix D^1 übertragen werden können. Für alle anderen Werte in D^0 ist dann zu prüfen, ob die Summe der korrespondierenden Werte aus erster Spalte und erster Zeile kleiner als der jeweilige Wert ist. Beispielsweise ist $d_{23}^0 = \infty$ und die korrespondierenden Werte der ersten Spalte und der ersten Zeile sind mit $d_{21}^0 = 4$ und $d_{13}^0 = 2$ gegeben. Die Summe ist mit 6 somit kleiner als der bisherige Wert und kann in die Matrix D^1 übertragen werden. Der Umweg über den Knoten 1 führt hier also zu einer Verbesserung. Weitere Verbesserungen sind allerdings nicht mehr möglich, da in der ersten Spalte $d_{31}^0 = d_{41}^0 = \infty$ und in der ersten Zeile $d_{14}^0 = \infty$ gilt. Für den Fall einer Verbesserung muss nun der unmittelbare Vorgänger auf dem günstigsten Weg angepasst werden. Da nur $d_{23}^1 = 6$ verbessert wurde, wird $w_{23}^1 = 1$ gesetzt, alle anderen Werte in W^1 können aus W^0 übernommen werden. Der Wert für w_{23}^1 resultiert dadurch, dass $w_{23}^1 = w_{13}^0 = 1$ gesetzt wird, da der Knoten 1 der unmittelbare Vorgänger auf dem Weg zu Knoten 3 ist. Insgesamt ergeben sich dann die folgenden Matrizen D^1 und W^1:

$$D^1 = \begin{pmatrix} 0 & 5 & 2 & \infty \\ 4 & 0 & 6 & 3 \\ \infty & 1 & 0 & \infty \\ \infty & 3 & \infty & 0 \end{pmatrix}, W^1 = \begin{pmatrix} 1 & 1 & 1 & \infty \\ 2 & 2 & 1 & 2 \\ \infty & 3 & 3 & \infty \\ \infty & 4 & \infty & 4 \end{pmatrix}$$

Der Umweg über den Knoten $k = 2$ führt jetzt zu deutlich mehr Verbesserungen, wie schon anhand der fett hervorgehobenen zweiten Spalte und zweiten Zeile in D^1 sehen ist. Auch hier können die Werte in der zweiten Spalte und der zweiten Zeile sowie die Werte in der Hauptdiagonalen direkt in die Folgematrix D^2 übertragen werden. Für die restlichen Werte resultieren mit einer Ausnahme ($d_{13}^1 = 2 < 5 + 6 = 11$) nur Verbesserungen, wie die folgenden Berechnungen zeigen: $d_{14}^2 = 5 + 3 = 8 < d_{14}^1 = \infty$, $d_{31}^2 = 1 + 4 = 5 < d_{31}^1 = \infty$, $d_{34}^2 = 1 + 3 = 4 < d_{34}^1 = \infty$, $d_{41}^2 = 3 + 4 = 7 < d_{41}^1 = \infty$, $d_{43}^2 = 3 + 6 = 9 < d_{43}^1 = \infty$. Folglich können sich auch nur die korrespondierenden Werte in W^2 ändern und es werden die in der zweiten Zeile von W^1 stehenden

Knoten jeweils spaltenkonform in die Matrix W^2 übertragen, d. h. $w_{14}^2 = w_{24}^1 = 2$, $w_{31}^2 = w_{21}^1 = 2$, $w_{34}^2 = w_{24}^1 = 2$, $w_{41}^2 = w_{21}^1 = 2$ und $w_{43}^2 = w_{23}^1 = 1$, so dass die nachfolgend angegebenen Matrizen D^2 und W^2 resultieren:

$$D^2 = \begin{pmatrix} 0 & 5 & 2 & 8 \\ 4 & 0 & 6 & 3 \\ 5 & 1 & 0 & 4 \\ 7 & 3 & 9 & 0 \end{pmatrix}, W^2 = \begin{pmatrix} 1 & 1 & 1 & 2 \\ 2 & 2 & 1 & 2 \\ 2 & 3 & 3 & 2 \\ 2 & 4 & 1 & 4 \end{pmatrix}$$

Nach gleichem Schema können auch noch die Umwege über die Knoten $k = 3$ und $k = 4$ geprüft werden, wobei auf eine detaillierte Darstellung an dieser Stelle verzichtet wird und nur die Ergebnisse dargestellt sind:

$$D^3 = \begin{pmatrix} 0 & 3 & 2 & 6 \\ 4 & 0 & 6 & 3 \\ 5 & 1 & 0 & 4 \\ 7 & 3 & 9 & 0 \end{pmatrix}, W^3 = \begin{pmatrix} 1 & 3 & 1 & 2 \\ 2 & 2 & 1 & 2 \\ 2 & 3 & 3 & 2 \\ 2 & 4 & 1 & 4 \end{pmatrix}$$

$$D^4 = \begin{pmatrix} 0 & 3 & 2 & 6 \\ 4 & 0 & 6 & 3 \\ 5 & 1 & 0 & 4 \\ 7 & 3 & 9 & 0 \end{pmatrix} = D, W^4 = \begin{pmatrix} 1 & 3 & 1 & 2 \\ 2 & 2 & 1 & 2 \\ 2 & 3 & 3 & 2 \\ 2 & 4 & 1 & 4 \end{pmatrix} = W$$

Abschließend soll für dieses Beispiel noch kurz auf die Interpretation der Ergebnisse eingegangen werden. Beispielsweise weist der kürzeste Weg von Knoten 1 zu Knoten 4 eine Länge von 6 Entfernungseinheiten auf, da $d_{14} = 6$ ist. Der Weg selbst kann aus der Wegematrix ermittelt werden. Aufgrund $w_{14} = 2$ ist der unmittelbare Vorgänger auf dem Weg zu Knoten 4 der Knoten 2, also 1 ⤳ 2, 4. Mit $w_{12} = 3$ resultiert der Knoten 3 als unmittelbarer Vorgänger auf dem Weg zu Knoten 2, also 1 ⤳ 3, 2, 4. Schließlich liefert $w_{13} = 1$ das finale Ergebnis, so dass der kürzeste Weg von Knoten 1 zu Knoten 4 der Pfeilfolge (1, 3, 2, 4) entspricht.

6.4   Übungsaufgaben zur Graphentheorie

Nachfolgend finden sich zwei Übungsaufgaben zur Graphentheorie. Bei den Übungsaufgaben ist auch jeweils der Themenbereich angegeben, auf den sich diese Aufgabe im Wesentlichen bezieht. Des Weiteren ist im Anschluss an die jeweilige Aufgabe auch eine Lösung dargestellt. Dabei ist zu beachten, dass es sich um einen Lösungsvorschlag handelt und manchmal auch andere Lösungswege denkbar wären.

Aufgabe 1:   **(Grundlagen und Grundbegriffe)**

Ein Transportunternehmen fährt zwischen fünf Orten. Der folgende bewertete gerichtete Graph gibt die bestehenden Verbindungen zwischen den Orten wieder, wobei die Pfeilbewertung die Fahrzeit angibt.

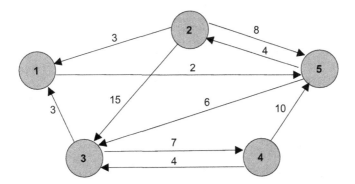

a)   Bestimmen Sie die Adjazenzmatrix, die Erreichbarkeitsmatrix sowie die Bewertungs-
     matrix.

b)   Bestimmen Sie den zeitkürzesten Weg zwischen Ort 2 und Ort 3.

Lösung zur Aufgabe 1:

a)   Für den in der Aufgabe gegebenen Graphen ergeben sich die Adjazenz-, die Erreichbar-
     keits- sowie die Bewertungsmatrix folgendermaßen:

$$A = \begin{pmatrix} 0 & 0 & 0 & 0 & 1 \\ 1 & 0 & 1 & 0 & 1 \\ 1 & 0 & 0 & 1 & 0 \\ 0 & 0 & 1 & 0 & 1 \\ 0 & 1 & 1 & 0 & 0 \end{pmatrix}, B = \begin{pmatrix} 1 & 1 & 1 & 1 & 1 \\ 1 & 1 & 1 & 1 & 1 \\ 1 & 1 & 1 & 1 & 1 \\ 1 & 1 & 1 & 1 & 1 \\ 1 & 1 & 1 & 1 & 1 \end{pmatrix}, C = \begin{pmatrix} 0 & \infty & \infty & \infty & 2 \\ 3 & 0 & 15 & \infty & 8 \\ 3 & \infty & 0 & 7 & \infty \\ \infty & \infty & 4 & 0 & 10 \\ \infty & 4 & 6 & \infty & 0 \end{pmatrix}$$

b)   Für die Bestimmung des zeitkürzesten Wegs zwischen Ort 2 und Ort 3 können die mög-
     lichen Wege anhand des Graphen bestimmt und die benötigte Zeit berechnet werden.
     Folgende Wege werden zur Bestimmung des zeitkürzesten Wegs betrachtet:

$$c(2 \to 3) = \begin{cases} 15 & \text{für } 2,3 \\ 8 + 6 = 14 & \text{für } 2,5,3 \\ 3 + 2 + 6 = 11 & \text{für } 2,1,5,3 \qquad \Leftarrow \min \end{cases}$$

Es wird ersichtlich, dass der Weg von Ort 2 über Ort 1, Ort 5 und schließlich Ort 3 am zeitkürzesten ist. Alle weiteren Wege hätten Zyklen beinhaltet und damit mehr Zeit beansprucht.

Aufgabe 2:   (Tripelalgorithmus)

Das Straßensystem eines kleinen Ortes sei durch die nachfolgende Matrix gegeben, aus der
die direkten Entfernungen zwischen fünf Ortsteilen zu entnehmen sind.

Ortsteil	1	2	3	4	5
1	0	2	∞	∞	∞
2	2	0	2	∞	7
3	∞	∞	0	∞	8
4	3	∞	9	0	∞
5	∞	7	∞	3	0

a) Stellen Sie den Sachverhalt graphisch dar. Welche Straßen sind vermutlich Einbahnstraßen?

b) Berechnen Sie mit Hilfe des Tripelalgorithmus die kürzesten Entfernungen zwischen allen angegebenen Ortsteilen.

c) In welchem Ortsteil sollte ein Einkaufszentrum errichtet werden, damit die Gesamtfahrstrecke aller Einkäufe möglichst klein wird, wenn aus den Ortsteilen 1, 2, und 3 je 1.000 Einkäufe täglich erfolgen, aus den Ortsteilen 4 und 5 je 2.000?

d) In welchem Ortsteil sollte eine Feuerwehr stationiert werden, damit sie im Brandfall möglichst schnell zu dem von ihr am weitesten entfernten Ortsteil gelangen kann?

Lösung zur Aufgabe 2:

a) Anhand der Bewertungsmatrix ergibt sich der folgende Digraph:

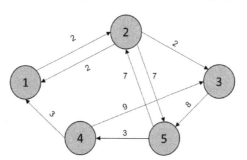

Demzufolge sind die Straßen: $(2, 3)$, $(3, 5)$, $(4, 1)$, $(4, 3)$ und $(5, 4)$ Einbahnstraßen.

b) Auf Basis der Bewertungsmatrix aus der Aufgabenstellung ergibt sich die Startkonfiguration D^0 für den Tripelalgorithmus. Außerdem können anhand der Bewertungsmatrix die Vorgängermatrix und darauf aufbauend die Startkonfiguration der Wegematrix W^0 bestimmt werden. Im dritten Schritt können dann die folgenden Entfernungs- und Wegematrizen ermittelt werden. Dabei sind die Änderungen, welche sich durch die Überprüfung der Umwege über die Knoten $k = 1, \ldots, 5$ ergeben, fett hervorgehoben.

$$C = \begin{array}{c|ccccc} \text{Ortsteil} & 1 & 2 & 3 & 4 & 5 \\ \hline 1 & 0 & 2 & \infty & \infty & \infty \\ 2 & 2 & 0 & 2 & \infty & 7 \\ 3 & \infty & \infty & 0 & \infty & 8 \\ 4 & 3 & \infty & 9 & 0 & \infty \\ 5 & \infty & 7 & \infty & 3 & 0 \end{array} = D^0$$

$$V = \begin{array}{c|ccccc} \text{Ortsteil} & 1 & 2 & 3 & 4 & 5 \\ \hline 1 & 1 & 1 & \infty & \infty & \infty \\ 2 & 2 & 2 & 2 & \infty & 2 \\ 3 & \infty & \infty & 3 & \infty & 3 \\ 4 & 4 & \infty & 4 & 4 & \infty \\ 5 & \infty & 5 & \infty & 5 & 5 \end{array} = W^0$$

$$D^1 = \begin{pmatrix} 0 & 2 & \infty & \infty & \infty \\ 2 & 0 & 2 & \infty & 7 \\ \infty & \infty & 0 & \infty & 8 \\ 3 & 5 & 9 & 0 & \infty \\ \infty & 7 & \infty & 3 & 0 \end{pmatrix} \qquad W^1 = \begin{pmatrix} 1 & 1 & \infty & \infty & \infty \\ 2 & 2 & 2 & \infty & 2 \\ \infty & \infty & 3 & \infty & 3 \\ 4 & 1 & 4 & 4 & \infty \\ \infty & 5 & \infty & 5 & 5 \end{pmatrix}$$

$$D^2 = \begin{pmatrix} 0 & 2 & 4 & \infty & 9 \\ 2 & 0 & 2 & \infty & 7 \\ \infty & \infty & 0 & \infty & 8 \\ 3 & 5 & 7 & 0 & 12 \\ 9 & 7 & 9 & 3 & 0 \end{pmatrix} = D^3 \qquad W^2 = \begin{pmatrix} 1 & 1 & 2 & \infty & 2 \\ 2 & 2 & 2 & \infty & 2 \\ \infty & \infty & 3 & \infty & 3 \\ 4 & 1 & 2 & 4 & 2 \\ 2 & 5 & 2 & 5 & 5 \end{pmatrix} = W^3$$

$$D^4 = \begin{pmatrix} 0 & 2 & 4 & \infty & 9 \\ 2 & 0 & 2 & \infty & 7 \\ \infty & \infty & 0 & \infty & 8 \\ 3 & 5 & 7 & 0 & 12 \\ 6 & 7 & 9 & 3 & 0 \end{pmatrix} \qquad W^4 = \begin{pmatrix} 1 & 1 & 2 & \infty & 2 \\ 2 & 2 & 2 & \infty & 2 \\ \infty & \infty & 3 & \infty & 3 \\ 4 & 1 & 2 & 4 & 2 \\ 4 & 5 & 2 & 5 & 5 \end{pmatrix}$$

$$D^5 = \begin{pmatrix} 0 & 2 & 4 & 12 & 9 \\ 2 & 0 & 2 & 10 & 7 \\ 14 & 15 & 0 & 11 & 8 \\ 3 & 5 & 7 & 0 & 12 \\ 6 & 7 & 9 & 3 & 0 \end{pmatrix} = D \qquad W^5 = \begin{pmatrix} 1 & 1 & 2 & 5 & 2 \\ 2 & 2 & 2 & 5 & 2 \\ 4 & 5 & 3 & 5 & 3 \\ 4 & 1 & 2 & 4 & 2 \\ 4 & 5 & 2 & 5 & 5 \end{pmatrix} = W$$

c) Damit die Gesamtfahrtstrecke aller Einkäufe möglichst klein wird, ist zu überprüfen, welche Gesamtfahrtstrecken aus der Anzahl der Einkäufe und den Entfernungen zwischen den Ortsteilen resultieren. In der folgenden Hilfstabelle werden die einzelnen Fälle betrachtet, in dem das Einkaufszentrum in den Ortsteilen 1 bis 5 errichtet wird. Auf Basis der in b) bestimmten Entfernungsmatrix sowie der Anzahl an Einkäufen ergibt sich die jeweilige Gesamtfahrtstrecke. Dazu wird in der ersten Spalte bestimmt, in welchen Ortsteil das Einkaufszentrum errichtet wird. In der zweiten Spalte wird die benötigte Fahrtstrecke für den Hinweg und in der dritten Spalte die benötigte Fahrtstrecke für den Rückweg berechnet. Diese können unterschiedlich ausfallen und sind entsprechend zu beachten. In der letzten Spalte ist die Gesamtfahrtstrecke nach der Errichtung in den jeweiligen Ortsteilen zu sehen.

EZ	Fahrtstrecke hin	Fahrtstrecke zurück	Σ
1	$(0+2+14)\cdot 1000+(3+6)\cdot 2000 = 34000$	$(0+2+4)\cdot 1000+(12+9)\cdot 2000 = 48000$	82000
2	$(2+0+15)\cdot 1000+(5+7)\cdot 2000 = 41000$	$(2+0+2)\cdot 1000+(10+7)\cdot 2000 = 38000$	79000
3	$(4+2+0)\cdot 1000+(7+9)\cdot 2000 = 38000$	$(14+15+0)\cdot 1000+(11+8)\cdot 2000 = 67000$	105000
4	$(12+10+11)\cdot 1000+(0+3)\cdot 2000 = 39000$	$(3+5+7)\cdot 1000+(0+12)\cdot 2000 = 39000$	78000
5	$(9+7+8)\cdot 1000+(12+0)\cdot 2000 = 48000$	$(6+7+9)\cdot 1000+(3+0)\cdot 2000 = 28000$	76000

Aus der Tabelle geht hervor, dass die Gesamtfahrtstrecke mit der Errichtung des Einkaufszentrums in Ortsteil 5 am kleinsten ist.

d) Zur Bestimmung des Ortsteils, welcher für die Stationierung der Feuerwehr geeignet ist, muss der von dem jeweiligen Ortsteil am weitest entfernteste Ortsteil bestimmt werden. Dazu wird in der nachfolgenden Hilfstabelle die jeweilige maximale Entfernung festgehalten.

Feuerwehr in	1	2	3	4	5
max. Entfernung	12	10	15	12	9

Die maximalen Entfernungen können zeilenweise anhand der in b) bestimmten Entfernungsmatrix ermittelt werden. Aus der Tabelle wird ersichtlich, dass die maximale Entfernung von Ortsteil 5 zu dem von ihm am weitesten entfernten Ortsteil am kleinsten ist. Damit sollte die Feuerwehr in Ortsteil 5 stationiert werden.

6.5   Literaturhinweise

Die Grundlagen der Graphentheorie sind in den meisten Standardwerken des Operations Research enthalten. Zu nennen sind in diesem Zusammenhang die Publikationen von Domschke et al. (2015a), Gohout (2013), Grimme und Bossek (2018), Grundmann (2002), Heinrich (2013), Müller-Merbach (1973), Neumann und Morlock (2002), Nickel et al. (2014), Runzheimer (1999), Runzheimer et al. (2005), Werners (2013) und Zimmermann (2008). Darüber hinaus kann auf die Arbeiten von Diestel (2017), Nitzsche (2009), Stegbauer und Häußling (2010) sowie Tittmann (2022) verwiesen werden, die sich speziell mit der Graphentheorie beschäftigen.

In den meisten der oben genannten Publikationen wird auch der Tripelalgorithmus ausführlich dargestellt. Detaillierte betriebliche Anwendungsbeispiele der Graphentheorie sind des Weiteren bei Aldous und Wilson (2000), Lasch (2020), Lasch und Schulte (2021), Neumann (2005) und Warmer (2018) zu finden. Schließlich können Übungsaufgaben zur Graphentheorie den Arbeiten von Domschke et al. (2015b), Domschke und Scholl (2010), Gohout (2013), Grimme und Bossek (2018), Heinrich (2013), Heinrich und Grass (2006), Homburg (2000) sowie Zimmermann (2008) entnommen werden.

7 Grundbegriffe und Darstellungsformen für Netzpläne

Die Netzplantechnik dient der Strukturierung, Planung, Steuerung und Überwachung von Projekten. **Projekte** selbst sind Vorhaben, die aus zeitbeanspruchenden Tätigkeiten mit entsprechenden Anordnungsbeziehungen und Ergebnissen bestehen. Die zeitbeanspruchende Handlung wird auch als **Vorgang** bezeichnet und besitzt einen definierten Anfang und ein definiertes Ende. Schließlich stellt ein **Ereignis** noch einen Zeitpunkt dar, der das Eintreten eines bestimmten Projektzustands markiert. Damit sind auch Anfangs- und Endzeitpunkte eines Vorgangs entsprechende Ereignisse.

Zur graphentheoretischen Darstellung von Projekten werden Netzpläne herangezogen. Ein **Netzplan** selbst ist ein bewerteter Digraph mit genau einer Quelle q und genau einer Senke s. Zudem gilt für alle Knoten $j \in V$, dass ein Weg $q \rightsquigarrow j \rightsquigarrow s$ existiert. Abhängig davon, ob die Vorgänge in einem Netzplan als Pfeile oder Knoten dargestellt werden, unterscheidet man Vorgangspfeil- und Vorgangsknotennetze. **Vorgangspfeilnetze** haben den Vorteil, dass zur Darstellung von Projekten meist weniger Knoten im Netzplan benötigt werden und damit umfangreiche Projekte im Allgemeinen übersichtlicher sind. Dafür ist der Netzentwurf oft schwieriger, es sind gegebenenfalls Scheinvorgänge notwendig und es können nur Minimalbedingungen für die zeitliche Abfolge berücksichtigt werden. Bei **Vorgangsknotennetzen** liegt der Vorteil im einfacheren Netzentwurf sowie der Möglichkeit, sowohl Minimal- als auch Maximalbedingungen für die zeitliche Abfolge der Vorgänge zu definieren. Als Nachteil muss allerdings festgehalten werden, dass entsprechende Netze meist umfangreicher aufgrund einer größeren Anzahl von Knoten werden.

Nachfolgend werden in Abschnitt 7.1 zunächst Vorgangspfeilnetze ausführlicher betrachtet. Der Abschnitt 7.2 widmet sich dann den Vorgangsknotennetzen. In Abschnitt 7.3 sind Übungsaufgaben zur Erstellung von Netzplänen enthalten und in Abschnitt 7.4 werden schließlich noch einige Literaturhinweise zu diesem Themenbereich gegeben.

7.1 Vorgangspfeilnetze

Ein **Vorgangspfeilnetz** ist ein System aus Knoten, Pfeilen und Pfeilbewertungen, wobei die Pfeile die Vorgänge und die Knoten Ereignisse darstellen. Damit ist ein Vorgangspfeilnetz ereignisorientiert, da die Vorgänge Geschehnisse zwischen einzelnen Ereignissen sind und in diesem Fall beispielsweise der Projektfortschritt gut kontrolliert werden kann. Formal ergibt sich für ein Vorgangspfeilnetz die folgende Formulierung:

$$\vec{G} = (V, \vec{E}, c) \text{ ohne Zyklen mit } c : \vec{E} \to \mathbb{R}_+ \text{ und}$$

$$V = \{1, \dots, n\}, \vec{E} = \{(i, j) \in V \times V : \text{ von } i \text{ führt ein Pfeil nach } j\}$$

© Springer Fachmedien Wiesbaden GmbH, ein Teil von Springer Nature 2022
U. Bankhofer, *Quantitative Unternehmensplanung*, Studienbücher
Wirtschaftsmathematik, https://doi.org/10.1007/978-3-8348-2466-0_7

Die graphische Darstellung eines Vorgangs kann der Abbildung 7.1 entnommen werden. Ausgehend vom Anfangsereignis i und dem Endereignis j stellt der Pfeil (i, j) den Vorgang a_μ dar. Die Vorgangsbezeichnung wird dabei typischerweise oberhalb des Pfeils abgetragen, während die Pfeilbewertung unterhalb des Pfeils steht. In der Abbildung 7.1 wurde die Pfeilbewertung dabei gleich der Vorgangsdauer, also $c(i, j) = d(a_\mu)$ gesetzt. Im Fall einer sogenannten **Anfangsfolge** gibt die Pfeilbewertung dann den frühestens Startzeitpunkt nachfolgender Vorgänge nach Start des Vorgangs a_μ an. Dies bedeutet bei einer Bewertung mit der Vorgangsdauer, dass nachfolgende Vorgänge erst beginnen können, wenn vorherige Vorgänge beendet sind. Dies wird meist so angenommen, wenn nichts anderes gegeben ist. Allerdings können auch abweichende Pfeilbewertungen vorgenommen werden, die dann gegebenen Minimalbedingungen (frühester Beginn nachfolgender Vorgänge nach Beginn des Vorgangs) entsprechen.

Abbildung 7.1   Darstellung von Vorgängen im Vorgangspfeilnetz

---

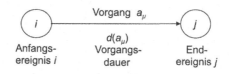

Anfangs-   Vorgangs-   Endereignis i dauer   ereignis j

Quelle: Eigene Darstellung

Neben der Anfangsfolge, die in allen nachfolgenden Darstellungen ausnahmslos verwendet wird, könnten auch die End-, Normal- oder Sprungfolge verwendet werden. Bei einer **Endfolge** gibt die Pfeilbewertung $c(i, j)$ den frühesten Endzeitpunkt nachfolgender Vorgänge nach Ende des Vorgangs (i, j) an. Demgegenüber ist eine **Normalfolge** so definiert, dass die Pfeilbewertung $c(i, j)$ den frühesten Endzeitpunkt nachfolgender Vorgänge nach Start des Vorgangs (i, j) entspricht. Schließlich gibt die Pfeilbewertung $c(i, j)$ bei einer **Sprungfolge** an, wann nachfolgende Vorgänge nach Ende des Vorgangs (i, j) frühestmöglich starten können.

Zur **Konstruktion von Vorgangspfeilnetzen** können die in der Abbildung 7.2 dargestellten Regeln verwendet werden. Gemäß Regel 1 kann ein nachfolgender Vorgang a_3, der zwei Vorgänger a_1 und a_2 hat, direkt an den Endknoten dieser beiden Vorgänge angefügt werden. Der umgekehrte Fall, dass zwei Vorgänge a_2 und a_3 Nachfolger eines Vorgangs a_1 sind, ist mit der Regel 2 abgebildet. Falls ein Vorgang a_4 zwei Vorgänger a_2 und a_3 besitzt und diese jeweils den Vorgänger a_1 haben, dann kann dieser Sachverhalt gemäß Regel 3 dargestellt werden. Dabei ist zu beachten, dass ein Scheinvorgang s mit einer Dauer von 0 Zeiteinheiten eingeführt werden muss, um parallele Pfeile zu vermeiden. Mit der Regel 4 wird der Fall abgebildet, dass die Vorgänge a_3 und a_4 jeweils zwei Vorgänger a_1 und a_2 besitzen. Die Regel 5 beinhalten den in einem Vorgangspfeilnetz schwieriger darzustellenden Fall, dass a_3 Nachfolger von a_1 und a_2 ist, während a_4 nur a_2 als Vorgänger hat. Auch hier muss wiederum ein Scheinvorgang s eingefügt werden, um die gegebene Situation zum Ausdruck bringen zu können.

Abschließend werden mit den Regeln 6a und 6b noch die Sachverhalte abgebildet, dass ein Projekt gleichzeitig mit jeweils zwei Vorgängen startet bzw. beendet wird.

Abbildung 7.2   Konstruktion von Vorgangspfeilnetzen

---

1. a_3 ist Nachfolger von a_1, a_2
   a_1, a_2 sind Vorgänger von a_3

2. a_2, a_3 sind Nachfolger von a_1
   a_1 ist Vorgänger von a_2, a_3

3. a_4 ist Nachfolger von a_2, a_3
   a_2, a_3 sind Nachfolger von a_1
   a_1 ist Vorgänger von a_2, a_3
   a_2, a_3 sind Vorgänger von a_4

4. a_3, a_4 sind Nachfolger von a_1, a_2
   a_1, a_2 sind Vorgänger von a_3, a_4

5. a_3 ist Nachfolger von a_1, a_2
   a_4 ist Nachfolger von a_2
   a_1 ist Vorgänger von a_3
   a_2 ist Vorgänger von a_3, a_4

6a. Projektstart:
   a_1, a_2 starten gleichzeitig
6b. Projektende:
   a_3, a_4 enden gleichzeitig

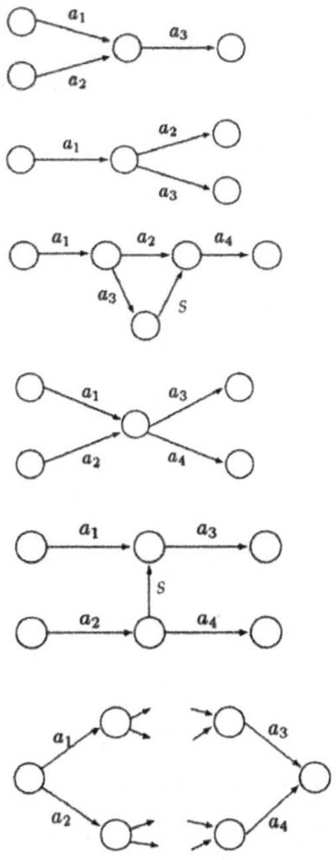

Quelle: in Anlehnung an Hauke und Opitz, 2003

Zur **Erstellung eines Vorgangspfeilnetzes** muss zunächst das vorliegende Projekt definiert werden. Anschließend sind die einzelnen Aktivitäten, Arbeitsschritte oder Teilaufgaben als Vorgänge festzulegen. Auf Basis der zu diskutierenden Vorgänger-/Nachfolgerbeziehungen, wofür sinnvollerweise eine **Vorgangsliste** erstellt werden sollte, kann dann mit Hilfe der eben beschriebenen Konstruktionsregeln der entsprechende Netzplan gezeichnet werden. Das nachfolgende Beispiel soll diese Herangehensweise verdeutlichen.

Beispiel:

Im Rahmen der Planung einer empirischen Masterarbeit ergeben sich aus der Projektanalyse die in der Tabelle 7.1 genannten Teilaufgaben, deren Bezeichnungen und Dauern (jeweils in Wochen) mit angegeben sind. Diese Vorgangsliste muss um die Reihenfolgebeziehungen der einzelnen Vorgänge zueinander ergänzt werden, die in der Tabelle 7.2 dargestellt sind.

Tabelle 7.1   Vorgangsliste für das Beispiel

Vorgang	Bezeichnung	Dauer
Beschaffen der relevanten Literatur	a_1	2
Studium der relevanten Literatur	a_2	4
Sichtung der a priori verfügbaren Daten	a_3	1
Erhebung zur Vervollständigung der benötigten Daten	a_4	5
Auswertung des gesamten Datenmaterials	a_5	2
Gliederung der Arbeit	a_6	1
Reinschrift der Arbeit	a_7	4

Quelle: in Anlehnung an Hauke und Opitz, 2003

Die Masterarbeit beginnt damit, dass die relevante Literatur beschafft wird und parallel dazu auch bereits die Sichtung der verfügbaren Daten erfolgen kann. Das Studium der Literatur kann nach deren Beschaffung starten, analog auch die Erhebung weiterer Daten nach der Sichtung der verfügbaren Daten. Die Auswertung des Datenmaterials setzt die Erhebung der Daten voraus, während mit der Gliederung der Arbeit begonnen werden kann, sobald die Literatur studiert und die Daten ausgewertet sind. Die Reinschrift der Arbeit ist schließlich nach der Erstellung der Gliederung möglich.

Tabelle 7.2   Vorgänger-/Nachfolgerbeziehungen für das Beispiel

Vorgang	Vorgänger	Nachfolger
a_1	-	a_2
a_2	a_1	a_4, a_6
a_3	-	a_4
a_4	a_2, a_3	a_5
a_5	a_4	a_6
a_6	a_2, a_5	a_7
a_7	a_6	-

Quelle: in Anlehnung an Hauke und Opitz, 2003

Falls nichts anderes angegeben ist, wird grundsätzlich von der Annahme ausgegangen, dass jeder Vorgang beginnen kann, wenn alle Vorgänger beendet sind. Die Pfeilbewertungen werden also im einfachsten Fall gleich den Vorgangsdauern gesetzt. Mit dieser Annahme kann dann auf Basis der Angaben das in der Abbildung 7.3 dargestellte Vorgangspfeilnetz erstellt werden. Natürlich wären auch Verfeinerungen im Projektablauf darstellbar. Beispielsweise muss nicht die gesamte Literatur beschafft sein, um mit dem Studium der Literatur beginnen zu können. In diesem Fall könnte man die Pfeilbewertung des Vorgangs a_1 auch kürzer als seine Dauer setzen.

Abbildung 7.3   Vorgangspfeilnetz für das Beispiel

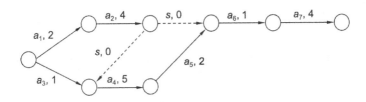

Quelle: in Anlehnung an Hauke und Opitz, 2003

Für das in der Abbildung 7.3 angegebene Netz ist noch anzumerken, dass der Vorgang a_5 nicht direkt zum Knoten am Ende des Vorgangs a_4 geführt werden kann und statt dessen ein Scheinvorgang s eingeführt werden muss. Dies liegt daran, dass sonst ein Zyklus im Netz entstehen würde, was nicht zugelassen ist. Ein Zyklus würde die Bestimmung maximaler Wege ad absurdum führen.

7.2   Vorgangsknotennetze

Ein **Vorgangsknotennetz** ist ebenfalls ein System aus Knoten, Pfeilen und Pfeilbewertungen, wobei im Vergleich zum Vorgangspfeilnetz jetzt die Knoten die Vorgänge darstellen, so dass ein derartiges Netz als vorgangsorientiert bezeichnet werden kann. Mit den Pfeilen werden hier die Anordnungsbeziehungen der Vorgänge abgebildet, wobei Vorwärts- und Rückwärtspfeile zugelassen sind und die Rückwärtspfeile zur besseren Unterscheidung gestrichelt gezeichnet werden. Mit den Bewertungen auf den Vorwärtspfeilen werden dabei Minimalverknüpfungsdauern und mit denen auf den Rückwärtspfeilen entsprechende Maximalverknüpfungsdauern angegeben, wie gleich noch ausführlicher erläutert wird. Formal ergibt sich für ein Vorgangsknotennetz die folgende Formulierung:

$$\vec{G} = (V, \vec{E}, d, c) \text{ mit } V = \{1, \ldots, n\}, \vec{E} = \{(i, j) \in V \times V : \text{ von } i \text{ führt ein Pfeil nach } j\},$$

$$d(i) \geq 0 \text{ (Vorgangsdauer), } c(i, j) \geq 0 \text{ (Minimalabstand), } c(i, j) \leq 0 \text{ (Maximalabstand)}$$

Die graphische Darstellung entsprechender Vorgangsbeziehungen kann der Abbildung 7.4 entnommen werden. Ausgehend vom ersten Vorgang a_μ mit der Vorgangsdauer $d(a_\mu)$ als Knotenbewertung führt ein Vorwärts- und ein Rückwärtspfeil zum nachfolgenden Vorgang a_ν mit der Vorgangsdauer $d(a_\nu)$ als Knotenbewertung. Mit $c(a_\mu, a_\nu) \geq 0$ erfolgt dabei die

Bewertung des Vorwärtspfeils, die im Fall einer Anfangsfolge dem frühesten Beginn von a_v nach Beginn von a_μ entspricht (**Minimalverknüpfungsdauer**). Der Rückwärtspfeil wird mit $c(a_\mu, a_v) \leq 0$ bewertet und gibt den spätesten Beginn von a_v nach Beginn von a_μ an (**Maximalverknüpfungsdauer**). Wie bei den Vorgangspfeilnetzen könnten alternativ zur Anfangsfolge auch die End-, Normal- oder Sprungfolge verwendet werden. Darauf wird hier aber nicht weiter eingegangen, da nachfolgend immer eine Anfangsfolge unterstellt wird.

Abbildung 7.4   Darstellung von Vorgängen im Vorgangsknotennetz

---

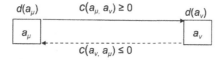

Quelle: Eigene Darstellung

Ein Vorgangsknotennetz darf keine positiven Zyklen bezüglich c enthalten. Folglich muss für $(a_\mu, a_v), (a_v, a_\mu) \in \vec{E}$ gelten, dass $c(a_\mu, a_v) + c(a_v, a_\mu) \leq 0$ erfüllt ist. Die soll kurz anhand der ersten beiden Darstellungen in der Abbildung 7.5 erläutert werden.

Abbildung 7.5   Exemplarische Darstellungen für Vorgangsknotennetz

---

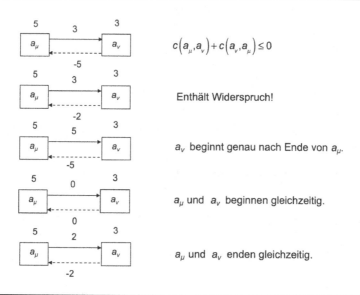

Quelle: Eigene Darstellung

In der ersten Darstellung ist die Bedingung erfüllt. Inhaltlich bedeutet dies, dass der Vorgang a_v frühestens 3 Zeiteinheiten und spätestens 5 Zeiteinheiten nach Beginn von a_μ starten muss. Demgegenüber enthält die zweite Darstellung einen Widerspruch, da die Bedingung nicht erfüllt ist. Hier müsste der Vorgang a_v frühestens 3 Zeiteinheiten und spätestens 2 Zeiteinheiten nach Beginn von a_μ starten, was inhaltlich natürlich keinen Sinn ergibt. Ergänzend sind in der Abbildung 7.5 noch drei weitere exemplarische Darstellungen enthalten, mit denen die Möglichkeiten in Vorgangsknotennetzen aufgezeigt werden sollen. Man ist also in der Lage, durch geschickte Kombination von Minimal- und Maximalverknüpfungsdauern einen exakten Zeitabstand zwischen zwei Vorgängen sowie den gleichzeitigen Beginn oder das gleichzeitige Ende zweier Vorgänge zu fordern.

Analog zu den Ausführungen zum Vorgangspfeilnetz im vorherigen Abschnitt sollen auch für Vorgangsknotennetze entsprechende **Regeln zur Konstruktion** betrachtet werden. Diese sind in der Abbildung 7.6 dargestellt.

Abbildung 7.6   Konstruktion von Vorgangsknotennetzen

1. a_3 ist Nachfolger von a_1, a_2
   a_1, a_2 sind Vorgänger von a_3

2. a_2, a_3 sind Nachfolger von a_1
   a_1 ist Vorgänger von a_2, a_3

3. a_4 ist Nachfolger von a_2, a_3
   a_2, a_3 sind Nachfolger von a_1
   a_1 ist Vorgänger von a_2, a_3
   a_2, a_3 sind Vorgänger von a_4

4. a_3, a_4 sind Nachfolger von a_1, a_2
   a_1, a_2 sind Vorgänger von a_3, a_4

5. a_3 ist Nachfolger von a_1, a_2
   a_4 ist Nachfolger von a_2
   a_1 ist Vorgänger von a_3
   a_2 ist Vorgänger von a_3, a_4

6a. Projektstart:
   a_1, a_2 starten gleichzeitig
6b. Projektende:
   a_3, a_4 enden gleichzeitig

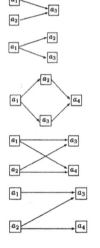

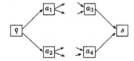

Quelle: in Anlehnung an Hauke und Opitz, 2003

Im Vergleich zu den Darstellungen in der Abbildung 7.2 fällt auf, dass bei Vorgangsknotennetzen keine Scheinvorgänge notwendig sind und somit bei den Regeln 3 und 5 eine vereinfachte Darstellung im Vergleich zum Vorgangspfeilnetz möglich ist. Auf der anderen Seite werden anhand der Regeln 4, 6a und 6b auch die Nachteile des Vorgangsknotennetzes deutlich, da gegebenenfalls überkreuzende Pfeile vorliegen oder zusätzliche Knoten in Form einer Quelle oder Senke eingeführt werden müssen.

Die **Erstellung eines Vorgangsknotennetzes** erfolgt analog zu den Darstellungen zu Vorgangspfeilnetzen. Nach der Definition des Projekts sind die Vorgänge festzulegen und die entsprechenden Vorgänger-/Nachfolgerbeziehungen zu diskutieren. Mit Hilfe der eben beschriebenen Konstruktionsregeln kann dann der entsprechende Netzplan gezeichnet werden, was im nachfolgenden Beispiel noch kurz illustriert werden soll.

Beispiel:

Für das mit den Tabellen 7.1 und 7.2 bereits beschriebene Projekt einer empirischen Masterarbeit resultiert das Vorgangsknotennetz der Abbildung 7.7.

Abbildung 7.7   Vorgangsknotennetz für das Beispiel

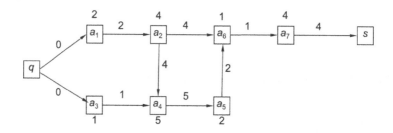

Quelle: in Anlehnung an Hauke und Opitz, 2003

Auch hier wurden die Pfeilbewertungen (Minimalverknüpfungsdauern) gemäß den Dauern der jeweils als Anfangsknoten vorliegenden Vorgänge gesetzt, so dass die vorhergehenden Vorgänge abgeschlossen sein müssen, bevor ein nachfolgender Vorgang beginnen kann. Im Vergleich zum Vorgangspfeilnetz der Abbildung 7.3 fällt auf, dass hier zwar keine Scheinvorgänge benötigt werden, dafür aber zwei zusätzliche Knoten in Form der Quelle q und der Senke s eingeführt werden müssen. Die Quelle ist notwendig, da die Vorgänge a_1 und a_2 gleichzeitig beginnen, und die Senke wird benötigt, um die Dauer des Vorgangs a_7 auf dem entsprechenden Pfeil abtragen zu können.

Auch in einem Vorgangsknotennetz sind Verfeinerungen des Projektablaufs möglich. Wie beim Vorgangspfeilnetz könnte eine Überlappung von Vorgängen gefordert werden. Im Beispiel der Masterarbeit könnte man z. B. den Beginn von a_2 bereits frühestens 1 Zeiteinheit nach dem Beginn von a_1 setzen, d. h. es muss nur ein Teil der Literatur beschafft sein, um mit dem Studium der Literatur beginnen zu können. Darüber hinaus ist es jetzt auch möglich, Maximalverknüpfungsdauern bei der Planung der Masterarbeit zu berücksichtigen. Beispielsweise könnte man fordern, dass man mit der Datenerhebung (a_4) genau 1 Zeiteinheit nach dem Beginn des Studiums der Literatur (a_2) starten möchte oder dass der Beginn der Reinschrift der Arbeit (a_7) spätestens 12 Zeiteinheiten nach Projektbeginn erfolgen soll. Eine Berücksichtigung der eben beschriebenen Verfeinerungen des Projektablaufs führt für das Beispiel dann zum Vorgangsknotennetz der Abbildung 7.8.

Abbildung 7.8   Vorgangsknotennetz mit Verfeinerungen des Projektablaufs

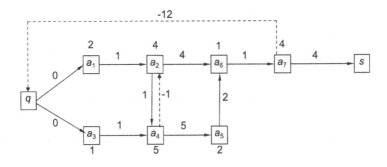

Quelle: in Anlehnung an Hauke und Opitz, 2003

7.3   Übungsaufgaben zur Erstellung von Netzplänen

Nachfolgend finden sich zwei Übungsaufgaben zur Erstellung von Netzplänen. Bei den Übungsaufgaben ist auch jeweils der Themenbereich angegeben, auf den sich diese Aufgabe im Wesentlichen bezieht. Des Weiteren ist im Anschluss an die jeweilige Aufgabe auch eine Lösung dargestellt. Dabei ist zu beachten, dass es sich um einen Lösungsvorschlag handelt und manchmal auch andere Lösungswege denkbar wären.

Aufgabe 1:   **(Vorgangspfeilnetze)**

Eine Werbeagentur plant eine Werbekampagne zur Einführung eines neuen Produktes mittels Plakaten, Fernsehspots und Zeitungsinseraten. (Im Folgenden bedeutet beispielsweise (X/3): Für den Vorgang X werden 3 Zeiteinheiten benötigt.) Die Erarbeitung der Werbekonzeption – sie ist Voraussetzung für alle anderen Vorgänge – wird mit 2 Zeiteinheiten veranschlagt (A/2). Für die Anzeigen werden Illustration (C/4) und Werbetext (D/4) gesondert entworfen. Liegt beides vor, werden Klischees hergestellt (L/2). Sind die Werbeverträge mit den einschlägigen Presseorganen perfekt (E/3), verteilt man die Klischees an die Vertragspartner (M/1). Die Fernsehwerbung soll einen Werbekurzfilm bringen, dessen Skript zunächst erstellt werden muss (H/3). Parallel dazu werden die Vertragsverhandlungen mit dem Film-produzenten durchgeführt (I/4). Danach können Filmaufnahmen erfolgen (Q/6). Die Film-aufnahmeresultate werden der Programmdirektion des Fernsehens vorgeführt, mit welcher eine Absprache über die Sendung getroffen werden muss (R/1). Die Plakatwerbung läuft wie folgt ab. Nach Entwurf (F/8) und Druck (N/1) des Plakates wird dieses an die Werbeflächen-vermieter, mit denen Verträge ausgehandelt sein müssen (G/3), verteilt (P/1). Sobald alle diese Vorbereitungen abgeschlossen sind, wird eine Presskonferenz arrangiert (S/4). Das Da-tum der Pressekonferenz kann als Einführungszeitpunkt des neuen Produktes angesehen werden.

Erstellen Sie eine Vorgangsliste und geben Sie das zugehörige Vorgangspfeilnetz der Einfüh-rungsphase an.

Lösung zur Aufgabe 1:

Anhand der Beschreibungen aus dem Text ergibt sich die folgende Vorgangsliste.

Vorgang	Dauer	Vorgänger	Nachfolger
A: Werbekonzept erarbeiten	2	-	C, D, E, F, G, H, I
C: Illustration entwerfen	4	A	L
D: Werbetext entwerfen	4	A	L
L: Klischees herstellen	2	C, D	M
E: Werbeverträge mit Presseorganen	3	A	M
M: Klischees verteilen	1	E, L	S
H: Skript erstellen	3	A	Q
I: Vertrag mit Filmproduzenten	4	A	Q
Q: Filmaufnahmen	6	H, I	R
R: Absprache mit Programmdirektion	1	Q	S
F: Entwurf Plakat	8	A	N
N: Druck Plakat	1	F	P
G: Verträge mit Werbeflächenvermieter	3	A	P
P: Verteilung Plakatwerbung	1	N, G	S
S: Pressekonferenz arrangieren	4	M, R, P	-

Darauf aufbauend kann anschließend das zugehörige Vorgangspfeilnetz erstellt werden. Die Vorgänge und die Vorgangsdauern befinden sich auf den entsprechenden Pfeilen.

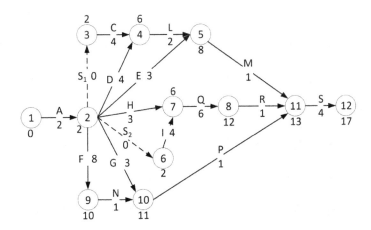

Aufgabe 2: (Vorgangsknotennetze)

Ein Spezialwerkzeug C wird durch die Montage der Bauteile A und B hergestellt. A wird auf der Maschine 1 (M1) und B auf der Maschine 2 (M2) in der Werkstatt (W) gefertigt. Nach der Bearbeitung auf M1 kommt Teil A zum Justieren auf die Montagemaschine (M3). Erst nach der Justierung von A auf M3 kann B auf M3 justiert werden. Beim Justieren wird B erwärmt. A wird nach dem Justieren in der Lackiererei (L) auf der Maschine 4 (M4) mit einer Schutzschicht versehen. Wenn A lackiert und B justiert und erwärmt ist, können die beiden Teile auf M3 zu C montiert werden. Nach der Montage erhält C auf M4 einen weiteren Schutzanstrich. Anschließend wird C in der Packerei (P) verpackt und der Kunde (K) benachrichtigt.

Vor Beginn der Arbeiten sind die Maschinen von der Arbeitsvorbereitung (AV) zu rüsten. Das gilt auch für den Anstrich von C, für den M4 nach der Lackierung von A umgerüstet werden muss. Darüber hinaus sind die folgenden drei Bedingungen einzuhalten:

(1) Aus Kapazitätsgründen kann mit dem Fertigen von B frühestens 2 Zeiteinheiten nach dem Beginn der Fertigung von A begonnen werden.

(2) Die Montage von A und B muss 4 Zeiteinheiten nach dem Justieren und Erwärmen von B beginnen, damit die bei der Montage erforderliche Temperatur eingehalten wird.

(3) Für Teil A wird ein Rohstoff (R) benötigt, dessen Lieferzeit 3 Zeiteinheiten beträgt. Da dieser Rohstoff leicht rostet, muss er spätestens 11 Zeiteinheiten nach Eingang verarbeitet werden.

Geben Sie für den obigen Sachverhalt eine Vorgangsliste an und erstellen Sie daraus einen geeigneten Netzplan, mit dem alle oben genannten Bedingungen berücksichtigt werden können.

Lösung zur Aufgabe 2:

Anhand der Beschreibungen aus dem Text ergibt sich die folgende Vorgangsliste.

Vorgang	Vorgänger	Nachfolger
R: Rohstoffe beschaffen		W1
AV1: M1 für A rüsten		W1
AV2: M2 für B rüsten		W2
AV3: M3 für A rüsten		J1
AV4: M4 für A rüsten		L1
AV5: M4 für C rüsten	L1	L2
W1: A fertigen	R, AV1	J1, W2
W2: B fertigen	AV2, W1	J2
J1: A justieren	W1, AV3	J2, L1
J2: B justieren	W2, J1	W3
L1: A lackieren	J1, AV4	W3, AV5
W3: C montieren	W3, AV5	L2
L2: C anstreichen	J2, L1	P, K
P: Verpacken	L2	
K: Kunde benachrichtigen	L2	

Daraus kann der nachfolgende Netzplan erstellt werden.

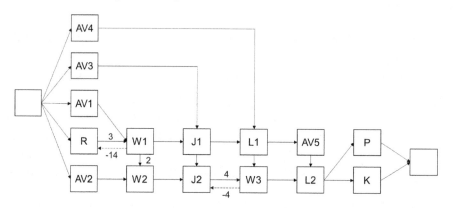

7.4   Literaturhinweise

Grundlagen und Grundbegriffe der Netzplantechnik sind in den meisten Lehrbüchern zum Operations Research enthalten. So können beispielsweise grundlegende Darstellungen zu Netzplänen den Arbeiten von Bonart und Bär (2018), Bradtke (2015), Bronner (2018), Domschke et al. (2015a), Ehrmann (2013), Grundmann (2002), Hauke und Opitz (2003), Heinrich (2013), Homburg (2000), Neumann und Morlock (2002), Neumann (2005), Runzheimer et al. (2005), von Känel (2020) sowie Werners (2013) entnommen werden.

Bei den Darstellungsformen für Netzpläne werden in den meisten Literaturquellen sowohl Vorgangspfeil- als auch Vorgangsknotennetze ausführlich beschrieben. Diesbezüglich sei exemplarisch auf die Arbeiten von Altrogge (1996), Corsten et al. (2008), Domschke et al. (2015a), Grundmann (2002), Neumann und Morlock (2002), Nickel et al. (2014), Runzheimer et al. (2005), Schwarze (2014a), von Känel (2020), Werners (2013), Zimmermann und Stache (2001) sowie Zimmermann (2008) verwiesen. Demgegenüber setzen z. B. Gohout (2013), Heinrich (2013) und Homburg (2000) den Schwerpunkt auf Vorgangspfeilnetze, während sich Bradtke (2015), Hauke und Opitz (2003), Noosten (2022), Vanhoucke (2012) sowie Zimmermann et al. (2006) im Wesentlichen mit Vorgangsknotennetzen beschäftigen.

In einigen der oben genannten Publikationen sind auch Übungsaufgaben zur Erstellung von Netzplänen enthalten. Zu nennen sind in diesem Zusammenhang die Arbeiten von Corsten et al. (2008), Hauke und Opitz (2003), Heinrich (2013), von Känel (2020), Werners (2013) sowie Zimmermann (2008). Reine Übungsbücher, die auch Aufgaben zur Erstellung von Vorgangspfeil- und Vorgangsknotennetzen enthalten, sind beispielsweise Domschke et al. (2015b) und Schwarze (2014b).

8 Zeitplanung mit Vorgangsknotennetzen

Im Rahmen einer **Zeitplanung von Projekten** geht es zunächst um die Bestimmung der **kürzesten Projektdauer**. Dabei ist zu beachten, wie bereits angesprochen, dass die kürzeste Projektdauer dem längsten Weg von der Quelle q zur Senke s eines Netzplans entspricht. Als Netzplan wird in diesem Kapitel das Vorgangsknotennetz betrachtet und die entsprechende Netzplantechnik wird als **Metra-Potenzial-Methode** (MPM) bezeichnet. Neben der kürzesten Projektdauer sind bei dieser Zeitplanung auch die Anfangs- und Endtermine der Vorgänge von Interesse. Des Weiteren möchte man die sogenannten **Pufferzeiten** für die Vorgänge ermitteln. Dabei handelt es sich um die jeweils maximal mögliche Verschiebung von Vorgängen, ohne die kürzeste Projektdauer zu verändern. Schließlich ist man auch noch daran interessiert, welche Vorgänge keine Pufferzeiten aufweisen und damit genau eingehalten werden müssen. Diese Vorgänge werden als **kritische Vorgänge** bezeichnet. Am Ende wird dann auch mindestens ein **kritischer Weg** von der Quelle zur Senke vorliegen, d. h. alle Vorgänge auf diesem Weg sind kritisch.

Im nachfolgenden Abschnitt 8.1 werden zunächst die für die Zeitplanung mit Vorgangsknotennetzen relevanten Bezeichnungen und Zusammenhänge eingeführt. Im Anschluss daran wird in Abschnitt 8.2 der bereits bekannte Tripelalgorithmus zur Lösung der Problemstellung dargestellt. Für den Fall, dass in einem Vorgangsknotennetz keine Maximalverknüpfungsdauern vorliegen, kann eine Zeitplanung auch mittels des Bellman-Algorithmus durchgeführt werden. Darauf wird in Abschnitt 8.3 eingegangen. Mit einigen Übungsaufgaben in Abschnitt 8.4 sowie entsprechenden Literaturhinweisen zur Zeitplanung mit Vorgangsknotennetzen schließt dann dieses Kapitel.

8.1 Bezeichnungen und Zusammenhänge

Den Ausgangspunkt der nachfolgenden Betrachtung stellt ein Vorgangsknotennetz gemäß

$$\vec{G} = (V, \vec{E}, d, c) \text{ mit } V = \{1, \ldots, n\}, \vec{E} = \{(i, j) \in V \times V : \text{ von } i \text{ führt ein Pfeil nach } j\},$$
$$d(i) \geq 0 \text{ (Vorgangsdauer)}, c(i, j) \geq 0 \text{ (Minimalabstand)}, c(i, j) \leq 0 \text{ (Maximalabstand)}$$

mit genau einer Quelle und genau einer Senke dar. Des Weiteren muss $c(i, j) + c(j, i) \leq 0$ gelten, das Netz darf also keine positiven Zyklen enthalten. Die **kürzeste Projektdauer** wird mit PD bezeichnet und es handelt sich um den maximalen Weg von Projektanfang zu Projektende. Des Weiteren stellt FAZ_i den **frühesten Anfangszeitpunkt** von Vorgang i dar, entsprechend FEZ_i den **frühesten Endzeitpunkt**. Unter Verwendung der Vorgangsdauer $d(i)$ für den Vorgang i kann zwischen diesen Größen der folgende Zusammenhang festgehalten werden:

$$FEZ_i = FAZ_i + d(i)$$

© Springer Fachmedien Wiesbaden GmbH, ein Teil von Springer Nature 2022
U. Bankhofer, *Quantitative Unternehmensplanung*, Studienbücher
Wirtschaftsmathematik, https://doi.org/10.1007/978-3-8348-2466-0_8

Analog werden der **späteste Anfangszeitpunkt** eines Vorgangs i mit SAZ_i und der **späteste Endzeitpunkt** mit SEZ_i bezeichnet. Auch hier gilt der folgende Zusammenhang:

$$SEZ_i = SAZ_i + d(i)$$

Für den Projektstart und damit den ersten Vorgang gilt folglich

$$FAZ_1 = SAZ_1 = 0,$$

während für das Projektende und damit für den letzten Vorgang n der früheste und der späteste Endzeitpunkte automatisch der kürzesten Projektdauer entsprechen, d. h.

$$FEZ_n = SEZ_n = PD.$$

Die sogenannte **Gesamtpufferzeit** eines Vorgangs i wird mit GP_i symbolisiert und es handelt sich dabei um die maximal mögliche Zeitverschiebung des Startzeitpunkts von Vorgang i, ohne dass Veränderungen bei den übrigen Vorgängen resultieren. Die Gesamtpufferzeit eines Vorgangs i kann wie folgt berechnet werden:

$$GP_i = SAZ_i - FAZ_i = SEZ_i - FEZ_i$$

Ein Vorgang i mit $GP_i = 0$ wird als **kritisch** bezeichnet. Da Projektstart und Projektende und damit Quelle und Senke in einem Vorgangsknotennetz immer kritisch sind, gilt folglich

$$GP_1 = GP_n = 0$$

Wenn alle auf einem Weg liegenden Vorgänge kritisch sind, dann ist auch dieser Weg kritisch.

8.2   Maximale Wege und der Tripelalgorithmus

Der Tripelalgorithmus wurde im Rahmen der graphentheoretischen Grundlagen in Abschnitt 6.3 bereits ausführlich vorgestellt. Dabei wurde im Wesentlichen auf das Problem der Bestimmung kürzester Wege in einem Digraphen eingegangen, allerdings erfolgten dort auch bereits Hinweise, wie der Tripelalgorithmus zur Ermittlung maximaler Wege angepasst werden muss.

Den Ausgangspunkt der Betrachtung stellt jetzt ein Vorgangsknotennetz ohne positive Zyklen sowie n Vorgängen, der Quelle $q = 1$ und der Senke $s = n$ dar. Des Weiteren sind die Vorgangsdauern $d(i)$ für $i = 1, \ldots, n$ sowie die Minimal- bzw. Maximalverknüpfungsdauern $c(i, j)$ bzw. $c(j, i)$ gegeben, die in der Bewertungsmatrix C zusammengefasst werden können. Für $n = s$ muss dabei $d(s) = 0$ gelten. Damit kann der Tripelalgorithmus starten, allerdings ist nur die Entfernungsmatrix D zu berechnen. Es wird folglich keine Vorgängermatrix benötigt und auch die Bestimmung einer Wegematrix kann entfallen. Mit dem nachfolgenden Beispiel wird die Anwendung des Tripelalgorithmus zur Bestimmung maximaler Wege in einem Vorgangsknotennetz aufgezeigt.

Beispiel:

Betrachtet wird das im vorherigen Kapitel in den Tabellen 7.1 und 7.2 bereits dargestellte und in der Abbildung 7.8 noch verfeinerte Projekt einer empirischen Masterarbeit. Um den Rechenaufwand überschaubar zu halten, soll dieses Projekt nachfolgend nur bis zum Beginn der Schreibarbeiten betrachtet werden, d. h. die Vorgänge a_6 und a_7 entfallen und anstelle von a_6 wird das Projektende mit der Senke s und $d(s) = 0$ gesetzt. Dies führt zu dem in der Abbildung 8.1 angegebenen und entsprechend reduzierten Vorgangsknotennetz.

Abbildung 8.1   Vorgangsknotennetz für das gekürzte Beispiel

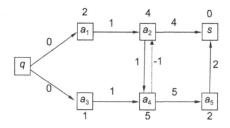

Quelle: Eigene Darstellung

Auf Basis dieses Vorgangsknotennetzes kann die Bewertungsmatrix C (im Fall der Bestimmung maximaler Wege) wie folgt aufgestellt werden:

$$C = \begin{pmatrix} 0 & 0 & -\infty & 0 & -\infty & -\infty & -\infty \\ -\infty & 0 & 1 & -\infty & -\infty & -\infty & -\infty \\ -\infty & -\infty & 0 & -\infty & 1 & -\infty & 4 \\ -\infty & -\infty & -\infty & 0 & 1 & -\infty & -\infty \\ -\infty & -\infty & -1 & -\infty & 0 & 5 & -\infty \\ -\infty & -\infty & -\infty & -\infty & -\infty & 0 & 2 \\ -\infty & -\infty & -\infty & -\infty & -\infty & -\infty & 0 \end{pmatrix} = D^0$$

Im nächsten Schritt müssen nun die Umwege über die Knoten geprüft werden. Dabei kann man sich die Prüfung für $k = 1 = q$ und $k = 7 = s$ sparen, da über die Quelle und die Senke keine Umwege existieren. Folglich ist $D^1 = D^0$ und $D^6 = D^7$. Um D^2 zu bestimmen, sind nun die Umwege über $k = 2 = a_1$ zu untersuchen. Damit werden sich die Werte in der zweiten Zeile und der zweiten Spalte der Matrix $D^1 = D^0$ sowie die Werte in der Hauptdiagonalen nicht verändern, so dass diese Werte direkt in die Folgematrix D^2 übertragen werden können. Für alle anderen Werte in $D^1 = D^0$ ist dann zu prüfen, ob die Summe der korrespondierenden Werte aus zweiter Spalte und zweiter Zeile größer als der jeweilige Wert ist. Dies ist hier nur für einen Wert der Fall, und zwar ist $d_{13}^0 = -\infty$ und die korrespondierenden Werte der zweiten Spalte und der zweiten Zeile sind mit $d_{12}^0 = 0$ und $d_{23}^0 = 1$ in der Summe größer als der bisherige Wert. Damit kann $d_{13}^2 = 1$ in die Matrix D^2 übertragen werden. Alle anderen Werte bleiben gleich und es resultiert die folgende Matrix D^2:

$$D^2 = \begin{pmatrix} 0 & 0 & 1 & 0 & -\infty & -\infty & -\infty \\ -\infty & 0 & 1 & -\infty & -\infty & -\infty & -\infty \\ -\infty & -\infty & 0 & -\infty & 1 & -\infty & 4 \\ -\infty & -\infty & -\infty & 0 & 1 & -\infty & -\infty \\ -\infty & -\infty & -1 & -\infty & 0 & 5 & -\infty \\ -\infty & -\infty & -\infty & -\infty & -\infty & 0 & 2 \\ -\infty & -\infty & -\infty & -\infty & -\infty & -\infty & 0 \end{pmatrix}$$

Die Umwegprüfung für den Knoten $k = 3 = a_2$ führt dann zu insgesamt fünf Verbesserungen, die in der nachfolgenden Matrix D^3 fett hervorgehoben sind:

$$D^3 = \begin{pmatrix} 0 & 0 & 1 & 0 & \mathbf{2} & -\infty & \mathbf{5} \\ -\infty & 0 & 1 & -\infty & \mathbf{2} & -\infty & \mathbf{5} \\ -\infty & -\infty & 0 & -\infty & 1 & -\infty & 4 \\ -\infty & -\infty & -\infty & 0 & 1 & -\infty & -\infty \\ -\infty & -\infty & -1 & -\infty & 0 & 5 & \mathbf{3} \\ -\infty & -\infty & -\infty & -\infty & -\infty & 0 & 2 \\ -\infty & -\infty & -\infty & -\infty & -\infty & -\infty & 0 \end{pmatrix}$$

Die anschließende Prüfung für den Knoten $k = 4 = a_3$ führt zu keiner einzigen Verbesserung, so dass $D^4 = D^3$ ist. Erst für $k = 5 = a_4$ ergeben sich wieder sechs Verbesserungen, die in der Matrix D^5 fett hervorgehoben sind:

$$D^5 = \begin{pmatrix} 0 & 0 & 1 & 0 & 2 & \mathbf{7} & 5 \\ -\infty & 0 & 1 & -\infty & 2 & \mathbf{7} & 5 \\ -\infty & -\infty & 0 & -\infty & 1 & \mathbf{6} & 4 \\ -\infty & -\infty & \mathbf{0} & 0 & 1 & \mathbf{6} & \mathbf{4} \\ -\infty & -\infty & -1 & -\infty & 0 & 5 & 3 \\ -\infty & -\infty & -\infty & -\infty & -\infty & 0 & 2 \\ -\infty & -\infty & -\infty & -\infty & -\infty & -\infty & 0 \end{pmatrix}$$

Schließlich liefert die Umwegprüfung für den Knoten $k = 6 = a_5$ noch die folgende Matrix D^6 mit insgesamt fünf Verbesserungen (fett hervorgehoben):

$$D^6 = \begin{pmatrix} 0 & 0 & 1 & 0 & 2 & 7 & \mathbf{9} \\ -\infty & 0 & 1 & -\infty & 2 & 7 & \mathbf{9} \\ -\infty & -\infty & 0 & -\infty & 1 & 6 & \mathbf{8} \\ -\infty & -\infty & 0 & 0 & 1 & 6 & \mathbf{8} \\ -\infty & -\infty & -1 & -\infty & 0 & 5 & \mathbf{7} \\ -\infty & -\infty & -\infty & -\infty & -\infty & 0 & 2 \\ -\infty & -\infty & -\infty & -\infty & -\infty & -\infty & 0 \end{pmatrix} = D^7 = D$$

Unter der Voraussetzung $d(i) \leq d_{in}$ für alle $i \in V$, d. h. alle Vorgänge müssen vor Projektende jeweils beendet sein (was hier der Fall ist), können aus D die in der Abbildung 8.2 zusammengefassten Aussagen abgeleitet werden:

Abbildung 8.2   Ergebniszusammenfassung für das Beispiel

Vorgang i	q (1)	a_1 (2)	a_2 (3)	a_3 (4)	a_4 (5)	a_5 (6)	s (7)
$FAZ_i = d_{1i}$	0	0	1	0	2	7	9
$FEZ_i = d_{1i} + d(i)$	0	2	5	1	7	9	9
$SAZ_i = d_{1n} - d_{in} = d_{17} - d_{i7}$	0	0	1	1	2	7	9
$SEZ_i = d_{1n} - d_{in} + d(i) = d_{17} - d_{i7} + d(i)$	0	2	5	2	7	9	9
$GP_i = d_{1n} - d_{in} - d_{1i} = d_{17} - d_{i7} - d_{1i}$	0	0	0	1	0	0	0

Quelle: Eigene Darstellung

Damit ergibt sich die kürzeste Projektdauer mit $PD = FEZ_7 = SEZ_7 = 9$. Der Beginn der Schreibarbeiten kann also frühestens 9 Wochen nach Beginn der Masterarbeit starten. Lediglich ein Vorgang weist einen positiven Puffer auf, und zwar kann die Sichtung der a priori verfügbaren Daten um 1 Woche verschoben werden, ohne die kürzeste Projektdauer zu gefährden. Alle anderen Vorgänge sind kritisch und müssen zeitgenau eingehalten werden, der kritische Weg ergibt sich folglich mit q, a_1, a_2, a_4, a_5, s.

8.3   Bellman-Algorithmus

Der im vorherigen Abschnitt dargestellte Tripelalgorithmus zur Zeitplanung in einem Vorgangsknotennetz kann immer zur Anwendung kommen, unabhängig davon, ob neben Minimalverknüpfungsdauern auch Maximalverknüpfungsdauern im Netz vorliegen. Enthält ein Vorgangsknotennetz allerdings nur Minimalverknüpfungen, empfiehlt sich der **Bellman-Algorithmus**, der direkt im Netz berechnet werden kann. Dieser Algorithmus besteht aus einer Vorwärtsrechnung, bei der zur Bestimmung der frühesten Zeitpunkte der Vorgänge eine Maximierung über die Vorgängerknoten erfolgt, sowie einer Rückwärtsrechnung, mit der durch eine Minimierung über die Nachfolgerknoten die spätesten Zeitpunkte der Vorgänge berechnet werden können. Mit Knoten $1 \in V$ als Quelle und Knoten $n \in V$ als Senke läuft der Algorithmus wie folgt ab:

■ **Vorwärtsrechnung** zur Bestimmung der FAZ_i und FEZ_i:

   – $FAZ_1 = 0$
   – $FAZ_j = \max_{i \in V(j)} (FAZ_i + c(i, j))$ für $j = 2, ..., n$
   – $FEZ_j = FAZ_j + d(j)$ für $j = 1, ..., n$
   – $PD = FAZ_n = FEZ_n$

■ **Rückwärtsrechnung** zur Bestimmung der SAZ_i und SEZ_i:

- $SAZ_n = SEZ_n = PD$
- $SAZ_i = \min_{j \in N(i)} (SAZ_j - c(i, j))$ für $i = n - 1, \ldots, 1$
- $SEZ_i = SAZ_i + d(i)$ für $i = n - 1, \ldots, 1$

Um den Algorithmus direkt im Netz anzuwenden, bietet sich die in der Abbildung 8.3 angegebene Knotendarstellung an.

Abbildung 8.3   Knotendarstellung für den Bellman-Algorithmus

Knotennummer		
FAZ_i	$d(i)$	FEZ_i
SAZ_i	GP_i	SEZ_i

Quelle: Eigene Darstellung

In der Vorwärtsrechnung können dann schrittweise die Werte FAZ_i und FEZ_i ergänzt werden, während die Rückwärtsrechnung dann die Werte SAZ_i und SEZ_i liefert. Die Gesamtpuffer ergeben sich schließlich aus der bekannten Rechnung $GP_i = SAZ_i - FAZ_i$ oder $SEZ_i - FEZ_i$. Mit dem nachfolgenden Beispiel soll der Bellman-Algorithmus illustriert werden.

Beispiel:

Es wird das im vorherigen Abschnitt bereits betrachtete Projekt einer empirischen Masterarbeit bis zum Beginn der Schreibarbeiten aufgegriffen. In dem in der Abbildung 8.1 dargestellten Vorgangsknotennetz muss allerdings der Pfeil (a_4, a_2) gestrichen werden, um den Bellman-Algorithmus anwenden zu können. Die Bedingung, dass man mit der Datenerhebung (a_4) genau 1 Zeiteinheit nach dem Beginn des Studiums der Literatur (a_2) starten möchte kann also nicht mehr abgebildet werden. Statt dessen resultiert jetzt die Bedingung, dass die Datenerhebung frühestens 1 Zeiteinheit nach dem Beginn des Studiums der Literatur starten kann. Für dieses modifizierte Vorgangsknotennetz resultiert dann die Darstellung der Abbildung 8.4, in der der Bellman-Algorithmus direkt im Netz durchgeführt wurde.

Ausgehend von $FAZ_1 = 0$ in der Quelle erfolgt zunächst die Vorwärtsrechnung. Solange nur ein Pfeil zum nächsten Vorgang führt, muss lediglich die Pfeilbewertung zum frühesten Anfangszeitpunkt des vorherigen Vorgangs addiert werden, um den frühesten Anfangszeitpunkt des Folgevorgangs zu erhalten. Dies ist hier im Beispiel bei den Vorgängen a_1, a_2, a_3 und auch a_5 der Fall. Erst wenn mindestens zwei Pfeile zu einem Vorgang führen, ist die Maximierung durchzuführen. Bei Vorgang a_4 ergibt sich diese mit $\max\{1 + 1, 0 + 1\} = 2$ und bei der Senke s mit $\max\{1 + 4, 7 + 2\} = 9$. Die frühesten Endzeitpunkte können dann für jeden Vorgang noch durch Addition der jeweiligen Vorgangsdauern zu den frühesten Anfangszeitpunkten ergänzt werden.

Abbildung 8.4   Bellman-Algorithmus für das Beispiel

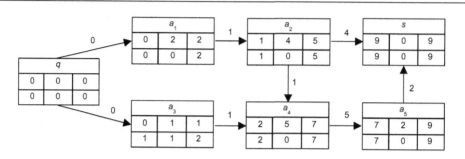

Quelle: Eigene Darstellung

In der Rückwärtsrechnung werden nun ausgehend von $SAZ_s = SEZ_s = 9$ die Wege zurück zur Quelle betrachtet. Solange der jeweilige Vorgang nur einen Nachfolger besitzt, muss lediglich vom spätesten Anfangszeitpunkt des Nachfolgers die Pfeilbewertung subtrahiert werden. Dies ist hier bei den Vorgängen a_5, a_4, a_3 und auch a_1 der Fall. Erst wenn ein Vorgang mindestens zwei Nachfolger besitzt, ist die Minimierung notwendig. Bei Vorgang a_2 ergibt sich diese mit $\min\{9 - 4, 2 - 1\} = 1$ und bei der Quelle q mit $\min\{1 - 0, 0 - 0\} = 0$. Die spätesten Endzeitpunkte ergeben sich dann für jeden Vorgang wiederum durch Addition der jeweiligen Vorgangsdauern zu den spätesten Anfangszeitpunkten. Abschließend sind nur noch die Gesamtpufferzeiten für jeden Vorgang zu berechnen und zu ergänzen.

8.4   Übungsaufgaben zur Zeitplanung mit Vorgangsknotennetzen

Nachfolgend finden sich drei Übungsaufgaben zur Zeitplanung mit Vorgangsknotennetzen. Bei den Übungsaufgaben ist auch jeweils der Themenbereich angegeben, auf den sich diese Aufgabe im Wesentlichen bezieht. Des Weiteren ist im Anschluss an die jeweilige Aufgabe auch eine Lösung dargestellt. Dabei ist zu beachten, dass es sich um einen Lösungsvorschlag handelt und manchmal auch andere Lösungswege denkbar wären.

Aufgabe 1:   **(Zeitplanung mit Vorgangsknotennetzen, Tripelalgorithmus)**

Ein Unternehmen der New-New-Economy will eine neue eyeFone App erstellen und auf den Markt bringen. Nach der Erstellung eines App Konzepts (A), für das drei Tage eingeplant sind, muss direkt mit der Entwicklung des Audiomoduls (B) begonnen werden. Gleichzeitig muss mit der Programmierung des Videomoduls (D) begonnen werden. Die unterschiedlichen Programmierer brauchen sechs bzw. neun Tage zur Fertigstellung des Audio- bzw. Videomoduls. Frühestens nach zwei Tagen Audiomodulentwicklung (B) kann die Marketingabteilung mit der Konzeption von Werbemaßnahmen (C) beginnen. Die Werbekonzeption

(C), welche vier Tage erfordert, muss spätestens zwölf Tage nach Beginn des Projektes fertig sein. Zur eigentlichen Erstellung der Werbung (E) benötigt die Grafikabteilung mindestens einen Tag Vorarbeit von der Marketingabteilung (C) und fünf Tage von den Videomodulprogrammierern (D). Die Grafikabteilung schätzt, dass zwölf Tage erforderlich sind, um die Werbung zu erstellen (E). Die Werbung muss gleichzeitig mit dem zehn Tage dauernden Genehmigungsverfahren der App-Verkaufsplattform (F) fertig sein.

a) Zeichnen Sie einen geeigneten Netzplan, mit dem der obige Sachverhalt dargestellt werden kann.

b) Ermitteln Sie mit einem geeigneten Algorithmus, wie lange das Projekt mindestens dauert und wie viel Gesamtpuffer jeder Abteilung zur Bearbeitung ihrer Aufgaben zur Verfügung steht.

Lösung zur Aufgabe 1:

a) Anhand der Aufgabenstellung ergibt sich das folgende Vorgangsknotennetz:

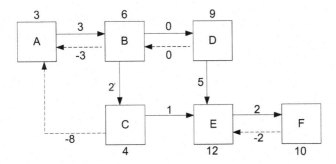

b) Die Anwendung des Tripelalgorithmus führt zu folgenden Ergebnissen:

$$D^0 = \begin{pmatrix} 0 & 3 & -\infty & -\infty & -\infty & -\infty \\ -3 & 0 & 2 & 0 & -\infty & -\infty \\ -8 & -\infty & 0 & -\infty & 1 & -\infty \\ -\infty & 0 & -\infty & 0 & 5 & -\infty \\ -\infty & -\infty & -\infty & -\infty & 0 & 2 \\ -\infty & -\infty & -\infty & -\infty & -2 & 0 \end{pmatrix}, D^1 = \begin{pmatrix} 0 & 3 & -\infty & -\infty & -\infty & -\infty \\ -3 & 0 & 2 & 0 & -\infty & -\infty \\ -8 & -5 & 0 & -\infty & 1 & -\infty \\ -\infty & 0 & -\infty & 0 & 5 & -\infty \\ -\infty & -\infty & -\infty & -\infty & 0 & 2 \\ -\infty & -\infty & -\infty & -\infty & -2 & 0 \end{pmatrix},$$

$$D^2 = \begin{pmatrix} 0 & 3 & 5 & 3 & -\infty & -\infty \\ -3 & 0 & 2 & 0 & -\infty & -\infty \\ -8 & -5 & 0 & -5 & 1 & -\infty \\ -3 & 0 & 2 & 0 & 5 & -\infty \\ -\infty & -\infty & -\infty & -\infty & 0 & 2 \\ -\infty & -\infty & -\infty & -\infty & -2 & 0 \end{pmatrix}, D^3 = \begin{pmatrix} 0 & 3 & 5 & 3 & 6 & -\infty \\ -3 & 0 & 2 & 0 & 3 & -\infty \\ -8 & -5 & 0 & -5 & 1 & -\infty \\ -3 & 0 & 2 & 0 & 5 & -\infty \\ -\infty & -\infty & -\infty & -\infty & 0 & 2 \\ -\infty & -\infty & -\infty & -\infty & -2 & 0 \end{pmatrix},$$

$$D^4 = \begin{pmatrix} 0 & 3 & 5 & 3 & 8 & -\infty \\ -3 & 0 & 2 & 0 & 5 & -\infty \\ -8 & -5 & 0 & -5 & 1 & -\infty \\ -3 & 0 & 2 & 0 & 5 & -\infty \\ -\infty & -\infty & -\infty & -\infty & 0 & 2 \\ -\infty & -\infty & -\infty & -\infty & -2 & 0 \end{pmatrix}, \quad D^5 = \begin{pmatrix} 0 & 3 & 5 & 3 & 8 & 10 \\ -3 & 0 & 2 & 0 & 5 & 7 \\ -8 & -5 & 0 & -5 & 1 & 3 \\ -3 & 0 & 2 & 0 & 5 & 7 \\ -\infty & -\infty & -\infty & -\infty & 0 & 2 \\ -\infty & -\infty & -\infty & -\infty & -2 & 0 \end{pmatrix} = D^6 = D$$

Vorgang i	A	B	C	D	E	F
$d(i)$	3	6	4	9	12	10
FAZ_i	0	3	5	3	8	10
FEZ_i	3	9	9	12	20	20
SAZ_i	0	3	7	3	8	10
SEZ_i	3	9	11	12	20	20
GP_i	0	0	2	0	0	0

Die kürzeste Projektdauer beträgt damit 20 Tage.

Aufgabe 2:   **(Zeitplanung mit Vorgangsknotennetzen, Bellman-Algorithmus)**

Die Planung für den Innenausbau eines Gebäudes soll mit Hilfe der Netzplantechnik erfolgen. Folgende Vorgänge sind dabei zu berücksichtigen:

Einziehen der Zwischenwände   (A): 10 Tage

Verlegen von elektrischen Leitungen (B): x Tage

Installation sanitärer Anlagen   (C): 6 Tage

Auftragen des Estrichs   (D): 4 Tage

Einsetzen der Fenster und Türen   (E): 3 Tage

Verputzen der Wände   (F): 3 Tage

Malerarbeiten   (G): 4 Tage

Des Weiteren müssen folgende Anordnungsbeziehungen berücksichtigt werden:

(1) Nach Ende des Vorgangs A müssen 5 Tage Trockenzeit vergehen, bevor die Vorgänge B und C beginnen können.

(2) 3 Tage nach dem Beginn von B und C kann D beginnen.

(3) Die Vorgänge B und C sollen gleichzeitig beginnen.

(4) Nach Ende von D kann E beginnen.

(5) Sind D und B beendet, kann auch F beginnen.

(6) Ist F beendet, kann nach einer Trockenzeit von drei Tagen mit G begonnen werden, wenn auch E beendet ist.

(7) Die Zwischenwände sollen spätestens 20 Tage, nachdem sie eingezogen worden sind, verputzt sein. (Hinweis: Hier liegt eine Ende-Ende-Beziehung vor.)

a) Stellen Sie für das Projekt ein Vorgangsknotennetz auf, das die Anordnungsbeziehungen (1) bis (7) berücksichtigt. Wie viele Tage darf Vorgang B höchstens in Anspruch nehmen, damit kein Widerspruch im Netz auftritt.

b) Welche Anordnungsbeziehungen müssen gestrichen werden, damit der Bellman-Algorithmus benutzt werden kann? Streichen Sie die zu diesen Anordnungsbeziehungen gehörigen Pfeile und berechnen Sie für das daraus resultierende Netz die kürzeste Projektdauer in Abhängigkeit von x. Bestimmen Sie für $x = 10$ die frühesten und spätesten Anfangszeitpunkte aller Vorgänge, die entsprechenden Gesamtpufferzeiten sowie den kritischen Weg.

Lösung zur Aufgabe 2:

a) Anhand der Beschreibungen aus dem Text ergibt sich das folgende Vorgangsknotennetz:

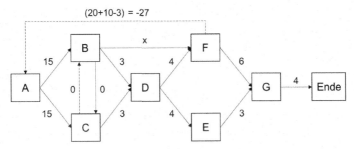

Damit kein Widerspruch im Netz auftritt, darf Vorgang B höchstens $15 + x \leq 27 \Rightarrow x \leq 12$ Tage in Anspruch nehmen.

b) Es müssen die Maximalbeziehungen gestrichen werden, damit der Bellman-Algorithmus benutzt werden kann. Dies betrifft die Maximalbeziehungen (F, A) und (C, B) und damit die Anordnungsbeziehungen (3) und (7). Es resultiert dann das nachfolgende Netz mit den dort berechneten frühesten und spätesten Anfangszeitpunkten aller Vorgänge sowie den entsprechenden Gesamtpufferzeiten.

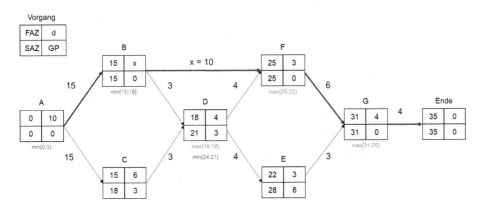

Die kürzeste Projektdauer für $x = 10$ beträgt damit 35 Tage. Der kritische Weg (fett hervorgehoben) ergibt sich folglich mit A, B, F, G, Ende.

Aufgabe 3:   **(Zeitplanung mit Vorgangsknotennetzen, Bellman-Algorithmus)**

Die Endmontage eines Automobils kann in die folgenden Vorgänge unterteilt werden:

Vorgang	Dauer
A: Teile in die Montage übergeben	2
B: Motor vormontieren	15
C: Türen vormontieren	10
D: Innenausstattung montieren	20
E: Sitze einbauen	2
F: Türen montieren	3
G: Hochzeit (Motor und Karosserie verbinden)	4
H: Räder befestigen	1

Dabei sind folgende Anordnungsbeziehungen zu berücksichtigen:

(1) Erst nachdem die Teile in die Montage übergeben wurden, kann mit der Vormontage von Motor und Türen sowie der Montage der Innenausstattung begonnen werden.

(2) Die Vormontage der Sitze und die Vormontage der Türen sollen gleichzeitig beginnen.

(3) Die Innenausstattung muss vollständig montiert sein, bevor die Sitze eingebaut werden.

(4) Die Sitze können nur eingebaut werden, wenn noch keine Türen an die Karosserie montiert wurden.

(5) Die Vormontage der Türen soll spätestens 3 Zeiteinheiten nach Übergabe der Teile beginnen.

(6) Die Türen müssen vollständig vormontiert sein, bevor sie nach 3 Zeiteinheiten Transportzeit montiert werden können.

(7) Nach der Montage der Türen findet die Hochzeit statt.

(8) Auch der Motor muss vollständig vormontiert sein, bevor er von der Vormontagestation zur Station, an der die Hochzeit stattfindet, transportiert werde kann. Die Transportzeit beträgt 5 Zeiteinheiten.

(9) Die Räder werden nach Abschluss aller anderen Vorgänge montiert.

a) Welche der Anordnungsbeziehungen müssen gestrichen werden, damit der Bellman-Algorithmus verwendet werden kann?

b) Streichen Sie alle Anordnungsbeziehungen gemäß a) und bestimmen Sie die kürzest mögliche Gesamtmontagedauer, die Gesamtpufferzeiten aller Vorgänge sowie den kritischen Weg. Verwenden Sie hierfür ein Vorgangsknotennetz.

c) Aufgrund eines Fehlers bei der Türenvormontage verlängert sich die Dauer für die Vormontage um 7 Zeiteinheiten. Welche Auswirkungen hat dies auf die kürzest mögliche Gesamtmontagedauer und die Gesamtpufferzeiten der Vorgänge?

d) Nun tritt ein Fehler in der Motorenvormontage auf, der die Vorgangsdauer um 8 Zeiteinheiten erhöht. Welche Auswirkungen hat dieser Fehler auf die kürzest mögliche Gesamtmontagedauer und auf den kritischen Weg?

Lösung zur Aufgabe 3:

a) Die Anordnungsbeziehungen (2) und (5) müssen gestrichen werden.

b) Die Durchführung des Bellman-Algorithmus direkt im Netzplan führt zu folgendem Ergebnis (1. Zeile im Knoten: FAZ und Vorgang, 2. Zeile im Knoten: SAZ und GP):

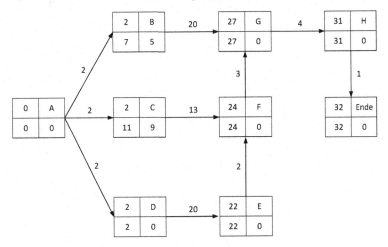

Die kürzest mögliche Gesamtmontagedauer beträgt 32 Zeiteinheiten und der kritische Weg ergibt sich mit A, D, E, F, G, H.

c) Der Gesamtpuffer bei der Türenvormontage beträgt 9 Zeiteinheiten. Da keine weiteren Vorgänge von Fehlern betroffen sind, verringert sich nur die Pufferzeit des Vorgangs C auf 2 Zeiteinheiten. Für alle anderen Vorgänge ändert sich nichts und auch die kürzest mögliche Gesamtmontagedauer bleibt bei 32 Zeiteinheiten.

d) Da die Gesamtpufferzeit der Motorvormontage nur 5 Zeiteinheiten beträgt, erhöht sich die kürzest mögliche Gesamtmontagedauer um 3 Zeiteinheiten auf 35 Zeiteinheiten. Außerdem verschiebt sich der kritische Weg, da nun Vorgang B kritisch wird und dafür D, E, F nicht mehr kritisch sind. Der neue kritische Weg ist also A, B, G, H.

8.5   Literaturhinweise

Die Zeitplanung mit Hilfe von Vorgangsknotennetzen wird beispielsweise in Altrogge (1996), Bradtke (2015), Corsten et al. (2008), Domschke et al. (2015a), Grundmann (2002), Hauke und Opitz (2003), Neumann und Morlock (2002), Nickel et al. (2014), Noosten (2022), Papageorgiou et al. (2015), Runzheimer et al. (2005), Schwarze (2014a), Vanhoucke (2012), von Känel (2020), Werners (2013), Zimmermann und Stache (2001), Zimmermann et al. (2006) sowie Zimmermann (2008) ausführlich behandelt. Viele Publikationen beschränken sich dabei auf die Darstellung des Bellman-Algorithmus zur Bestimmung der frühesten und spätesten Anfangs- und Endzeitpunkte der Vorgänge, während in einigen der oben genannten Quellen auch der Tripelalgorithmus zur Lösung der Problemstellung beschrieben wird.

In einigen der oben genannten Publikationen sind auch entsprechende Übungsaufgaben mit Lösungen enthalten. Dazu zählen die Arbeiten von Corsten et al. (2008), Hauke und Opitz (2003), Noosten (2022), von Känel (2020), Werners (2013) und Zimmermann (2008). Als reine Übungsbücher zum Operations Research bzw. zur Netzplantechnik, die auch Aufgaben zur Zeitplanung in Vorgangsknotennetzen enthalten, können Domschke et al. (2015b) und Schwarze (2014b) genannt werden.

9 Zeitplanung mit Vorgangspfeilnetzen

Analog zum vorherigen Kapitel geht es auch in diesem Kapitel um die **Zeitplanung von Projekten**, allerdings mit dem Unterschied, dass jetzt ein Vorgangspfeilnetz den Ausgangspunkt der Betrachtung darstellt. Die entsprechende Netzplantechnik wird in diesem Fall als **Methode des kritischen Pfades** bzw. auf englisch „**critical path method**" (CPM) bezeichnet. Im Fall stochastischer Vorgangsdauern spricht man dann von der „**program evaluation and review technique**" (PERT). Vor allem bei sehr umfangreichen Projekten werden in praktischen Anwendungen gerne Vorgangspfeilnetze verwendet, da sie eine meist übersichtlichere Darstellung entsprechender Sachverhalte ermöglichen. Der Nachteil von Vorgangspfeilnetzen, dass keine Maximalverknüpfungsdauern berücksichtigt werden können, bringt allerding den positiven Effekt einer vereinfachten Berechnung mit Hilfe des Bellman-Algorithmus mit sich, d. h. die Anwendung des Tripelalgorithmus ist in diesem Fall nicht notwendig. Bei einer Zeitplanung mit Vorgangspfeilnetzen soll am Ende auch die **kürzeste Projektdauer** und damit der längste Weg von der Quelle q zur Senke s des Netzplans ermittelt werden. Des Weiteren sind ebenfalls die Anfangs- und Endtermine der Vorgänge sowie gegebenenfalls vorliegende **Pufferzeiten** für die Vorgänge von Interesse. Auch hier gilt, dass Vorgänge ohne Pufferzeiten genau eingehalten werden müssen und somit **kritisch** sind.

In diesem Kapitel werden zunächst in Abschnitt 9.1 die für die Zeitplanung mit Vorgangspfeilnetzen relevanten Bezeichnungen und Zusammenhänge eingeführt. Der Abschnitt 9.2 widmet sich dann der Anwendung des bereits bekannten Bellman-Algorithmus zur Lösung der Problemstellung. In Abschnitt 9.3 werden in Ergänzung noch stochastische Vorgangsdauern betrachtet, d. h. die Vorgangsdauern werden als Zufallsvariablen modelliert und unterliegen somit gewissen Annahmen über deren Verteilung. Den Abschluss dieses Kapitels bilden dann wieder Übungsaufgaben mit Lösungen in Abschnitt 9.4 sowie einige Literaturhinweise zur Zeitplanung mit Vorgangspfeilnetzen in Abschnitt 9.5.

9.1 Bezeichnungen und Zusammenhänge

Ausgehend von einem Vorgangspfeilnetz mit

$$\vec{G} = (V, \vec{E}, c) \text{ ohne Zyklen mit } c : \vec{E} \to \mathbb{R}_+ \text{ und}$$

$$V = \{1, \ldots, n\}, \vec{E} = \{(i, j) \in V \times V : \text{ von } i \text{ führt ein Pfeil nach } j\}$$

sowie genau einer Quelle und genau einer Senke wird die Pfeilbewertung $c(i, j)$ dabei im Allgemeinen gleich der Vorgangsdauer gesetzt, sofern nicht eine andere Minimalverknüpfungsdauer vorgegeben ist. Auch wird wieder von einer Anfangsfolge ausgegangen, d. h. die Größe $c(i, j)$ gibt den frühesten Startzeitpunkt nachfolgender Vorgänge nach Beginn des Vorgangs (i, j) an.

© Springer Fachmedien Wiesbaden GmbH, ein Teil von Springer Nature 2022
U. Bankhofer, *Quantitative Unternehmensplanung*, Studienbücher
Wirtschaftsmathematik, https://doi.org/10.1007/978-3-8348-2466-0_9

Die **kürzeste Projektdauer** wird wie bei der Zeitplanung mit Vorgangsknotennetzen mit PD bezeichnet und entspricht dem maximalen Weg von Projektanfang zu Projektende. Der **früheste Anfangszeitpunkt** eines Vorgangs (i, j) wird jetzt mit FAZ_{ij} symbolisiert, der **früheste Endzeitpunkt** entsprechend mit FEZ_{ij}. Analog resultieren die Bezeichnungen für die **spätesten Anfangs-** und **Endzeitpunkte** mit SAZ_{ij} und SEZ_{ij}. In einem Vorgangspfeilnetz stellen die Knoten bekanntermaßen Ereignisse dar, für die mit FZ_i der **früheste** und mit SZ_i der **spätesten Zeitpunkt** für den Eintritt des Ereignisses $i \in V$ bezeichnet werden. Das Ereignis selbst ist im einfachsten Fall der Anfang oder das Ende eines Vorgangs, kann aber auch einen bestimmten Projektfortschritt markieren. Für den Projektanfang bzw. das Projektende gilt folglich

$$FZ_1 = SZ_1 = 0 \text{ bzw. } FZ_n = SZ_n = PD.$$

Im Rahmen der Zeitplanung mit Vorgangspfeilnetzen wird die **Gesamtpufferzeit** eines Vorgangs (i, j) mit GP_{ij} symbolisiert und es gilt

$$GP_{ij} = SZ_j - FZ_i - c(i, j) = SAZ_{ij} - FAZ_{ij}.$$

Ein Vorgang (i, j) ist wiederum **kritisch**, wenn $GP_{ij} = 0$ bzw. $SZ_j - FZ_i = c(i, j)$ ist. Es existiert auch mindestens ein **kritischer Weg** (alle auf dem Weg liegenden Vorgänge sind kritisch) von der Quelle zur Senke.

Neben der Gesamtpufferzeit, die ja der maximal möglichen Zeitverschiebung eines Vorgangs unter Einhaltung der kürzesten Projektdauer entspricht, sollen an dieser Stelle noch weitere Pufferzeiten eingeführt werden. Die **freie Pufferzeit** FP_{ij} von Vorgang (i, j) gibt dabei die maximale Zeitverschiebung von (i, j) an, wenn alle nachfolgenden Vorgänge frühestmöglich beginnen und kann gemäß

$$FP_{ij} = FZ_j - FZ_i - c(i, j) = FZ_j - FEZ_{ij}$$

berechnet werden. Umgekehrt ist die **freie Rückwärtspufferzeit** FRP_{ij} von Vorgang (i, j) definiert als die maximale Zeitverschiebung von (i, j) bei spätestem Beginn aller Vorgänger und ergibt sich gemäß

$$FRP_{ij} = SZ_j - SZ_i - c(i, j) = SAZ_{ij} - SZ_i.$$

Die maximal mögliche Zeitverschiebung von Vorgang (i, j) bei frühestem Beginn aller Nachfolger und zugleich spätestem Beginn aller Vorgänger wird schließlich noch als **unabhängige Pufferzeit** UP_{ij} bezeichnet und kann wie folgt bestimmt werden:

$$UP_{ij} = \max\{0; FZ_j - SZ_i - c(i, j)\}$$

Für die verschiedenen Pufferzeiten gelten die Beziehungen

$$GP_{ij} \geq FP_{ij} \geq UP_{ij} \geq 0 \text{ und } GP_{ij} \geq FRP_{ij} \geq UP_{ij} \geq 0,$$

d. h. wenn $GP_{ij} = 0$ ist, dann sind auch alle anderen Puffer gleich null und wenn $FP_{ij} = 0$ oder $FRP_{ij} = 0$ ist, dann ist der unabhängige Puffer gleich null.

9.2   Bellman-Algorithmus

Zur Bestimmung der im vorherigen Abschnitt dargestellten Größen kann der **Bellman-Al-gorithmus** zur Anwendung kommen. Dieser Algorithmus besteht bekanntermaßen aus einer Vorwärtsrechnung zur Bestimmung der frühesten Zeitpunkte der Vorgänge sowie einer Rückwärtsrechnung, mit der die spätesten Zeitpunkte der Vorgänge berechnet werden können. Mit Knoten $1 \in V$ als Quelle und Knoten $n \in V$ als Senke läuft der Algorithmus für ein Vorgangspfeilnetz wie folgt ab:

- **Vorwärtsrechnung** zur Bestimmung der FZ_i, FAZ_{ij} und FEZ_{ij}:
  - $FZ_1 = 0$
  - $FZ_j = \max_{i \in V(j)} (FZ_i + c(i, j))$ für $j = 2, ..., n$
  - $PD = FZ_n$
  - $FAZ_{jk} = FZ_j$ für $j = 1, ..., n - 1$
  - $FEZ_{jk} = FZ_j + c(j, k)$ für $j = 1, ..., n - 1$

- **Rückwärtsrechnung** zur Bestimmung der SZ_i, SAZ_{ij} und SEZ_{ij}:
  - $SZ_n = FZ_n = PD$
  - $SZ_i = \min_{j \in N(i)} (SZ_j - c(i, j))$ für $i = n - 1, ..., 1$
  - $SZ_1 = 0$
  - $SEZ_{ki} = SZ_i$ für $i = n, ..., 2$
  - $SAZ_{ki} = SZ_i - c(k, i)$ für $i = n, ..., 2$

Bei der Vorwärtsrechnung werden ausgehend vom Projektstart für alle nachfolgenden Knoten maximale Wege bestimmt, um die frühesten Zeitpunkte FZ_j der Ereignisse $j = 2, ..., n$ zu erhalten. Der früheste Zeitpunkt FZ_n der Senke entspricht dann der kürzesten Projektdauer. Des Weiteren wird der früheste Zeitpunkt FZ_j des Ereignisses j dann jeweils zum frühesten Anfangszeitpunkt FAZ_{jk} des Vorgangs (j, k). Analog werden in der Rückwärtsrechnung die spätesten Zeitpunkte unter Einhaltung der kürzesten Projektdauer ermittelt. Dabei erfolgt eine Minimierung über alle Nachfolgerknoten und der späteste Zeitpunkt SZ_i des Ereignisses i wird gleich dem spätesten Endzeitpunkt SEZ_{ki} des Vorgangs (k, i) gesetzt. Um den Bellman-Algorithmus direkt im Netz anzuwenden, empfiehlt sich die in der Abbildung 9.1 angegebene Knotendarstellung. Mit dem nachfolgenden Beispiel erfolgt eine Illustration des Ansatzes.

Abbildung 9.1   Knotendarstellung für den Bellman-Algorithmus

Quelle: Eigene Darstellung

Beispiel:

Es wird das in der Abbildung 6.6 in Kapitel 6 bereits dargestellte Projekt einer Neuprodukt+einführung aufgegriffen. Unter Verwendung der Knotendarstellung aus Abbildung 9.1 resultiert die in der Abbildung 9.2 angegebene Darstellung nach Durchführung des Bellman-Algorithmus.

Abbildung 9.2   Bellman-Algorithmus für das Beispiel

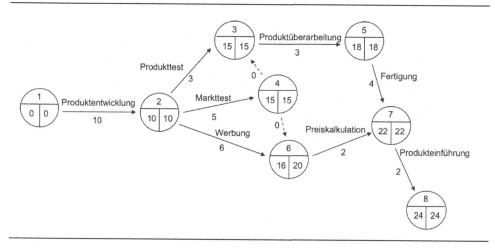

Quelle: Eigene Darstellung

Ausgehend von $FZ_1 = 0$ in der Quelle erfolgt zunächst die Vorwärtsrechnung. Solange nur ein Pfeil zum nächsten Knoten bzw. Ereignis führt, muss lediglich die Pfeilbewertung zum frühesten Zeitpunkt des vorherigen Ereignisses addiert werden, um den frühesten Zeitpunkt des Folgeereignisses zu erhalten. Dies ist hier im Beispiel bei den Knoten 2, 4, 5 und 8 der Fall. Erst wenn mindestens zwei Pfeile zu einem Knoten führen, ist die Maximierung durchzuführen. Bei Knoten 3 ergibt sich diese mit max$\{10 + 3, 15 + 0\} = 15$, bei Ereignis bzw. Knoten 6 mit max$\{10 + 6, 15 + 0\} = 16$ und bei Knoten 7 mit max$\{18 + 4, 16 + 2\} = 22$. In der Rückwärtsrechnung werden nun ausgehend von $SZ_8 = FZ_8 = 24$ die Wege zurück zur Quelle betrachtet. Solange das jeweilige Ereignis nur einen Nachfolger besitzt, muss lediglich vom spätesten Zeitpunkt des Nachfolgerknotens die Pfeilbewertung subtrahiert werden. Dies ist hier bei den Knoten bzw. Ereignissen 7, 6, 5, 3 und 1 der Fall. Erst wenn ein Knoten mindestens zwei Nachfolger besitzt, ist die Minimierung notwendig. Bei Knoten 4 ergibt sich diese mit min$\{20 - 0, 15 - 0\} = 15$ und bei Knoten 2 mit min$\{20 - 6, 15 - 5, 15 - 3\} = 10$.

Damit sind alle frühesten und spätesten Zeitpunkte der Ereignisse bzw. Knoten bestimmt und es können die frühesten Anfangs- und Endzeitpunkte sowie die spätesten End- und Anfangszeitpunkte der Vorgänge berechnet werden. Die entsprechenden Ergebnisse sind in der Abbildung 9.3 zusammengefasst. Anschließend sind noch die Pufferzeiten für jeden Vorgang zu ermitteln, die ebenfalls in der Abbildung 9.3 angegeben sind.

Abbildung 9.3 Ergebniszusammenfassung für das Beispiel

Vorgang (i,j)	$(1,2)$	$(2,3)$	$(2,4)$	$(3,5)$	$(2,6)$	$(4,3)$	$(4,6)$	$(5,7)$	$(6,7)$	$(7,8)$
Dauer $c(i,j)$	10	3	5	3	6	0	0	4	2	2
$FAZ_{ij} = FZ_i$	0	10	10	15	10	15	15	18	16	22
$FEZ_{ij} = FZ_i + c(i,j)$	10	13	15	18	16	15	15	22	18	24
$SEZ_{ij} = SZ_j$	10	15	15	18	20	15	20	22	22	24
$SAZ_{ij} = SZ_j - c(i,j)$	0	12	10	15	14	15	20	18	20	22
$GP_{ij} = SZ_j - FZ_i - c(i,j)$	0	2	0	0	4	0	5	0	4	0
$FP_{ij} = FZ_j - FZ_i - c(i,j)$	0	2	0	0	0	0	1	0	4	0
$FRP_{ij} = SZ_j - SZ_i - c(i,j)$	0	2	0	0	4	0	5	0	0	0
$UP_{ij} = \max\{0; FZ_j - SZ_i - c(i,j)\}$	0	2	0	0	0	0	1	0	0	0

Quelle: Eigene Darstellung

Wie anhand der Gesamtpufferzeiten zu sehen ist, läuft der kritischen Weg über die Knoten 1, 2, 4, 3, 5, 7 und 8, so dass die Vorgänge Produktentwicklung, Markttest, Produktüberarbeitung, Fertigung und Produkteinführung kritisch sind. Lediglich der Produkttest, die Werbung und die Preiskalkulation können in dem angegebenen Rahmen verschoben werden, ohne die kürzeste Projektdauer von 24 Zeiteinheiten zu gefährden. Dabei kann der Produkttest unabhängig von vorhergehenden oder nachfolgenden Vorgängen immer um 2 Zeiteinheiten verschoben werden. Die Werbung besitzt eine freie Rückwärtspufferzeit von 4 Zeiteinheiten und kann damit auch bei spätestem Beginn aller Vorgänger immer noch in dieser Zeitspanne versetzt gestartet werden. Schließlich kann auch die Preiskalkulation aufgrund der freien Pufferzeit um 4 Zeiteinheiten verschoben werden, selbst wenn alle nachfolgenden Vorgänge frühestmöglich beginnen.

9.3 Zeitplanung mit stochastischen Vorgangsdauern

Falls die Realisierungen der Vorgangsdauern in einem Vorgangspfeilnetz ungewiss sind, kann alternativ auch eine Modellierung über Zufallsvariablen erfolgen. Die Pfeilbewertungen erfolgen also mit den Vorgangsdauern und stellen die Zufallsvariable $C(i,j)$ dar. Das Vorgangspfeilnetz ergibt sich dann formal mit

$$\vec{G} = (V, \vec{E}, C) \text{ ohne Zyklen mit } C : \vec{E} \rightarrow \text{Menge der Verteilungen}$$

$$\text{und } V = \{1,\ldots,n\}, \vec{E} = \{(i,j) \in V \times V : \text{ von } i \text{ führt ein Pfeil nach } j\}'$$

wobei von jeweils genau einer Quelle und Senke ausgegangen wird und die Verteilungen keine negativen Realisierungen haben dürfen. Der **Erwartungswert** der **Vorgangsdauern** wird mit $EC(i, j)$ und die **Varianz** der **Vorgangsdauern** mit $VC(i, j)$ bezeichnet. Diese Größen müssen letztendlich auf der Basis von Verteilungsannahmen geschätzt werden, worauf später noch ausführlicher eingegangen wird. Für einen Weg $(i_1 \rightsquigarrow i_m) = (i_1, i_2, \ldots, i_m)$ gilt damit

$$EC(i_1 \rightsquigarrow i_m) = \sum_{\mu=1}^{m-1} EC(i_\mu, i_{\mu+1}).$$

Des Weiteren wird von einer **Unabhängigkeit** der **Vorgangsdauern** ausgegangen, so dass dann die folgende Aussage für die Varianz auf diesem Weg getroffen werden kann:

$$VC(i_1 \rightsquigarrow i_m) = \sum_{\mu=1}^{m-1} VC(i_\mu, i_{\mu+1})$$

Unter der zusätzlichen Annahme, dass alle Vorgangsdauern identisch verteilt sind, kann schließlich unter Berufung auf den zentralen Grenzwertsatz für umfangreiche Netze die Wegdauer als näherungsweise normalverteilt angenommen werden, d. h.

$$(i_1 \rightsquigarrow i_m) \sim N\left(EC(i_1 \rightsquigarrow i_m), \sqrt{VC(i_1 \rightsquigarrow i_m)}\right).$$

Bei einer Zeitplanung mit stochastischen Vorgangsdauern werden hier die folgenden Bezeichnungen und Zusammenhänge verwendet:

■ **Erwartungswert** für die **kürzeste Projektdauer** EPD

■ **Varianz** für die **kürzeste Projektdauer** VPD

■ **Erwartungswert** des **frühesten** (spätesten) **Zeitpunkts** EFZ_i (ESZ_i) für den Eintritt des Ereignisses $i \in V$ bei Einhaltung von EPD

■ **Varianz** des **frühesten** (spätesten) **Zeitpunkts** VFZ_i (VSZ_i) für den Eintritt des Ereignisses $i \in V$ bei Einhaltung von VPD

■ **Erwartungswert** der **Gesamtpufferzeit** EGP_i von $i \in V$: $EGP_i = ESZ_i - EFZ_i$

■ **Varianz** der **Gesamtpufferzeit** VGP_i von $i \in V$: $VGP_i = VSZ_i + VFZ_i$

■ **Ereignis** i **kritisch**: $EGP_i = 0$

■ **Kritischer Weg**: alle auf diesem Weg liegenden Ereignisse sind kritisch

■ **Erwartungswerte** bzw. **Varianzen** der **Start-** und **Endtermine** der **Vorgänge**:

    – $EFAZ_{ij} = EFZ_i$, $VFAZ_{ij} = VFZ_i$

    – $ESEZ_{ij} = ESZ_j$, $VSEZ_{ij} = VSZ_j$

    – $EFEZ_{ij} = EFZ_i + EC(i, j)$, $VFEZ_{ij} = VFZ_i + VC(i, j)$

    – $ESAZ_{ij} = ESZ_j - EC(i, j)$, $VSAZ_{ij} = VSZ_j + VC(i, j)$

Dabei ist noch anzumerken, dass bei der Berechnung von VGP_i und $VSAZ_{ij}$ das Pluszeichen aufgrund der für Varianzen geltenden Rechenregel $Var(a + bX) = b^2 Var(X)$ resultiert.

Zur Lösung der Problemstellung kann wiederum der Bellman-Algorithmus herangezogen werden. Mit Knoten $1 \in V$ als Quelle und Knoten $n \in V$ als Senke ergeben sich dabei die folgenden angepassten Berechnungen:

- **Vorwärtsrechnung:**

  - $EFZ_1 = VFZ_1 = 0$
  - $EFZ_j = \max_{i \in V(j)} (EFZ_i + EC(i, j))$ für $j = 2, ..., n$
  - $VFZ_j = \max_{i:\, EFZ_i + EC(i,\, j)\, =\, EFZ_j} (VFZ_i + VC(i, j))$ für $j = 2, ..., n$
  - $EPD = EFZ_n$
  - $VPD = VFZ_n$

- **Rückwärtsrechnung:**

  - $ESZ_n = EFZ_n = EPD$
  - $VSZ_n = 0$
  - $ESZ_i = \min_{j \in N(i)} (ESZ_j - EC(i, j))$ für $i = n - 1, ..., 1$
  - $VSZ_i = \max_{j:\, ESZ_j - EC(i,\, j)\, =\, ESZ_i} (VSZ_j + VC(i, j))$ für $i = n - 1, ..., 1$

Bei der Berechnung der Varianzen der frühesten und spätesten Zeitpunkte für den Eintritt der Ereignisse ist noch zu bemerken, dass hier jeweils die maximalen Varianzen auf dem bereits mit den Erwartungswerten ermittelten maximalen bzw. minimalen Wegen bestimmt werden. Für die Berechnung von VSZ_i resultiert das Pluszeichen wiederum aufgrund der bereits angesprochenen Rechenregel für Varianzen.

Abbildung 9.4   Pfeil- und Knotendarstellung für den Bellman-Algorithmus

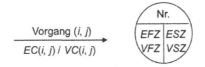

Quelle: Eigene Darstellung

Zur direkten Anwendung des Bellman-Algorithmus in einem vorliegenden Vorgangspfeilnetz können die in der Abbildung 9.4 angegebenen Pfeil- und Knotendarstellungen verwendet werden. Der Ansatz einer Zeitplanung mit stochastischen Vorgangsdauern soll mit dem nachfolgenden Beispiel noch einmal erläutert werden.

Beispiel:

Betrachtet wird wiederum das im Beispiel des vorherigen Abschnitts bereits analysierte Projekt einer Neuprodukteinführung. Als Erwartungswerte und Varianzen der Vorgangsdauern werden die in der Abbildung 9.5 auf den Pfeilen angegebenen Werte unterstellt. Mit der Knotendarstellung aus Abbildung 9.4 ergibt sich dann die in der Abbildung 9.5 angegebene

Darstellung nach Durchführung des Bellman-Algorithmus. Da die Erwartungswerte der Vorgangsdauern den Pfeilbewertungen der Abbildung 9.2 entsprechen, resultieren dieselben Berechnungen und Ergebnisse für die Erwartungswerte der frühesten und spätesten Zeitpunkte der Ereignisse.

Abbildung 9.5   Bellman-Algorithmus für das Beispiel

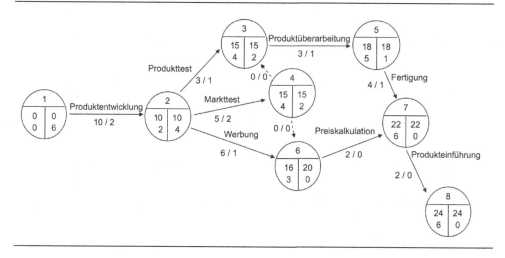

Quelle: Eigene Darstellung

In Ergänzung müssen jetzt allerdings noch die Varianzen der frühesten und spätesten Zeitpunkte der Ereignisse bestimmt werden. Ausgehend von $VFZ_1 = 0$ in der Quelle können die Varianzen der Vorgänge bei der Vorwärtsrechnung einfach addiert werden, solange nur ein Pfeil zum nächsten Knoten führt. Da die Knoten 3, 6 und 7 jeweils zwei Vorgänger besitzen, muss hier eine Maximierung auf den bereits mit den Erwartungswerten ermittelten maximalen Wegen erfolgen. Bei Knoten 3 ergibt sich diese mit $\max_{i=4}\{4 + 0\} = 4$, bei Knoten 6 mit $\max_{i=2}\{2 + 1\} = 3$ und bei Knoten 7 mit $\max_{i=5}\{5 + 1\} = 6$. Analog erfolgt die Rückwärtsrechnung ausgehend von $VSZ_8 = 0$. Hier werden die Varianzen auf dem Rückweg schrittweise addiert und lediglich bei den Knoten 4 und 2 muss eine Maximierung mit $\max_{i=3}\{2 + 0\} = 2$ bzw. $\max_{i=4}\{2 + 2\} = 4$ durchgeführt werden. Auf Basis dieser Ergebnisse sind nun noch die Erwartungswerte und Varianzen der Gesamtpufferzeiten zu berechnen, die in der Abbildung 9.6 dargestellt sind.

Als weitere Resultate können dann die näherungsweisen Verteilungen der kürzesten Projektdauer mit $PD \sim N(24, \sqrt{6})$, der frühesten und spätesten Ereigniseintritte (z. B. bei Ereignis 6 mit $FZ_6 \sim N(16, \sqrt{3})$ und $SZ_6 \sim N(20, \sqrt{0})$) sowie der Gesamtpufferzeiten abgeleitet werden. Damit lassen sich schließlich auch Wahrscheinlichkeiten für Terminunterschreitungen und -überschreitungen berechnen. Möchte man beispielsweise die Wahrscheinlichkeit bestimmen, dass das Projekt in höchstens 30 Zeiteinheiten abgeschlossen ist, dann ergibt sich mit Φ als Verteilungsfunktion der Standardnormalverteilung die folgende Rechnung:

$$P(PD \leq 30) = \Phi\left(\frac{30 - 24}{\sqrt{6}}\right) = 0,993$$

Abbildung 9.6   Erwartungswerte und Varianzen der Gesamtpufferzeiten

Ereignis i	1	2	3	4	5	6	7	8
$EGP_i = ESZ_i - EFZ_i$	0	0	0	0	0	4	0	0
$VGP_i = VSZ_i + VFZ_i$	6	6	6	6	6	3	6	6

Quelle: Eigene Darstellung

Wie bereits erwähnt, müssen zur Durchführung einer Zeitplanung mit stochastischen Vorgangsdauern Verteilungsannahmen für die Vorgangsdauern getroffen werden, um die Erwartungswerte und Varianzen der Vorgangsdauern zu bestimmen. Dazu werden nachfolgend die Verteilungen vorgestellt, die typischerweise herangezogen werden. In der Abbildung 9.7 sind dazu für die **Gleichverteilung** die zugehörige Dichtefunktion mit Skizze sowie der Erwartungswert und die Varianz angegeben.

Abbildung 9.7   Gleichverteilung

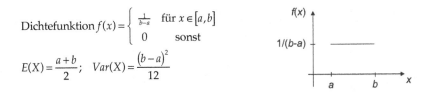

$$\text{Dichtefunktion } f(x) = \begin{cases} \frac{1}{b-a} & \text{für } x \in [a,b] \\ 0 & \text{sonst} \end{cases}$$

$$E(X) = \frac{a+b}{2}; \quad Var(X) = \frac{(b-a)^2}{12}$$

Quelle: Eigene Darstellung

In diesem Fall unterstellt man einen gleichförmigen Verlauf der Dichtefunktion im Intervall $[a, b]$. Der Parameter a entspricht dabei der minimalen Vorgangsdauer, während der Parameter b die maximale Vorgangsdauer angibt. Diese Parameter müssen nun (ggf. durch einen Experten) in Form einer optimistischen bzw. pessimistischen Vorgangsdauer geschätzt werden. Anschließend können auf Basis dieser Schätzungen die Erwartungswerte und Varianzen der Vorgangsdauern gemäß den in den Abbildung 9.7 angegebenen Formeln berechnet werden, so dass der Bellman-Algorithmus durchgeführt werden kann.

Alternativ kann auch die **Dreiecksverteilung** herangezogen werden, deren Dichtefunktion einschließlich entsprechender Skizze sowie dem Erwartungswert und der Varianz in der Abbildung 9.8 zu finden sind. Neben der minimalen und der maximalen Vorgangsdauer, die durch die Parameter a und b symbolisiert sind, kommt hier zusätzlich der Parameter m ins

Spiel, der dem Modalwert der Verteilung entspricht. Dieser Wert kann als wahrscheinlichste (häufigste) Vorgangsdauer interpretiert werden und muss wiederum (durch einen Experten) geschätzt werden. Auf Basis der Schätzungen für a, b und m können dann die Erwartungswerte und Varianzen der Vorgangsdauern bestimmt werden.

Abbildung 9.8   Dreiecksverteilung

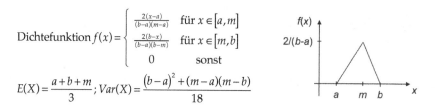

$$\text{Dichtefunktion } f(x) = \begin{cases} \frac{2(x-a)}{(b-a)(m-a)} & \text{für } x \in [a,m] \\ \frac{2(b-x)}{(b-a)(b-m)} & \text{für } x \in [m,b] \\ 0 & \text{sonst} \end{cases}$$

$$E(X) = \frac{a+b+m}{3} ; Var(X) = \frac{(b-a)^2 + (m-a)(m-b)}{18}$$

Quelle: Eigene Darstellung

Als dritte und letzte Verteilung ist noch die **Betaverteilung** zu nennen, deren Dichtefunktion $f(x)$ wie folgt gegeben ist:

$$f(x) = \frac{1}{B(p,q)} \cdot \frac{(x-a)^{p-1} \cdot (b-x)^{q-1}}{(b-a)^{p+q-1}} \text{ mit } B(p,q) = \int_0^1 u^{p-1}(1-u)^{q-1}\,du = \frac{\Gamma(p)\Gamma(q)}{\Gamma(p+q)}$$

Dabei bezeichnen $B(p, q)$ die Betafunktion und $\Gamma(p)$ die Gammafunktion mit

$$\Gamma(p) = \int_0^\infty u^{p-1} e^{-u}\,du \, .$$

Die Dichtefunktion der Betaverteilung ist für $1 < p < q$ linkssteil, d. h. Vorgangsdauern in der Nähe der optimistischen Dauer a sind wahrscheinlicher als Vorgangsdauern in der Nähe der pessimistischen Dauer b. Erwartungswert, Varianz und Modus einer betaverteilten Zufallsvariablen können durch Differential- bzw. Integralrechnung bestimmt werden. Dabei wird die Annahme unterstellt, dass die Spannweite $b - a$ in Anlehnung an die Normalverteilung gleich der sechsfachen Standardabweichung entspricht. Unter den weiteren, aus der Praxiserfahrung resultierenden Annahmen, dass $p, q > 1$ und $p + q = 6$ sind, ergeben sich der Erwartungswert und die Varianz einer betaverteilten Zufallsvariablen X wie folgt:

$$E(X) = \frac{a+b+4m}{6}, Var(X) \approx \frac{(b-a)^2}{36}$$

Die vorherige Schätzung der Parameter a, b und m zur Berechnung der Erwartungswerte und Varianzen erfolgt wiederum beispielsweise durch einen Experten für jeden Vorgang, wobei auch hier a der optimistischen, b der pessimistischen und m der wahrscheinlichsten (häufigsten) Vorgangsdauer entspricht.

Abschließend sollen noch kurz einige Kritikpunkte des in diesem Abschnitt vorgestellten Ansatzes einer Zeitplanung mit stochastischen Vorgangsdauern genannt werden. Zunächst ist festzuhalten, dass die Schätzung der Parameter a, b und gegebenenfalls auch m im Allgemeinen durch einen Experten ohne Kenntnis der Verteilung vorgenommen wird. Die Ergebnisse selbst hängen darüber hinaus von den getroffenen Verteilungsannahmen ab. Schließlich muss noch kritisiert werden, dass die unterstellte Unabhängigkeit der Vorgangsdauern in realen Anwendungen häufig nicht gegeben ist.

9.4 Übungsaufgaben zur Zeitplanung mit Vorgangspfeilnetzen

Nachfolgend finden sich fünf Übungsaufgaben zur Zeitplanung mit Vorgangspfeilnetzen. Bei den Übungsaufgaben ist auch jeweils der Themenbereich angegeben, auf den sich diese Aufgabe im Wesentlichen bezieht. Des Weiteren ist im Anschluss an die jeweilige Aufgabe auch eine Lösung dargestellt. Dabei ist zu beachten, dass es sich um einen Lösungsvorschlag handelt und manchmal auch andere Lösungswege denkbar wären.

Aufgabe 1: (Bellman-Algorithmus)

Die Strukturanalyse für die Erstellung einer Datenverarbeitungsanlage ergab die folgende Vorgangsliste:

Vorgang	Bezeichnung des Vorgangs	Dauer	Vorgänger	Nachfolger
A	Entwurf	10	-	B, C, D
B	Fertigung der Zentraleinheit	5	A	G
C	Bereitstellung der Aus- und Eingabegeräte	2	A	H, G
D	Erstellung der Grundsatz-Programme	4	A	E, F
E	Erstellung der Prüf-Programme	4	D	G
F	Erstellung der Kunden-Programme	3	D	I
G	Funktionsprüfung	2	B, C, E	I
H	Bereitstellung der Anschlussgeräte	5	C	I
I	Auslieferung, Installation	1	F, G, H	-

a) Man ermittle das dazugehörige Vorgangspfeilnetz.

b) Man ermittle mit Hilfe von CPM alle frühesten (spätesten) Zeitpunkte für die Ereignisse sowie die frühesten (spätesten) Anfangs- und Endzeitpunkte für die Vorgänge. Wie groß ist die minimale Projektdauer?

c) Man gebe die gesamte, freie und die unabhängige Pufferzeit für alle Vorgänge an und bestimme einen kritischen Weg.

Lösung zur Aufgabe 1:

a)   Anhand der Vorgangsliste ergibt sich das folgende Vorgangspfeilnetz:

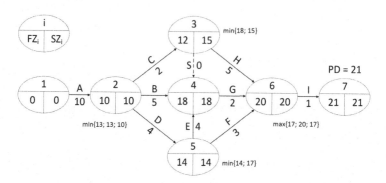

b)   Die Lösung der Aufgabe b) ist bereits im Vorgangspfeilnetz der Aufgabe a) enthalten. Dort sind die frühesten sowie spätesten Zeitpunkte für die Ereignisse eingetragen. Die frühesten und spätesten Anfangs- und Endzeitpunkte werden in der Aufgabe c) betrachtet. Die minimale Projektdauer beträgt 21 Zeiteinheiten.

c)   Anhand des Vorgangspfeilnetzes und den damit ermittelten frühesten und spätesten Zeitpunkten für die Ereignisse lässt sich die folgende Tabelle bestimmen.

Vorgang	A	B	C	D	S	E	F	G	H	I
Pfeil	$(1,2)$	$(2,4)$	$(2,3)$	$(2,5)$	$(3,4)$	$(5,4)$	$(5,6)$	$(4,6)$	$(3,6)$	$(6,7)$
Dauer	10	5	2	4	0	4	3	2	5	1
FAZ_{ij}	0	10	10	10	12	14	14	18	12	20
FEZ_{ij}	10	15	12	14	12	18	17	20	17	21
SEZ_{ij}	10	18	15	14	18	18	20	20	20	21
SAZ_{ij}	0	13	13	10	18	14	17	18	15	20
GP_{ij}	0	3	3	0	6	0	3	0	3	0
FP_{ij}	0	3	0	0	6	0	3	0	3	0
UP_{ij}	0	3	0	0	3	0	3	0	0	0

In der Tabelle sind die frühesten (spätesten) Anfangs- und Endzeitpunkte sowie die gesamte, freie und die unabhängige Pufferzeit für alle Vorgänge gegeben. Der kritische Weg resultiert daher mit: A, D, E, G, I.

Aufgabe 2:   **(Bellman-Algorithmus)**

Eine Werbeagentur plant eine Werbekampagne zur Einführung eines neuen Produktes mittels Plakaten, Fernsehspots und Zeitungsinseraten. (Im Folgenden bedeutet beispielsweise

(X/3): Für den Vorgang X werden 3 Zeiteinheiten benötigt.) Die Erarbeitung der Werbekonzeption – sie ist Voraussetzung für alle anderen Vorgänge – wird mit 2 Zeiteinheiten veranschlagt (A/2). Für die Anzeigen werden Illustration (C/4) und Werbetext (D/4) gesondert entworfen. Liegt beides vor, werden Klischees hergestellt (L/2). Sind die Werbeverträge mit den einschlägigen Presseorganen perfekt (E/3), verteilt man die Klischees an die Vertragspartner (M/1). Die Fernsehwerbung soll einen Werbekurzfilm bringen, dessen Skript zunächst erstellt werden muss (H/3). Parallel dazu werden die Vertragsverhandlungen mit dem Filmproduzenten durchgeführt (I/4). Danach können Filmaufnahmen erfolgen (Q/6). Die Filmaufnahmeresultate werden der Programmdirektion des Fernsehens vorgeführt, mit welcher eine Absprache über die Sendung getroffen werden muss (R/1). Die Plakatwerbung läuft wie folgt ab. Nach Entwurf (F/8) und Druck (N/1) des Plakates wird dieses an die Werbeflächenvermieter, mit denen Verträge ausgehandelt sein müssen (G/3), verteilt (P/1). Sobald alle diese Vorbereitungen abgeschlossen sind, wird eine Presskonferenz arrangiert (S/4). Das Datum der Pressekonferenz kann als Einführungszeitpunkt des neuen Produktes angesehen werden.

a) Erstellen Sie eine Vorgangsliste und geben Sie das zugehörige Vorgangspfeilnetz der Einführungsphase an.

b) Berechnen Sie den kritischen Weg bis zur Pressekonferenz.

Lösung zur Aufgabe 2:

a) Die Lösung befindet sich bereits in Kapitel 7 Aufgabe 1.

b) Für die Bestimmung des kritischen Wegs werden die frühesten und spätesten Anfangszeitpunkte und darauf aufbauend die Gesamtpufferzeiten aller Vorgänge bestimmt. Diese sind in der nachfolgenden Tabelle gegeben:

Vorgang	A	S_1	C	D	L	E	M	H	S_2	I	Q	R	F	N	G	P	S
Pfeil	(1,2)	(2,3)	(3,4)	(2,4)	(4,5)	(2,5)	(5,11)	(2,7)	(2,6)	(6,7)	(7,8)	(8,11)	(2,9)	(9,10)	(2,10)	(10,11)	(11,12)
Dauer	2	0	4	4	2	3	1	3	0	4	6	1	8	1	3	1	4
FAZ_{ij}	0	2	2	2	6	2	8	2	2	2	6	12	2	10	2	11	13
SAZ_{ij}	0	6	6	6	10	9	12	3	2	2	6	12	3	11	9	12	13
GP_{ij}	0	4	4	4	4	7	4	1	0	0	0	0	1	1	7	1	0

Damit resultiert der kritische Weg mit: A, S_2, I, Q, R, S.

Aufgabe 3:   **(Zeitplanung mit stochastischen Vorgangsdauern)**

In der Vorgangsliste der Aufgabe 1 (Bellman-Algorithmus) sind die angegebenen Vorgangsdauern als wahrscheinlichste Werte zu interpretieren. Darüber hinaus liegen auch Expertenschätzungen für die optimistischen und pessimistischen Dauern vor. Zusammenfassend können die vorgangsspezifischen Dauern (optimistischer Wert / wahrscheinlichster Wert / pessimistischer Wert) der folgenden Tabelle entnommen werden:

Vorgang	A	B	C	D	E	F	G	H	I
Dauer	(7/10/13)	(4/5/12)	(1/2/3)	(4/4/4)	(4/4/4)	(1/3/5)	(1/2/9)	(4/5/6)	(1/1/2,2)

a)   Man ermittle alle kritischen Ereignisse, die minimal zu erwartende Projektdauer sowie
     die Standardabweichung der minimal zu erwartenden Projektdauer, wenn die Vor-
     gangsdauern als betaverteilt angenommen werden.

b)   Wie groß ist die Wahrscheinlichkeit, dass die minimal zu erwartende Projektdauer unter
     bzw. über 20, 21, 22, 23, 24, 25 Zeiteinheiten bzw. im Intervall [20, 25], [20, 22], [21, 24]
     liegt?

Lösung zur Aufgabe 3:

a)   Die Erwartungswerte und Varianzen der Vorgangsdauern werden zunächst in der fol-
     genden Tabelle dargestellt.

Vorgang	A	B	C	D	E	F	G	H	I
Dauer	7/10/13	4/5/12	1/2/3	4/4/4	4/4/4	1/3/5	1/2/9	4/5/6	1/1/2,2
$EC(i,j)$	10	6	2	4	4	3	3	5	1,2
$VC(i,j)$	1	$\frac{16}{9}$	$\frac{1}{9}$	0	0	$\frac{4}{9}$	$\frac{16}{9}$	$\frac{1}{9}$	$\frac{1}{25}$

Anschließend kann der Graph aus der Aufgabe 1 mit entsprechenden Anpassungen und
neuen Berechnungen folgendermaßen bestimmt werden:

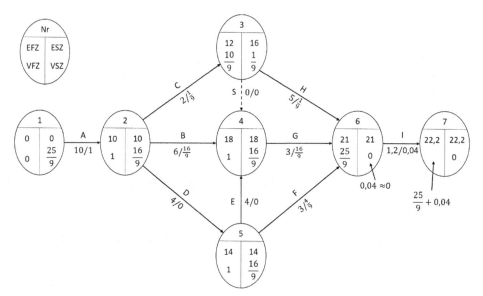

Die minimal zu erwartende Projektdauer kann direkt aus dem Graphen mit 22,2 Zeiteinheiten entnommen werden. Die Standardabweichung dieser kann folgendermaßen bestimmt werden: $\sqrt{VPD} = \sqrt{\frac{25}{9} + 0,04} \approx 1,68$. Für die Ermittlung der kritischen Ereignisse müssen die entsprechenden Erwartungswerte der Gesamtpufferzeiten berechnet werden. Diese ergeben sich folgendermaßen:

Ereignis	1	2	3	4	5	6	7
EGP_i	0	0	4	0	0	0	0

Als kritische Ereignisse resultieren damit die Ereignisse 1, 2, 4, 5, 6 und 7.

b)   Unter Verwendung des zentralen Grenzwertsatzes kann die Projektdauer als normalverteilt angenommen werden. Daher ist $PD \sim N(22,2 ; 1,68)$. Die normalverteilte Projektdauer kann anschließend standardisiert werden, damit ist

$$Z = \frac{PD - 22,2}{1,68} \sim N(0;1).$$

Zur Berechnung der Wahrscheinlichkeit, dass die minimal zu erwartende Projektdauer über bzw. unter den in der Aufgabe gegebenen Zeiteinheiten liegt, wird die Standardnormalverteilung verwendet. Mit dieser ergeben sich die folgenden Berechnungen:

$$P(PD < x) = P\left(\frac{PD - 22,2}{1,68} < \frac{x - 22,2}{1,68} \right) = P\left(Z < \frac{x - 22,2}{1,68} \right)$$
$$= P\left(Z \leq \frac{x - 22,2}{1,68} \right) = \Phi\left(\frac{x - 22,2}{1,68} \right)$$

Mit Hilfe der Standardnormalverteilung lässt sich nun die Wahrscheinlichkeit berechnen, dass die minimal zu erwartende Projektdauer kleiner x ist. Um die Wahrscheinlichkeit zu berechnen, dass die minimal zu erwartende Projektdauer größer x ist, wird folgende Umformung erforderlich: $P(PD > x) = 1 - P(PD \leq x) = 1 - P(PD < x)$. Damit lassen sich die Wahrscheinlichkeiten berechnen, ob die minimale Projektdauer über bzw. unter den in der Aufgabe gegeben Zeiteinheiten liegt. Die entsprechenden Ergebnisse können der nachfolgenden Tabelle entnommen werden:

Dauer x	20	21	22	23	24	25
z	−1,31	−0,71	−0,12	0,48	1,07	1,67
$P(PD < x)$	0,0951	0,2389	0,4522	0,6844	0,8577	0,9525
$P(PD > x)$	0,9049	0,7611	0,5478	0,3156	0,1423	0,0475

Mit diesen Wahrscheinlichkeiten können die Intervallwahrscheinlichkeiten berechnet werden. Diese ergeben sich folgendermaßen:

$$P(PD \in [20;25]) = P(PD \le 25) - P(PD < 20)$$
$$= P(PD < 25) - P(PD < 20)$$
$$= 0,9525 - 0,0951 = 0,8574$$
$$P(PD \in [20;22]) = 0,4522 - 0,0951 = 0,3571$$
$$P(PD \in [21;24]) = 0,8577 - 0,2389 = 0,6188$$

Aufgabe 4:   **(Zeitplanung mit stochastischen Vorgangsdauern)**

Gegeben sei der Netzplan mit dreiecksverteilten Vorgangsdauern:

a = optimistische Vorgangsdauer
m = wahrscheinlichste Vorgangsdauer
b = pessimistische Vorgangsdauer

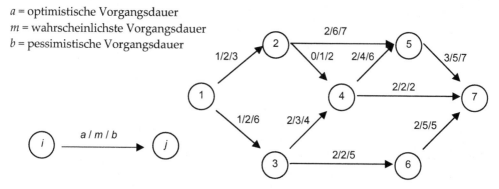

a)   Wie groß sind der Erwartungswert und die Varianz der kürzesten Projektdauer? Man gebe den kritischen Weg an.

b)   Man berechne die Wahrscheinlichkeit, dass die Projektdauer zwischen 10 und 15 Zeiteinheiten liegt.

c)   Welche Projektdauer wird mit der Wahrscheinlichkeit 0,9 überschritten?

d)   Wie verändern sich die Ergebnisse von a) und b), wenn für die Dauer des Vorgangs (1, 2) die Realisierung $c(1, 2) = 3$ vorliegt?

Lösung zur Aufgabe 4:

a)   Für die Berechnung des Erwartungswerts und der Varianz für die kürzeste Projektdauer werden zunächst die erwartete Vorgangsdauer und Varianz aller Vorgänge bestimmt. Unter Beachtung der zugrundeliegenden Dreiecksverteilung der Vorgangsdauern ergeben sich die folgenden Werte:

Vorgang	$(1,2)$	$(1,3)$	$(2,4)$	$(2,5)$	$(3,4)$	$(3,6)$	$(4,5)$	$(4,7)$	$(5,7)$	$(6,7)$
Dauer	1/2/3	1/2/6	0/1/2	2/6/7	2/3/4	2/2/5	2/4/6	2/2/2	3/5/7	2/5/5
$EC(i,j)$	2	3	1	5	3	3	4	2	5	4
$VC(i,j)$	$\frac{1}{6}$	$\frac{7}{6}$	$\frac{1}{6}$	$\frac{7}{6}$	$\frac{1}{6}$	$\frac{1}{2}$	$\frac{2}{3}$	0	$\frac{2}{3}$	$\frac{1}{2}$

Damit kann der nachfolgende Graph bestimmt werden:

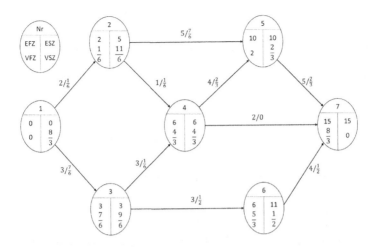

Daraus lässt sich der Erwartungswert der kürzesten Projektdauer mit 15 und die Varianz mit $\frac{8}{3}$ ablesen. Um den kritischen Weg anzugeben, müssen alle kritischen Ereignisse bestimmt werden. Diese ergeben sich wie nachfolgend gezeigt:

Ereignis	1	2	3	4	5	6	7
EGP_i	0	3	0	0	0	5	0

Der kritische Weg resultiert mit (1, 3, 4, 5, 7).

b) Unter Verwendung des zentralen Grenzwertsatzes kann die Projektdauer als normalverteilt angenommen werden. Damit ist diese $PD \sim N\left(15; \sqrt{\frac{8}{3}}\right)$ und lässt sich wie nachfolgend gezeigt standardisieren:

$$Z = \frac{PD - 15}{\sqrt{\frac{8}{3}}} \sim N(0;1).$$

Damit ist es möglich, die Wahrscheinlichkeit, dass die Projektdauer zwischen 10 und 15 Zeiteinheiten liegt, folgendermaßen zu berechnen:

$$P(10 \le PD \le 15) = P\left(\frac{10 - 15}{\sqrt{\frac{8}{3}}} \le Z \le \frac{15 - 15}{\sqrt{\frac{8}{3}}}\right)$$
$$= P(-3,06 \le Z \le 0)$$
$$= \Phi(0) - \Phi(-3,06)$$
$$= \Phi(0) - (1 - \Phi(3,06)) \approx 0,5 - 0 = 0,5$$

Diese ergibt sich mit 0,5.

c) Die Projektdauer, welche mit einer Wahrscheinlichkeit von 0,9 überschritten wird, wird nachfolgend bestimmt.

$$P(PD > x) = 0,9$$

$$P(PD > x) = 1 - P(PD \leq x) = 1 - P\left(Z \leq \frac{x-15}{\sqrt{\frac{8}{3}}} \right) = 0,9$$

$$P\left(Z \leq \frac{x-15}{\sqrt{\frac{8}{3}}} \right) = 0,1$$

$$\Phi\left(\frac{x-15}{\sqrt{\frac{8}{3}}} \right) = 0,1 \implies \frac{x-15}{\sqrt{\frac{8}{3}}} = -1,28 \implies x \approx 12,91$$

Die Projektdauer, welche mit einer Wahrscheinlichkeit von 0,9 überschritten wird, beträgt damit 12,91 Zeiteinheiten.

d) Die Änderungen ergeben für den Vorgang (1,2) eine erwartete Vorgangsdauer von $EC(1,2) = 3$ und eine Varianz von $VC(1,2) = 0$. Die Veränderungen im Graphen (fett hervorgehoben) ergeben sich folgendermaßen:

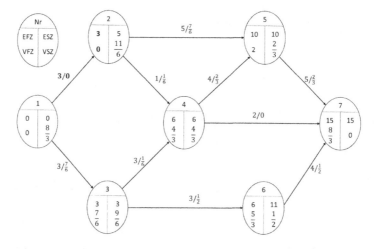

Daraus wird ersichtlich, dass sich für den Rest des Graphen keine Änderungen ergeben. Damit ist das Ereignis 2 weiterhin unkritisch, weshalb Erwartungswert und Varianz der kürzesten Projektdauer erhalten bleiben und damit auch die Ergebnisse aus Aufgabe b) und c).

Aufgabe 5:   **(Zeitplanung mit stochastischen Vorgangsdauern)**

Ein Produkt wird aus drei Bauteilen B1, B2, B3 zusammengesetzt, die vorher auf drei Maschinen M1, M2, M3 bearbeitet werden müssen. Der Vorgang Mi/Bj bezeichne die Bearbeitung von Bj auf Mi, der Vorgang B1/B2/B3 das Zusammensetzen der Bauteile. Die sechs durchzuführenden Arbeitsschritte entnehme man untenstehender Tabelle. Es wird mit M1/B1 und M2/B2 begonnen. Jede Maschine kann nur ein Bauteil gleichzeitig bearbeiten, jedes Bauteil kann nur auf einer Maschine gleichzeitig bearbeitet werden. Zwei erfahrene Mitarbeiter schätzen die als betaverteilt angenommenen Vorgangsdauern wie folgt:

Mitarbeiter	Vorgang					
	M1/B1	M2/B2	M3/B1	M1/B2	M2/B3	B1/B2/B3
A	4	5	5	4	4	2
B	2	1	1	2	2	4

Die Zahlenwerte beschreiben optimistische bzw. pessimistische Schätzungen der Vorgangsdauern. Langjährige Erfahrungen besagen ferner, dass die Schätzungen von Herrn A zugleich mit den wahrscheinlichsten Werten übereinstimmen. Die Zufallsvariablen sind unabhängig.

a) Stellen Sie den PERT-Netzplan auf und berechnen Sie *EPD* und *VPD*.

b) Geben Sie eine näherungsweise Verteilung von *PD* an. Wie wahrscheinlich ist danach eine Projektdauer größer als 31/3?

Lösung zur Aufgabe 5:

a) Als Erstes werden die Erwartungswerte und Varianzen der von den Mitarbeitern geschätzten, betaverteilten Vorgangsdauern berechnet. Dabei ist zu beachten, dass die Schätzungen von Herrn A zugleich den wahrscheinlichsten Vorgangsdauern entsprechen. Damit resultieren die folgenden Ergebnisse:

Vorgang	M1/B1	M2/B2	M3/B1	M1/B2	M2/B3	B1/B2/B3
$EC(i,j)$	$\frac{11}{3}$	$\frac{13}{3}$	$\frac{13}{3}$	$\frac{11}{3}$	$\frac{11}{3}$	$\frac{7}{3}$
$VC(i,j)$	$\frac{1}{9}$	$\frac{4}{9}$	$\frac{4}{9}$	$\frac{1}{9}$	$\frac{1}{9}$	$\frac{1}{9}$

Daraus kann gemeinsam mit den Beschreibungen aus der Aufgabenstellung folgender PERT-Netzplan aufgestellt werden:

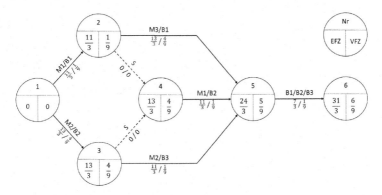

Demzufolge ist *EPD* = 31/3 und *VPD* = 2/3.

b) Als näherungsweise Verteilung der Projektdauer kann die Normalverteilung angenommen werden $PD \sim N\left(\frac{31}{3}; \sqrt{\frac{2}{3}}\right)$. Da eine Projektdauer von 31/3 genau der erwarteten minimalen Projektdauer entspricht, ist die Wahrscheinlichkeit, dass die Projektdauer größer als 31/3 ist, genau 0,5.

9.5   Literaturhinweise

Die Zeitplanung mit Vorgangspfeilnetzen wird in den Arbeiten von Altrogge (1996), Corsten et al. (2008), Domschke et al. (2015a), Gohout (2013), Grundmann (2002), Hillier und Liebermann (1996), Homburg (2000), Neumann und Morlock (2002), Nickel et al. (2014), Runzheimer et al. (2005), Schwarze (2014a), von Känel (2020), Werners (2013), Zimmermann und Stache (2001) sowie Zimmermann (2008) ausführlich beschrieben. Neben grundlegenden Bezeichnungen und Zusammenhängen sind in diesen Publikationen Darstellungen zum Bellman-Algorithmus für Vorgangspfeilnetze zu finden. Einige dieser Quellen (Corsten et al. (2008), Gohout (2013), von Känel (2020), Zimmermann (2008) sowie Zimmermann und Stache (2001)) enthalten auch Übungsaufgaben mit Lösungen.

Bezüglich einer Zeitplanung mit stochastischen Vorgangsdauern wird auf die Arbeiten von Altrogge (1996), Corsten et al. (2008), Gohout (2013), Hillier und Liebermann (1996), Nickel et al. (2014), Runzheimer et al. (2005), Schwarze (2014a), Vanhoucke (2012) und von Känel (2020) verwiesen. In Corsten et al. (2008), Gohout (2013) und von Känel (2020) sind auch zugehörige Übungsaufgaben mit Lösungen zu finden. Zusätzlich kann auf Domschke et al. (2015b) und Schwarze (2014b) als reine Übungsbücher verwiesen werden, in denen die Inhalte dieses Kapitels mit entsprechenden Aufgaben abgebildet werden.

10   Optimale Flüsse in Digraphen

In diesem Kapitel werden **Flüsse** in Form von Gütern, Geld oder Informationen betrachtet, die von einer Startposition aus zu einer Zielposition gelangen sollen. Dabei sind Ober- und Untergrenzen für die Flussmengen sowie die Kosten je Flussmengeneinheit zu berücksichtigen. Das Ziel einer **Flussoptimierung** besteht dann darin, einen zulässigen Fluss maximaler Stärke mit minimalen Kosten zu ermitteln. Als Beispiele für derartige Problemstellungen können die Bestimmung eines größtmöglichen Verkehrsflusses in einem Verkehrsnetz oder des kostengünstigsten Durchflusses von Gas oder Öl in einem Leitungsnetz genannt werden.

Im nachfolgenden Abschnitt 10.1 werden zunächst die graphentheoretische Grundlagen mit den entsprechenden Bezeichnungen und Zusammenhängen behandelt. Der Abschnitt 10.2 widmet sich dann der Lösung des Problems einer Flussoptimierung, indem der Algorithmus von Busacker und Gowen vorgestellt wird. In Abschnitt 10.3 sind noch einige Übungsaufgaben mit Lösungen enthalten und der Abschnitt 10.4 gibt zum Abschluss ein paar Literaturhinweise zu dieser Thematik.

10.1   Bezeichnungen und Zusammenhänge

Den Ausgangspunkt der Betrachtung stellt ein **Flussgraph** oder genauer genommen ein **Flussdigraph** dar, wobei im Rahmen der Flussoptimierung beide Begriffe synonym verwendet werden. Dies ist ein bewerteter Digraph $\vec{K} = (V, \vec{E}, c, \lambda, \kappa)$ mit genau einer Quelle q und genau einer Senke s. Des Weiteren existiert für alle Knoten $i \in V$ ein Weg von q über i nach s, es gilt also $q \rightsquigarrow i \rightsquigarrow s$. Der Flussgraph $\vec{K}$ muss darüber hinaus **antisymmetrisch** sein, d. h. es muss die Bedingung

$$(i,j) \in \vec{E} \Rightarrow (j,i) \notin \vec{E}$$

gelten. Die Antisymmetrie wird für die algorithmische Lösung in Abschnitt 10.2 benötigt und kann gegebenenfalls durch die Verwendung von Hilfsknoten gewährleistet werden. Die Pfeile (i, j) eines Flussgraphen werden mit den Größen c, λ und κ bewertet, die jeweils eine Abbildung $\vec{E} \rightarrow \mathbb{R}$ darstellen. c_{ij} bezeichnet dabei die **Kosten je Flusseinheit**, während λ_{ij} bzw. κ_{ij} die **Minimal-** bzw. **Maximalkapazität** auf (i, j) angeben. Dabei muss $0 \le \lambda_{ij} \le \kappa_{ij}$ gelten.

Da im Rahmen einer Flussoptimierung ein zulässiger Fluss maximaler Stärke mit minimalen Kosten gesucht ist, müssen weitere Begriffe definiert werden. Der **Fluss** selbst wird mit φ bezeichnet und stellt in $\vec{K}$ ist eine Abbildung $\varphi : \vec{E} \rightarrow \mathbb{R}_+$ dar, für die die Bedingungen

$$\sum_{i \in V(j)} \varphi_{ij} = \sum_{k \in N(j)} \varphi_{jk} \text{ für alle } j \in V \setminus \{q, s\} \text{ und } \sum_{i \in V(s)} \varphi_{is} = \sum_{k \in N(q)} \varphi_{qk} = \omega$$

gelten müssen. $\omega \ge 0$ heißt dabei **Flussstärke**. Diese **Flussbedingungen** fordern also, dass die

© Springer Fachmedien Wiesbaden GmbH, ein Teil von Springer Nature 2022
U. Bankhofer, *Quantitative Unternehmensplanung*, Studienbücher
Wirtschaftsmathematik, https://doi.org/10.1007/978-3-8348-2466-0_10

Summe der Zuflüsse in allen Knoten (mit Ausnahme von Quelle und Senke) gleich der Summe der Abflüsse und die Summe der Zuflüsse in der Senke gleich der Summe der Abflüsse in der Quelle sind. Dies entspricht vom Grundgedanken her den Kirchhoffschen Gesetzen für elektrische Netze. Ein Fluss wird schließlich noch genau dann als **zulässig** bezeichnet, wenn $\varphi_{ij} \in [\,\lambda_{ij}, \kappa_{ij}\,]$ ist.

Beispiel:

Nachfolgend wird ein Produktion-Lager-Absatz-Problem betrachtet, bei dem eine in der Periode t produzierte Einheit eines Produkts in der Periode $t + 1$ gelagert oder verkauft werden kann. Für eine in der Periode t gelagerte Einheit ist in der Folgeperiode $t + 1$ wiederum eine Lagerung oder ein Verkauf möglich. Das Problem soll über vier Perioden mit den in der Tabelle 10.1 angegebenen Daten betrachtet werden.

Tabelle 10.1　　　Daten für das Beispiel

	Produktion		Zwischenlager		Absatz	
t	Kosten/E	Max.kap.	Kosten/E	Max.kap.	Preis/E	Nachfrage
1	10	30	–	–	–	–
2	13	20	1	30	–	–
3	13	20	1	30	15	20
4	–	–	–	–	18	20

Quelle: Eigene Darstellung

Wie der Tabelle zu entnehmen ist, ist in den Perioden 1, 2 und 3 jeweils eine Produktion mit den angegebenen Kosten je Einheit sowie der jeweiligen Maximalkapazität möglich. Produzierte Einheiten können dann in den Perioden 2 und 3 zu den angegebenen Kosten je Einheit in der jeweiligen Maximalmenge gelagert werden. In den Perioden 3 und 4 kann jeweils ein Verkauf erfolgen, wobei entsprechende Preise je Einheit bei den angegebenen Nachfragemengen erzielt werden.

Abbildung 10.1　　　Pfeilbezeichnungen bei Flussgraphen

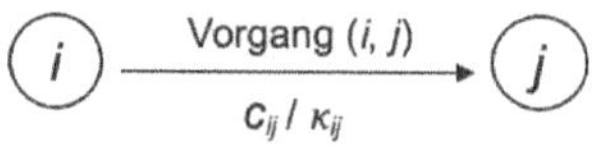

Quelle: Eigene Darstellung

Um die Frage zu beantworten, wie zu produzieren und zu lagern ist, so dass die Nachfrage zeitgerecht erfüllt und ein maximaler Gewinn erzielt wird, muss zunächst ein zugehöriger Flussgraph erstellt werden. Da die Minimalkapazitäten bei allen Vorgängen (i, j) jeweils null sind, also $\lambda_{ij} = 0$, bieten sich die Pfeilbezeichnungen der Abbildung 10.1 an. Damit resultiert dann der in Abbildung 10.2 dargestellt Flussgraph für das Beispiel. Dabei ist zu beachten, dass die Umsatzerlöse je Einheit, die durch den Verkauf entstehen, als negative Kosten abgetragen werden.

Abbildung 10.2   Flussgraph für das Beispiel

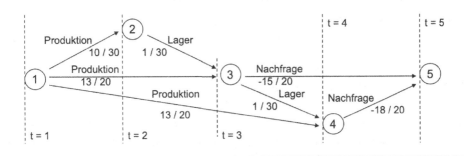

Quelle: Eigene Darstellung

Zur Lösung der Problemstellung können im einfachsten Fall Prioritätsregeln herangezogen werden. Dazu werden zunächst alle möglichen Wege von der Quelle zur Senke betrachtet und die entsprechenden maximalen Flüsse sowie die jeweiligen Kosten bestimmt, was der Tabelle 10.2 entnommen werden kann.

Tabelle 10.2   Mögliche Wege für das Beispiel

Weg	Maximaler Fluss	Kosten/Einheit	Gesamtkosten
(1, 2, 3, 5)	20	10 + 1 − 15 = −4	−80
(1, 3, 5)	20	13 − 15 = −2	−40
(1, 2, 3, 4, 5)	20	10 + 1 + 1 − 18 = −6	−120
(1, 3, 4, 5)	20	13 + 1 − 18 = −4	−80
(1, 4, 5)	20	13 − 18 = −5	−100

Quelle: Eigene Darstellung

Wie zu erkennen ist, weist der Weg (1, 2, 3, 4, 5) die geringsten Kosten auf und wird im ersten Schritt gewählt. Der nächstgünstigere Weg (1, 4, 5) kann dann allerdings nicht mehr gewählt werden, da mit dem ersten Weg die Nachfrage in der Periode $t = 4$ bereits befriedigt ist. Analog scheidet der Weg (1, 3, 4, 5) aus, aber der Weg (1, 2, 3, 5) kommt bei gleichen Kosten in

Frage. Hier kann aber aufgrund der Produktion in $t = 1$ nur die Restkapazität von 10 Einheiten in Anspruch genommen werden. Schließlich wird noch der Weg (1, 3, 5) mit einem Fluss von 10 Einheiten gewählt, um die Restnachfrage in der Periode $t = 3$ zu befriedigen. Damit resultiert zusammenfassend die folgende, nicht zwingend optimale Lösung für das Problem: In der Periode 1 werden 30 Einheiten des Produkts mit Kosten in Höhe von 300 Geldeinheiten produziert, die in der Periode 2 gelagert werden (Kosten in Höhe von 30 Geldeinheiten). In der Periode 2 werden weitere 10 Einheiten produziert (Kosten in Höhe von 130 Geldeinheiten) und in der Periode 3 erfolgt der Verkauf von 20 Einheiten (Kosten in Höhe von –300 Geldeinheiten) sowie die Lagerung von 20 Einheiten (Kosten in Höhe von 20 Geldeinheiten). Schließlich werden in $t = 4$ die letzten 20 Einheiten mit Kosten in Höhe von –360 Geldeinheiten verkauft. Die Gesamtkosten belaufen sich damit auf –180 Geldeinheiten, was einem Gewinn von 180 Geldeinheiten entspricht.

10.2   Algorithmus von Busacker und Gowen

Im Beispiel des vorherigen Abschnitts wurde bereits ein sehr einfacher Lösungsansatz für eine Flussoptimierung vorgestellt, der allerdings nicht notwendigerweise zu einer optimalen Lösung führt. Diesen Nachteil weist der **Algorithmus von Busacker und Gowen** nicht auf, mit dem maximale Flüsse mit minimalen Kosten bestimmt werden können. Nachfolgend ist der Ablauf dieses Algorithmus dargestellt, der im Anschluss daran noch erläutert wird:

(1) $\vec{K} = \left(V, \vec{E}, c, \lambda, \kappa\right)$ mit Quelle $q = 1$, Senke $s = n$, $t = 1$

Anfangsfluss φ^t mit Stärke ω^t und Kosten $c(\varphi^t) = \sum\limits_{(i,j)} c_{ij}\varphi_{ij}^t$

(2)   Bestimme Inkrementgraph $\vec{H}(\varphi^t)$ mit $(i,j) \in \vec{E}$ und den Pfeilen und Pfeilbewertungen gemäß Abbildung 10.3

Abbildung 10.3   Pfeile und Pfeilbewertungen im Inkrementgraph

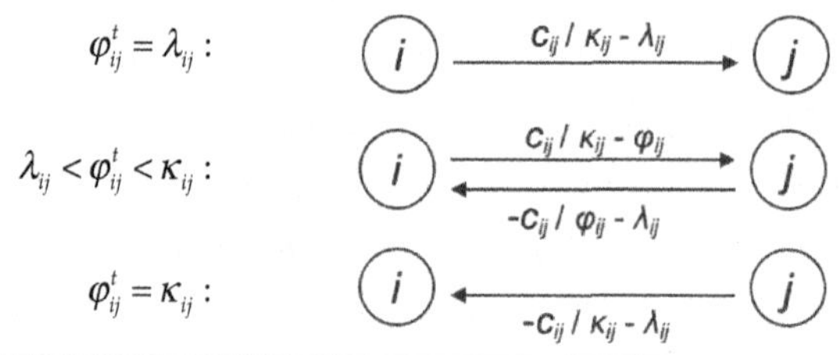

Quelle: Eigene Darstellung

---

(3)   Berechne in $\vec{H}(\varphi^t)$ den kostenminimalen Weg $1 \rightarrow n$ mit Kosten je Einheit $c(1 \rightarrow n)$
Existiert kein Weg $\Rightarrow$ maximaler Fluss erreicht $\rightarrow$ Ende
Existiert ein Weg $\Rightarrow$ gehe zu (4)

(4) Berechne maximale Flussstärke $\Delta\omega^t$ in $\vec{H}(\varphi^t)$ auf kostenminimalem Weg $1 \rightarrow n$

(5) Bestimme neuen Fluss φ^{t+1} mit Stärke $\omega^{t+1} = \omega^t + \Delta\omega^t$ und Kosten $c(\varphi^{t+1}) = \sum_{(i,j)} c_{ij}\varphi_{ij}^{t+1}$

(6) Setze $t = t + 1$, gehe zu **(2)**

Zur Bestimmung einer Startlösung in Schritt (1) kann im Fall, dass für alle $\lambda_{ij} = 0$ gilt, der Anfangsfluss auf allen Pfeilen gleich null gesetzt werden. Falls für mindestens einen Vorgang (i, j) die Minimalkapazität $\lambda_{ij} > 0$ ist, muss zunächst ein zulässiger Startfluss ermittelt werden. Der in Schritt (2) verwendete Inkrementgraph stellt einen Hilfsgraphen dar, mit dem freie Kapazitäten abgebildet werden. Wie in der Abbildung 10.3 zu sehen ist, liegen im Fall $\varphi_{ij}^t = \lambda_{ij}$ nur freie Kapazitäten nach oben vor und eine entsprechende Flusserhöhung führt dann auch zu einer Kostenerhöhung. Falls $\lambda_{ij} < \varphi_{ij}^t < \kappa_{ij}$ gibt der Vorwärtpfeil analog die freien Kapazitäten nach oben an, während mit dem Rückwärtspfeil freie Kapazitäten nach unten zum Ausdruck gebracht werden und hier eine entsprechende Flusssenkung dann eine Kostensenkung zur Folge hätte. Für $\varphi_{ij}^t = \kappa_{ij}$ ist schließlich nur noch eine Flussreduzierung möglich, so dass in diesem Fall kein Vorwärtspfeil mehr vorliegt. Der gesamte Ablauf des Algorithmus von Busacker und Gowen soll nachfolgend an einem Beispiel verdeutlicht werden.

Beispiel:

Betrachtet wird das im vorherigen Abschnitt bereits dargestellte Beispiel eines Produktion-Lager-Absatz-Problems mit dem Flussgraphen $\vec{K}$ der Abbildung 10.2. Die Anwendung des Algorithmus von Busacker und Gowen führt dann zu folgenden Rechenschritten:

(1) Der Anfangsfluss wird mit $\varphi_{ij}^1 = 0$ für alle $(i, j) \in \vec{E}$ festgelegt, da $\lambda_{ij} = 0$ für alle $(i, j) \in \vec{E}$ ist. Die Flussstärke des Anfangsflusses resultiert folglich mit $\omega^1 = 0$ und es entstehen Kosten in Höhe von $c(\varphi^1) = 0$.

(2) Der Inkrementgraph entspricht hier dem mit der Abbildung 10.2 gegebenen Flussgraphen, also $\vec{H}(\varphi^1) = \vec{K}$, da $\lambda_{ij} = 0$ und $\varphi_{ij}^1 = 0$ für alle $(i, j) \in \vec{E}$.

(3) In $\vec{H}(\varphi^1)$ ergibt sich der kostenminimale Weg von Knoten 1 zu Knoten 5 mit der Pfeilfolge $(1, 2, 3, 4, 5)$. In diesem Beispiel ist das sofort ersichtlich, indem einfach alle Wege von Knoten 1 zu Knoten 5 geprüft werden. Alternativ können natürlich auch die bekannten Algorithmen zur Bestimmung kürzester Wege herangezogen werden. Die Kosten je Einheit betragen $c(1 \rightarrow 5) = 10 + 1 + 1 - 18 = -6$.

(4) Die maximale Flussstärke auf dem kostenminimalen Weg beträgt $\Delta\omega^1 = 20$, da auf diesem Weg die Maximalkapazität $\kappa_{45} = 20$ diese Begrenzung mit sich bringt.

(5) Der neue Fluss φ^2 resultiert mit

$$\varphi_{ij}^2 = \begin{cases} 20 & \text{für } (i,j) = (1,2),(2,3),(3,4),(4,5) \\ 0 & \text{für } (i,j) = (1,3),(1,4),(3,5) \end{cases},$$

besitzt die Stärke $\omega^2 = 0 + 20 = 20$ und verursacht die Kosten $c(\varphi^2) = -6 \cdot 20 = -120$.

(6) Der Parameter t wird auf $t = 2$ gesetzt und die nächste Iteration des Algorithmus beginnt wieder mit Schritt (2).

(2) Der Inkrementgraph $\vec{H}(\varphi^2)$ ist in der Abbildung 10.4 dargestellt. Da für die Vorgänge (1, 2), (2, 3) und (3, 4) jeweils $\lambda_{ij} < \varphi_{ij}^t < \kappa_{ij}$ gilt, gibt der Vorwärtspfeil die noch freie Kapazität nach oben und der Rückwärtspfeil die frei Kapazität nach unten an. Bei Vorgang (4, 5) ist die Maximalkapazität bereits erreicht, so dass nur ein entsprechender Rückwärtspfeil vorliegt.

Abbildung 10.4   Inkrementgraph $\vec{H}(\varphi^2)$ für das Beispiel

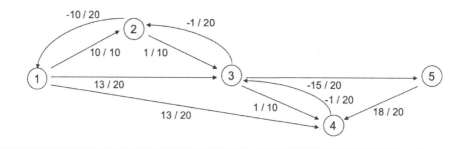

Quelle: Eigene Darstellung

(3) In $\vec{H}(\varphi^2)$ resultiert der kostenminimale Weg von Knoten 1 zu Knoten 5 mit der Pfeilfolge (1, 2, 3, 5). Dies ist auch hier wiederum sofort ersichtlich, wenn man alle Wege von Knoten 1 zu Knoten 5 prüft. Dabei ist jedoch zu beachten, dass auch der Weg (1, 4, 3, 5) geprüft werden muss und Wege mit Zyklen vernachlässigt werden können. Auf dem kostenminimalen Weg ergeben sich die Kosten je Einheit mit $c(1 \rightarrow 5) = 10 + 1 - 15 = -4$.

(4) Die maximale Flussstärke auf dem kostenminimalen Weg ist $\Delta \omega^2 = 10$ und ergibt sich aufgrund der Restkapazität der Vorgänge (1, 2) und (2, 3).

(5) Der neue Fluss φ^3 resultiert mit

$$\varphi_{ij}^3 = \begin{cases} 30 & \text{für } (i, j) = (1, 2), (2, 3) \\ 20 & \text{für } (i, j) = (3, 4), (4, 5) \\ 10 & \text{für } (i, j) = (3, 5) \\ 0 & \text{für } (i, j) = (1, 3), (1, 4) \end{cases}.$$

Dieser Fluss besitzt die Stärke $\omega^3 = 20 + 10 = 30$ und verursacht Kosten in Höhe von $c(\varphi^3) = -120 + (-4) \cdot 10 = -160$.

(6) Der Parameter t wird auf $t = 3$ gesetzt und die nächste Iteration des Algorithmus startet wieder mit Schritt (2).

(2) Der Inkrementgraph $\vec{H}(\varphi^3)$ ist in der Abbildung 10.5 angegeben. Da bei den Vorgängen

(1, 2) und (2, 3) jetzt auch die Maximalkapazitäten erreicht sind, liegt nur ein entsprechender Rückwärtspfeil vor. Für den Vorgang (3, 5) gilt $\lambda_{ij} < \varphi^t_{ij} < \kappa_{ij}$ und es werden die freien Kapazitäten nach oben und nach unten durch einen entsprechenden Vorwärts- sowie einen Rückwärtspfeil angegeben.

Abbildung 10.5   Inkrementgraph $\bar{H}(\varphi^3)$ für das Beispiel

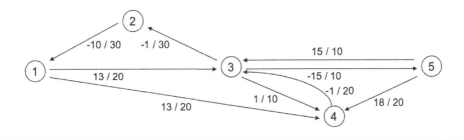

Quelle: Eigene Darstellung

(3)   In $\bar{H}(\varphi^3)$ existieren nur noch zwei Wege ohne Zyklen von der Quelle zur Senke, und zwar (1, 3, 5) und (1, 4, 3, 5). Der kostenminimale Weg liegt mit der Pfeilfolge (1, 4, 3, 5) vor. Die Kosten je Einheit auf diesem Weg betragen $c(1 \rightarrow 5) = 13 - 1 - 15 = -3$. An dieser Stelle wird auch die Stärke des Algorithmus von Busacker und Gowen ersichtlich. Ein bereits festgelegter Fluss auf dem Vorgang (3, 4) wird wieder reduziert, da damit insgesamt eine bessere Lösung erreicht werden kann.

(4)   Die maximale Flussstärke auf dem kostenminimalen Weg beträgt $\Delta\omega^3 = 10$, da hier die Restkapazität des Vorgangs (3, 5) diese Einschränkung mit sich bringt.

(5)   Der neue Fluss φ^4 resultiert mit

$$\varphi^4_{ij} = \begin{cases} 30 & \text{für } (i,j) = (1,2),(2,3) \\ 20 & \text{für } (i,j) = (3,5),(4,5) \\ 10 & \text{für } (i,j) = (1,4),(3,4) \\ 0 & \text{für } (i,j) = (1,3) \end{cases}$$

sowie $\omega^4 = 30 + 10 = 40$ und $c(\varphi^3) = -160 + (-3) \cdot 10 = -190$.

(6)   Mit $t = 4$ beginnt die nächste Iteration des Algorithmus wieder mit Schritt (2).

(2)   Der Inkrementgraph $\bar{H}(\varphi^4)$ findet sich in der Abbildung 10.6. Für die Vorgänge (1, 4) und (3, 4) gilt $\lambda_{ij} < \varphi^t_{ij} < \kappa_{ij}$ und es werden die freien Kapazitäten nach oben und nach unten durch einen entsprechenden Vorwärts- sowie einen Rückwärtspfeil angegeben. Beim Vorgang (3, 5) ist nun ebenfalls die Maximalkapazität erreicht, so dass hier nur noch ein entsprechender Rückwärtspfeil vorliegt.

Abbildung 10.6   Inkrementgraph $\bar{H}(\varphi^4)$ für das Beispiel

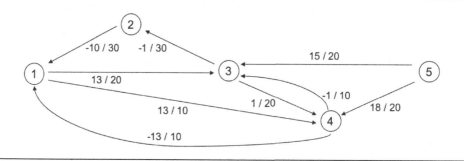

(3) In $\bar{H}(\varphi^4)$ ist die Senke nicht mehr erreichbar, d. h. der maximale Fluss ist erreicht und der Algorithmus bricht ab.

Zum Abschluss wird die erhaltene Lösung noch kurz interpretiert. In der Periode 1 werden 30 Einheiten des Produkts mit Kosten in Höhe von 300 Geldeinheiten produziert, die in der Periode 2 gelagert werden (Kosten in Höhe von 30 Geldeinheiten). In der Periode 3 erfolgt der Verkauf von 20 Einheiten (Kosten in Höhe von –300 Geldeinheiten) sowie die Lagerung von 10 Einheiten (Kosten in Höhe von 10 Geldeinheiten). Darüber hinaus werden in der Periode 3 weitere 10 Einheiten produziert (Kosten in Höhe von 130 Geldeinheiten). Schließlich werden in der Periode 4 noch 20 Einheiten des Produkts mit Kosten in Höhe von –360 Geldeinheiten verkauft. Die Gesamtkosten belaufen sich damit auf –190 Geldeinheiten, was einem Gewinn von 190 Geldeinheiten entspricht. Die hier erhaltene Lösung ist damit um 10 Geldeinheiten besser als die im vorherigen Abschnitt generierte Lösung auf der Basis von Prioritätsregeln.

10.3   Übungsaufgaben zur Flussoptimierung

Nachfolgend finden sich zwei Übungsaufgaben zur Flussoptimierung. Im Anschluss an die jeweilige Aufgabe wird auch eine Lösung dargestellt. Dabei ist zu beachten, dass es sich um einen Lösungsvorschlag handelt und manchmal auch andere Lösungswege denkbar wären.

Aufgabe 1:   **(Algorithmus von Busacker und Gowen)**

Eine Reisegesellschaft bietet eine Omnibusreise zum Gardasee an. Von Frankfurt (F), Hamburg (HH) und München (M) sollen jeweils 2, von Köln (K) jedoch 3 Busse starten. Die benötigten 9 Busse müssen von drei Garagen in Frankfurt (F), Karlsruhe (KA) und Stuttgart (S) abgeschickt werden, in denen jeweils 3 Wagen zur Verfügung stehen. Die Gesellschaft möchte die Busse so verteilen, dass der Gesamtweg der Busse von den Garagen zu den Startorten minimal wird. Die Entfernungen (in km), die gefahren werden müssen, um von jeder

Garage zu jedem Startort zu gelangen, sind in der folgenden Tabelle zusammengestellt, wobei einige Wege (durch das Symbol „–") ausgeschlossen werden sollen.

Garagen Start	F	HH	K	M
F	0	520	–	–
KA	140	640	320	–
S	–	–	390	210

Lösen Sie das Problem der Verteilung der Busse von den Garagen zu den Startorten mit minimaler Gesamtentfernung mit Hilfe des Algorithmus von Busacker und Gowen.

Lösung zur Aufgabe 1:

Der Algorithmus von Busacker und Gowen wird zum Lösen des Problems angewendet.

(1) Der Anfangsfluss wird mit $\varphi_{ij}^1 = 0$ für alle $(i,j) \in \vec{E}$ festgelegt, da $\lambda_{ij} = 0$ für alle $(i,j) \in \vec{E}$ ist. Die Flussstärke des Anfangsflusses resultiert folglich mit $\omega^1 = 0$ und es entstehen Kosten in Höhe von $c(\varphi^1) = 0$.

(2) Für $t = 1$ kann der folgende Inkrementgraph anhand der Beschreibungen bestimmt werden.

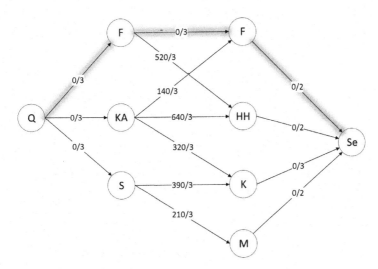

(3) In $\vec{H}(\varphi^1)$ ergibt sich der kostenminimale Weg (hervorgehoben) von Knoten Q zu Knoten Se mit der Pfeilfolge (Q, F, F, Se). Dies wird ersichtlich, indem alle Wege von Knoten Q zu Knoten Se geprüft werden. Die Kosten je Bus betragen $c(Q \rightarrow Se) = 0 + 0 + 0 = 0$.

(4) Die maximale Flussstärke auf dem kostenminimalen Weg beträgt $\Delta\omega^1 = 2$, da auf diesem Weg die Maximalkapazität $\kappa_{F,Se} = 2$ diese Begrenzung mit sich bringt.

(5) Der neue Fluss φ^2 resultiert mit

$$\varphi_{ij}^2 = \begin{cases} 2 & \text{für } (i,j) = (Q,F),(F,F),(F,Se) \\ 0 & \text{für } (i,j) = (Q,KA),(Q,S),(F,HH),(KA,F)(KA,HH),(KA,K),(S,K),(S,M),(HH,Se),(K,Se),(M,Se) \end{cases}$$

und besitzt die Stärke $\omega^2 = 0 + 2 = 2$ bei verursachten Kosten von $c(\varphi^2) = 0 \cdot 2 = 0$.

(6) Der Parameter t wird auf $t = 2$ gesetzt und die nächste Iteration des Algorithmus beginnt wieder mit Schritt (2).

(2) Für $t = 2$ entsteht der folgende Inkrementgraph:

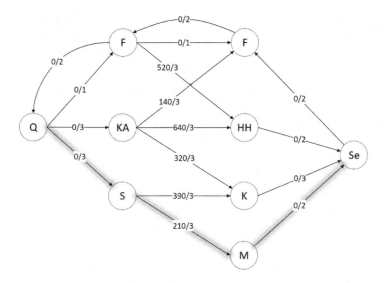

(3) In $H(\varphi^2)$ ergibt sich der kostenminimale Weg (hervorgehoben) von Knoten Q zu Knoten Se mit der Pfeilfolge (Q, S, M, Se). Dies wird ersichtlich, indem erneut alle Wege von Knoten Q zu Knoten Se geprüft werden. Die Kosten je Bus betragen auf diesem Weg $c(Q \rightarrow Se) = 0 + 210 + 0 = 210$.

(4) Die maximale Flussstärke auf dem kostenminimalen Weg beträgt $\Delta\omega^2 = 2$, da auf diesem Weg die Maximalkapazität $\kappa_{M,Se} = 2$ diese Begrenzung mit sich bringt.

(5) Der neue Fluss φ^3 resultiert mit

$$\varphi_{ij}^3 = \begin{cases} 2 & \text{für } (i,j) = (Q,F),(F,F),(F,Se),(Q,S),(S,M),(M,Se) \\ 0 & \text{für } (i,j) = (Q,KA),(F,HH),(KA,F)(KA,HH),(KA,K),(S,K),(HH,Se),(K,Se) \end{cases}$$

und besitzt die Stärke $\omega^3 = 2 + 2 = 4$ bei verursachten Kosten von $c(\varphi^3) = 210 \cdot 2 = 420$.

(6) Der Parameter t wird auf $t = 3$ gesetzt und die nächste Iteration des Algorithmus startet wieder mit Schritt (2).

(2) Für $t = 3$ entsteht der folgende Inkrementgraph:

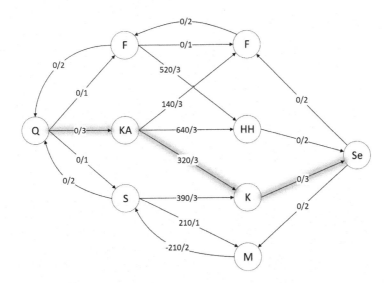

(3) In $H(\varphi^3)$ ergibt sich der kostenminimale Weg (hervorgehoben) von Knoten Q zu Knoten Se mit der Pfeilfolge (Q, KA, K, Se). Dies wird ersichtlich, indem wiederum alle Wege von Knoten Q zu Knoten Se geprüft werden. Die Kosten je Bus betragen auf diesem Weg $c(Q \to Se) = 0 + 320 + 0 = 320$.

(4) Die maximale Flussstärke auf dem kostenminimalen Weg beträgt $\Delta\omega^3 = 3$, da auf diesem Weg alle Maximalkapazitäten gleich 3 sind.

(5) Der neue Fluss φ^4 resultiert mit

$$\varphi_{ij}^4 = \begin{cases} 3 & \text{für } (i,j) = (Q,KA),(KA,K),(K,Se) \\ 2 & \text{für } (i,j) = (Q,F),(F,F),(F,Se),(Q,S),(S,M),(M,Se) \\ 0 & \text{für } (i,j) = (F,HH),(KA,F)(KA,HH),(S,K),(HH,Se) \end{cases}$$

und besitzt die Stärke $\omega^4 = 4 + 3 = 7$ bei Kosten von $c(\varphi^4) = 420 + 320 \cdot 3 = 1380$.

(6) Der Parameter t wird auf $t = 4$ gesetzt und die nächste Iteration des Algorithmus startet wieder mit Schritt (2).

(2) Für $t = 4$ entsteht der auf der nachfolgenden Seite dargestellte Inkrementgraph.

(3) In $H(\varphi^4)$ ergibt sich der kostenminimale Weg (hervorgehoben) von Knoten Q zu Knoten Se mit der Pfeilfolge (Q, F, HH, Se). Dies wird ersichtlich, indem alle Wege von Knoten Q zu Knoten Se geprüft werden. Die Kosten je Bus betragen auf diesem Weg $c(Q \to Se) = 0 + 520 + 0 = 520$.

(4) Die maximale Flussstärke auf dem kostenminimalen Weg beträgt $\Delta\omega^4 = 1$, da auf diesem Weg die Maximalkapazität $\kappa_{Q,F} = 1$ diese Begrenzung mit sich bringt.

(5) Der neue Fluss φ^5 resultiert mit

$$
\varphi_{ij}^{5} = \begin{cases} 3 & \text{für } (i,j) = (Q,KA),(KA,K),(K,Se),(Q,F) \\ 2 & \text{für } (i,j) = (F,F),(F,Se),(Q,S),(S,M),(M,Se) \\ 1 & \text{für } (i,j) = (F,HH),(HH,Se) \\ 0 & \text{für } (i,j) = (KA,F),(KA,HH),(S,K) \end{cases}
$$

und besitzt die Stärke $\omega^{5} = 7 + 1 = 8$ bei Kosten von $c(\varphi^{5}) = 1380 + 520 \cdot 1 = 1900$.

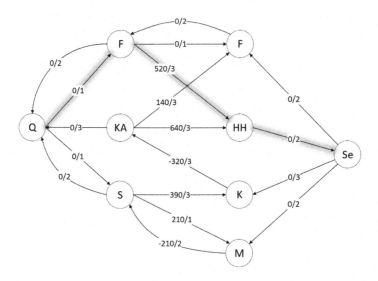

(6) Der Parameter t wird auf $t = 5$ gesetzt und die nächste Iteration des Algorithmus startet wieder mit Schritt (2).

(2) Für $t = 5$ entsteht der folgende Inkrementgraph:

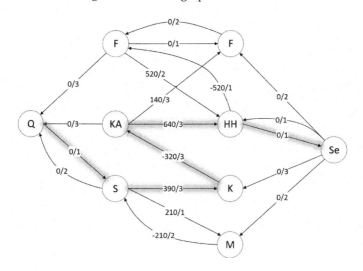

(3) In $H(\varphi^5)$ ergibt sich der kostenminimale Weg (hervorgehoben) von Knoten Q zu Knoten Se mit der Pfeilfolge (Q, S, K, KA, HH, Se). Dies wird ersichtlich, indem alle Wege von Knoten Q zu Knoten Se geprüft werden. Die Kosten je Bus betragen auf diesem Weg $c(Q \to Se) = 0 + 390 - 320 + 640 + 0 = 710$.

(4) Die maximale Flussstärke auf dem kostenminimalen Weg beträgt $\Delta\omega^5 = 1$, da auf diesem Weg z. B. die Maximalkapazität $\kappa_{Q,S} = 1$ diese Begrenzung mit sich bringt.

(5) Der neue Fluss φ^6 resultiert mit

$$\varphi^6_{ij} = \begin{cases} 3 & \text{für } (i,j) = (Q,KA),(K,Se),(Q,F),(Q,S) \\ 2 & \text{für } (i,j) = (F,F),(F,Se),(S,M),(M,Se),(KA,K),(HH,Se) \\ 1 & \text{für } (i,j) = (F,HH),(S,K),(KA,HH) \\ 0 & \text{für } (i,j) = (KA,F) \end{cases}$$

und besitzt die Stärke $\omega^6 = 8 + 1 = 9$ bei Kosten von $c(\varphi^6) = 1900 + 710 \cdot 1 = 2610$.

(6) Der Parameter t wird auf $t = 6$ gesetzt und die nächste Iteration des Algorithmus startet wieder mit Schritt (2).

(2) Für $t = 6$ entsteht der folgende Inkrementgraph.

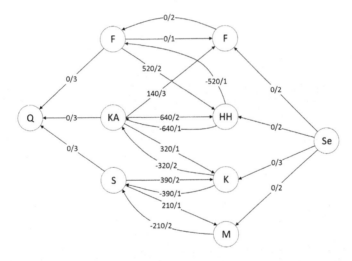

(3) In $H(\varphi^6)$ ist die Senke nicht mehr erreichbar, d. h. der maximale Fluss ist erreicht und der Algorithmus bricht ab.

Es resultiert die nachfolgende Flussaufteilung:

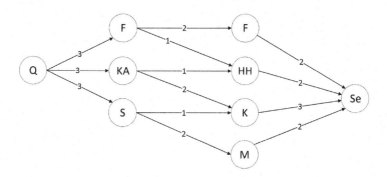

Aufgabe 2:   (Algorithmus von Busacker und Gowen)

In dem nachfolgend angegebenen Prozess soll ein Fluss mit maximaler Stärke und minimalen Kosten bestimmt werden. Auf den Pfeilen des Graphen sind dazu die Kosten c_{ij} in € je Kapazitätseinheit und die maximalen Kapazitäten κ_{ij} jedes einzelnen Vorgangs angegeben. Die Minimalkapazitäten λ_{ij} der Vorgänge sind stets 0.

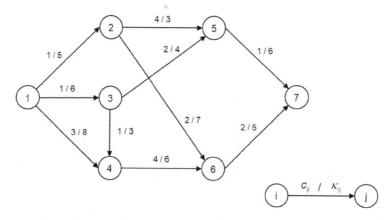

a) Lösen Sie das Problem der „optimalen Flüsse" von Knoten 1 nach Knoten 7 unter der Bedingung minimaler Gesamtkosten mit Hilfe des Algorithmus von Busacker und Gowen und geben Sie die entsprechende Flussaufteilung sowie die Gesamtkosten an.

b) Ihr Ziel ist es, den Prozess möglichst schlank zu halten. Dazu soll herausgefunden werden, ob bei maximaler Auslastung des Flussdigraphen unter der Bedingung minimaler Gesamtkosten der Verzicht einzelner Vorgänge möglich ist. Bestimmen Sie die Vorgänge, die gegebenenfalls verzichtbar sind.

Lösung zur Aufgabe 2:

a) Die Initiierung des Algorithmus von Busacker und Gowen erfolgt auf Basis des gegebenen Flussgraphen $\vec{K}$ mit $\varphi_{ij}^1 = 0 \; \forall (i,j) \in \vec{E}$, $\omega^1 = 0$ und $c(\varphi^1) = 0$.

Für $t = 1$ liegt somit der nachfolgend angegebene Inkrementgraph $\vec{H}(\varphi^1)$ vor:

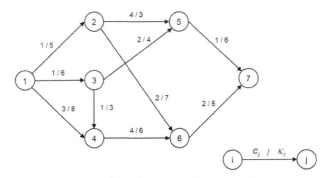

In $\bar{H}(\varphi^1)$ ergibt sich der kostenminimale Weg von Knoten 1 zu Knoten 7 mit der Pfeilfolge (1, 3, 5, 7). Die Kosten betragen $c(1 \to 7) = 1 + 2 + 1 = 4$, die maximale Flussstärke ist $\Delta\omega^1 = 4$ und der neue Fluss resultiert mit

$$\varphi^2 = \begin{cases} 4 \text{ für } (1,3),(3,5),(5,7) \\ 0 \text{ sonst.} \end{cases}$$

Er besitzt die Stärke $\omega^2 = 0 + 4 = 4$ und verursacht Kosten in Höhe von $c(\varphi^2) = 4 \cdot 4 = 16$. Mit $t = 2$ startet die nächste Iteration des Algorithmus und es resultiert der folgende Inkrementgraph $\bar{H}(\varphi^2)$:

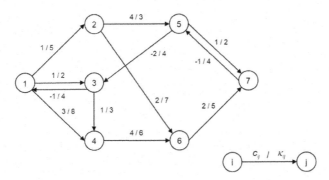

In $\bar{H}(\varphi^2)$ ergibt sich der kostenminimale Weg von Knoten 1 zu Knoten 7 jetzt mit der Pfeilfolge (1, 2, 6, 7). Die Kosten betragen $c(1 \to 7) = 1 + 2 + 2 = 5$ bei einer maximalen Flussstärke von $\Delta\omega^2 = 5$. Der neue Fluss resultiert mit

$$\varphi^3 = \begin{cases} 5 \text{ für } (1,2),(2,6),(6,7) \\ 4 \text{ für } (1,3),(3,5),(5,7) \\ 0 \text{ sonst} \end{cases}$$

und besitzt die Stärke $\omega^3 = 4 + 5 = 9$ bei verursachten Kosten von $c(\varphi^3) = 16 + 5 \cdot 5 = 41$. Die nächste Iteration des Algorithmus startet dann mit $t = 3$ und dem folgenden Inkrementgraph $\bar{H}(\varphi^3)$:

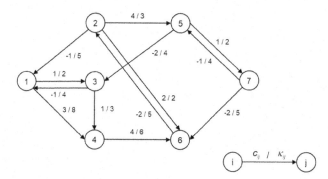

In $\bar{H}(\varphi^3)$ ergibt sich der kostenminimale Weg von Knoten 1 zu Knoten 7 mit der Pfeilfolge (1, 3, 4, 6, 2, 5, 7). Die Kosten betragen $c(1 \rightarrow 7) = 1+1+4-2+4+1 = 9$, die maximale Flussstärke ist $\Delta\omega^3 = 2$ und neue Fluss resultiert mit

$$\varphi^4 = \begin{cases} 6 & \text{für } (1,3),(5,7) \\ 5 & \text{für } (1,2),(6,7) \\ 4 & \text{für } (3,5) \\ 3 & \text{für } (2,6) \\ 2 & \text{für } (2,5),(3,4),(4,6) \\ 0 & \text{für } (1,4). \end{cases}$$

Er besitzt die Stärke $\omega^4 = 9+2 = 11$ und verursacht Kosten in Höhe von $c(\varphi^4) = 41+2\cdot9 = 59$ Mit $t = 4$ startet dann die nächste Iteration des Algorithmus und es resultiert der folgende Inkrementgraph $\bar{H}(\varphi^4)$:

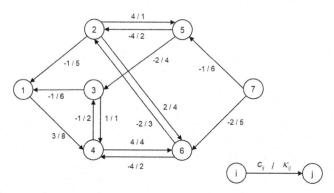

Der Knoten 7 ist nicht mehr erreichbar, der Algorithmus bricht folglich ab.

b) Da $\varphi^4_{14} = 0$, ist der Vorgang (1, 4) verzichtbar, ohne dass der maximale Fluss der Stärke $\omega^4 = 11$ beeinträchtigt wird.

10.4 Literaturhinweise

Ansätze der Flussoptimierung können beispielsweise in den Arbeiten von Büsing (2010), Domschke (2007), Gohout (2013), Grimme und Bossek (2018), Grundmann (2002), Homburg (2000), Jungnickel (2008), Lasch (2020), Neumann und Morlock (2002), Nickel et al. (2014) sowie Zimmermann et al. (2006) nachgelesen werden. Neben dem in diesem Kapitel dargestellten Algorithmus von Busacker und Gowen finden sich in den meisten dieser Literaturquellen noch weitere Lösungsansätze zur Bestimmung maximaler Flüsse mit minimalen Kosten. In einigen der angegebenen Arbeiten sind auch entsprechende Übungsaufgaben mit Lösungen enthalten. Konkret kann dazu auf Büsing (2010), Domschke (2007) sowie Grimme und Bossek (2018) verwiesen werden.

11 Planung von Projektkosten

Neben der Zeitplanung stellt die **Kostenplanung** einen weiteren wichtigen Teilbereich einer Projektplanung dar. Die Aktivitäten bzw. Vorgänge eines Projektes verursachen Kosten, die auch von der jeweiligen Dauer des Vorgangs abhängen. Eine Verkürzung der Vorgangsdauer kann beispielsweise durch Überstunden, die Einstellung zusätzlicher Arbeitskräfte oder durch die Erhöhung der Prozessgeschwindigkeit erfolgen. Geht man von geringstmöglichen Kosten bei einer Normaldauer eines Vorgangs aus, dann werden die Kosten durch eine Verkürzung der Vorgangsdauer folglich steigen. Neben diesen reinen **Vorgangskosten** in Abhängigkeit der Dauer gibt es bei Projekten aber auch noch **Projektkosten**, wie beispielsweise Verwaltungskosten oder Opportunitätskosten, die von der gesamten Projektdauer abhängen. Hier würde eine Verkürzung der gesamten Projektdauer zur einer Kostenreduzierung führen. Die beiden angesprochenen Kostenblöcke verlaufen also gegenläufig, so dass am Ende eine Minimierung über die Gesamtsumme der Kosten eines Projekts durchgeführt werden muss.

Im nachfolgenden Abschnitt 11.1 werden zunächst die Bezeichnungen und Zusammenhänge dargestellt, die im Rahmen einer Kostenplanung von Projekten von Bedeutung sind. Der Abschnitt 11.2 beschäftigt sich dann mit der Lösung der Problemstellung und es wird der im vorherigen Kapitel bereits behandelte Algorithmus von Busacker und Gowen in modifizierter Form zur Anwendung kommen. Der Abschnitt 11.3 beinhaltet schließlich noch Übungsaufgaben zur Planung von Projektkosten und in Abschnitt 11.4 erfolgen einige Literaturhinweise zu diesem Themenbereich.

11.1 Bezeichnungen und Zusammenhänge

Den Ausgangspunkt der Betrachtung stellt ein Vorgangspfeilnetz $(V, \vec{E}, d)$ mit $d : \vec{E} \to \mathbb{R}_+$ als Vorgangsdauer sowie der Quelle in Knoten 1 und der Senke in Knoten n dar. Für jeden einzelnen Vorgang (i, j) werden die **Vorgangskosten** k_{ij} in Abhängigkeit der Vorgangsdauer d_{ij} wie folgt definiert:

$$k_{ij} : [Min_{ij}, N_{ij}] \to \mathbb{R}_+, k_{ij}(d_{ij}) \text{ wächst mit fallendem } d_{ij}$$

Dabei bezeichnen N_{ij} die **Normaldauer** und Min_{ij} die **minimal mögliche Dauer** des Vorgangs (i, j). Die Normaldauer entspricht dabei der kostenbedingten Maximaldauer eines Vorgangs, die bis zur minimal möglichen Dauer beschleunigt werden kann. Für $d_{ij} = Min_{ij}$ für alle (i, j) resultiert damit die **absolut kürzeste Projektdauer**, die mit $MinPD$ symbolisiert wird. Der andere Extremfall, bei dem $d_{ij} = N_{ij}$ für alle (i, j) gilt, führt dann zur sogenannten **normalen Projektdauer** NPD. Für den Verlauf der Vorgangskosten abhängig von der Dauer kann eine Linearität der folgenden Form unterstellt werden:

$$k_{ij}(d_{ij}) = a_{ij} - b_{ij} \cdot d_{ij} \text{ mit } d_{ij} \in [Min_{ij}, N_{ij}]$$

© Springer Fachmedien Wiesbaden GmbH, ein Teil von Springer Nature 2022
U. Bankhofer, *Quantitative Unternehmensplanung*, Studienbücher
Wirtschaftsmathematik, https://doi.org/10.1007/978-3-8348-2466-0_11

Dabei liegt das Kostenmaximum mit $k_{ij}(Min_{ij})$ und das Kostenminimum mit $k_{ij}(N_{ij})$ vor. Die Größe $a_{ij} > 0$ entspricht den (theoretischen) Kosten für den Fall, dass $d_{ij} = 0$ gilt, und die Größe $b_{ij} > 0$ gibt die sogenannten **Beschleunigungskosten** an, d. h. die Kosten die für eine Verkürzung der Vorgangsdauer um eine Zeiteinheit zusätzlich entstehen. Diese Kosten können umgekehrt auch als Kostenersparnisse interpretiert werden, wenn die Vorgangsdauer um eine Zeiteinheit verlängert wird. Es bleibt noch anzumerken, dass bei Scheinvorgängen folgende Werte anzusetzen sind: $d_{ij} = 0$, $a_{ij} = 0$ und $b_{ij} = \infty$.

Summiert man die Vorgangskosten über alle Vorgänge des Projekts, dann resultieren die **direkten Projektkosten** gemäß

$$PKd = \sum_{(i,j)} k_{ij}(d_{ij}).$$

Daneben gibt es aber auch **indirekte Projektkosten** $PKi = k(PD)$, die mit der Projektdauer PD wachsen. Wie bereits erwähnt, handelt es sich dabei um allgemeine Kosten wie Verwaltungs- oder Opportunitätskosten. Für $PD \in [MinPD, NPD]$ liegt damit eine zulässige Projektdauer vor und die indirekten Projektkosten können im einfachsten Fall unter der Linearitätsannahme gemäß

$$PKi = a + b \cdot PD$$

berechnet werden. Die Größe a kann dabei als Fixkosten interpretiert werden, während b die Kostenerhöhung je Zeiteinheit angibt, die das Projekt länger dauert. Die **gesamten Projektkosten** ergeben sich schließlich mit

$$PK = PKd + PKi.$$

11.2   Modifizierter Algorithmus von Busacker und Gowen

Zur Lösung der aufgezeigten Problemstellung kann der Ansatz der Flussoptimierung des vorherigen Kapitels herangezogen werden. Der in diesem Zusammenhang bereits vorgestellte **Algorithmus von Busacker und Gowen** muss dabei lediglich auf das Problem einer Kostenplanung übertragen werden. Dabei geht es zunächst nur um die direkten Projektkosten, die indirekten Projektkosten werden erst am Ende in die Betrachtung mit einbezogen und es kann dann eine Minimierung der gesamten Projektkosten durchgeführt werden.

Ausgehend von der normalen Projektdauer werden zur Reduzierung der Gesamtprojektdauer nur die Vorgänge jeweils beschleunigt, die auf dem kritischen Weg liegen und die geringsten Beschleunigungskosten aufweisen und damit zu einer möglichst geringen Erhöhung der direkten Projektkosten je eingesparter Zeiteinheit führen. Dies entspricht dem maximalen Fluss, der hier über die Beschleunigungskosten der Vorgänge auf dem kritischen Weg bzw. auf den kritischen Wegen bestimmt wird. Anschließend wird die maximal mögliche Reduzierung der Gesamtprojektdauer, die mit Hilfe der zu beschleunigenden Vorgänge möglich ist, ermittelt und es werden die entsprechenden direkten Projektkosten berechnet. Dabei sind die minimal möglichen Dauern der Vorgänge zu berücksichtigen und es ist noch zu beachten, dass Verkürzungen von Vorgangsdauern nur solange möglich sind, bis andere Vorgänge kritisch werden.

Sobald mindestens ein neuer kritischer Weg vorliegt, wird die beschriebene Vorgehensweise iterativ wiederholt. Der Algorithmus bricht ab, sobald keine weitere Reduzierung der Gesamtprojektdauer mehr möglich ist. Zur Durchführung der Berechnungen in einem Netz bietet sich die Verwendung der in der Abbildung 11.1 dargestellten Pfeilbezeichnungen an. Mit dem nachfolgenden Beispiel soll der eben skizzierte Lösungsansatz nun ausführlich erläutert werden.

Abbildung 11.1   Pfeilbezeichnungen im Rahmen der Kostenplanung

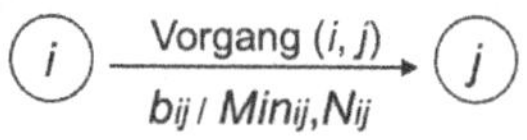

$$\textcircled{i} \xrightarrow[b_{ij} \,/\, Min_{ij}, N_{ij}]{Vorgang\ (i, j)} \textcircled{j}$$

Quelle: Eigene Darstellung

Beispiel:

Das in Kapitel 9 bereits betrachtete Projekt einer Neuprodukteinführung wird an dieser Stelle wieder aufgegriffen. Zur Planung der Kosten dieses Projekts werden die in der Tabelle 11.1 angegebenen Daten herangezogen. Mit den in der Abbildung 11.1 dargestellten Pfeilbezeichnungen resultiert dann das in der Abbildung 11.2 angegebene Vorgangspfeilnetz.

Tabelle 11.1   Daten für das Beispiel

(i, j)	$(1, 2)$	$(2, 3)$	$(2, 4)$	$(3, 5)$	$(2, 6)$	$(4, 3)$	$(4, 6)$	$(5, 7)$	$(6, 7)$	$(7, 8)$
a_{ij}	100	10	20	10	20	0	0	50	5	5
b_{ij}	4	2	2	1	1	∞	∞	3	2	1
Min_{ij}	8	1	2	1	2	0	0	2	1	1
N_{ij}	10	3	5	3	6	0	0	4	2	2

Quelle: Eigene Darstellung

Ausgehend von der Normaldauer aller Vorgänge kann zunächst die normale Projektdauer ermittelt werden. Dazu wird auf Basis der Normaldauer aller Vorgänge die Vorwärtsrechnung des Bellman-Algorithmus durchgeführt. Da diese Normaldauern den bereits im Beispiel des Abschnitts 9.2 verwendeten Vorgangsdauern entsprechen, ergibt sich $NPD = 24$

(vgl. Abbildung 9.2). Die direkten Projektkosten resultieren dann aus der Summe aller Vorgangskosten auf Basis der jeweiligen Normaldauer. Beispielsweise sind für den Vorgang (1, 2) die Vorgangskosten $k_{12} = 100 - 4 \cdot 10 = 60$ und für den Vorgang (2, 3) die Vorgangskosten $k_{23} = 10 - 2 \cdot 3 = 4$. Insgesamt resultiert $PKd = 60 + 4 + 10 + 7 + 14 + 38 + 1 + 3 = 137$.

Abbildung 11.2 Vorgangspfeilnetz für das Beispiel

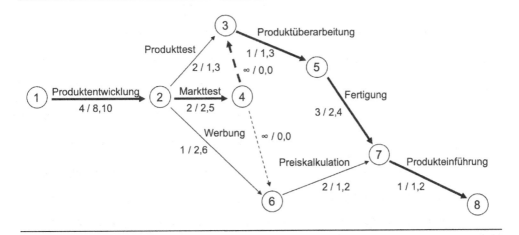

Quelle: Eigene Darstellung

Der kritische Weg im Fall der normalen Projektdauer ist in der Abbildung 11.2 durch die fett hervorgehobenen Pfeile dargestellt und ergibt sich mit der Pfeilfolge (1, 2, 4, 3, 5, 7, 8). Der maximale Fluss auf diesem Weg beträgt 1 und wird durch die Beschleunigungskosten der Vorgänge (3, 5) und (7, 8) vorgegeben. Durch eine Beschleunigung dieser Vorgänge erfolgt also eine geringstmögliche Kostenerhöhung je Zeiteinheit. Dabei kann der Vorgang (7, 8) um eine Zeiteinheit und der Vorgang (3, 5) um zwei Zeiteinheiten auf die jeweilige minimal mögliche Dauer reduziert werden, ohne dass weitere Vorgänge kritisch werden. Insgesamt ist also eine Reduzierung um drei Zeiteinheiten möglich, so dass sich die kürzeste Projektdauer jetzt mit $PD = 21$ bei direkten Projektkosten von $PKd = 137 + 3 \cdot 1 = 140$ ergibt. Aufgrund des linearen Verlaufs der direkten Projektkosten müssen die Reduzierungen der Projektdauer um nur eine oder zwei Zeiteinheiten nicht betrachtet werden, da am Ende ja die gesamten Projektkosten minimiert werden sollen und dabei nur die Knickpunkte im Verlauf der direkten Projektkosten von Relevanz sind.

Nach dieser ersten Iteration resultiert eine neue Ausgangssituation, die in der Abbildung 11.3 dargestellt ist. Dabei wurden die Beschleunigungskosten der Vorgänge (3, 5) und (7, 8) auf ∞ gesetzt, da hier keine weitere Beschleunigung mehr möglich ist. Des Weiteren wurden die Normaldauern dieser beiden Vorgänge gleich den Minimaldauern gesetzt, um damit den aktuellen Stand der Berechnungen mit $PD = 21$ abzubilden. Der kritische Weg entspricht immer noch der Pfeilfolge (1, 2, 4, 3, 5, 7, 8) und ist in der Abbildung 11.3 hervorgehoben.

Abbildung 11.3   Stand nach der 1. Iteration für das Beispiel

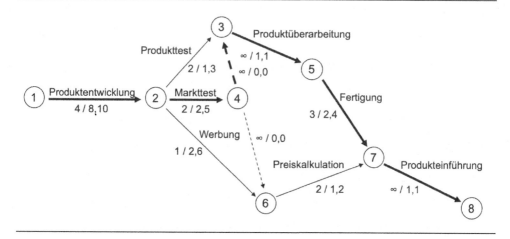

Der maximale Fluss auf dem kritischen Weg beträgt 2 und wird durch die Beschleunigungskosten des Vorgangs (2, 4) vorgegeben. Der Vorgang (2, 4) kann dabei nur um zwei Zeiteinheiten reduziert werden, obwohl die minimal mögliche Dauer drei Zeiteinheiten zulassen würde. Dies hängt damit zusammen, dass bereits bei einer Reduzierung um zwei Zeiteinheiten die Vorgänge (2, 3), (2, 6) und (6, 7) kritisch werden. Die kürzeste Projektdauer resultiert folglich mit $PD = 19$ bei direkten Projektkosten von $PKd = 140 + 2 \cdot 2 = 144$.

Abbildung 11.4   Stand nach der 2. Iteration für das Beispiel

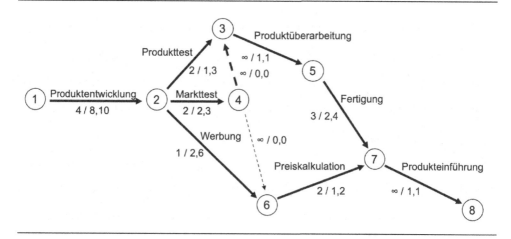

Auch nach der zweiten Iteration ergibt sich eine neue Ausgangssituation, die in der Abbildung 11.4 dargestellt ist. Dabei wurde die Normaldauer des Vorgangs (2, 4) auf 3 gesetzt, um damit den aktuellen Stand mit $PD = 19$ abzubilden. Des Weiteren liegen jetzt drei kritische Wege mit den Pfeilfolgen (1, 2, 4, 3, 5, 7, 8), (1, 2, 3, 5, 7, 8) und (1, 2, 6, 7, 8) vor, die wiederum hervorgehoben sind. Bei der Bestimmung des maximalen Flusses auf den kritischen Wegen ist jetzt zu beachten, dass gewisse Vorgänge nur gemeinsam beschleunigt werden können. Beispielsweise kann der Vorgang (2, 3) nur in Kombination mit den beiden Vorgängen (2, 4) und (2, 6) oder (2, 4) und (6, 7) beschleunigt werden, was eine Kostenerhöhung je Zeiteinheit von 5 bzw. 6 zur Folge hätte. Der maximale Fluss wird aber durch die Kombination der Vorgänge (2, 6) und (5, 7) mit 4 vorgegeben, so dass auch der Vorgang (1, 2) mit betrachtet werden kann. Der Vorgang (1, 2) kann dabei um zwei Zeiteinheiten reduziert werden, während bei der Kombination aus den Vorgängen (2, 6) und (5, 7) aufgrund der Minimaldauer von Vorgang (5, 7) jeweils nur um 2 Zeiteinheiten reduziert werden kann. Insgesamt ist damit eine Reduzierung um 4 Zeiteinheiten möglich, so dass die kürzeste Projektdauer mit $PD = 15$ bei direkten Projektkosten von $PKd = 144 + 4 \cdot 4 = 160$ resultiert. Die Ausgangssituation nach der dritten Iteration wird in der Abbildung 11.5 zusammengefasst.

Abbildung 11.5 Stand nach der 3. Iteration für das Beispiel

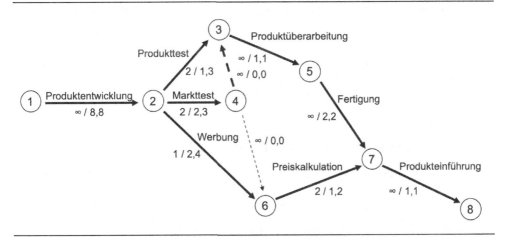

Quelle: Eigene Darstellung

In der Abbildung 11.5 wurden die Beschleunigungskosten der Vorgänge (1, 2) und (5, 7) auf ∞ gesetzt, da hier keine weitere Beschleunigung mehr möglich ist. Darüber hinaus wurden die Normaldauern dieser beiden Vorgänge gleich den Minimaldauern und die Normaldauer des Vorgangs (2, 6) auf 4 gesetzt. Die kritischen Wege mit den Pfeilfolgen (1, 2, 4, 3, 5, 7, 8), (1, 2, 3, 5, 7, 8) und (1, 2, 6, 7, 8) bleiben unverändert und sind hervorgehoben. Bei der Bestimmung des maximalen Flusses auf den kritischen Wegen müssen lediglich zwei Kombinationen von Vorgängen betrachtet werden, und zwar (2, 3) mit (2, 4) und (2, 6) bzw. (2, 3) mit (2, 4) und (6, 7). Der maximale Fluss liegt bei der Kombination der Vorgänge (2, 3), (2, 4) und (2, 6) mit 5 vor. Da der Vorgang (2, 4) nur noch um eine Zeiteinheit reduziert werden kann, wird auch bei den Vorgängen (2, 3) und (2, 6) die Reduzierung auf eine Zeiteinheit beschränkt, so dass die kürzeste Projektdauer mit $PD = 14$ bei direkten Projektkosten von $PKd = 160 + 5 \cdot 1 = 165$ resultiert. Es ist auch keine weitere Verkürzung der Projektdauer mehr möglich und das Verfahren bricht an dieser Stelle ab.

Unter Berücksichtigung der indirekten Projektkosten kann nun die finale Kostenplanung erfolgen. Dabei wird hier im Beispiel unterstellt, dass sich die indirekten Projektkosten gemäß

$$PKi = 10 + 3 \cdot PD$$

ergeben. Für die berechneten Knickpunkte der Kostenfunktion der direkten Projektkosten resultieren dann die in der Tabelle 11.2 zusammengefassten Kosten.

Tabelle 11.2   Zusammenfassung der Projektkosten für das Beispiel

PD	14	15	19	21	24
PKd	165	160	144	140	137
PKi	52	55	67	73	82
PK	217	215	211	213	219

Quelle: Eigene Darstellung

Das Minimum der gesamten Projektkosten liegt somit bei einer Projektdauer von $PD = 19$ mit gesamten Projektkosten in Höhe von 211 Geldeinheiten vor.

11.3   Übungsaufgaben zur Planung von Projektkosten

Nachfolgend finden sich zwei Übungsaufgaben zur Planung von Projektkosten. Im Anschluss an die jeweilige Aufgabe wird auch eine Lösung dargestellt. Dabei ist zu beachten, dass es sich um Lösungsvorschläge handelt und auch andere Lösungswege denkbar wären.

Aufgabe 1:   (Planung von Projektkosten)

Anlässlich der Einführung eines neuen Produktes sei der Netzplan

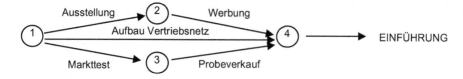

mit folgenden Angaben versehen:

(i,j)	(1,2)	(1,3)	(1,4)	(2,4)	(3,4)
$[Min_{ij}, N_{ij}]$	[1,1]	[2,4]	[3,8]	[1,3]	[3,4]
$k_{ij}(d_{ij})$	$8/d_{12}$	$8 - d_{13}$	$5 - 1/2d_{14}$	$6/d_{24}$	$6 - d_{34}$

Dabei ist $d_{ij} \in [Min_{ij}, N_{ij}]$ die Vorgangsdauer von (i,j), $k_{ij}(d_{ij})$ beschreibt die Vorgangskosten. In Abhängigkeit der Gesamtprojektdauer T sind die indirekten Projektkosten gegeben durch

$$PKi = \begin{cases} 4 & \text{für } T \le 6 \\ 1,2 \cdot (T-2) & \text{für } T > 6 \end{cases}.$$

a) Berechnen Sie eine Untergrenze $MinPD$ sowie eine Obergrenze NPD für die minimale Projektdauer.

b) In Abhängigkeit von $T = MinPD, \ldots, NPD$ bestimme man die minimalen Gesamtkosten.

Lösung zur Aufgabe 1:

a) Anhand der Tabelle und des Graphen aus der Aufgabenstellung kann das folgende Vorgangspfeilnetz aufgestellt werden.

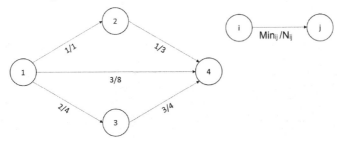

Die minimale Projektdauer kann einfach anhand des Graphen bestimmt werden. Dazu müssen die jeweils minimalen Vorgangsdauern betrachtet werden. Damit ergibt sich für den gegebenen Graphen $MinPD = 5$ mit der kritischen Pfeilfolge (1, 3, 4). Das Gleiche kann für die Normaldauern durchgeführt werden. Dabei resultiert $NPD = 8$ mit den beiden kritischen Pfeilfolgen (1, 4) und (1, 3, 4).

b) Zum Bestimmen der minimalen Gesamtkosten werden die Vorgangskosten zusätzlich im Graphen abgetragen, wie der nachfolgenden Abbildung zu entnehmen ist.

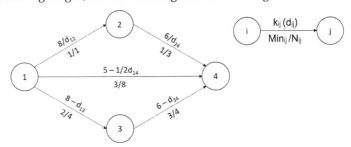

In Abhängigkeit von $T = MinPD, \ldots, NPD$ kann die folgende Tabelle zum Bestimmen der minimalen Gesamtkosten aufgestellt werden.

T	$(1,2,4)$	$(1,4)$	$(1,3,4)$	PKd	PKi	PK
5	4/10	5/2,5	5/9	21,5	4	25,5
6	4/10	6/2	6/8	20	4	24
7	4/10	7/1,5	7/7	18,5	6	24,5
8	4/10	8/1	8/6	17	7,2	24,2

In der Tabelle wurden für $T = MinPD, \ldots, NPD$ die [Dauern/Kosten] der einzelnen Pfeilfolgen bestimmt. Außerdem sind die direkten Projektkosten, die indirekten Projektkosten (in Abhängigkeit von T) sowie die gesamten Projektkosten gegeben. Dabei ist zu beachten, dass für die Pfeilfolge $(1, 2, 4)$ die Normaldauer 4 Zeiteinheiten beträgt, welche stets kleiner als T ist, weshalb die Vorgangskosten konstant 10 Geldeinheiten betragen. Mit der Erhöhung der Vorgangsdauer für die Pfeilfolge $(1, 4)$ sinken die Vorgangskosten um eine halbe Geldeinheit. Hinsichtlich der Pfeilfolge $(1, 3, 4)$ besitzen die Pfeilfolgen $(1, 3)$ und $(3, 4)$ dieselben Beschleunigungskosten (eine Geldeinheit). Daher ist es für die Betrachtung nicht erforderlich zu unterscheiden, welche dieser beiden Pfeilfolgen beschleunigt wird (sofern die minimal mögliche Dauer der Vorgänge nicht unterschritten ist). Aus der Tabelle resultieren die minimalen Gesamtkosten $PK = 24$ für $T = 6$.

Aufgabe 2:   **(Planung von Projektkosten)**

Für die Planung eines Projekts sollen die Projektkosten hinsichtlich der Projektdauer minimiert werden. Dazu ist folgende Vorgangsliste gegeben:

Vorgang	Vorgänger	Nachfolger	a_{ij}	b_{ij}	d_{ij}
A	-	B, C	30	0	[3;3]
B	A	D, E, F	20	2	[3;4]
C	A	E, F	10	1	[3;5]
D	B	G	30	0	[3;3]
E	B, C	I, H	40	3	[3;4]
F	B, C	J	60	4	[5;8]
G	D	K	30	2	[2;4]
H	E	J	50	3	[4;5]
I	E	J	30	5	[2;5]
J	H, I, F	K	20	4	[1;2]
K	J, G	-	30	0	[1;1]

Zusätzlich sind in der Tabelle Angaben zu den Vorgangsdauern $d_{ij} \in [Min_{ij}; N_{ij}]$ und den Vorgangskosten $k_{ij}(d_{ij}) = a_{ij} - b_{ij}d_{ij}$ gegeben.

Für die Ermittlung der indirekten Projektkosten ist folgende Formel zu verwenden:

$$PKi(PD) = 15 + 3 \cdot PD.$$

a) Erstellen Sie anhand der Vorgangsliste den dazugehörigen Netzplan.

b) Geben Sie den kritischen Weg bei der normalen Projektdauer an und berechnen Sie die normale Projektdauer NPD anhand des Netzplans. Berechnen Sie außerdem die direkten, indirekten und gesamten Projektkosten für die normale Projektdauer.

c) Bestimmen Sie die minimalen Gesamtkosten des Projekts in Abhängigkeit der Projektdauer $PD \in [MinPD, NPD]$. Geben Sie die zugehörige(n) optimale(n) Projektdauer(n) an.

Lösung zur Aufgabe 2:

a) Anhand der Tabelle aus der Aufgabenstellung kann das folgende Vorgangspfeilnetz aufgestellt werden:

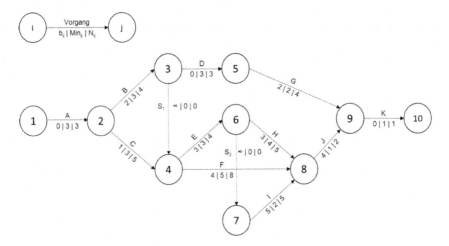

b) Bei einer normalen Projektdauer von $NPD = 3 + 5 + 4 + 5 + 2 + 1 = 20$ resultieren die kritischen Wege A-C-E-H-J-K und A-C-E-S_2-I-J-K. Die direkten Projektkosten sind

$$PKd = 30 + (20 - 2 \cdot 4) + (10 - 1 \cdot 5) + 30 + (40 - 3 \cdot 4) + (60 - 4 \cdot 8) + (30 - 2 \cdot 4)$$
$$+ (50 - 3 \cdot 5) + (30 - 5 \cdot 5) + (20 - 4 \cdot 2) + 30 = 237,$$

die indirekten Projektkosten ergeben sich mit $PKi = 15 + 3 \cdot 20 = 75$ und die gesamten Projektkosten mit $PK = 237 + 75 = 312$.

c) Die minimalen Gesamtkosten resultieren mit $PK = 310$ für Projektdauern $PD \in [17; 19]$, wie der folgenden Tabelle entnommen werden kann:

PD	20	19	17	16	15
PKi	75	72	66	63	60
PKd	237	238	244	248	260
Beschleunigung von Vorgang		C	B+C oder E	J	H+F+I
PK	312	310	310	311	320

11.4   Literaturhinweise

Die Planung von Projektkosten wird exemplarisch in den Arbeiten von Altrogge (1996), Corsten et al. (2008), Domschke et al. (2015a), Ehrmann (2013), Nickel et al. (2014), Noosten (2022), Runzheimer et al. (2005), Schwarze (2014a), von Känel (2020), Werners (2013), Zimmermann und Stache (2001), Zimmermann et al. (2006) sowie Zimmermann (2008) ausführlich beschrieben. In einigen der oben genannten Quellen (Corsten et al. (2008), Noosten (2022), von Känel (2020), Werners (2013), Zimmermann (2008) sowie Zimmermann und Stache (2001)) sind auch entsprechende Übungsaufgaben mit Lösungen zu finden. Des Weiteren kann auf Domschke et al. (2015b) und Schwarze (2014b) verwiesen werden, die als Übungsbücher zum Operations Research bzw. zur Netzplantechnik auch Aufgaben zur Kostenplanung enthalten.

Teil 4
Stochastische Modelle

12   Homogene Markovketten

Während in den bisherigen Kapiteln fast ausnahmslos deterministische Planungsmodelle vorgestellt wurden, beschränkt sich der Teil 4 dieses Lehrbuchs im Wesentlichen auf **stochastische Modelle**, bei denen gewisse Modellparameter als **Zufallsvariablen** betrachtet werden. Der Ausgangspunkt für die nachfolgenden Darstellungen ist zunächst eine **stochastische Kette** $\{X(t): t = 0, 1, 2, ...\}$ mit einer **Wahrscheinlichkeitsverteilung** der Form

$$P(X(t) = z_j \mid X(t-1) = z_i, \ ..., \ X(0) = z_k) .$$

Die Zufallsvariable $X(t)$ beschreibt dabei einen zufallsabhängigen **Zustand** eines Systems zum Zeitpunkt t mit entsprechenden Realisierungen z_l, $l = 1, ..., n$. Mit der obigen Wahrscheinlichkeitsverteilung wird dann die Wahrscheinlichkeit für das Eintreten des Zustands z_j zum Zeitpunkt t unter der Bedingung angegeben, dass in den Vorperioden $t - 1, ..., 0$ die Zustände $z_i, ..., z_k$ vorlagen. Dies bedeutet also, dass der zum Zeitpunkt t vorliegende Zustand von allen realisierten Zuständen aller Vorperioden abhängt. Beschränkt man diese Abhängigkeit nur auf die vorherige Periode, dann liegt eine sogenannte **Markovkette** vor, d. h. eine spezielle stochastische Kette mit einer Wahrscheinlichkeitsverteilung der Form

$$P(X(t) = z_j \mid X(t-1) = z_i, \ ..., \ X(0) = z_k) \ = \ P(X(t) = z_j \mid X(t-1) = z_i) = p_{ij}(t-1) .$$

In diesem Fall hängt die Wahrscheinlichkeit, zum Zeitpunkt t den Zustand z_j zu realisieren, nur von z_i zum Zeitpunkt $t - 1$ ab und kann damit vereinfacht mit $p_{ij}(t - 1)$ symbolisiert werden. Die weitere Vereinfachung, dass $p_{ij}(t - 1) = p_{ij}$ für $t = 1, 2, 3, ...$ und $i, j = 1, ..., n$ ist, führt schließlich zu einer **homogenen Markovkette**, bei der also die **Übergangswahrscheinlichkeiten** zeitunabhängig sind und sich folglich nicht ändern. Diese vereinfachte Betrachtung entsprechender Systeme, die in diesem Kapitel ausnahmslos vorgenommen wird, bringt den Vorteil mit sich, dass sämtliche Informationen in einer sogenannten **Übergangsmatrix** oder auch **Transitionsmatrix** $P = (p_{ij})_{n,n}$ mit

$$\sum_{j=1}^{n} p_{ij} = 1 \text{ für alle } i = 1,...,n \text{ und } p_{ij} \geq 0$$

zusammengefasst werden können. Die Zeilensummen in P müssen dabei jeweils den Wert 1 annehmen, da der Übergang von einem beliebigen Zustand z_i ($i = 1, ..., n$) einer beliebigen Periode zu irgendeinem der Zustände z_j ($j = 1, ..., n$) der Folgeperiode mit Sicherheit erfolgen wird.

Im nachfolgenden Abschnitt 12.1 werden zunächst einige betriebliche Anwendungsbeispiele für homogene Markovketten vorgestellt. Der Abschnitt 12.2 beschäftigt sich dann mit Zustandsverteilungen, die ausgehend von einer Startverteilung der Zustände in einem System für zukünftige Perioden ermittelt werden können. In Abschnitt 12.3 werden schließlich noch stationäre Verteilungen und Grenzverteilungen betrachtet, um vor allem langfristige Entwicklungen in entsprechenden Systemen abbilden zu können. Das Kapitel wird dann mit

© Springer Fachmedien Wiesbaden GmbH, ein Teil von Springer Nature 2022
U. Bankhofer, *Quantitative Unternehmensplanung*, Studienbücher
Wirtschaftsmathematik, https://doi.org/10.1007/978-3-8348-2466-0_12

Übungsaufgaben in Abschnitt 12.4 sowie einigen Literaturhinweisen in Abschnitt 12.5 abgeschlossen.

12.1 Betriebliche Anwendungsbeispiele

Homogene Markovketten stellen sehr einfache **stochastische Verhaltensmodelle** dar, mit denen eine Reihe betrieblicher Anwendungssituationen modelliert werden können. So werden Markovketten bei der Analyse des **Konsumentenverhaltens** bzw. des **Markenwahlverhaltens** eingesetzt, um Konsumenten hinsichtlich ihres Verhaltens (Markentreue oder Markenwechsel) zu erfassen und die **Käuferfluktuation** analysieren zu können. Ein weiterer Anwendungsbereich von Markovketten ist die Bestimmung von Ausfallwahrscheinlichkeiten von Geräten oder Systemen im Rahmen des **Qualitätsmanagements**. Dabei werden unterschiedliche Zustände von technischen Geräten, Anlagen, Maschinen, Transport-, Informations- oder Kommunikationssystemen betrachtet und deren Übergangsverhalten von einer Zeitperiode zur nächsten analysiert. Markovketten werden darüber hinaus auch zur Modellierung von **Aktienkursentwicklungen** im Finanzbereich oder zur Modellierung von **Invaliditätsrisiken** in der Versicherungswirtschaft eingesetzt. Schließlich stellt auch die **Warteschlangentheorie** ein Einsatzgebiet der Markovketten dar, um beispielsweise die in der Warteschlange an einer Kasse zu erwartenden Kunden oder die an einer Maschine zu erwartenden Aufträge ermitteln zu können. Auf diesen letztgenannten Anwendungsbereich wird in Kapitel 13 noch ausführlicher eingegangen.

Nachfolgend sollen zwei konkrete Beispiele für die betriebliche Anwendung homogener Markovketten dargestellt werden. Auf diese Beispiele wird auch in den folgenden Abschnitten dieses Kapitels Bezug genommen.

Beispiele:

Im ersten Beispiel wird ein technisches Gerät betrachtet, das die folgenden möglichen Zustände besitzt:

- z_1: intakt

- z_2: leichte Mängel

- z_3: defekt

Die hier zu betrachtende Zufallsvariable $X(t)$ beschreibt dann den zufallsabhängigen Zustand des Geräts zum Zeitpunkt t mit den Realisierungen z_1, z_2 und z_3. Für das Übergangsverhalten wird eine homogene Markovkette mit folgender Wahrscheinlichkeitsverteilung unterstellt:

$$P(X(t) = z_j \mid X(t-1) = z_i) = p_{ij} \text{ für } i, j = 1, 2, 3$$

Falls ein defektes Gerät in der nächsten Periode durch ein neuwertiges ersetzt wird bzw. eine sofortige Reparatur erfolgt (Fall a)), dann könnte beispielsweise die folgende Übergangsmatrix P vorliegen:

$$P = \begin{array}{c|ccc} & z_1 & z_2 & z_3 \\ \hline z_1 & \frac{1}{3} & \frac{1}{2} & \frac{1}{6} \\ z_2 & 0 & \frac{1}{2} & \frac{1}{2} \\ z_3 & 1 & 0 & 0 \end{array}$$

Ausgehend vom Zustand z_1 in einer Zeitperiode (das Gerät ist also intakt), wird das Gerät in der Folgeperiode mit einer Wahrscheinlichkeit von 1/3 immer noch intakt sein, während es mit einer Wahrscheinlichkeit von 1/2 bzw. 1/6 in der Folgeperiode leichte Mängel aufweist bzw. defekt ist. Analog können auch die Wahrscheinlichkeiten in der zweiten und dritten Zeile der Übergangsmatrix interpretiert werden, wobei in dem hier betrachteten Fall a) der Übergang von Zustand z_3 mit Sicherheit zum Zustand z_1 führt (Ersatz bzw. Reparatur).

Alternativ könnte auch kein Ersatz bzw. keine Reparatur des Geräts möglich sein (Fall b)), was dann exemplarisch zu folgender Übergangsmatrix führen könnte:

$$P = \begin{array}{c|ccc} & z_1 & z_2 & z_3 \\ \hline z_1 & \frac{1}{3} & \frac{1}{2} & \frac{1}{6} \\ z_2 & 0 & \frac{1}{2} & \frac{1}{2} \\ z_3 & 0 & 0 & 1 \end{array}$$

In diesem Fall bleibt das System im Zustand z_3, wenn dieser Zustand einmal erreicht wurde. Die restlichen Übergangswahrscheinlichkeiten entsprechen hier den Zahlen für den Fall a). Eine graphische Darstellung des Übergangsverhaltens derartiger Systeme kann durch einen **Übergangsgraph** oder auch **Transitionsgraph** erfolgen. Für die oben beschriebenen Fälle a) und b) sind diese Transitionsgraphen in der Abbildung 12.1 angegeben.

Abbildung 12.1 Transitionsgraphen für das Beispiel (Fälle a) und b))

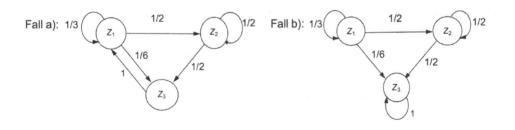

Quelle: Eigene Darstellung

Im zweiten Beispiel soll nun das Kaufverhalten von Konsumenten in einem Markt mit drei konkurrierenden Produkten P_1, P_2 und P_3 betrachtet werden. Die Marktanteile für die

Produkte sind zu einem Zeitpunkt t mit 0,5 für P_1, 0,4 für P_2 und 0,1 für P_3 gegeben. Der zeitlich konstante Bedarf an den Produkten beträgt 12000 Einheiten. Die Käuferfluktuation sei zeitunabhängig und werde durch die folgende Übergangsmatrix P beschrieben:

$$P = \begin{pmatrix} 0,6 & 0,3 & 0,1 \\ 0,1 & 0,7 & 0,2 \\ 0,1 & 0,1 & 0,8 \end{pmatrix}$$

Die Zahlen in der Hauptdiagonalen von P geben dabei die Wahrscheinlichkeiten für eine Markentreue bei den drei Produkten an. Falls ein Konsument in einer Periode das Produkt P_1 gekauft hat (Zustand z_1), dann wird er mit 60-prozentiger Wahrscheinlichkeit auch in der Folgeperiode dieses Produkt kaufen. Analog lassen sich die Zahlen 0,7 und 0,8 für die Produkte P_2 (Zustand z_2) und P_3 (Zustand z_3) interpretieren. Außerhalb der Hauptdiagonalen von P wird dann das Wechselverhalten der Konsumenten abgebildet. Beispielsweise gibt der Wert $p_{12} = 0,3$ die Wahrscheinlichkeit dafür an, dass ein Konsument, der in einer Periode das Produkt P_1 gekauft hat, in der Folgeperiode zum Produkt P_2 wechseln wird. Auf Basis der vorliegenden Daten ergeben sich nun exemplarisch die folgenden Fragen, die in den nächsten Abschnitten noch beantwortet werden:

- Wie sieht die Absatzverteilung in der Folgeperiode $t + 1$ aus?

- Gibt es eine stationäre Markt- bzw. Absatzverteilung, d. h. eine Absatzverteilung, die sich nicht mehr ändern würde, und wie sieht diese gegebenenfalls aus?

- Welche Aussagen können über die langfristige Markt- bzw. Absatzverteilung gemacht werden?

12.2   Zustandsverteilungen

Ausgehend von einer homogenen Markovkette mit einer Übergangsmatrix P soll nun das zugrundeliegende System im Zeitablauf näher beschrieben werden. Dabei ist die Wahrscheinlichkeitsverteilung der zugehörigen Zufallsvariable $X(t)$ in einer Periode t von Interesse. Diese Wahrscheinlichkeitsverteilung wird auch als **Zustandsverteilung** bezeichnet. Dazu wird zunächst eine **Startverteilung**, also eine entsprechende Zustandsverteilung zum Zeitpunkt $t = 0$ benötigt, die formal wie folgt definiert ist:

$$p(0)^T = (p_1(0), \ldots, p_n(0)) \text{ mit } p_i(0) = P(X(0) = z_i) \text{ und } \sum_{i=1}^{n} p_i(0) = 1$$

Die Zustandsverteilungen der nachfolgenden Perioden $t = 1, 2, \ldots$ werden dann gemäß

$$p(t)^T = (p_1(t), \ldots, p_n(t)) \text{ mit } p_i(t) = P(X(t) = z_i) \text{ und } \sum_{i=1}^{n} p_i(t) = 1$$

definiert und lassen sich wie folgt berechnen:

$$p(1)^T = p(0)^T \cdot P$$
$$p(2)^T = p(1)^T \cdot P = p(0)^T \cdot P \cdot P = p(0)^T \cdot P^2$$
$$\vdots$$
$$p(t)^T = p(0)^T \cdot P^t \quad (t = 1, 2, \ldots)$$

Darüber hinaus können auch t-Perioden Übergangswahrscheinlichkeiten für $t = 2, 3, \ldots$ bestimmt werden. Diese resultieren formal mit

$$P(X(s + t) = z_j \mid X(s) = z_i)$$

und geben damit an, mit welcher Wahrscheinlichkeit sich das System ausgehend vom Zustand z_i nach t Perioden im Zustand z_j befindet. Diese Information kann direkt in der Matrix P^t abgelesen werden, wie auch in den nachfolgenden Beispielen verdeutlicht wird.

Beispiele:

Nachfolgend werden die im vorherigen Abschnitt bereits dargestellten Beispiele wieder aufgegriffen. Für das System mit dem technischen Gerät wird davon ausgegangen, dass das Gerät am Anfang mit Sicherheit intakt ist und damit die Startverteilung $p(0)^T = (1, 0, 0)$ vorliegt. Für den Fall a) ergeben sich dann exemplarisch die folgenden Zustandsverteilungen in den Perioden $t = 1$ und $t = 2$:

$$p(1)^T = (1,0,0) \begin{pmatrix} \frac{1}{3} & \frac{1}{2} & \frac{1}{6} \\ 0 & \frac{1}{2} & \frac{1}{2} \\ 1 & 0 & 0 \end{pmatrix} = (\tfrac{1}{3}, \tfrac{1}{2}, \tfrac{1}{6})$$

$$p(2)^T = (\tfrac{1}{3}, \tfrac{1}{2}, \tfrac{1}{6}) \begin{pmatrix} \frac{1}{3} & \frac{1}{2} & \frac{1}{6} \\ 0 & \frac{1}{2} & \frac{1}{2} \\ 1 & 0 & 0 \end{pmatrix} = (\tfrac{5}{18}, \tfrac{5}{12}, \tfrac{11}{36})$$

Die 2-Perioden Übergangswahrscheinlichkeiten können auch direkt aus der Matrix

$$P^2 = \begin{pmatrix} \frac{1}{3} & \frac{1}{2} & \frac{1}{6} \\ 0 & \frac{1}{2} & \frac{1}{2} \\ 1 & 0 & 0 \end{pmatrix} \cdot \begin{pmatrix} \frac{1}{3} & \frac{1}{2} & \frac{1}{6} \\ 0 & \frac{1}{2} & \frac{1}{2} \\ 1 & 0 & 0 \end{pmatrix} = \begin{pmatrix} \frac{5}{18} & \frac{5}{12} & \frac{11}{36} \\ \frac{1}{2} & \frac{1}{4} & \frac{1}{4} \\ \frac{1}{3} & \frac{1}{2} & \frac{1}{6} \end{pmatrix}$$

abgelesen werden. Beispielsweise gibt der Wert $p_{23} = 1/4$ in P^2 an, mit welcher Wahrscheinlichkeit sich das Gerät ausgehend vom Zustand z_2 (leichte Mängel) nach 2 Perioden im Zustand z_3 (defekt) befindet.

Im zweiten Beispiel, in dem das Kaufverhalten von Konsumenten in einem Markt mit drei konkurrieren Produkten P_1, P_2 und P_3 modelliert wurde, ergibt sich die Marktverteilung in der Folgeperiode $t + 1$ mit

$$p(t+1)^T = (0,5;0,4;0,1)\begin{pmatrix} 0,6 & 0,3 & 0,1 \\ 0,1 & 0,7 & 0,2 \\ 0,1 & 0,1 & 0,8 \end{pmatrix} = (0,35;0,44;0,21).$$

Auf Basis dieser Marktanteile für die drei Produkte in der Periode $t + 1$ können dann die resultierenden Absatzzahlen mit $0,35 \cdot 12000 = 4200$ Einheiten, $0,44 \cdot 12000 = 5280$ Einheiten und $0,21 \cdot 12000 = 2520$ Einheiten der Produkte P_1, P_2 und P_3 berechnet werden.

12.3   Stationäre Verteilung und Grenzverteilung

Ausgehend von den Ausführungen des vorherigen Abschnitts stellt sich nun die Frage, ob eine Zustandsverteilung existiert, die sich bei weiteren Übergängen nicht mehr ändert. Eine derartige Zustandsverteilung $p^T = (p_1, ..., p_n)$ wird als **stationäre Verteilung** bezeichnet und liegt genau dann vor, wenn die folgenden Bedingungen erfüllt ist:

$$p^T = p^T \cdot P \quad \text{mit} \sum_{i=1}^{n} p_{ij} = 1 \text{ und } p_{ij} \geq 0$$

Der erste Teil dieser Bedingung kann mit E als der entsprechenden Einheitsmatrix in ein homogenes Gleichungssystem wie folgt überführt werden:

$$p^T = p^T \cdot P \quad \Leftrightarrow \quad p^T - p^T \cdot P = 0 \quad \Leftrightarrow \quad p^T E - p^T \cdot P = 0 \quad \Leftrightarrow \quad p^T(E-P) = 0$$

Da die Zeilensummen in P jeweils den Wert 1 annehmen, liegt eine Abhängigkeit zwischen den Spalten und damit auch der Zeilen von P vor. Damit gilt

$$\det(E - P) = 0 \quad \Leftrightarrow \quad \mathrm{Rg}(E - P) < n,$$

d. h. das obige Gleichungssystem hat zunächst unendliche viele Lösungen, so dass eine stationäre Verteilung immer existiert. Durch die zusätzlichen Forderungen

$$\sum_{i=1}^{n} p_{ij} = 1 \text{ und } p_{ij} \geq 0$$

wird diese Lösungsmenge allerdings eingeschränkt und es kann eine eindeutige Lösung resultieren, was aber nicht immer der Fall sein muss, wie das folgende Beispiel zeigt.

Beispiel:

Es wird die nachfolgend angegebene Übergangsmatrix P betrachtet:

$$P = \begin{pmatrix} 1 & 0 \\ 0 & 1 \end{pmatrix}$$

In diesem Fall sind alle Verteilungen $p^T = (p, 1 - p)$ stationär, da $(p, 1 - p) \cdot P = (p, 1 - p)$ ist.

Es bleibt noch anzumerken, dass sich eine stationäre Verteilung für $t \to \infty$ nicht mehr ändert. Damit stellt sich zwangsläufig die Frage, inwieweit eine stationäre Verteilung einer Zustandsverteilung entspricht, die unabhängig von der Startverteilung für $t \to \infty$ erreicht wird. Dazu muss zunächst der Begriff der Grenzverteilung definiert werden. Eine Zustandsverteilung $p^T = (p_1, ..., p_n)$ wird genau dann als **Grenzverteilung** zur Startverteilung $p(0)$ bezeichnet, wenn

$$p^T = \lim_{t \to \infty} p(t)^T = \lim_{t \to \infty} p(0)^T \cdot P^t$$

gilt. Ist die Startverteilung $p(0)$ bereits stationär, so ist sie auch zugehörige Grenzverteilung zu sich selbst. Umgekehrt ist jede Grenzverteilung automatisch auch eine stationäre Verteilung. Allerdings muss zu einer Startverteilung nicht immer auch die Grenzverteilung existieren, wie das nächste Beispiel gleich verdeutlicht.

Beispiel:

Es wird die Startverteilung $p(0)^T = (1, 0)$ sowie die nachfolgend angegebene Übergangsmatrix P betrachtet:

$$P = \begin{pmatrix} 0 & 1 \\ 1 & 0 \end{pmatrix}$$

In diesem Fall gilt $p(1)^T = (0, 1) = p(3)^T = p(5)^T = ...$ und $p(2)^T = (1, 0) = p(4)^T = p(6)^T = ...$, so dass hier keine Grenzverteilung existiert.

Um die Existenz und auch die Berechenbarkeit der Grenzverteilung zu gewährleisten, wird nun von einer speziellen Eigenschaft einer homogenen Markovkette ausgegangen. Man bezeichnet eine homogene Markovkette also **ergodisch**, wenn für jede Startverteilung $p(0)$ die Grenzverteilung existiert und alle Grenzverteilungen gleich sind. In diesem Fall existiert also exakt eine Grenzverteilung unabhängig von der Startverteilung $p(0)$. Eine ergodische Markovkette liegt genau dann vor, wenn ein $t \in \mathbb{N}$ existiert, so dass P^t eine positive Spalte besitzt. Dann ist auch die stationäre Verteilung eindeutig und entspricht der Grenzverteilung. Mit den nachfolgenden Beispielen sollen diese Aussagen und Zusammenhänge verdeutlicht werden.

Beispiele:

Es werden wiederum die in den beiden vorherigen Abschnitten bereits dargestellten Beispiele aufgegriffen. Für das System mit dem technischen Gerät resultiert für den Fall a) das folgende Gleichungssystem zur Bestimmung der stationären Verteilung:

$$(p_1, p_2, p_3) \left[\begin{pmatrix} 1 & 0 & 0 \\ 0 & 1 & 0 \\ 0 & 0 & 1 \end{pmatrix} - \begin{pmatrix} \frac{1}{3} & \frac{1}{2} & \frac{1}{6} \\ 0 & \frac{1}{2} & \frac{1}{2} \\ 1 & 0 & 0 \end{pmatrix} \right] = (0,0,0) \iff (p_1, p_2, p_3) \begin{pmatrix} \frac{2}{3} & -\frac{1}{2} & -\frac{1}{6} \\ 0 & \frac{1}{2} & -\frac{1}{2} \\ -1 & 0 & 1 \end{pmatrix} = (0,0,0)$$

Im Einzelnen liegen damit drei Gleichungen vor, die sich wie folgt ergeben:

$$\text{(I)} \quad \tfrac{2}{3}p_1 - p_3 = 0 \quad \Leftrightarrow \quad p_3 = \tfrac{2}{3}p_1$$
$$\text{(II)} \quad -\tfrac{1}{2}p_1 + \tfrac{1}{2}p_2 = 0 \quad \Leftrightarrow \quad p_2 = p_1$$
$$\text{(III)} \quad -\tfrac{1}{6}p_1 - \tfrac{1}{2}p_2 + p_3 = 0$$

Setzt man die nach p_3 bzw. p_2 aufgelösten Gleichungen (I) und (II) in die Gleichung (III) ein, dann zeigt sich, dass die Gleichung (III) erfüllt ist. Das Gleichungssystem hat also unendlich viele Lösungen. Mit

$$\sum_{i=1}^{3} p_i = 1$$

resultiert aber

$$p_1 + p_1 + \tfrac{2}{3}p_1 = 1 \quad \Rightarrow \quad p_1 = \tfrac{3}{8} \quad \Rightarrow \quad \boldsymbol{p}^T = (\tfrac{3}{8}, \tfrac{3}{8}, \tfrac{1}{4})$$

und damit eine eindeutige Lösung für die stationäre Verteilung. Zur Bestimmung der Grenzverteilung muss zunächst geprüft werden, ob die zugehörige Markovkette ergodisch ist. In der Übergangsmatrix $\boldsymbol{P}$ existiert keine positive Spalte. Folglich wird als Nächstes die Matrix $\boldsymbol{P}^2$ mit

$$\boldsymbol{P}^2 = \begin{pmatrix} \tfrac{5}{18} & \tfrac{5}{12} & \tfrac{11}{36} \\ \tfrac{1}{2} & \tfrac{1}{4} & \tfrac{1}{4} \\ \tfrac{1}{3} & \tfrac{1}{2} & \tfrac{1}{6} \end{pmatrix}$$

betrachtet. In dieser Matrix sind alle Spalten positiv, wobei bereits eine positive Spalte ausreichen würde. Damit ist die Markovkette ergodisch und die bereits ermittelte stationäre Verteilung $\boldsymbol{p}^T = (\tfrac{3}{8}, \tfrac{3}{8}, \tfrac{1}{4})$ ist auch Grenzverteilung.

Im zweiten Beispiel, in dem das Kaufverhalten von Konsumenten in einem Markt mit drei konkurrierenden Produkten P_1, P_2 und P_3 modelliert wurde, ergibt sich zur Bestimmung der stationären Verteilung zunächst das folgende Gleichungssystem:

$$(p_1, p_2, p_3) \left[\begin{pmatrix} 1 & 0 & 0 \\ 0 & 1 & 0 \\ 0 & 0 & 1 \end{pmatrix} - \begin{pmatrix} 0{,}6 & 0{,}3 & 0{,}1 \\ 0{,}1 & 0{,}7 & 0{,}2 \\ 0{,}1 & 0{,}1 & 0{,}8 \end{pmatrix} \right] = (0,0,0) \Leftrightarrow (p_1, p_2, p_3) \begin{pmatrix} 0{,}4 & -0{,}3 & -0{,}1 \\ -0{,}1 & 0{,}3 & -0{,}2 \\ -0{,}1 & -0{,}1 & 0{,}2 \end{pmatrix} = (0,0,0)$$

Die einzelnen Gleichungen resultieren dann wie folgt:

$$\text{(I)} \quad 0{,}4p_1 - 0{,}1p_2 - 0{,}1p_3 = 0 \quad \Leftrightarrow \quad -0{,}1p_3 = -0{,}4p_1 + 0{,}1p_2$$
$$\text{(II)} \quad -0{,}3p_1 + 0{,}3p_2 - 0{,}1p_3 = 0$$
$$\text{(III)} \quad -0{,}1p_1 - 0{,}2p_2 + 0{,}2p_3 = 0$$

Die nach $-0{,}1p_3$ aufgelöste Gleichungen (I) kann dann in die Gleichung (II) eingesetzt werden, was zu folgenden Ergebnissen führt:

(I) in (II): $\quad -0{,}3p_1 + 0{,}3p_2 - 0{,}4p_1 + 0{,}1p_2 = 0 \quad \Leftrightarrow \quad -0{,}7p_1 + 0{,}4p_2 = 0$

$\Rightarrow \quad p_2 = 1{,}75p_1$ und $p_3 = 4p_1 - p_2 = 4p_1 - 1{,}75p_1 = 2{,}25p_1$

Werden diese Ergebnisse in die Gleichung (III) eingesetzt, dann zeigt sich, dass diese Gleichung erfüllt ist und das Gleichungssystem unendlich viele Lösungen besitzt. Mit

$$\sum_{i=1}^{3} p_i = 1$$

resultiert dann eine eindeutige Lösung für die stationäre Verteilung mit

$$p_1 + 1{,}75p_1 + 2{,}25p_1 = 1 \quad \Rightarrow \quad p_1 = 0{,}2 \quad \Rightarrow \quad \boldsymbol{p}^T = (0{,}2; 0{,}35; 0{,}45).$$

Da die Übergangsmatrix $\boldsymbol{P}$ nur positiven Spalte besitzt, wobei eine positive Spalte bereits ausreichen würde, ist die zugehörige Markovkette ergodisch. Damit entspricht die stationäre Verteilung $\boldsymbol{p}^T = (0{,}2; 0{,}35; 0{,}45)$ auch der Grenzverteilung und die langfristige Absatzverteilung resultiert mit $0{,}2 \cdot 12000 = 2400$, $0{,}35 \cdot 12000 = 4200$ und $0{,}45 \cdot 12000 = 5400$ Einheiten der Produkte P_1, P_2 und P_3.

Als abschließendes Beispiel soll noch die folgende Übergangsmatrix betrachtet werden:

$$\boldsymbol{P} = \begin{pmatrix} 1 & 0 \\ 0 & 1 \end{pmatrix}$$

Die Matrix $\boldsymbol{P}$ besitzt keine positive Spalte und es gilt $\boldsymbol{P}^2 = \boldsymbol{P}^3 = \ldots = \boldsymbol{P}$, so dass die zugehörige Markovkette nicht ergodisch ist. In diesem Fall existieren unendliche viele stationäre Verteilungen $\boldsymbol{p}^T = (p, 1-p)$ mit $p \in [0,1]$.

12.4 Übungsaufgaben zu homogenen Markovketten

Nachfolgend finden sich zwei Übungsaufgaben zu homogenen Markovketten. Im Anschluss an die jeweilige Aufgabe wird auch eine Lösung dargestellt. Dabei ist zu beachten, dass es sich um einen Lösungsvorschlag handelt und manchmal auch andere Lösungswege denkbar wären.

Aufgabe 1:   **(Homogene Markovketten)**

Eine homogene Markovkette mit der Übergangsmatrix

$$P = \begin{pmatrix} p_{11} & p_{12} & p_{13} \\ \frac{1}{2} & 0 & \frac{1}{2} \\ \frac{1}{3} & \frac{1}{3} & \frac{1}{3} \end{pmatrix}$$

besitze die stationäre Verteilung $\left(\frac{2}{7},\frac{2}{7},\frac{3}{7}\right)$.

a)   Bestimmen Sie die Übergangswahrscheinlichkeiten p_{11}, p_{12} und p_{13}.

b)   Skizzieren Sie den Transitionsgraphen.

c)   Ist die Markovkette ergodisch? (Begründung!)

d)   Für welche Startverteilung $p(0)^T$ ergibt sich als Zustandsverteilung im Zeitpunkt 1 die Verteilung $\left(\frac{1}{3},\frac{1}{3},\frac{1}{3}\right)$?

Lösung zur Aufgabe 1:

a)   Für die Bestimmung der Übergangswahrscheinlichkeiten p_{11}, p_{12} und p_{13} wird die stationäre Verteilung $\left(\frac{2}{7},\frac{2}{7},\frac{3}{7}\right)$ genutzt. Aus dieser folgt:

$$\left(\frac{2}{7},\frac{2}{7},\frac{3}{7}\right) \cdot \begin{pmatrix} p_{11} & p_{12} & p_{13} \\ \frac{1}{2} & 0 & \frac{1}{2} \\ \frac{1}{3} & \frac{1}{3} & \frac{1}{3} \end{pmatrix} = \left(\frac{2}{7},\frac{2}{7},\frac{3}{7}\right)$$

Daraus resultieren die folgenden Gleichungen:

$$\frac{2}{7}\cdot p_{11} + \frac{2}{7}\cdot\frac{1}{2} + \frac{3}{7}\cdot\frac{1}{3} = \frac{2}{7} \qquad \Rightarrow p_{11} = 0$$

$$\frac{2}{7}\cdot p_{12} + \frac{2}{7}\cdot 0 + \frac{3}{7}\cdot\frac{1}{3} = \frac{2}{7} \qquad \Rightarrow p_{12} = \frac{1}{2}$$

Unter der Bedingung, dass $p_{11} + p_{12} + p_{13} = 1$ ergibt, resultiert $p_{13} = 1/2$.

b)   Die mit den Werten aus a) vervollständigte Übergangsmatrix ergibt sich folgendermaßen:

$$P = \begin{pmatrix} 0 & \frac{1}{2} & \frac{1}{2} \\ \frac{1}{2} & 0 & \frac{1}{2} \\ \frac{1}{3} & \frac{1}{3} & \frac{1}{3} \end{pmatrix}$$

Anhand dieser kann anschließend der nachfolgende Transitionsgraph skizziert werden:

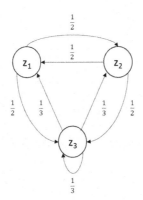

c)   Ja, die Markovkette ist ergodisch, da die dritte Spalte der vervollständigten Übergangs-
     matrix positiv ist.

d)   Anhand der Verteilung von $p(1)^T = \left(\frac{1}{3},\frac{1}{3},\frac{1}{3}\right)$ kann die folgende Gleichung aufgestellt
     werden:

$$p(0)^T \cdot P = p(1)^T$$

$$\left(p_1(0), p_2(0), p_3(0)\right) \cdot \begin{pmatrix} 0 & \frac{1}{2} & \frac{1}{2} \\ \frac{1}{2} & 0 & \frac{1}{2} \\ \frac{1}{3} & \frac{1}{3} & \frac{1}{3} \end{pmatrix} = \left(\frac{1}{3}, \frac{1}{3}, \frac{1}{3}\right)$$

Damit liegen drei Gleichungen vor, die sich wie folgt ergeben:

(I) $p_1(0) \cdot 0 + p_2(0) \cdot \frac{1}{2} + p_3(0) \cdot \frac{1}{3} = \frac{1}{3}$ $\Rightarrow p_2(0) = \frac{2}{3} - \frac{2}{3} p_3(0)$

(II) $p_1(0) \cdot \frac{1}{2} + p_2(0) \cdot 0 + p_3(0) \cdot \frac{1}{3} = \frac{1}{3}$ $\Rightarrow p_1(0) = \frac{2}{3} - \frac{2}{3} p_3(0)$

(III) $p_1(0) \cdot \frac{1}{2} + p_2(0) \cdot \frac{1}{2} + p_3(0) \cdot \frac{1}{3} = \frac{1}{3}$

Aus dem Einsetzen von $p_1(0)$ und $p_2(0)$ in (III) resultiert

$$\left(\frac{2}{3} - \frac{2}{3} p_3(0)\right) \cdot \frac{1}{2} + \left(\frac{2}{3} - \frac{2}{3} p_3(0)\right) \cdot \frac{1}{2} + p_3(0) \cdot \frac{1}{3} = \frac{1}{3}$$

$$\Leftrightarrow \frac{2}{3} - \frac{2}{3} p_3(0) + \frac{1}{3} \cdot p_3(0) = \frac{1}{3} \qquad \Leftrightarrow \frac{2}{3} - \frac{1}{3} \cdot p_3(0) = \frac{1}{3}$$

$$\Leftrightarrow -\frac{1}{3} \cdot p_3(0) = -\frac{1}{3} \Rightarrow p_3(0) = 1$$

und aus $p_1(0) + p_2(0) + p_3(0) = 1$ folgt $p_1(0) = p_2(0) = 0$ und damit $p(0)^T = (0, 0, 1)$.

Aufgabe 2:   **(Homogene Markovketten)**

Auf dem Markt für Waschmittel hält der Hersteller A schon seit längerer Zeit konstant 20 % des Gesamtmarkts. Dabei ist die Wiederholungskaufwahrscheinlichkeit p_{11} für sein Produkt stabil mit $p_{11} = 0{,}6$. Durch eine Werbekampagne gelingt es ihm, seinen Marktanteil in der Folgeperiode um 4 Prozentpunkte zu steigern. Unterstellen Sie für die folgenden Fragen, dass sich das Kaufverhalten bezüglich des von A hergestellten Produkts (Zustand z_1) und der Gesamtheit von Konkurrenzprodukten (Zustand z_2) vor und nach Durchführung der Werbekampagne jeweils durch eine homogene Markovkette beschreiben lässt.

a)   Bestimmen Sie die Übergangsmatrix sowie die stationäre Verteilung der Markovkette vor Durchführung der Werbekampagne.

b)   Wie verändert sich die Wiederholungskaufwahrscheinlichkeit p_{11} nach Durchführung der Werbekampagne, wenn die Wahrscheinlichkeit für einen Wechsel von einem Konkurrenzprodukt zum Produkt des Herstellers A konstant bleibt?

c)   Welchen Marktanteil erzielt der Hersteller A langfristig, wenn die Übergangsmatrix aus b) konstant bleibt?

Lösung zur Aufgabe 2:

a)   Anhand der Angaben aus der Aufgabe lässt sich zunächst festhalten, dass $p_{11} = 0{,}6$ ist. Aus $p_{11} + p_{12} = 1$ folgt damit $p_{12} = 0{,}4$. Da der Hersteller A schon seit längerer Zeit konstant 20 % des Gesamtmarkts hält und dieser Marktanteil sich nicht ändert, handelt es sich dabei um eine stationäre Verteilung. Damit ergibt sich für $p_1 = 0{,}2$ und mit $p_1 + p_2 = 1$ folgt $p_2 = 0{,}8$. Die stationäre Verteilung ist hiermit $p^T = (0{,}2;\ 0{,}8)$. Anschließend können, wie nachfolgend gezeigt, die fehlenden Werte der Übergangsmatrix ermittelt werden:

$$(0{,}2 ; 0{,}8) \cdot \begin{pmatrix} 0{,}6 & 0{,}4 \\ p_{21} & p_{22} \end{pmatrix} = (0{,}2 ; 0{,}8)$$

$$(I) \quad 0{,}2 \cdot 0{,}6 + 0{,}8 \cdot p_{21} = 0{,}2 \quad \Rightarrow p_{21} = 0{,}1$$

Aus $p_{21} = 0{,}1$ und $p_{21} + p_{22} = 1$ resultiert $p_{22} = 0{,}9$. Damit ist es möglich, die vervollständigte Übergangsmatrix P zu bestimmen.

$$P = \begin{pmatrix} 0{,}6 & 0{,}4 \\ 0{,}1 & 0{,}9 \end{pmatrix}$$

b)   Unter der Bedingung, dass p_{21} und p_{22} konstant bleiben und der Marktanteil von Hersteller A um 4 Prozentpunkte steigt, ist es möglich, die folgende Übergangsmatrix und entsprechende Gleichungen aufzustellen:

$$P = \begin{pmatrix} p_{11} & p_{12} \\ 0,1 & 0,9 \end{pmatrix}, \quad p(0)^T \cdot P = p(1)^T$$

$$(0,2;0,8) \cdot \begin{pmatrix} p_{11} & p_{12} \\ 0,1 & 0,9 \end{pmatrix} = (0,24;0,76)$$

$$\text{(I)} \quad 0,2 \cdot p_{11} + 0,8 \cdot 0,1 = 0,24 \Rightarrow p_{11} = 0,8$$

$$p_{11} + p_{12} = 1 \Rightarrow p_{12} = 0,2$$

Damit ergibt sich die Übergangsmatrix nach der Werbekampagne mit:

$$P = \begin{pmatrix} 0,8 & 0,2 \\ 0,1 & 0,9 \end{pmatrix}.$$

c) Die langfristige und damit stationäre Verteilung kann wie nachfolgend gezeigt bestimmt werden:

$$p^T \cdot (E - P) = 0$$

$$(p_1; p_2) \cdot \left[\begin{pmatrix} 1 & 0 \\ 0 & 1 \end{pmatrix} - \begin{pmatrix} 0,8 & 0,2 \\ 0,1 & 0,9 \end{pmatrix} \right] = (0;0)$$

$$(p_1; p_2) \cdot \begin{pmatrix} 0,2 & -0,2 \\ -0,1 & 0,1 \end{pmatrix} = (0;0)$$

Daraus resultieren die nachfolgenden Gleichungen:

$$\text{(I)} \quad p_1 \cdot 0,2 + p_2 \cdot (-0,1) = 0 \quad \Rightarrow p_1 = -\frac{p_2 \cdot (-0,1)}{0,2} = 0,5 \cdot p_2$$

$$\text{(II)} \quad p_1 \cdot (-0,2) + p_2 \cdot 0,1 = 0$$

Durch Einsetzen der nach p_1 aufgelösten Gleichung (I) in (II) zeigt sich, dass die Gleichung erfüllt ist, weshalb unendlich viele Lösungen existieren. Mit $p_1 + p_2 = 1$ folgt $0,5p_2 + p_2 = 1$ und damit $p_2 = 2/3$ und $p_1 = 1/3$. Als stationäre Verteilung resultiert damit $p^T = \left(\frac{1}{3}, \frac{2}{3} \right)$.

12.5   Literaturhinweise

Ausführliche Darstellungen zu Markovketten und speziell auch homogenen Markovketten, die teilweise deutlich über die Ausführungen dieses Kapitels hinausgehen, können den Arbeiten von Bas (2020), Baum (2013), Behrends (2013), Harbrecht und Multerer (2022), Hauke und Opitz (2003), Irle (2005), Kersting und Wakolbinger (2014), Klenke (2020), Meintrup und Schäffler (2005), Romeike und Stallinger (2021), Schickinger und Steger (2013), Waldmann und Helm (2016), Waldmann und Stocker (2012) sowie Webel und Wied (2016) entnommen werden. Entsprechende Übungsaufgaben mit Lösungen sind beispielsweise in Hauke und

Opitz (2003), Irle (2005), Schickinger und Steger (2013) sowie Waldmann und Helm (2016) zu finden.

Unterschiedliche betriebliche Anwendungsbeispiele von homogenen Markovketten werden unter anderem in Hauke und Opitz (2003), Romeike und Stallinger (2021) sowie Waldmann und Stocker (2012) beschrieben. Hinsichtlich der Anwendung von Markovketten im Marketing sei auf Meffert et al. (2018) und Zentes et al. (2004) verwiesen. Auf stochastische Prozesse im Rahmen der Kreditrisikomessung gehen z. B. Henking et al. (2006) ein und bei Koller (2010) werden stochastische Prozesse im Zusammenhang mit Lebensversicherungen behandelt. Hansen (1994) beschäftigt sich mit Prognosen mit Hilfe von Markovprozessen und Bungartz et al. (2013) wenden homogene Markovketten bei Verkehrssimulationen an.

13   Warteschlangen

Warteschlangen treten im täglichen Leben auf, wenn Personen beispielsweise an der Kasse eines Supermarkts oder am Schalter einer Behörde zunächst warten müssen, bis die in der Warteschlage davorstehenden Personen abgefertigt sind und man selbst an der Reihe ist. Das Problem von Warteschlagen tritt immer dann auf, wenn in einer Zeitperiode mehr Einheiten in einem System eintreffen als in der gleichen Zeitperiode abgefertigt oder bedient werden können. Die eintreffenden Einheiten können neben Personen auch Fahrzeuge, Aufträge, Telefonanrufe, Geräte oder Güter sein, die beispielsweise vor einer Ampel, vor einer Maschine, in der Warteschleife eines Callcenters, vor einem Wartungscenter oder vor einer Laderampe warten müssen.

Ein **Wartesystem** besteht grundsätzlich aus einem **Wartebereich** und einem **Bedienbereich**, wie dies in der Abbildung 13.1 illustriert ist. Die ankommenden Einheiten treffen zunächst im Wartebereich ein und müssen dort auf die Bedienung warten, falls der Bedienbereich belegt ist. Die Abfertigung der wartenden Einheiten erfolgt dann der Reihe nach und die abgefertigten Einheiten verlassen das System wieder.

Abbildung 13.1   Wartesystem mit Warte- und Bedienbereich

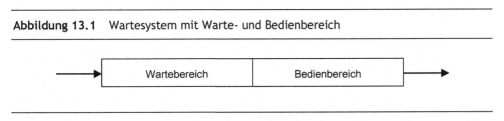

Quelle: Eigene Darstellung

Im nachfolgenden Abschnitt 13.1 werden zunächst die Grundlagen und Voraussetzungen entsprechender Wartesysteme dargestellt. Der Abschnitt 13.2 beschäftigt sich dann mit einem einfachen Wartesystem, für das die Berechnungen der relevanten Größen ausführlich vorgestellt werden. In Abschnitt 13.3 finden sich Übungsaufgaben zum Themenbereich dieses Kapitels und der Abschnitt 13.4 enthält noch einige Literaturhinweise.

13.1   Grundlagen und Voraussetzungen

Die Darstellungen in diesem Kapitel gehen ausnahmslos von einer einzigen Abfertigungsstation aus.[1] Des Weiteren wird unterstellt, dass der Warteraum nicht begrenzt ist und die Abfertigung nach dem Fifo-Prinzip erfolgt, d. h. wer zuerst kommt, wird auch zuerst bedient.

---

[1]   Weitere Wartschlangenmodelle können beispielsweise Baum (2013) entnommen werden.

© Springer Fachmedien Wiesbaden GmbH, ein Teil von Springer Nature 2022
U. Bankhofer, *Quantitative Unternehmensplanung*, Studienbücher
Wirtschaftsmathematik, https://doi.org/10.1007/978-3-8348-2466-0_13

Für die einzelnen Ankünfte und die Abfertigungen wird darüber hinaus angenommen, dass sie stochastisch und unabhängig erfolgen. Die Anzahl der in einer Zeiteinheit ankommenden Einheiten wird dann mit der Zufallsvariable $X(1)$ bezeichnet. Als Wahrscheinlichkeitsverteilung für $X(1)$ kann die **Binomialverteilung** bzw. die B(n; p)-Verteilung herangezogen werden, da hier von n potenziellen Einheiten ausgegangen wird, die unabhängig voneinander mit einer Wahrscheinlichkeit p im Wartesystem ankommen. Betrachtet man beispielsweise den Schalter einer Behörde in einer Stadt, dann ist die Anzahl der grundsätzlich möglichen Personen, die in einer Zeiteinheit zu diesem Schalter gehen könnten, sehr hoch, die Wahrscheinlichkeit für einen einzelnen Bürger aber sehr gering. Dieser Sachverhalt liegt bei Wartschlangenmodellen typischerweise vor, so dass eine Approximation der Binomialverteilung durch die **Poisson-Verteilung** möglich ist (diese Approximation ist im Allgemeinen unter der Bedingung $n \geq 50$ und $p \leq 0{,}1$ verwendbar). Mit der Wahrscheinlichkeitsfunktion der Poisson-Verteilung ergibt sich dann

$$P\big(X(1)=k\big) = \frac{\lambda^k}{k!} e^{-\lambda} \text{ für } k = 0,1,2,\ldots.$$

Der Erwartungswert der Poisson-verteilten Zufallsvariable $X(1)$ entspricht der mittleren Anzahl der in einer Zeiteinheit ankommenden Einheiten und resultiert gemäß

$$E\big(X(1)\big) = n \cdot p = \lambda,$$

wobei λ als die **Ankunftsrate** bezeichnet wird. Analog ergibt sich die Herleitung für den Abfertigungsprozess. Mit $Y(1)$ als Anzahl der in einer Zeiteinheit abgefertigten Einheiten kann auch hier die Approximation der Binomialverteilung durch die Poisson-Verteilung erfolgen. Aufgrund der unterstellten Unabhängigkeit zur Ankunft wird allerdings anstelle des Parameters λ der Parameter μ verwendet, so dass die Wahrscheinlichkeitsfunktion mit

$$P\big(Y(1)=k\big) = \frac{\mu^k}{k!} e^{-\mu} \text{ für } k = 0,1,2,\ldots$$

resultiert. Der Erwartungswert $E\big(Y(1)\big) = \mu$ entspricht dann der mittleren Anzahl der in einer Zeiteinheit abgefertigten Einheiten und μ wird als **Abfertigungsrate** bezeichnet.

Ausgehend von dem dargestellten Abfertigungsprozess ist die **Bedienzeit** S dann **exponentialverteilt**, da

$$P(S \leq 1) = 1 - P(S > 1) = 1 - P(\text{in } [0,1] \text{ keineAbfertigung})$$
$$= 1 - P(Y(1) = 0)$$
$$= 1 - \frac{\mu^0}{0!} e^{-\mu} = 1 - e^{-\mu}$$
$$\text{bzw. } P(S \leq t) = 1 - e^{-\mu t}.$$

Der Erwartungswert von S resultiert mit $E(S) = \frac{1}{\mu}$ und gibt die **mittlere Bedienzeit** an. Dieses bislang beschriebene Wartesystem mit den dargestellten Annahmen und Voraussetzungen wird in der Literatur als **M/M/1-Wartesystem** bezeichnet. Der Buchstabe M steht dabei jeweils für die Markov-Eigenschaft des Ankunfts- und Abfertigungsprozesses und die Zahl 1 gibt die Anzahl der betrachteten Abfertigungsstationen an. Mit der zusätzlichen Annahme, dass die Verteilung der mit L symbolisierten Anzahl der **Einheiten im System** über die Zeit hinweg konstant ist, spricht man von einem **M/M/1-Wartesystem im Gleichgewicht**. In diesem Fall muss $\lambda < \mu$ gelten, damit die Anzahl der Einheiten im System nicht gegen unendlich geht, also $L \nrightarrow \infty$. Bei M/M/1-Systemen im Gleichgewicht ist eine Modellierung über homogene Marovketten möglich, wie gleich im nächsten Abschnitt ausführlicher dargestellt wird. Davor sollen aber noch kurz weitere Begriffe und Symbole eingeführt werden, die nachfolgend von Bedeutung sind. Neben den bereits bekannten Größen λ, μ, S und L sind dies der **Auslastungs-** bzw. der **Servicegrad** $\rho = \frac{\lambda}{\mu} < 1$, die **Länge der Warteschlange** L_0 (ohne Bediente), die **Verweilzeit** V einer Einheit im System und die (reine) **Wartezeit** $W = V - S$ einer Einheit.

13.2   M/M/1-System im Gleichgewicht

Zur Modellierung des M/M/1-Wartesystems im Gleichgewicht über eine homogene Markovkette werden die Zustände gemäß z_k: k Einheiten befinden sich im System definiert. Für den Übergang von einer Zeitperiode t zur nächsten Zeitperiode $t + 1$ wird von der in der Abbildung 13.2 angedeuteten Übergangsmatrix ausgegangen. Dabei werden die Zeitintervalle so klein gewählt, dass in einer Zeiteinheit höchstens eine Einheit ankommt (die dann aber in dieser Zeitperiode nicht mehr bedient werden kann) bzw. höchstens eine Einheit bedient werden kann (die dann aber nicht in derselben Zeitperiode ankommen darf).

Abbildung 13.2   Übergangsmatrix des Warteschlangenmodells

$$P = \begin{array}{c|cccc} & z_0 & z_1 & \cdots & \\ \hline z_0 & 1-\lambda & \lambda \cdot (1-\mu) & \cdots & \\ z_1 & \mu \cdot (1-\lambda) & (1-\lambda) \cdot (1-\mu) + \lambda \cdot \mu & \cdots & \\ \vdots & \vdots & \vdots & \vdots & \end{array}$$

Quelle: Hauke und Opitz, 2003

Der in der Übergangsmatrix der Abbildung 13.2 angegebene Übergang von z_0 nach z_0 bedeutet dann, dass sich zu den Zeitpunkten t und $t + 1$ jeweils null Einheiten im System befinden. Dies ist bei der eben beschriebenen Zeitbetrachtung nur möglich, wenn keine Einheit im System ankommt, was der Wahrscheinlichkeit $1 - \lambda$ entspricht. Die Wahrscheinlichkeit für den Übergang von z_0 zum Zeitpunkt t nach z_1 zum Zeitpunkt $t + 1$ beträgt dann $\lambda \cdot (1 - \mu)$, da dieser Übergang nur dadurch realisiert werden kann, dass eine Einheit ankommt und nicht bedient wird. Genau umgekehrt ergibt sich die Wahrscheinlichkeit für den Übergang von z_1 zum Zeitpunkt t nach z_0 zum Zeitpunkt $t + 1$ mit $\mu \cdot (1 - \lambda)$, da die im System sich befindende Einheit jetzt bedient werden muss und keine neue Einheit im System ankommen darf. Schließlich ist in der Abbildung 13.2 noch der Fall für den Übergang von z_1 nach z_1 angegeben. Hier kann entweder keine Einheit ankommen und die im System sich befindende Einheit wird nicht bedient oder es kommt eine Einheit an und die im System sich befindende Einheit wird bedient. Die entsprechende Wahrscheinlichkeit kann der Übergangsmatrix entnommen werden. Analog können auch die weiteren Übergangswahrscheinlichkeiten bestimmt werden, darauf soll an dieser Stelle aber nicht weiter eingegangen werden. Auf Basis dieser Übergangsmatrix ist dann die zugehörige stationäre Verteilung gesucht, deren Bestimmung sich allerdings etwas aufwendiger gestaltet und an dieser Stelle ebenfalls nicht weiter vertieft werden soll.[2] Die gesuchte stationäre Verteilung resultiert schließlich mit

$$p^T = \left(p_0, p_1, p_2, \ldots\right) = \left(p_0, p_0 \cdot \rho, p_0 \cdot \rho^2, \ldots\right) \text{ und } p_0 + p_0 \cdot \rho + p_0 \cdot \rho^2 + \ldots = p_0 \cdot \sum_{i=0}^{\infty} \rho^i = 1 \, .$$

Da $\rho < 1$ ist, konvergiert die in der letzten Gleichung enthaltene geometrische Reihe, d. h.

$$\sum_{i=0}^{\infty} \rho^i = \frac{1}{1-\rho} \, ,$$

so dass sich daraus direkt der Wert p_0 mit

$$p_0 = \frac{1}{\sum_{i=0}^{\infty} \rho^i} = \frac{1}{\frac{1}{1-\rho}} = 1 - \rho$$

berechnen lässt. p_0 gibt die Wahrscheinlichkeit an, dass sich 0 Einheiten im System befinden, also $P(L = 0)$. Damit folgt die Wahrscheinlichkeit, dass sich mindestens eine Einheit im System befindet, sofort mit

$$P(L \geq 1) = 1 - P(L = 0) = 1 - (1 - \rho) = \rho \, .$$

Die Wahrscheinlichkeit, dass sich genau k Einheiten im System befinden, resultiert auch unmittelbar aus der stationären Verteilung gemäß

$$P(L = k) = p_0 \cdot \rho^k = (1 - \rho) \cdot \rho^k \, .$$

Mit Hilfe der geometrischen Summenformel

$$\sum_{i=0}^{n} q^i = \frac{1 - q^{n+1}}{1 - q}$$

kann dann die Wahrscheinlichkeit, dass sich höchstens k Einheiten im System befinden, wie

---

[2] Eine ausführliche Darstellung dazu kann beispielsweise Hauke und Opitz (2003, S. 203-207) entnommen werden.

folgt berechnet werden:

$$P(L \leq k) = p_0 \cdot \sum_{i=0}^{k} \rho^i = p_0 \frac{1-\rho^{k+1}}{1-\rho} = (1-\rho)\frac{1-\rho^{k+1}}{1-\rho} = 1 - \rho^{k+1}$$

Darüber hinaus resultieren noch die folgenden Berechnungsmöglichkeiten:

$$P(L \geq k) = 1 - P(L \leq k-1) = 1 - (1 - \rho^{k-1+1}) = \rho^k$$
$$P(L < k) = P(L \leq k-1) = 1 - \rho^{k-1+1} = 1 - \rho^k$$
$$P(L > k) = 1 - P(L \leq k) = 1 - (1 - \rho^{k+1}) = \rho^{k+1}$$

Die **mittlere Anzahl von Kunden** im System ergibt sich über die Erwartungswertbildung einer diskreten Zufallsvariable mit

$$E(L) = \sum_{i=0}^{\infty} i \cdot P(L=i) = \sum_{i=0}^{\infty} i \cdot (1-\rho) \cdot \rho^i \overset{(1)}{=} \sum_{i=1}^{\infty} i \cdot \rho^i (1-\rho) \overset{(2)}{=} \rho(1-\rho) \sum_{i=1}^{\infty} i \rho^{i-1} \overset{(3)}{=} \rho(1-\rho) \sum_{i=1}^{\infty} \left(\rho^i\right)' \overset{(4)}{=}$$

$$\rho(1-\rho)\left(\sum_{i=1}^{\infty} \rho^i\right)' \overset{(5)}{=} \rho(1-\rho)\left(\sum_{i=0}^{\infty} \rho^{i+1}\right)' \overset{(6)}{=} \rho(1-\rho)\left(\rho\sum_{i=0}^{\infty} \rho^i\right)' \overset{(7)}{=} \rho(1-\rho)\left(\frac{\rho}{1-\rho}\right)' \overset{(8)}{=}$$

$$\rho(1-\rho)\frac{1 \cdot (1-\rho) - \rho(-1)}{(1-\rho)^2} = \frac{\rho(1-\rho)}{(1-\rho)^2} = \frac{\rho}{1-\rho} = \frac{\frac{\lambda}{\mu}}{\frac{\mu}{\mu}-\frac{\lambda}{\mu}} = \frac{\lambda}{\mu-\lambda}.$$

Die dargestellten Umformungen sind etwas aufwendiger und sollen kurz erklärt werden. Dazu sind über den Gleichheitszeichen jeweils Nummerierungen angegeben, auf die Bezug genommen werden kann, um zu erklären, wie man auf den nachfolgenden Term kommt. Bei (1) wird der Summenbeginn auf $i = 1$ gesetzt, da für $i = 0$ der Summand null ist. Übergang (2) besteht nur darin $\rho(1 - \rho)$ aus der Summationsvorschrift herauszunehmen und vor die Summe zu setzen. Bei (3) wird die Summationsvorschrift integriert und als Ableitung geschrieben, was durch (4) auf die Summe ausgeweitet werden kann. In Übergang (5) wird der Summationsindex auf null reduziert und dafür die Summationsvorschrift angepasst. Bei (6) erfolgt das Herausnehmen eines ρ aus der Summationsvorschrift und bei (7) wird die bereits bekannte Konvergenzberechnung für eine geometrische Reihe angewandt. Übergang (8) resultiert aus der Anwendung der Quotientenregel.

Die **mittlere Warteschlangenlänge** wird ebenfalls über eine Erwartungswertbildung bestimmt, wobei zunächst die **Länge der Warteschlange** L_0 in Abhängigkeit von der Anzahl der Einheiten im System definiert werden muss:

$$L_0 = \begin{cases} 0 & \text{falls } L = 0,1 \\ L-1 & \text{falls } L = 2,3... \end{cases}$$

$$E(L_0) = 0 \cdot \left(P(L=0) + P(L=1)\right) + \sum_{i=2}^{\infty} (i-1)\, P(L=i) = \sum_{i=1}^{\infty} i \cdot P(L=i+1) =$$

$$\sum_{i=1}^{\infty} i \cdot \rho^{i+1}(1-\rho) = \rho\sum_{i=1}^{\infty} i \cdot \rho^i(1-\rho) = \rho \cdot E(L) = \frac{\rho^2}{1-\rho} = \frac{\lambda^2}{\mu(\mu-\lambda)}$$

Schließlich können noch die **mittlere Verweilzeit** einer Einheit im System mit

$$E(V) = \frac{E(L)}{\lambda} = \frac{\frac{\lambda}{\mu - \lambda}}{\lambda} = \frac{1}{\mu - \lambda}$$

und die **mittlere** (reine) **Wartezeit** gemäß

$$E(W) = E(V) - E(S) = \frac{1}{\mu - \lambda} - \frac{1}{\mu} = \frac{\lambda}{\mu(\mu - \lambda)} = \frac{\rho}{\mu - \lambda}$$

berechnet werden.

Beispiel:

Für den einzig offenen Schalter einer Behörde wird ein M/M/1-Wartesystem im Gleichgewicht mit einer Ankunftsrate $\lambda = 0{,}3$ und einer Abfertigungsrate $\mu = 0{,}6$ unterstellt. Dies bedeutet, dass mit einer Wahrscheinlichkeit von 0,3 eine Person je Zeiteinheit im System ankommt und mit einer Wahrscheinlichkeit von 0,6 eine Person je Zeiteinheit bedient wird. Der Auslastungsgrad des Systems beträgt damit $\rho = \frac{\lambda}{\mu} = \frac{0{,}3}{0{,}6} = 0{,}5$. Die Wahrscheinlichkeit, dass sich keine Person im System befindet, ergibt sich mit $P(L = 0) = 1 - \rho = 1 - 0{,}5 = 0{,}5$. Folglich beträgt die Wahrscheinlichkeit, dass sich mindestens eine Person im System befindet, ebenfalls 0,5. Die Wahrscheinlichkeit, dass sich beispielsweise genau zwei Personen im System befinden, resultiert mit $P(L = 2) = (1 - \rho) \cdot \rho^2 = (1 - 0{,}5) \cdot 0{,}5^2 = 0{,}125$ und die Wahrscheinlichkeit, dass mindestens zwei Personen im System sind, ergibt sich mit $P(L \geq 2) = \rho^2 = 0{,}5^2 = 0{,}25$. Möchte man wissen, wie hoch die Wahrscheinlichkeit ist, dass keine Person am Schalter wartet, dann liefert die folgende Rechnung das gesuchte Ergebnis:

$$P(L_0 = 0) = P(L \leq 1) = 1 - \rho^{1+1} = 1 - 0{,}5^2 = 0{,}75$$

Für das hier betrachtete System können schließlich noch die folgende Werte für die erwartete Anzahl der Einheiten im System, die mittlere Warteschlangenlänge, die mittlere Verweilzeit einer Einheit im System sowie die mittlere Wartedauer berechnet werden:

$$E(L) = \frac{\lambda}{\mu - \lambda} = \frac{0{,}3}{0{,}6 - 0{,}3} = 1 \, [\text{Person}]$$

$$E(L_0) = \frac{\rho^2}{1 - \rho} = \frac{0{,}5^2}{1 - 0{,}5} = 0{,}5 \, [\text{Personen}]$$

$$E(V) = \frac{1}{\mu - \lambda} = \frac{1}{0{,}6 - 0{,}3} = 3{,}\overline{3} \, [\text{Zeiteinheiten}]$$

$$E(W) = \frac{\rho}{\mu - \lambda} = \frac{0{,}5}{0{,}6 - 0{,}3} = 1{,}\overline{6} \, [\text{Zeiteinheiten}]$$

13.3   Übungsaufgaben zu Warteschlangen

Nachfolgend finden sich zwei Übungsaufgaben zu Warteschlangen. Im Anschluss an die jeweilige Aufgabe wird auch eine Lösung dargestellt. Dabei ist zu beachten, dass es sich um einen Lösungsvorschlag handelt und manchmal auch andere Lösungswege denkbar wären.

Aufgabe 1:   **(Warteschlangen)**

Ein Verkaufslager in einem Unternehmen ist von einem Verkäufer besetzt. Die Kunden klagen über lange Wartezeiten. Zur Beurteilung dieser Klagen liegen der Unternehmensleitung folgende Informationen vor:

■   Es treffen durchschnittlich 15 Kunden pro Stunde ein.

■   Die Bedienungszeit beträgt durchschnittlich 3 Minuten pro Kunde.

Berechnen Sie unter der Annahme, dass es sich um ein M/M/1-System im Gleichgewicht handelt, folgende Größen:

a)   Auslastungsgrad

b)   Wahrscheinlichkeit, dass mehr als 4 Kunden anwesend sind

c)   Mittlere Länge der Warteschlange

d)   Mittlere Wartezeit eines Kunden in Minuten

e)   Mittlere Verweildauer eines Kunden in Minuten

f)   Wahrscheinlichkeit, dass der Warteraum leer ist

Lösung zur Aufgabe 1:

a)   Aus den Angaben der Aufgabe lassen sich zunächst die Ankunftsrate, die erwartete Bedienzeit sowie die Abfertigungsrate bestimmen. Die Ankunftsrate ergibt sich mit $\lambda = 15 \left[\frac{\text{Kunden}}{\text{Stunde}}\right]$ bzw. $\lambda = 0,25 \left[\frac{\text{Kunden}}{\text{Minute}}\right]$. Die erwartete Bedienzeit ist mit $E(S) = 3 \left[\frac{\text{Minuten}}{\text{Kunde}}\right]$ gegeben, woraus sich die Abfertigungsrate folgendermaßen berechnen lässt $\mu = \frac{1}{E(S)} = \frac{1}{3} \left[\frac{\text{Kunden}}{\text{Minute}}\right]$.

Damit kann schließlich der Auslastungsgrad berechnet werden:

$$\rho = \frac{\lambda}{\mu} = \frac{\frac{1}{4}}{\frac{1}{3}} = \frac{3}{4}$$

b)   Die Wahrscheinlichkeit, dass mehr als 4 Kunden anwesend sind, lässt sich folgendermaßen abbilden:

$$P(L > 4) = P(L \geq 5) = \rho^5 = \left(\frac{3}{4}\right)^5 = 0,2373$$

c)   Die mittlere Länge der Warteschlange $E(L_0)$ ist folgendermaßen zu bestimmen:

$$E(L_0) = \frac{\rho^2}{1-\rho} = \frac{0{,}75^2}{1-0{,}75} = 2{,}25$$

d)   Die mittlere Wartezeit eines Kunden in Minuten ergibt sich wie folgt:

$$E(W) = \frac{\rho}{\mu-\lambda} = \frac{\frac{3}{4}}{\frac{1}{3}-\frac{1}{4}} = 9$$

e)   Die mittlere Verweildauer eines Kunden in Minuten kann folgendermaßen bestimmt werden:

$$E(V) = E(W) + E(S) = 9 + 3 = 12$$

f)   Die Wahrscheinlichkeit dafür, dass der Warteraum leer ist, lässt sich anhand der folgenden Gleichung berechnen:

$$P(L_0 = 0) = P(L = 0) + P(L = 1)$$
$$= P(L \leq 1) = P(L < 2)$$
$$= 1 - \rho^2 = 1 - \left(\frac{3}{4}\right)^2 = \frac{7}{16}$$

Aufgabe 2:   **(Warteschlangen)**

Gegeben sei ein M/M/1-Warteschlangenmodell im Gleichgewicht. Dabei sei L_0 die zufällige Anzahl von Aufträgen, die auf ihre Bearbeitung durch eine bestimmte Maschine warten. Für die Wahrscheinlichkeit $P(L_0 = 0)$ wurde der Wert 0,64 ermittelt. Ferner betrage die mittlere Bedienzeit eine Zeiteinheit.

a)   Berechnen Sie daraus den Servicegrad und die Ankunftsrate der Aufträge.

b)   Ermitteln Sie die Erwartungswerte für die Wartezeit und die Verweilzeit eines Auftrags im System.

c)   Berechnen Sie $x \in \mathbb{N}$ mit $P(L_0 \geq x) \leq 0{,}1$ und interpretieren Sie dieses Ergebnis.

Lösung zur Aufgabe 2:

a)   Anhand der Angaben kann die mittlere Bedienzeit $E(S) = 1$ und die Abfertigungsrate $\mu = 1$ bestimmt werden. Außerdem lässt, sich wie nachfolgend gezeigt, der Servicegrad mit der Angabe $P(L_0 = 0) = 0{,}64$ berechnen:

$$P(L_0 = 0) = P(L = 0) + P(L = 1) = P(L \leq 1) = P(L < 2)$$
$$= 1 - \rho^2 = 0{,}64$$
$$\Rightarrow \rho = \sqrt{1 - 0{,}64} = 0{,}6$$

Mit Hilfe des Servicegrads und der Abfertigungsrate kann schließlich die Ankunftsrate der Aufträge bestimmt werden:

$$\rho = \frac{\lambda}{\mu} \Leftrightarrow \lambda = \rho \cdot \mu = 0,6 \cdot 1 = 0,6$$

b) Mit den zuvor berechneten Kennwerten können die Erwartungswerte der Wartezeit und Verweilzeit durch einfaches Einsetzen in die entsprechenden Formeln berechnet werden:

$$E(W) = \frac{\rho}{\mu - \lambda} = \frac{0,6}{1 - 0,6} = 1,5; E(V) = E(W) + E(S) = 1,5 + 1 = 2,5$$

c) Zur Bestimmung der Anzahl der Aufträge x, sind die folgenden Berechnungen bzw. Umformungen durchzuführen:

$$P(L_0 \geq x) \leq 0,1 \Leftrightarrow P(L \geq x+1) \leq 0,1 \Leftrightarrow \rho^{x+1} \leq 0,1$$
$$\Leftrightarrow 0,6^{x+1} \leq 0,1 \Leftrightarrow \ln 0,6^{x+1} \leq \ln 0,1$$
$$\Leftrightarrow (x+1) \cdot \ln 0,6 \leq \ln 0,1 \quad | \div \overset{<0}{\ln 0,6}.$$
$$x+1 \geq \frac{\ln 0,1}{\ln 0,6} \Leftrightarrow x \geq \frac{\ln 0,1}{\ln 0,6} - 1$$
$$\Leftrightarrow x \geq 3,5 \Rightarrow x \geq 4$$

Damit ist die Wahrscheinlichkeit für mindestens 4 wartende Aufträge kleiner gleich 10 %.

13.4   Literaturhinweise

In den Arbeiten von Baum (2013), Bolch et al. (2006), Bungartz et al. (2013), Domschke et al. (2015a), Dumas et al. (2021), Gross und Harris (1994), Hedtstück (2013), Herzog (2021), Heßler (2020), Hillier und Liebermann (1996), Grundmann (2002), Gutenschwager et al. (2017), Langer (1987), Neumann und Morlock (2002), Runzheimer (1999), Schneeweiß (1995), Sommereder (2008), Taha (2010), Waldmann und Helm (2016), Werners (2013), Zimmermann (2008) sowie Zimmermann und Stache (2001) werden Warteschlangenmodelle ausführlich beschrieben und erläutert. Bezüglich entsprechender betrieblicher Anwendungen sei exemplarisch auf Baum (2013), Dumas et al. (2021), Häfner (1992), Heßler (2020), Killat (2015), Kistner (2011) und Runzheimer (1999) verwiesen. Weitere Übungsaufgaben zu Warteschlangenmodellen sind beispielsweise bei Domschke et al. (2015b), Dumas et al. (2021), Hauke und Opitz (2003), Hillier und Liebermann (1996), Waldmann und Helm (2016), Werners (2013) sowie Zimmermann (2008) zu finden.

14   Lagerhaltungsmodelle

Lagerhaltung ist für nahezu alle Unternehmen von Relevanz, da sie eine zweckmäßige Bereitstellungsstrategie vor allem für Hilfs- und Betriebsstoffe darstellt. Die **Lagerung** von Material ist meist notwendig, um zeitliche Unterschiede zwischen Beschaffung und Verbrauch auszugleichen. Es werden aber auch bewusst Vorräte gehalten, um den Produktionsprozess zu sichern, sich von Lieferanten und/oder Lieferverhältnissen unabhängig zu machen sowie Preisschwankungen am Beschaffungsmarkt auszuweichen. Neben materiellen Gütern können auch immaterielle Güter wie Daten oder Energie gelagert werden. Auch die Lagerung von Zwischen- oder Endprodukten spielt in vielen Unternehmen eine Rolle.

In diesem Kapitel wird in Abschnitt 14.1 zunächst die **deterministische Lagerhaltung** behandelt. Dabei wird angenommen, dass der (erwartete) Bedarf von Materialien, Gütern usw. bekannt ist. Demgegenüber wird in der **stochastischen Lagerhaltung** unterstellt, dass der Bedarf zufällig ist. Darauf wird in Abschnitt 14.2 näher eingegangen. Der Abschnitt 14.3 beinhaltet dann noch Übungsaufgaben zu den behandelten Lagerhaltungsmodellen und in Abschnitt 14.4 werden schließlich einige Literaturhinweise zu dieser Thematik gegeben.

14.1   Deterministische Lagerhaltung

Das Problem der Lagerhaltung in einem Unternehmen kann als Optimierungsaufgabe aufgrund konkurrierender ökonomischer Ziele formuliert werden. Die fristgerechte und qualitativ adäquate Bedarfsdeckung sowie der kostengünstige Bezug des Lagergutes setzen hohe Lagermengen voraus, während ein möglichst geringer Verderb oder Schwund des Lagergutes sowie eine geringe Kapitalbindung von einer möglichst kleinen Lagermenge ausgehen. Dieser vorliegende Zielkonflikt führt dann zu der Zielsetzung der Bestimmung einer **optimalen Bestellmenge**, mit der die Gesamtkosten minimiert werden und darüber hinaus auch weitere Determinanten der **Lagerhaltungsstrategie**, wie **optimale Bestellzeitpunkte** oder **Bestellintervalle** ermittelt werden können.

Im nachfolgenden Unterabschnitt 14.1.1 wird dazu zunächst das Grundmodell einer deterministischen Lagerhaltung betrachtet. Dabei werden die Voraussetzungen, die zugrundeliegende Symbolik sowie der entsprechende Lösungsansatz vorgestellt. Der Unterabschnitt 14.1.2 widmet sich dann den Varianten des Grundmodells, bei denen die Voraussetzungen des Grundmodells abgeschwächt bzw. aufgehoben werden.

14.1.1   Grundmodell der deterministischen Lagerhaltung

Den Ausgangspunkt der nachfolgenden Betrachtung stellt das **Grundmodell der deterministischen Lagerhaltung** eines homogenen Lagerguts dar, das durch

■ einen stetigen und konstanten Lagerabgang,

© Springer Fachmedien Wiesbaden GmbH, ein Teil von Springer Nature 2022
U. Bankhofer, *Quantitative Unternehmensplanung*, Studienbücher
Wirtschaftsmathematik, https://doi.org/10.1007/978-3-8348-2466-0_14

- einen sofortigen Lagerzugang,

- dem Verbot von Fehlmengen sowie

- keinen Mengenrabatten und sonstigen Restriktionen

charakterisiert ist. Dabei wird die (optimale) **Bestellmenge** mit q und das **Bestellintervall**, d. h. das Zeitintervall zwischen zwei aufeinander folgenden Bestellungen, mit T bezeichnet. Des Weiteren symbolisiert L die **Lieferfrist**, also den zeitlichen Abstand zwischen einer Bestellung und der Verfügbarkeit des bestellten Guts, sowie s den **Bestell-** oder auch **Meldebestand**, zu dem eine Bestellung getätigt wird, sobald der Lagerbestand diesen Wert erreicht hat. In der Abbildung 14.1 findet sich eine graphische Darstellung des Grundmodells der deterministischen Lagerhaltung. Auf Basis der getroffenen Voraussetzung wird also die Bestellmenge q schlagartig eingelagert und stellt damit den maximalen Lagerbestand dar. Innerhalb des Bestellintervalls T reduziert sich der Lagerbestand linear, wobei bei einem Lagerbestand in Höhe des Meldebestands s eine erneute Bestellung ausgelöst werden muss, um aufgrund der Lieferfrist L das Lagergut wieder rechtzeitig zu erhalten. Dieser Prozess wiederholt sich dann über die Zeit, was auch der Abbildung 14.1 entnommen werden kann.

Abbildung 14.1   Grundmodell der deterministischen Lagerhaltung

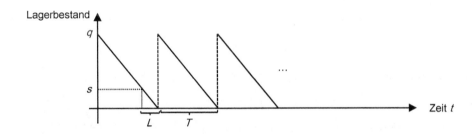

Quelle: Eigene Darstellung

Zur Bestimmung der Kostenfunktion des Grundmodells werden noch weitere Größen benötigt. Dabei werden mit M der (erwartete) **Bedarf** des Lagerguts pro Zeiteinheit, mit k_B die **Bestellkosten**, d. h. die Kosten pro Bestellvorgang und mit k_L die **Lagerungskosten**, also die pro Mengen- und Zeiteinheit des gelagerten Gutes anfallenden Kosten, bezeichnet. Damit resultieren einige grundlegende Zusammenhänge. Das Bestellintervall ergibt sich gemäß

$$T = \frac{q}{M},$$

der Bestellbestand mit $s = L \cdot M$ und die Bestellkosten pro Zeiteinheit gemäß

$$\frac{k_B}{T}.$$

Zur Bestimmung der Lagerungskosten pro Zeiteinheit kann aufgrund der Modellannahmen der durchschnittliche Lagerbestand $\frac{q}{2}$ herangezogen werden (vgl. dazu auch Abbildung 14.1), so dass die Lagerungskosten pro Zeiteinheit mit

$$\frac{k_L \cdot q}{2}$$

resultieren. Die Gesamtkosten pro Zeiteinheit ergeben sich dann aus der Summe der Bestell- und Lagerungskosten je Zeiteinheit mit der Gesamtkostenfunktion $K(q)$:

$$K(q) = k_B \cdot \frac{M}{q} + k_L \cdot \frac{q}{2}$$

Zur Bestimmung der Minimalstelle der Gesamtkostenfunktion wird dann die erste Ableitung dieser Funktion gleich null gesetzt, so dass der folgende Wert als Kandidat für die optimale Bestellmenge resultiert:

$$K'(q) = -k_B \cdot \frac{M}{q^2} + \frac{k_L}{2} = 0 \quad \Rightarrow \quad q^2 = \frac{2k_B M}{k_L} \text{ bzw. } q = \sqrt{\frac{2k_B M}{k_L}}$$

Durch die zweite Ableitung der Kostenfunktion

$$K''(q) = 2k_B \cdot \frac{M}{q^3}$$

ist dann ersichtlich, dass ein Minimum vorliegt, da diese zweite Ableitung für ökonomisch sinnvolle Bestellmengen $q > 0$ stets positiv ist. Diese Lösung entspricht auch dem Schnittpunkt der einzeln betrachteten Funktionen der Lagerungs- und Bestellkosten je Zeiteinheit. Dies resultiert hier aufgrund der speziellen Struktur dieser Funktionen, da die Lagerungskosten linear wachsen und die Bestellkosten einen hyperbolisch fallenden Verlauf aufweisen. Die minimalen Gesamtkosten pro Zeiteinheit ergeben sich dann wie folgt:

$$K(q) = k_B \cdot \frac{M}{q} + k_L \cdot \frac{q}{2} = \frac{k_B \cdot M}{\sqrt{\frac{2k_B M}{k_L}}} + k_L \cdot \frac{\sqrt{\frac{2k_B M}{k_L}}}{2} = \sqrt{\frac{2k_B M}{k_L}} \left(\frac{k_B \cdot M}{\frac{2k_B M}{k_L}} + \frac{k_L}{2} \right) = \sqrt{2 \cdot k_B \cdot M \cdot k_L}$$

Beispiel:

Eine Druckerei bedruckt 10 Rollen Papier je Tag. Die Kosten für jeden einzelnen Bestellvorgang betragen 80 EUR und die Lagerungskosten sind mit 1 EUR je Rolle und Tag gegeben. Folglich sind $M = 10$, $k_B = 80$ und $k_L = 1$. Die kostenminimale Bestellmenge ergibt sich dann mit

$$q = \sqrt{\frac{2 \cdot 80 \cdot 10}{1}} = 40 \text{ [Rollen Papier]}.$$

Die Bestellung von 40 Rollen muss dann alle $\frac{40}{10} = 4$ Tage erfolgen, was pro Tag Kosten in Höhe von $K(40) = \sqrt{2 \cdot 80 \cdot 10 \cdot 1} = 40$ verursacht.

14.1.2 Erweiterungen des Grundmodells

Bei der ersten Erweiterung des Grundmodells werden **Fehlmengen** und **Nachlieferungen** berücksichtigt. Wenn das Lager leer ist, wird in diesem Modell der weitere Bedarf notiert und bei Eintreffen der nächsten Lieferung sofort an den Bestimmungsort geleitet. Auf diese Art entsteht eine **Fehlmenge** f vor dem Eintreffen der nächsten Lieferung. Dabei handelt es sich um einen negativen Bestand, der allerdings nicht physisch, sondern logisch im Sinn einer Schuld entsteht. In diesem Fall müssen zusätzlich **Fehlmengenkosten** k_F betrachtet werden, die pro Mengen- und Zeiteinheit einer eventuellen Fehlmenge auftreten. Der maximale Lagerbestand entspricht jetzt nicht mehr der Bestellmenge q, sondern einem kleineren Wert l und die Bestellmenge q setzt sich in diesem Modell aus dem neuen maximalen Lagerbestand l und der entstandenen Fehlmenge f zusammen, also $q = l + f$. In der Abbildung 14.2 wird diese Variation des Grundmodells illustriert.

Abbildung 14.2 Fehlmengen und Nachlieferungen

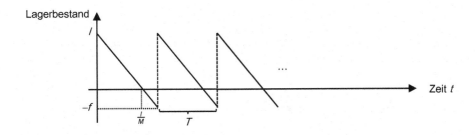

Quelle: Eigene Darstellung

Der durchschnittliche Lagerbestand beträgt hier nicht mehr $\frac{q}{2}$, sondern ergibt sich als durchschnittlicher Wert über das Integral der Funktion $l - M \cdot t$ bis zum Punkt $\frac{l}{M}$ und der Nullfunktion ab diesem Punkt wie folgt:

$$\frac{1}{T}\int_0^T \max(l - M \cdot t; 0)\, dt = \frac{1}{T}\int_0^{l/M} l - M \cdot t\, dt = \frac{1}{T}\left[l \cdot t - \tfrac{1}{2}M \cdot t^2\right]_0^{l/M} = \frac{1}{\frac{q}{M}}\left(\frac{l^2}{M} - \frac{M \cdot l^2}{2M^2}\right) = \frac{M}{q} \cdot \frac{l^2}{2M} = \frac{l^2}{2(l+f)}$$

Mit dem analog zu bestimmenden durchschnittlichen Fehlbestand resultiert daraus dann die zu minimierende Gesamtkostenfunktion $K(l, f)$ gemäß

$$K(l,f) = k_B \cdot \frac{M}{l+f} + k_L \cdot \frac{l^2}{2(l+f)} + k_F \cdot \frac{f^2}{2(l+f)}\,.$$

Die Lösung kann durch partielle Ableitung von $K(l, f)$ erfolgen, wobei darauf an dieser Stelle nicht weiter eingegangen werden soll.[3] Der maximale Lagerbestand ergibt sich dann mit

$$l = \sqrt{\frac{2 \cdot k_B \cdot M}{k_L} \cdot \frac{k_F}{k_L + k_F}}$$

und die Fehlmenge kann gemäß

$$f = \sqrt{\frac{2 \cdot k_B \cdot M}{k_F} \cdot \frac{k_L}{k_L + k_F}}$$

berechnet werden. Daraus resultiert die optimale Bestellmenge mit

$$q = \sqrt{\frac{2 \cdot k_B \cdot M}{k_L} \cdot \frac{k_L + k_F}{k_F}} \; .$$

Im Vergleich zur Lösung des Grundmodells ist die optimale Bestellmenge um den Faktor

$$\sqrt{\frac{k_L + k_F}{k_F}}$$

gestiegen, d. h. wenn k_F sehr hoch im Vergleich zu k_L ist, dann geht dieser Faktor gegen den Wert 1 und die Fehlmenge gegen null. Die Gesamtkosten reduzieren sich entsprechend, da das Modell einen zusätzlichen Freiheitsgrad besitzt, und ergeben sich mit

$$K(q) = \sqrt{2 \cdot k_B \cdot M \cdot k_L \cdot \frac{k_F}{k_L + k_F}} \; .$$

Beispiel:

Es wird das Beispiel des vorherigen Abschnitts aufgegriffen, in dem eine Druckerei 10 Rollen Papier je Tag benötigt. Die Kosten je Bestellvorgang betragen 80 EUR, die Lagerungskosten 1 EUR je Rolle und Tag und es stellt sich jetzt die Frage, welche Änderungen sich ergeben, wenn zusätzlich Fehlmengenkosten in Höhe von 1,78 EUR je Rolle und Tag berücksichtigt werden. Die folgenden Rechnungen beantworten diese Frage:

$$l = \sqrt{\frac{2 \cdot 80 \cdot 10}{1} \cdot \frac{1,78}{1 + 1,78}} \approx 32, \; f = \sqrt{\frac{2 \cdot 80 \cdot 10}{1,78} \cdot \frac{1}{1 + 1,78}} \approx 18 \quad \Rightarrow \quad q = 50 \; [\text{Rollen}], T = \frac{50}{10} = 5 \; [\text{Tage}]$$

$$K(50) = \sqrt{2 \cdot 80 \cdot 10 \cdot 1 \cdot \frac{1,78}{1 + 1,78}} \approx 32 \; [\text{EUR}/\text{Tag}]$$

---

[3]   Eine ausführliche Darstellung dazu findet sich beispielsweise bei Gohout (2007, S. 168-169).

Bei der zweiten Variation des Grundmodells wird die Annahme eines sofortigen Lagerzugangs in der Form abgeschwächt, dass der Lagerzugang **stetig** mit einer konstanten **Zu-
gangsrate** P erfolgt. P entspricht damit der Anzahl der eingelagerten Einheiten je Zeiteinheit.
Der tatsächliche Lagerzuwachs in der Einlagerungsphase je Zeiteinheit ist damit $P - M$. Wie
in der Abbildung 14.3 zu sehen ist, wird der maximale Lagerbestand l durch den Schnittpunkt der Zugangs- und Abgangsgeraden bestimmt, d. h.

$$(P - M) \cdot t = q - M \cdot t \quad \Rightarrow \quad t = \tfrac{q}{P},$$

und resultiert damit zum Zeitpunkt $t = \tfrac{q}{P}$. Folglich ist der maximale Lagerbestand dann

$$l = (P - M) \cdot \frac{q}{P} = q \cdot \frac{(P - M)}{P}.$$

Abbildung 14.3   Stetiger Lagerzugang

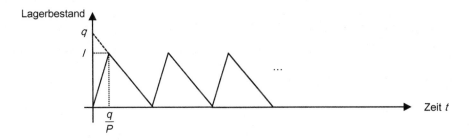

Quelle: Eigene Darstellung

Der durchschnittliche Lagerbestand resultiert in der dieser Modellvariante schließlich mit

$$\frac{l}{2} = \frac{(P - M) \cdot q}{2P} = \frac{q}{2} \cdot \frac{(P - M)}{P}$$

und die bestellmengenabhängigen Gesamtkosten ergeben sich gemäß

$$K(q) = k_B \cdot \frac{M}{q} + k_L \cdot \frac{q}{2} \cdot \frac{(P - M)}{P}.$$

Mit Hilfe der Differentialrechnung kann die optimale Bestellmenge wie folgt berechnet werden und führt zu den angegebenen Gesamtkosten:

$$q = \sqrt{\frac{2 k_B \cdot M}{k_L} \cdot \frac{P}{(P - M)}}, \quad K(q) = \sqrt{2 k_B \cdot M \cdot k_L \cdot \frac{(P - M)}{P}}.$$

Im Vergleich zum Grundmodell ist die optimale Bestellmenge größer und es resultieren geringere Gesamtkosten, da der durchschnittliche Lagerbestand kleiner ist.

Beispiel:

Im Fall der Druckerei mit einem Bedarf von 10 Rollen Papier je Tag, Bestellkosten in Höhe von 80 EUR sowie Lagerungskosten von 1 EUR je Rolle und Tag ergeben sich folgende Änderungen, wenn eine beschränkte Transportkapazität des Lieferanten mit maximal 18 Rollen pro Tag berücksichtigt wird:

$$q = \sqrt{\frac{2 \cdot 80 \cdot 10}{1} \cdot \frac{18}{18-10}} = 60 \; [\text{Rollen}], \; T = \frac{60}{10} = 6 \; [\text{Tage}],$$

$$K(60) = \sqrt{2 \cdot 80 \cdot 10 \cdot 1 \cdot \frac{18-10}{18}} \approx 26,7 \; [\text{EUR}/\text{Tag}]$$

Bei der nächsten Variation des Grundmodells werden **Mengenrabatte** berücksichtigt, d. h. die Bestellmenge beeinflusst den **Güterpreis** p, der in den bisherigen Überlegungen keine Rolle gespielt hat. Die Gesamtkostenfunktion ist in diesem Fall nicht mehr stetig, sondern enthält Sprungstellen. Das Minimum der Gesamtkosten kann dann nur im Schnittpunkt von Lager- und Bestellkosten oder an jeder Sprungstelle rechts davon liegen, da die Gesamtkosten links vom Schnittpunkt der Lager- und Bestellkosten streng monoton fallen. Die Lösung ergibt sich folglich sehr einfach dadurch, dass für alle in Frage kommenden Kandidaten die Gesamtkosten gemäß

$$K(q) = k_B \cdot \frac{M}{q} + k_L \cdot \frac{q}{2} + p \cdot M$$

bestimmt werden und die Lösung mit den geringsten Gesamtkosten gewählt wird, wie das nachfolgende Beispiel verdeutlicht.

Beispiel:

Im Fall der Druckerei (mit $M = 10$, $k_B = 80$ und $k_L = 1$) wird neben dem normalen Preis in Höhe von 10 EUR je Rolle ein Mengenrabatt von 10 % bei der Abnahme von mindestens 50 Rollen je Bestellung unterstellt. Für das Grundmodell wurde bereits die optimale Bestellmenge mit $q = 40$ ermittelt. Die zugehörigen Gesamtkosten einschließlich des Einkaufspreises für die 40 Rollen ergeben sich dann mit

$$K(40) = 80 \cdot \frac{10}{40} + 1 \cdot \frac{40}{2} + 10 \cdot 10 = 140 \; [\text{EUR}/\text{Tag}].$$

Da die Bestellmenge $q = 50$ rechts von der Optimallösung des Grundmodells liegt, stellt diese Bestellmenge einen weiteren Lösungskandidaten dar. Mit

$$K(50) = 80 \cdot \frac{10}{50} + 1 \cdot \frac{50}{2} + 9 \cdot 10 = 131 \; [\text{EUR}/\text{Tag}]$$

zeigt sich, dass die Bestellung von 50 Rollen alle $\frac{50}{10} = 5$ Tage optimal ist.

In den bisher betrachteten Modellen wurden keine **Restriktionen** berücksichtigt, die beispielsweise in Form von Lagerraumbeschränkungen oder einer maximal zulässigen Kapitalbindung vorliegen können. Derartige Restriktionen können dazu führen, dass die in den jeweiligen Modellen berechneten optimalen Bestellmengen nicht umsetzbar sind. In diesen Fällen muss dann eine restringierte Optimierung, beispielsweise mit Hilfe der **Lagrange-Methode**, durchgeführt werden. Darauf wird an dieser Stelle aber nicht weiter eingegangen.[4]

14.2 Stochastische Lagerhaltung

Im Gegensatz zur deterministischen Lagerhaltung, bei der angenommen wird, dass der (erwartete) Bedarf für das Lagergut bekannt ist, wird in der stochastischen Lagerhaltung unterstellt, dass der Bedarf zufällig ist. Der **Bedarf** bzw. die **Nachfrage** D wird als Zufallsvariable modelliert und als Verteilung für die Nachfrage wird im Allgemeinen eine Normalverteilung unterstellt. Diese Verteilungsannahme kann aufgrund des zentralen Grenzwertsatzes gerechtfertigt werden. Nachfolgend wird von einem **Ein-Perioden-Modell** ausgegangen, d. h. der Planungszeitraum beträgt eine Periode und es wird zu Beginn der Periode für den gesamten Periodenzeitraum bestellt. Dieser Fall könnte beispielsweise bei einem Weihnachtsbaumverkäufer vorliegen, der Anfang Dezember seine Bäume einkaufen muss, oder bei einem Zeitungsverkäufer, der am Morgen die Zeitungen einkauft, die er über den Tag dann zu verkaufen versucht.

In diesem einfachen Modell bleiben Lagerungskosten unberücksichtigt, d. h. $k_L = 0$, da durch diese Vorgabe genaue Nachfragemengen zu einzelnen Zeitpunkten nicht von Bedeutung sind. Des Weiteren können die folgenden zwei Szenarien eintreten:

(1) Die zu Beginn der Periode bestellte Menge kann für die Periode ausreichen und die zufällige Nachfrage D in dieser Periode decken. Gegebenenfalls übrig gebliebene Mengeneinheiten können in diesem Fall nicht mehr direkt verkauft werden, erzielen aber einen **Verramschungserlös** $v \geq 0$, der alternativ auch negativ sein kann und damit **Entsorgungskosten** $v < 0$ entspricht.

(2) Die zu Beginn der Periode bestellte Menge ist bereits vor dem Periodenende T verbraucht und es entsteht eine Fehlmenge. In diesem Fall sind **Fehlmengenkosten** k_F zu berücksichtigen, die für jede vergeblich nachgefragte Mengeneinheit angesetzt werden müssen.

Es soll nun die **Bestellmenge** q bestimmt werden, die den erwarteten Gewinn maximiert. Zur Ermittlung der Gewinnfunktion wird neben dem **Einkaufspreis** c (in Geldeinheiten pro Mengeneinheit) auch der **Verkaufspreis** p des betrachteten Guts benötigt. Des Weiteren werden die **erwartete Nachfrage** mit M und die **zufallsbedingte** (tatsächliche) **Nachfrage** mit D bezeichnet. Der Gewinn der Planungsperiode hängt von der zufälligen Nachfrage D ab und stellt damit selbst eine Zufallsvariable dar. Er unterscheidet sich in den beiden oben beschrie-

---

[4]   Für eine ausführlichere Darstellung dazu wird auf Gohout (2007, S. 172-174) verwiesen.

benen Szenarien wie folgt:

(1) Es ist keine Fehlmenge entstanden, d. h. $D \leq q$. In diesem Fall wird die tatsächliche Nachfrage D zum Stückpreis p verkauft. Außerdem wird für den Restbestand $q - D$ ein Verramschungserlös erzielt oder es fallen Entsorgungskosten an.

(2) Es ist eine Fehlmenge entstanden, d. h. $D > q$. In diesem Fall wird die gesamte Bestellmenge q zum Stückpreis p verkauft und es entstehen Fehlmengenkosten k_F für die Fehlmenge $D - q$.

Damit ergibt sich die folgende **Gewinnfunktion**:

$$G(q) = \begin{cases} p \cdot D + v \cdot (q-D) - (k_B + c \cdot q) = (p-v) \cdot D + v \cdot q - (k_B + c \cdot q) & \text{für } D \leq q \\ p \cdot q - k_F \cdot (D-q) - (k_B + c \cdot q) = (p+k_F) \cdot q - k_F \cdot D - (k_B + c \cdot q) & \text{für } D > q \end{cases}$$

Da der Gewinn selbst zufallsabhängig ist, macht es keinen Sinn, den Gewinn zu maximieren. Stattdessen erfolgt die **Maximierung des erwarteten Gewinns**

$$E(G(q)) = \int_0^q ((p-v) \cdot x + v \cdot q) \cdot f(x) dx + \int_q^\infty ((p+k_F) \cdot q - k_F \cdot x) \cdot f(x) dx - (k_B + c \cdot q).$$

Dazu wird $E(G(q))$ nach q abgeleitet und gleich null gesetzt. Da q sowohl im Integranden als auch in den Integrationsgrenzen vorkommt, wird die Leibniz-Regel angewandt und es resultiert das folgende Ergebnis:

$$\begin{aligned} \frac{\partial E(G(q))}{\partial q} &= \int_0^q v \cdot f(x) dx + ((p-v) \cdot q + v \cdot q) \cdot f(q) + \int_q^\infty (p+k_F) \cdot f(x) dx - ((p+k_F) \cdot q - k_F \cdot q) \cdot f(q) - c \\ &= \int_0^q v \cdot f(x) dx + p \cdot q \cdot f(q) + \int_q^\infty (p+k_F) \cdot f(x) dx - p \cdot q \cdot f(q) - c \\ &= v \cdot \left(1 - \int_q^\infty f(x) dx\right) + (p+k_F) \cdot \int_q^\infty f(x) dx - c \\ &= v - c + (p+k_F - v) \cdot \int_q^\infty f(x) dx = 0 \end{aligned}$$

Auf Basis der letzten Gleichung ergibt sich dann folgende Auflösung, wobei $\Phi(x)$ die Verteilungsfunktion der Standardnormalverteilung bezeichnet und D mit dem Erwartungswert M und der Standardabweichung σ normalverteilt ist:

$$\int_q^\infty f(x) dx = \frac{c-v}{p+k_F-v} = P(D > q) = 1 - \Phi\left(\frac{q-M}{\sigma}\right) \quad \Leftrightarrow \quad q = M + \sigma \cdot \Phi^{-1}\left(1 - \frac{c-v}{p+k_F-v}\right)$$

Es bleibt noch anzumerken, dass die Ableitung von $E(G(q))$ monoton fallend ist, falls die Bedingung $p + k_F - v > 0$ erfüllt ist. Außerdem muss $c - v > 0$ sein, d. h. der Verramschungserlös muss kleiner als der Einkaufspreis sein. Nur in diesem Fall werden sinnvolle Lösungen generiert.

Beispiel:

Ein Händler verkauft Brötchen für 0,30 EUR, die er bei einer Großbäckerei für 0,10 EUR bezieht. Unverkaufte Brötchen können für 0,02 EUR verwertet werden. Die Kosten für ein vergeblich nachgefragtes Brötchen werden mit 0,04 EUR angesetzt. Die mittlere Nachfrage beträgt 2000 Brötchen pro Tag. Aus langjähriger Erfahrung weiß der Händler, dass die Wahrscheinlichkeit für einen Tagesabsatz von mehr als 3000 Brötchen mit 1 % angesetzt werden kann. Daraus kann nun zunächst die Standardabweichung σ wie folgt bestimmt werden:

$$P(D > 3000) = 1 - \Phi\left(\frac{3000 - 2000}{\sigma}\right) = 0,01 \quad \Leftrightarrow \quad \Phi\left(\frac{1000}{\sigma}\right) = 0,99$$

$$\Leftrightarrow \quad \frac{1000}{\sigma} = \Phi^{-1}(0,99) \approx 2,326 \quad \Rightarrow \quad \sigma \approx 430$$

Die optimale Bestellmenge resultiert dann mit

$$q = 2000 + 430 \cdot \Phi^{-1}\left(1 - \frac{0,1 - 0,02}{0,3 + 0,04 - 0,02}\right) \approx 2290$$

Neben dem hier dargestellten Ein-Perioden-Modell sind auch **Mehr-Perioden-Modelle** denkbar. Bei diesen Modellen wird eine gleichbleibende Verteilung für den Bedarf unterstellt. Die optimale Bestellpolitik wird dann solange verfolgt, bis die Rahmenbedingungen sich ändern.[5]

14.3   Übungsaufgaben zur Lagerhaltung

Nachfolgend finden sich zwei Übungsaufgaben zur Lagerhaltung. Bei den Übungsaufgaben ist auch jeweils der Themenbereich angegeben, auf den sich diese Aufgabe bezieht. Des Weiteren ist im Anschluss an die jeweilige Aufgabe auch eine Lösung dargestellt. Dabei ist zu beachten, dass es sich um einen Lösungsvorschlag handelt und manchmal auch andere Lösungswege denkbar wären.

Aufgabe 1:   (Deterministische Lagerhaltung)

In einem Lager eines Automobilherstellers werden Alu-Felgen gelagert. Es werden täglich 50 Alu-Felgen benötigt. Die bestellfixen Kosten betragen 100 EUR und die Lagerungskosten 0,27 EUR pro Tag und pro Felge.

a) Wie lauten die optimale Bestellmenge, das Bestellintervall und die minimalen Gesamtkosten pro Tag im Grundmodell?

b) Wie lauten diese Größen, wenn Nachlieferungen gestattet und dafür Fehlmengenkosten

---

[5]   Eine ausführliche Darstellung dazu kann beispielsweise Gohout (2007, S. 182-186) entnommen werden.

von k_F = 0,45 EUR zu berücksichtigen sind?

c) Wie lauten diese Größen, wenn zwar keine Fehlmengen erlaubt sind, aber der Lagerzu-
    gang mit 140 Alu-Felgen pro Tag beschränkt ist?

d) Der Lagermanager erhält vom Zulieferer die folgende Rabattstaffel:

Stückpreis in EUR ...	120	100	90	85	80
bei einer Mindestabnahme von ...	0	150	200	250	300

Wie lauten nun die optimale Bestellmenge, das Bestellintervall und die Kosten, wenn
sonst alle Annahmen des Grundmodells gelten?

Lösung zur Aufgabe 1:

a) Aus der Aufgabenstellung können zunächst die folgenden Angaben entnommen wer-
    den: M = 50, k_B = 100 und k_L = 0,27. Damit ist es möglich, die gesuchten Kennwerte des
    Grundmodells der deterministischen Lagerhaltung durch einfaches Einsetzen in die ent-
    sprechenden Formeln wie folgt zu berechnen:

$$q = \sqrt{\frac{2 \cdot 100 \cdot 50}{0,27}} \approx 192,45$$

$$T = \frac{192,45}{50} \approx 3,85$$

$$K(q) = \sqrt{2 \cdot 100 \cdot 50 \cdot 0,27} \approx 51,96$$

b) In dieser Teilaufgabe sind nun Nachlieferungen gestattet und damit Fehlmengenkosten
    in Höhe von k_F = 0,45 zu berücksichtigen. Diese Änderungen müssen als entsprechende
    Erweiterung des Grundmodells vorgenommen werden. Bei erneuter Berechnung der
    Kennwerte aus a) ergeben sich durch einfaches Einsetzen die folgenden Werte:

$$q = \sqrt{\frac{2 \cdot 100 \cdot 50}{0,27} \cdot \frac{0,27 + 0,45}{0,45}} \approx 243,43$$

$$T = \frac{243,43}{50} \approx 4,87$$

$$K(q) = \sqrt{2 \cdot 100 \cdot 50 \cdot 0,27 \cdot \frac{0,45}{0,27 + 0,45}} \approx 41,08$$

c) Aufgrund der Beschränkung der Lagerzugangsrate mit P = 140 muss eine andere Erwei-
    terung des Grundmodells der deterministischen Lagerhaltung berücksichtigt werden.
    Dabei sind Fehlmengen nicht weiter erlaubt und müssen somit nicht berücksichtigt wer-
    den. Durch Einsetzen in die benötigten Formeln ergeben sich die folgenden Kennwerte:

$$q = \sqrt{\frac{2 \cdot 100 \cdot 50}{0,27} \cdot \frac{140}{140 - 50}} \approx 240,03$$

$$T = \frac{240,03}{50} \approx 4,80$$

$$K(q) = \sqrt{2 \cdot 100 \cdot 50 \cdot 0,27 \cdot \frac{140-50}{140}} \approx 41,66$$

d) In dieser Teilaufgabe wird die Rabattstaffel berücksichtigt, ohne dass Fehlmengen oder Beschränkungen des Lagerzugangs zu beachten sind. Die optimale Bestellmenge ohne Berücksichtigung der Rabattstaffel konnte bereits in Aufgabenteil a) mit $q = 192,45$ bestimmt werden. Nun sind zusätzlich alle rabattierten Mengen von Interesse, die rechts von 192,45 liegen. Für all diese Bestellmengen werden die folgenden Kosten durch einfaches Einsetzen in die entsprechende Formel berechnet.

q	$K(q)$
192,45	5051,96
200	4552,00
250	4303,75
300	4057,17

Als Beispiel hierzu wird die Berechnung der Kosten für 192,45 bestellte Felgen gezeigt:

$$K(192,45) = 100 \cdot \frac{50}{192,45} + 0,27 \cdot \frac{192,45}{2} + 100 \cdot 50 \approx 5051,96$$

Analog lassen sich auch alle weiteren Kosten der in der Tabelle aufgeführten Bestellmengen berechnen. Das Kostenminimum liegt damit bei einer Bestellung von 300 Felgen. Demnach ist das Bestellintervall für eine Bestellung von 300 Felgen folgendermaßen zu berechnen:

$$T = \frac{300}{50} = 6$$

Alle 6 Tage ist es also erforderlich, 300 Felgen zu bestellen.

Aufgabe 2: **(Stochastische Lagerhaltung)**

Die TU Ilmenau möchte im kommenden Jahr ein Polo-Shirt mit aufgesticktem Uni-Logo zum Preis von 15,90 EUR anbieten. Der Einkaufspreis für das Polo-Shirt beträgt 8,90 EUR. Unverkaufte Polo-Shirts sollen im Jahr darauf zum Schleuderpreis von 1 EUR verkauft werden. Die Kosten für eine vergebliche Nachfrage wegen vorzeitigen Ausverkaufs werden mit 20 EUR veranschlagt. Die Universität rechnet mit einer durchschnittlichen Nachfrage von 700 Polo-Shirts. Die Anzahl X verkaufter Polo-Shirts sei approximativ normalverteilt.

a) Wie lautet die optimale Bestellmenge, wenn $\sigma_X = 120$ ist?

b) Wie lautet sie, wenn stattdessen die Wahrscheinlichkeit für eine Nachfrage von höchstens 630 Polo-Shirts mit 10 % angegeben wird?

Lösung zur Aufgabe 2:

a) Der Aufgabe können die folgenden Angaben entnommen werden: $p = 15{,}90$, $c = 8{,}90$, $v = 1$, $k_F = 20$ und $M = 700$. Mit der zusätzlichen Angabe von $\sigma_X = 120$ lässt sich der zufallsbedingten Nachfrage folgende Verteilung unterstellen: $D \sim \mathrm{N}(700;120)$. Damit ist es möglich, wie nachfolgend gezeigt, die optimale Bestellmenge zu berechnen:

$$q = 700 + 120 \cdot \Phi^{-1}\left(1 - \frac{8{,}90 - 1}{15{,}90 + 20 - 1}\right) = 790$$

b) In dieser Teilaufgabe ist die Standardabweichung der zufallsbedingten Nachfrage unbekannt, also $D \sim \mathrm{N}(700;\sigma)$, weshalb diese zunächst folgendermaßen zu bestimmen ist:

$$P(D \leq 630) = 0{,}1$$

$$\Phi\left(\frac{630 - 700}{\sigma}\right) = \Phi\left(\frac{-70}{\sigma}\right) = 0{,}1$$

$$\Rightarrow \frac{-70}{\sigma} = \Phi^{-1}(0{,}1) = -\Phi^{-1}(0{,}9) \approx -1{,}28$$

$$\Rightarrow \sigma \approx \frac{-70}{-1{,}28} \approx 54{,}69$$

Mit der somit bestimmten Standardabweichung ist es möglich, die optimale Bestellmenge zu berechnen:

$$q = 700 + 54{,}69 \cdot \Phi^{-1}\left(1 - \frac{8{,}90 - 1}{15{,}90 + 20 - 1}\right) = 741{,}02$$

14.4   Literaturhinweise

Ausführliche Darstellungen zu Lagerhaltungsmodellen sind beispielsweise in den Arbeiten von Bartmann und Beckmann (2013), Fratzl (1992), Gohout (2013), Grundmann (2002), Gudehus (2012), Hillier und Liebermann (1996), Heßler (2020), Homburg (2000), Lasch (2021), Neumann (2013), Neumann und Morlock (2002), Pfohl (2018), Taha (2010), Tempelmeier (2020) sowie ten Hompel et al. (2018) zu finden. In den meisten dieser Literaturquellen werden sowohl deterministische als auch stochastische Lagerhaltungsmodelle behandelt, wobei auch weiterführendere Modelle thematisiert werden, die über die Ausführungen dieses Kapitels hinausgehen. Bezüglich entsprechender Übungsaufgaben sei auf Gohout (2013), Hillier und Liebermann (1996), Lasch (2021), Lasch und Janker (2017) verwiesen.

Teil 5
Nichtexakte Lösungsverfahren

15   Heuristische Verfahren

Reale Problemstellungen sind häufig sehr komplex und umfangreich, so dass entsprechende Modelle nur mit hohem Rechenaufwand oder gar nicht exakt gelöst werden können. Einen alternativen Lösungsansatz stellen dann oft **heuristische Verfahren** bzw. **Heuristiken** in Form systematischer Suchverfahren zur Generierung von Lösungen dar, mit denen zwar nicht notwendig optimale, aber zumindest zufriedenstellende Lösungen in akzeptabler Zeit gefunden werden können. Heuristiken können im Vergleich zu exakten Lösungsverfahren also nicht garantieren, eine optimale Lösung für ein mathematisches Planungsproblem zu finden und sind durch eine systematische Vorgehensweise zur Lösungsfindung und -verbesserung charakterisiert. Sie sind meist speziell auf die jeweiligen Probleme zugeschnitten und lassen sich im Wesentlichen in Eröffnungsverfahren und Verbesserungsverfahren unterscheiden, wobei auch eine Kombination aus beiden Ansätzen denkbar ist. **Eröffnungsverfahren** dienen der Bestimmung einer (ersten) zulässigen Lösung, die im Hinblick auf die Zielsetzung mehr oder weniger gut sein kann. Demgegenüber wird mit Hilfe der **Verbesserungsverfahren** eine bereits vorliegende Ausgangslösung gemäß der Zielsetzung solange iterativ verbessert, bis ein vorgegebenes Abbruchkriterium erfüllt ist. In der neueren Forschung sind neben diesen Heuristiken für spezielle Probleme auch sogenannte **Metaheuristiken** bzw. **heuristische Metastrategien** entwickelt worden, die sich vor allem durch ihr Anwendungspotenzial auf eine Vielzahl unterschiedlicher Probleme sowie durch das Akzeptieren von vorübergehenden Verschlechterungen der Lösungen auszeichnen. Damit sind diese Verfahren in der Lage, lokale Optima zu überwinden und gegebenenfalls bessere Lösungen zu generieren.

In diesem Kapitel werden in Abschnitt 15.1 zunächst Heuristiken für spezielle Probleme betrachtet. Dabei werden exemplarisch Heuristiken für das Gruppierungs- sowie das Transport- und Tourenplanungsproblem vorgestellt. Der Abschnitt 15.2 beschäftigt sich dann mit den heuristischen Metastrategien und es werden die Ansätze des Simulated Annealing, des Tabu Search, der genetischen Algorithmen sowie der Ameisensysteme kurz behandelt. In Abschnitt 15.3 finden sich noch einige Übungsaufgaben zu den heuristischen Verfahren und der Abschnitt 15.4 beschließt dieses Kapitel mit einigen Literaturhinweisen zu dieser Thematik.

15.1   Heuristiken für spezielle Probleme

Für eine Vielzahl betrieblicher Probleme existieren spezielle Heuristiken. Besonders für Probleme der kombinatorischen Optimierung haben sich entsprechende heuristische Verfahren bewährt, da derartige Probleme mit exakten Verfahren meist nur schwer lösbar sind. Als Beispiel dafür können Gruppierungsprobleme, Zuordnungsprobleme, Auswahlprobleme oder Reihenfolgeprobleme genannt werden. Ein **Gruppierungsproblem** ist dadurch charakterisiert, dass eine Menge von Objekten so in Gruppen bzw. Klassen einzuteilen sind, dass die Elemente einer Klasse möglichst ähnlich und die Elemente verschiedener Klassen

© Springer Fachmedien Wiesbaden GmbH, ein Teil von Springer Nature 2022
U. Bankhofer, *Quantitative Unternehmensplanung*, Studienbücher
Wirtschaftsmathematik, https://doi.org/10.1007/978-3-8348-2466-0_15

möglichst verschieden zueinander sind. Objekte können dabei Personen, Gegenstände oder Institutionen sein und die resultierenden Klassen stellen dann in betrieblichen Anwendungen beispielsweise Markt- oder Kundensegmente dar. Bei einem **Zuordnungsproblem** werden allgemein die Elemente einer Menge den Elementen einer anderen Menge gemäß einer Zielvorschrift zugeordnet. So können z. B. Güter den Bedarfsorten bei einer Transportplanung, Aufträge den Maschinen bei einer Fertigungsplanung, Maschinen den Standorten bei einer Layoutplanung oder Betriebsstätten den Standorten im Rahmen einer betrieblichen Standortplanung zugeordnet werden. Ein **Auswahlproblem** ist dadurch charakterisiert, dass aus einer Menge von Elementen eine Teilmenge im Hinblick auf eine gegebene Zielsetzung ausgewählt wird. Beispiele dafür sind das Rucksackproblem (Auswahl der in den Rucksack zu packenden Gegenstände mit maximalem Nutzen unter Einhaltung eines Höchstgewichts) oder das Investitionsproblem (Auswahl einzelner Investitionsprojekte mit der Zielsetzung einer Ertragsmaximierung unter Einhaltung von Budgetrestriktionen). Schließlich geht es bei einem **Reihenfolgeproblem** noch darum, die Elemente einer Menge in eine optimale Reihenfolge zu bringen. Dies können beispielsweise Aufträge sein, die auf mehreren Maschinen der Reihe nach bearbeitet werden müssen (Maschinenbelegungsplanung) oder an Kunden ausgeliefert werden sollen (Rundreiseproblem bzw. Tourenplanungsproblem, falls die auszuliefernden Aufträge mehreren Fahrzeugen zugeordnet werden müssen).

Nachfolgend werden exemplarisch einige Heuristiken zur Lösung des Gruppierungs-, Transport- und Tourenplanungsproblems dargestellt. Den Ausgangspunkt für ein **Gruppierungsproblem**, bei dem zur Charakterisierung und Beschreibung der Objekte gemäß dem Untersuchungsziel geeignete Merkmale herangezogen werden, stellt typischerweise eine **Datenmatrix A** der Form

$$A = \left(a_{ik}\right)_{n \times m} = \begin{pmatrix} a_{11} & \cdots & a_{1m} \\ \vdots & \ddots & \vdots \\ a_{n1} & \cdots & a_{nm} \end{pmatrix}$$

dar. Mit $N = \{1, ..., n\}$ als **Objektmenge** und $M = \{1, ..., m\}$ als **Merkmalsmenge** bezeichnet dabei a_{ik} die Ausprägung des Merkmals k bei Objekt i. Dabei ist zu beachten, dass mit dem ersten Index das Objekt und mit dem zweiten Index das Merkmal bezeichnet wird. Ausgehend von der Datenmatrix wird nun ein Maß benötigt, mit dem die Ähnlichkeit zwischen den einzelnen Objekten zum Ausdruck gebracht wird. Aufgrund des natürlichen Nullpunkts eines Distanzindex (geringste Verschiedenheit und damit größtmögliche Ähnlichkeit zwischen zwei Objekten ist null) bietet sich dieser als entsprechendes Maß an. Ausgehend von der Objektmenge N wird die Abbildung $d: N \times N \to \mathbb{R}_+$ als **Distanzindex** bezeichnet, wenn für alle $i, j \in N$ folgende Eigenschaften gelten:

- $d(i, i) = 0$ (Reflexivität)

- $d(i, j) = d(j, i)$ (Symmetrie)

- $d(i, j) \geq 0$ (Nichtnegativität)

Die Zusammenfassung aller paarweisen Distanzen zwischen jeweils zwei Objekten führt dann zur **Distanzmatrix** D mit

$$D = \left(d_{ij}\right)_{n \times n} = \begin{pmatrix} d_{11} & \cdots & d_{1n} \\ \vdots & \ddots & \vdots \\ d_{n1} & \cdots & d_{nn} \end{pmatrix}.$$

Eine Distanzmatrix ist quadratisch, symmetrisch und enthält in der Hauptdiagonalen ausschließlich Nullen, so dass man sich bei der Darstellung auf eine entsprechende Dreiecksmatrix beschränken kann. Die Berechnung der Distanzen auf Basis einer Datenmatrix erfolgt abhängig vom Skalenniveau der Merkmale, wobei darauf an dieser Stelle nicht ausführlich eingegangen werden soll.[1] Für ausschließlich quantitative Merkmale kann die Distanzbestimmung im einfachsten Fall gemäß

$$d(i,j) = \sum_{k=1}^{m} g_k \left| a_{ik} - a_{jk} \right|$$

erfolgen. Dabei bezeichnen $g_1, \ldots, g_m$ merkmalsspezifische Gewichte, mit denen Skalenunterschiede der Merkmale ausgeglichen werden können. Darauf wird später im Beispiel noch ausführlicher eingegangen.

Ausgehend von einer Objektmenge N, einer Distanzmatrix D sowie einer vorgegebenen Klassenanzahl s kann nun als Eröffnungsverfahren die sogenannte **Startheuristik** herangezogen werden, mit der sehr einfach eine Gruppierung der Objekte erreicht wird. Die Idee dieser Heuristik besteht darin, zunächst als erstes und zweites Klassenzentrum die beiden Objekte auszuwählen, deren Distanz maximal ist. Danach werden gegebenenfalls weitere Klassenzentren gesucht, deren minimale Distanz zu den bereits ausgewählten Klassenzentren maximal wird, bis die geforderte Klassenanzahl s erreicht ist. Damit wird gewährleistet, dass ausgehend von den ersten beiden Klassenzentren alle weiteren Klassenzentren möglichst unterschiedlich sind. Abschließend müssen die restlichen Objekte nur noch gemäß der jeweils minimalen Distanz zu den Klassenzentren zugeordnet werden. Es resultiert damit eine Gruppierung der Objekte in s Klassen, wobei sich formal der folgende Ablauf ergibt:

(1) Wähle 1. und 2. Klassenzentrum $i_1, i_2 \in N$ gemäß $\max_{i,j} d(i,j) = d(i_1, i_2)$.

(2) Wähle für $t = 3, \ldots, s$ jeweils Klassenzentrum $i_t \in N$ mit $\max_j \min_{\tau=1,\ldots,t-1} d(i_\tau, j) = \min_{\tau=1,\ldots,t-1} d(i_\tau, i_t)$.

(3) Bilde Klassen $K_1, \ldots, K_s$ um $i_1, \ldots, i_s$ gemäß $K_\sigma = \left\{ j \in N : \min_\tau d(i_\tau, j) = d(i_\sigma, j) \right\}$.

Ausgehend von einer vorliegenden Startgruppierung, die mit Hilfe der Startheuristik oder auch zufällig bestimmt wird, kann nun ein Verbesserungsverfahren zur Anwendung kommen. Dabei soll die Lösung iterativ verbessert werden, indem in jeder Iteration im einfachsten Fall jeweils ein Objekt geeignet ausgewählt und in eine andere Klasse getauscht wird. Der grundlegende Ablauf dieser sogenannten **Austauschheuristik** kann damit beispielsweise wie folgt beschrieben werden:

---

[1]   Eine ausführliche Darstellung dazu findet sich z. B. in Bankhofer und Vogel (2008, S. 155-172).

(1) Wähle eine Startgruppierung $K_1, \ldots, K_s$ und bestimme die gewichtete Summe der Inner-

klassendistanzen $SI = \sum_{K_s} \frac{1}{|K_s|} \sum_{\substack{i,j \in K_s \\ i<j}} d(i,j)$.

(2) Suche ein Objekt, so dass durch einen Tausch der Klassenzugehörigkeit die Größe SI möglichst stark reduziert wird.

(3) Verschiebe das in (2) gewählte Objekt aus der aktuellen in die beste neue Klasse.

(4) Wiederhole (2) und (3) bis keine Verbesserung der Größe SI mehr möglich ist.

Grundsätzlich kann festgehalten werden, dass die Austauschheuristik nach endlich vielen Schritten abbricht. Dabei wird allerdings meist nur ein lokales Optimum erreicht. Globale Optima lassen sich im Allgemeinen nur dann finden, wenn unter Berücksichtigung aller Tauschmöglichkeiten auch mehrere Objekte gleichzeitig getauscht werden können. Des Weiteren hängt das Ergebnis wesentlich von der gewählten Startgruppierung ab. Durch die Verwendung mehrerer unterschiedlicher Startgruppierungen werden unter Umständen auch unterschiedliche Bereiche des Lösungsraums abgesucht, so dass dadurch insgesamt gegebenenfalls bessere Lösungen gefunden werden können.

Beispiel:

Ein Unternehmen möchte eine Kundensegmentierung durchführen, um Produkte und Dienstleistungen auf die einzelnen Kundengruppen abstimmen zu können. Dazu liegt die im linken Teil der Abbildung 15.1 angegebene Datenmatrix vor, in der für fünf Kunden die Daten zu den beiden Merkmalen Alter und Einkommen enthalten sind.

Abbildung 15.1   Daten- und Distanzmatrix für das Beispiel

Kunde	Alter	Einkommen
1	20	2000
2	40	6000
3	30	3000
4	30	4000
5	60	6000

	1	2	3	4	5
1	0	1,5	0,5	0,75	2
2		0	1	0,75	0,5
3			0	0,25	1,5
4				0	1,25
5					0

Quelle: Eigene Darstellung

Gesucht ist eine Gruppierung in drei Klassen und zur Berechnung der im rechten Teil der Abbildung 15.1 bereits dargestellten Distanzmatrix wird die folgende Gewichtung für die beiden Merkmale $k = 1, 2$ vorgenommen:

$$g_k = \frac{1}{\max_i a_{ik} - \min_i a_{ik}}$$

Durch die Wahl der Inversen der jeweiligen Spannweite der beiden Merkmale wird gewährleistet, dass die Skalenunterschiede ausgeglichen werden und beide Merkmale gleichmäßig in die Distanzberechnung eingehen. Exemplarisch sind nachfolgend noch zwei Distanzberechnungen explizit angegeben:

$$d(1,2) = \frac{1}{60-20}|20-40| + \frac{1}{6000-2000}|2000-6000| = 0{,}5 + 1 = 1{,}5$$

$$d(1,3) = \frac{1}{60-20}|20-30| + \frac{1}{6000-2000}|2000-3000| = 0{,}25 + 0{,}25 = 0{,}5$$

Auf Basis der Distanzmatrix kann jetzt die Startheuristik zur Anwendung kommen. Dabei resultieren die folgenden Ablaufschritte:

(1) $\max\limits_{i,j} d(i,j) = d(1,5) = 2$, d. h. die Kunden 1 und 5 besitzen die maximale Distanz zueinander und stellen damit die ersten beiden Klassenzentren dar.

(2) Als drittes Klassenzentrum wird dann der Kunde 4 gewählt, wie folgende Berechnungen zeigen:

	zu 1	zu 5	min
2	$d(1,2) = 1{,}5$	$d(2,5) = 0{,}5$	0,5
3	$d(1,3) = 0{,}5$	$d(3,5) = 1{,}5$	0,5
4	$d(1,4) = 0{,}75$	$d(4,5) = 1{,}25$	0,75 ← max

(3) Kunde 2 wird dann aufgrund der kleinsten Distanz zu den vorliegenden Klassenzentren dem Kunden 5 zugeordnet und der Kunde 3 folglich dem Kunden 4, so dass die Gruppierung $K_1 = \{1\}$, $K_2 = \{5, 2\}$ und $K_3 = \{4, 3\}$ resultiert.

Ausgehend von der Gruppierung $K_1 = \{1\}$, $K_2 = \{5, 2\}$ und $K_3 = \{4, 3\}$ soll jetzt die Austauschheuristik herangezogen werden. Dabei ergeben sich folgende Ablaufschritte:

(1) $SI = \frac{1}{1} \cdot 0 + \frac{1}{2} \cdot 0{,}5 + \frac{1}{2} \cdot 0{,}25 = 0{,}375$

(2) Es werden alle Tauschmöglichkeiten dahingehend geprüft, welche zur stärksten Reduzierung der Größe SI führt. Der Kunde 1 steht dabei nicht für einen Tausch zur Verfügung, da dies zu einer Reduzierung der Klassenanzahl führen würde. Nachfolgend sind für die restlichen Kunden jeweils die möglichen Tauschoptionen in die anderen Klassen mit dem resultierenden Wert für die Größe SI angegeben:

Kunde 2: $\{1, 2\}$, $\{5\}$, $\{4, 3\}$, $SI = 0{,}875$ oder $\{1\}$, $\{5\}$, $\{4, 3, 2\}$, $SI = 0{,}667$

Kunde 3: $\{1, 3\}$, $\{5, 2\}$, $\{4\}$, $SI = 0{,}5$ oder $\{1\}$, $\{5, 2, 3\}$, $\{4\}$, $SI = 1$

Kunde 4: $\{1, 4\}$, $\{5, 2\}$, $\{3\}$, $SI = 0{,}625$ oder $\{1\}$, $\{5, 2, 4\}$, $\{3\}$, $SI = 0{,}833$

Kunde 5: $\{1, 5\}$, $\{2\}$, $\{3, 4\}$, $SI = 1{,}125$ oder $\{1\}$, $\{2\}$, $\{4, 3, 5\}$, $SI = 1$

(3) Dieser Schritt entfällt, da keine Tauschoption die Größe SI reduziert.

(4) Es ist keine Verbesserung der Größe SI möglich, die Startgruppierung ist lokal optimal.

Als Nächstes werden heuristische Lösungsansätze für das klassische **Transportproblem** betrachtet. Dieses Problem wurde bereits in Abschnitt 3.1.3 vorgestellt. Eine sehr einfache Heuristik zur Lösung des Problems stellt die **Matrixminimummethode** dar. Dabei werden zunächst die minimalen Transportkosten je Einheit und damit das Minimum in der Matrix der Transportkosten c_{ij} einer Einheit des Guts von Angebotsort i zu Bedarfsort j bestimmt. Anschließend wird auf dem entsprechenden Weg abhängig von den Angebots- und Bedarfsmengen so viel wie möglich transportiert, so dass sich die entsprechenden Angebots- und Bedarfsmengen reduzieren und damit eine veränderte Datenbasis entsteht. Gegebenenfalls müssen auch Angebots- und Bedarfsorte, deren Kapazität erschöpft bzw. deren Bedarf befriedigt ist, aus der weiteren Betrachtung ausgeschlossen werden. Diese Schritte werden schließlich solange wiederholt, bis alle Bedarfsorte befriedigt oder in den Angebotsorten keine Mengen des Guts mehr verfügbar sind. Diese Heuristik wird nachfolgend gleich an einem Beispiel illustriert, zuvor soll aber noch ein zweiter Ansatz vorgestellt werden. Dabei handelt es sich um die **Vogelsche Approximationsmethode**, die im Vergleich zur Matrixminimummethode meist zu besseren Ergebnissen führt. Die Vogelsche Approximationsmethode beruht auf dem Gedanken, die zusätzlichen Kosten zu minimieren, die dadurch entstehen, dass ein Bedarfsort nicht von dem transportkostengünstigsten, sondern von dem zweitgünstigsten Angebotsort aus beliefert wird bzw. dass ein Angebotsort nicht an den transportkostengünstigsten Bedarfsort, sondern an den zweitgünstigsten liefert. Dazu werden für jeden Angebots- und Bedarfsort entsprechende Kostendifferenzen gebildet. Nach Maßgabe der jeweils größten vermeidbaren zusätzlichen Kosten wird dann die höchstzulässige Transportmenge bestimmt, so dass auch hier eine veränderte Datenbasis entsteht und gegebenenfalls Angebots- und Bedarfsorte aus der weiteren Betrachtung ausgeschlossen werden müssen. Schließlich sind diese Schritte zu wiederholen, bis alle Bedarfsorte befriedigt sind oder in allen Angebotsorten nichts mehr verfügbar ist.

Beispiel:

Den Ausgangspunkt stellen die in der Tabelle 15.1 angegebenen Daten für ein klassisches Transportproblem dar. Das Tableau enthält je eine Zeile für die zwei betrachteten Produktionsstätten P_1 und P_2, deren Produktionskapazitäten mit 11 bzw. 13 Einheiten in der rechten Spalte angegeben sind. Die drei Abnehmerzentren A_1, A_2 und A_3 sind in den Spalten erfasst und deren Bedarfsmengen sind in der unteren Zeile eingetragen. In den restlichen Zellen sind noch die jeweiligen Transportkosten pro Mengeneinheit angegeben.

Tabelle 15.1 Ausgangsdaten für das Beispiel

	A_1	A_2	A_3	Angebot
P_1	30	50	50	11
P_2	20	35	35	13
Nachfrage	6	4	14	24

Quelle: Eigene Darstellung

Bei der Anwendung der Matrixminimummethode ergibt sich das erste Minimum der Transportkosten mit 20 Geldeinheiten, so dass 6 Einheiten von P_2 nach A_1 mit Kosten von insgesamt 120 Geldeinheiten transportiert werden. Da die Nachfragemenge von Abnehmerzentrum A_1 damit befriedigt ist und sich die Angebotsmenge in P_2 entsprechend reduziert, resultiert ein neues Tableau, das links in der Abbildung 15.2 angegeben ist.

Abbildung 15.2 Zwischentableaus der Matrixminimummethode

	A_2	A_3	
P_1	50	50	11
P_2	35	35	13 − 6 = 7
	4	14	

	A_3	
P_1	50	11
P_2	35	3
	14	

	A_3	
P_1	50	11
	11	

Quelle: Eigene Darstellung

Das Minimum in diesem Tableau beträgt 35 Geldeinheiten, wobei die Lösung nicht eindeutig ist. Nach der Matrixminimummethode besteht hier Wahlfreiheit und es wird exemplarisch der Transport von 4 Einheiten von P_2 nach A_2 mit Kosten von 140 Geldeinheiten gewählt. Es resultiert dann das in der Abbildung 15.2 in der Mitte dargestellte Tableau. Der Rest der Lösung ist in diesem Fall eindeutig, indem zunächst 3 Einheiten von P_2 nach A_3 mit Kosten in Höhe von 105 Geldeinheiten und anschließend 11 Einheiten von P_1 nach A_3 (vgl. rechtes Tableau in der Abbildung 15.2) mit Kosten in Höhe von 550 Geldeinheiten transportiert werden. Die resultierenden Gesamtkosten dieser Lösung belaufen sich dann auf 915 Geldeinheiten.

Im Vergleich zur Matrixminimummethode werden bei der Vogelschen Approximationsmethode die Kostendifferenzen zwischen der jeweils zweitgünstigsten und der günstigsten Belieferung zur Auswahl eines Transportwegs herangezogen. Für die hier vorliegende Problemstellung sind diese Kostendifferenzen Δ in den Tableaus der Abbildung 15.3 mit angegeben.

Abbildung 15.3 Zwischentableaus der Vogelschen Approximationsmethode

	A_1	A_2	A_3	A	Δ
P_1	30	50	50	11	50 − 30 = 20
P_2	20	35	35	13	35 − 20 = 15
N	6	4	14		
Δ	30 − 20 = 10	50 − 35 = 15	50 − 35 = 15		

	A_2	A_3	A	Δ
P_1	50	50	5	0
P_2	35	35	13	0
N	4	14		
Δ	15	15		

	A_3	
P_1	50	5
P_2	35	9
	14	

Quelle: Eigene Darstellung

Für die Ausgangsdaten und damit das linke Tableau in der Abbildung 15.3 ergeben sich die höchsten zusätzlichen Kosten mit 20 Geldeinheiten bei der Produktionsstätte P_1. Um diese Zusatzkosten zu vermeiden, liefert dieser Angebotsort auf dem kostengünstigsten Transportweg, nämlich nach A_1. Die höchstzulässige Transportmenge entspricht dem Bedarf von A_1 und beträgt 6 Einheiten mit Kosten in Höhe von 180 Geldeinheiten. Da der Bedarf von A_1 damit befriedigt ist, kann es aus der weiteren Betrachtung ausgeschlossen werden und es resultiert das mittlere Tableau der Abbildung 15.3. Die höchsten zusätzlichen Kosten in diesem Tableau betragen 15 Geldeinheiten bei den Abnehmerzentren A_2 und A_3, so dass die entsprechende Lösung zunächst nicht eindeutig ist. Hier besteht Wahlfreiheit und es wird exemplarisch der Transport von 4 Einheiten von P_2 nach A_2 mit Kosten von 140 Geldeinheiten gewählt. Es resultiert dann das in der Abbildung 15.3 rechts dargestellte Tableau, das zu einer eindeutigen restlichen Lösung führt: Es werden noch 9 Einheiten von P_2 nach A_3 mit Kosten in Höhe von 315 Geldeinheiten und 5 Einheiten von P_1 nach A_3 mit Kosten in Höhe von 250 Geldeinheiten transportiert. Die resultierenden Gesamtkosten der Lösung auf Basis der Vogelschen Approximationsmethode belaufen sich damit auf 885 Geldeinheiten, so dass die entsprechende Lösung damit 30 Geldeinheiten weniger an Kosten verursacht als die Lösung mit Hilfe der Matrixminimummethode.

Abschließend soll noch eine Heuristik zur Lösung des **Tourenplanungsproblems** vorgestellt werden. Wie in Abschnitt 4.1.3 bereits aufgezeigt wurde, besteht dieses Problem im Fall einer Gruppenbelieferung typischerweise aus zwei Teilproblemen, und zwar einem Zuordnungsproblem (Zuordnung von Sendungen zu einem Fahrzeug (Tour) unter Beachtung der Kapazitätsrestriktionen) und einem Rundreiseproblem (Bestimmung der kostengünstigsten Rundreise innerhalb einer Tour). Zur Lösung des Tourenplanungsproblems existieren damit zwei Vorgehensweisen. Zum einen können die beiden Teilprobleme nacheinander gelöst werden und zum anderen kann eine simultane Lösung erfolgen. Ein simultaner Lösungsansatz, der unter der Bezeichnung **Savings-Verfahren** bekannt geworden ist, soll im Folgenden näher betrachtet werden. Man beginnt mit einer Startlösung, bei der jeder Kunde durch eine Einzelbelieferung versorgt wird. Die Kosten für die Belieferung dieser Kunden bestehen aus den Kosten für die Hin- und Rückfahrt (im Allgemeinen durch die Fahrstrecke oder die Fahrzeit zum Ausdruck gebracht). Dann wird für jede Verbindung zwischen zwei benachbarten Kunden i und j die Kostenersparnis berechnet, die sich ergibt, wenn der Kunde j direkt im Anschluss an den Kunden i beliefert wird. Man spart dann den Rückweg vom Kunden i und den Hinweg zum Kunden j, muss aber zusätzlich von i nach j fahren. Auf Basis der größten Kostenersparnis werden die Touren schrittweise solange vergrößert, wie die Kapazitätsrestriktionen dies zulassen. Mit dem nachfolgenden Beispiel wird der Ablauf des Savings-Verfahrens kurz illustriert.

Beispiel:

Den Ausgangspunkt für ein Tourenplanungsproblem stellen die in der Abbildung 15.4 angegebenen Beziehungen zwischen einem Auslieferungslager und vier Abnehmern A, B, C und D dar. Auf den Kanten des Graphen sind dabei die Fahrzeiten in Stunden zwischen den einzelnen Orten angegeben und bei den Abnehmern stehen die an diesem Tag jeweils zu liefernden Mengen des gleichen Produktes. Zur Auslieferung stehen vier LKWs zur Verfügung, wobei jeder LKW eine Ladekapazität von maximal 60 Mengeneinheiten hat. Des Weiteren ist die Auslieferungszeit an einem Tag auf 10 Stunden pro LKW beschränkt. Zur Vereinfachung wird angenommen, dass für das Be- und Entladen keine Zeit benötigt wird.

Abbildung 15.4 Graph des Tourenplanungsbeispiels

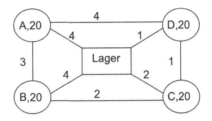

Quelle: Eigene Darstellung

Die Startlösung für das Savings-Verfahren stellt die zulässige Einzelbelieferung der vier Abnehmer dar, die sich wie folgt ergibt:

- Tour „Lager–A–Lager" mit einer Fahrzeit von 2·4 = 8 Stunden und einer Kapazitätsauslastung von 20 Mengeneinheiten

- Tour „Lager–B–Lager" mit einer Fahrzeit von 2·4 = 8 Stunden und einer Kapazitätsauslastung von 20 Mengeneinheiten

- Tour „Lager–C–Lager" mit einer Fahrzeit von 2·2 = 4 Stunden und einer Kapazitätsauslastung von 20 Mengeneinheiten

- Tour „Lager–D–Lager" mit einer Fahrzeit von 2·1 = 2 Stunden und einer Kapazitätsauslastung von 20 Mengeneinheiten

Durch die Zusammenfassung von jeweils zwei benachbarten Abnehmern in eine Tour würden dann die folgenden Touren mit der jeweils angegebenen Ersparnis gegenüber den Einzelbelieferungen sowie der entsprechenden Fahrzeit und Kapazitätsauslastung resultieren:

- Tour „Lager–A–B–Lager" mit einer Ersparnis von 4 + 4 – 3 = 5 Stunden bei einer Fahrzeit von 11 Stunden und einer Kapazitätsauslastung von 40 Mengeneinheiten

- Tour „Lager–A–D–Lager" mit einer Ersparnis von 4 + 1 – 4 = 1 Stunde bei einer Fahrzeit von 9 Stunden und einer Kapazitätsauslastung von 40 Mengeneinheiten

- Tour „Lager–B–C–Lager" mit einer Ersparnis von 4 + 2 – 2 = 4 Stunden bei einer Fahrzeit von 8 Stunden und einer Kapazitätsauslastung von 40 Mengeneinheiten

- Tour „Lager–C–D–Lager" mit einer Ersparnis 2 + 1 – 1 = 2 Stunden bei einer Fahrzeit von 4 Stunden und einer Kapazitätsauslastung von 40 Mengeneinheiten

Die Tour „Lager–A–B–Lager" ist aufgrund der Fahrzeitbeschränkung nicht zulässig und scheidet deshalb aus der Betrachtung aus. Von den anderen Touren bringt die Tour „Lager–B–C–Lager" die größte Ersparnis und wird daher gebildet, so dass nach dieser Iteration die Lösung mit den drei Touren „Lager–A–Lager", „Lager–B–C–Lager" und „Lager–D–Lager" vorliegt. Ausgehend von dieser Lösung würden sich im nächsten Schritt die folgenden Zusammenfassungen benachbarter Touren ergeben:

- Tour „Lager–A–D–Lager" mit einer Ersparnis von 4 + 1 – 4 = 1 Stunde bei einer Fahrzeit von 9 Stunden und einer Kapazitätsauslastung von 40 Mengeneinheiten

- Tour „Lager–A–B–C–Lager" mit einer Ersparnis von 4 + 4 – 3 = 5 Stunden bei einer Fahrzeit von 11 Stunden und einer Kapazitätsauslastung von 60 Mengeneinheiten

- Tour „Lager–B–C–D–Lager" mit einer Ersparnis von 2 + 1 – 1 = 2 Stunden bei einer Fahrzeit von 8 Stunden und einer Kapazitätsauslastung von 60 Mengeneinheiten

Die Tour „Lager–A–B–C–Lager" ist aufgrund der Fahrzeitbeschränkung nicht zulässig. Die größte Ersparnis wird durch die Zusammenfassung der Abnehmer B, C und D zu einer Tour erreicht. Eine weitere Verbesserung ist nun aufgrund der Kapazitätsauslastung dieser Tour nicht mehr möglich, so dass als Endlösung die beiden Touren „Lager–A–Lager" und „Lager–B–C–D–Lager" mit einer Gesamtfahrzeit von 8 + 8 = 16 Stunden resultieren. Gegenüber der Startlösung werden damit 6 Stunden Fahrzeit eingespart.

15.2   Heuristische Metastrategien

Neben Heuristiken, die auf einzelne Planungsprobleme speziell zugeschnitten sind, existieren eine Reihe heuristischer Verfahren, die nach allgemeinen, meist naturorientierten Prinzipien vorgehen und für mehrere, unterschiedliche Problemstellungen einsetzbar sind. Aufgrund des breiten Anwendungsspektrums werden diese Ansätze als **heuristische Metastrategien** oder auch **Metaheuristiken** bezeichnet. Es handelt sich dabei im Allgemeinen um Verbesserungsverfahren, die von einer zulässigen Lösung ausgehen. Des Weiteren lassen diese Heuristiken oft auch vorübergehende Verschlechterungen der Zielfunktion zu, so dass lokale Optima unter Umständen wieder verlassen werden können und der Lösungsraum damit umfassender abgesucht wird.

In diesem Abschnitt sollen die Grundprinzipien einiger heuristischer Metastrategien kurz vorgestellt werden. Im Einzelnen wird dabei auf die folgenden Ansätze eingegangen:

- Simulated Annealing

- Tabu Search

- Genetische Algorithmen

- Ameisen-Systeme

Ein auf dem Prinzip eines physikalischen Abkühlungsvorgangs basierendes Verfahren stellt das **Simulated Annealing** dar. Hinter dem Verfahren steckt von der Grundidee her ein gesteuerter Abkühlungsvorgang bei geschmolzenen Metallen, bei dem durch langsame Abkühlung das Material besonders günstige Strukturen beim Erstarren aufbaun und einen energiearmen Zustand nahe am Optimum erreichen kann. Bei höheren Temperaturen des Metalls werden auch Verschlechterungen der Energiebilanz akzeptiert, die im Laufe des Abkühlungsprozesses aber immer geringer werden, bis der Prozess schließlich zur Ruhe kommt. Der Ausgangspunkt des Simulated Annealing ist damit eine zulässige Lösung x des zugrundeliegenden Optimierungsproblems. Im nächsten Schritt wird eine neue zulässige Nachbarlösung x' zufällig ausgewählt. Falls x' besser als x ist, wird x' weiterverwendet. Für den Fall, dass x' schlechter als x ist, kommt x' dennoch mit einer bestimmten Wahrscheinlichkeit als neue Lösung in Betracht. Allerdings hängt diese Wahrscheinlichkeit von der Höhe der akzeptierten Verschlechterung und damit von einem vorzugebenden „Temperaturparameter" ab, der im Laufe der Iterationen reduziert wird. Das Verfahren bricht schließlich ab, sobald am Ende nur noch Verbesserungen akzeptiert werden und keine bessere Nachbarlösung mehr vorliegt.

Ein alternatives lokales Suchverfahren stellt der Ansatz des **Tabu Search** dar. Der Ausgangspunkt ist auch hier eine zulässige Lösung x des zugrundeliegenden Optimierungsproblems. Im nächsten Schritt wird dann unter allen zulässigen Nachbarlösungen diejenige ausgewählt, die zur stärksten Verbesserung des Zielfunktionswerts führt. Falls kein besserer Nachbar existiert, wird die zulässige Nachbarlösung mit der geringsten Verschlechterung als neue Lösung x' gewählt. Da dieses Vorgehen iterativ wiederholt wird, muss für den Fall, dass die neue Lösung x' zu einer Verschlechterung des Zielfunktionswerts geführt hat, die vorherige Lösung x vorübergehend verboten bzw. tabu gesetzt werden. Damit wird gewährleistet, dass man ausgehend von der neuen Lösung x' nicht wieder zur vorherigen Lösung x zurückkehrt, so dass ein Kreisen um lokale Optima verhindert wird.

Eine weitere heuristische Metastrategie sind die **genetischen Algorithmen**, die auf den Prinzipien der biologischen Evolution basieren. Der Grundgedanke dabei ist, dass jedes Lebewesen in seinen Zellen Erbinformationen besitzt, die durch Fortpflanzung mit anderen Erbinformationen kombiniert werden. Es entstehen somit neue Lebewesen, wobei nach dem **darwinschen Evolutionsprinzip** nur diejenigen Lebewesen überleben, die sich der Umwelt am besten anpassen können. Bei der Fortpflanzung kann auch eine spontane Veränderung in der Erbinformation auftreten, die in der Biologie als **Mutation** bezeichnet wird. Bei der algorithmischen Umsetzung des Evolutionsprozesses geht man zunächst von einer **Ausgangspopulation** von Individuen aus, die gemäß der vorliegenden Problemstellung zulässig sind. Bei genetischen Algorithmen werden die Individuen als Binärvektor kodiert, der damit dem zugehörigen **Chromosom** entspricht. Eine einzelne Stelle in diesem Vektor stellt dann ein **Gen** dar, dass die Werte 0 und 1 annehmen kann. Im nächsten Schritt erfolgt dann eine **Selektion**, d. h. es werden Individuen aus der Ausgangspopulation gemäß ihrer Fitness und einer daraus resultierenden **Selektionswahrscheinlichkeit** ausgewählt, die dann für die Erzeugung von Nachkommen herangezogen werden. Bei jeweils zwei Individuen der Elterngeneration erfolgt eine **Rekombination** (auch **Kreuzung** oder **Crossover** genannt), indem Gene der Eltern kombiniert und an die Kinder weitergegeben werden. Schließlich kann bei einem Nachkommen mit einer gewissen Wahrscheinlichkeit noch eine **Mutation** auftreten, d. h. es erfolgt eine zufällige Veränderung des entsprechenden Chromosoms. Die dargestellten Schritte der

Selektion, Rekombination und Mutation werden nun solange wiederholt, bis ein vorgegebenes Abbruchkriterium erfüllt ist. Mit dem nachfolgenden Beispiel sollen die Idee und der Ablauf der genetischen Algorithmen kurz verdeutlicht werden.

Beispiel:

Betrachtet wird die folgende Funktion, die für $x \in \{0,1,2,...,31\}$ ganzzahlig minimiert werden soll:

$$f(x) = x^2 - 18x + 81$$

Die Kodierung der Individuen der Population erfolgt als Binärvektor mit 5 Stellen, um den relevanten Zahlenbereich abzudecken. Exemplarisch werden drei Individuen für die Ausgangspopulation wie folgt festgelegt, wobei der dem Binärvektor jeweils entsprechende Zahlenwert sowie die zugehörige Fitness in Form des Funktionswertes angegeben sind:

$$(1,0,1,1,0) \triangleq 1 \cdot 2^0 + 0 \cdot 2^1 + 1 \cdot 2^2 + 1 \cdot 2^3 + 0 \cdot 2^4 = 13 \text{ mit } f(13) = 16$$
$$(0,0,0,0,1) \triangleq 0 \cdot 2^0 + 0 \cdot 2^1 + 0 \cdot 2^2 + 0 \cdot 2^3 + 1 \cdot 2^4 = 16 \text{ mit } f(16) = 49$$
$$(1,1,1,1,1) \triangleq 1 \cdot 2^0 + 1 \cdot 2^1 + 1 \cdot 2^2 + 1 \cdot 2^3 + 1 \cdot 2^4 = 31 \text{ mit } f(31) = 484$$

Da die Zielfunktion minimiert werden soll, ist in diesem Beispiel ein geringerer Fitnesswert besser. Bei der Selektion haben somit die Individuen mit geringeren Fitnesswerten höhere Auswahlwahrscheinlichkeiten. Exemplarisch werden die folgenden Individuen selektiert:

$$(1,0,1,1,0)$$
$$(0,0,0,0,1)$$

Bei der Rekombination wird hier ein One-Point-Crossover nach dem dritten Gen des Chromosoms vorgenommen, d. h. die ersten drei Gene des ersten Elternteils werden mit den letzten beiden Genen des zweiten Elternteils und umgekehrt kombiniert, so dass folgende Nachkommen mit den jeweils angegebenen Fitnesswerten resultieren:

$$(1,0,1,0,1) \triangleq 1 \cdot 2^0 + 0 \cdot 2^1 + 1 \cdot 2^2 + 0 \cdot 2^3 + 1 \cdot 2^4 = 21 \text{ mit } f(21) = 144$$
$$(0,0,0,1,0) \triangleq 0 \cdot 2^0 + 0 \cdot 2^1 + 0 \cdot 2^2 + 1 \cdot 2^3 + 0 \cdot 2^4 = 8 \text{ mit } f(8) = 1$$

Schließlich erfolgt exemplarisch noch eine Mutation beim ersten der beiden Nachkommen, indem der Wert des Gens an der dritten Stelle geändert wird. Es ergibt sich dann das folgende Individuum mit der angegebenen Fitness:

$$(1,0,0,0,1) \triangleq 1 \cdot 2^0 + 0 \cdot 2^1 + 0 \cdot 2^2 + 0 \cdot 2^3 + 1 \cdot 2^4 = 17 \text{ mit } f(17) = 64$$

Die dargestellten Schritte müssten jetzt wiederholt werden, worauf aber an dieser Stelle nicht weiter eingegangen wird.

Abschließend soll noch kurz die Grundidee der **Ameisensysteme** vorgestellt werden. Die entsprechende Metastrategie basiert auf dem Verhalten realer Ameisenkolonien in der

Natur, die in der Lage sind, kürzeste Wege zwischen dem Nest und einer Futterstelle zu finden. Dies gelingt den Ameisen dadurch, dass sie auf ihrem Weg sogenannte **Pheromone** abgeben, die von anderen Ameisen wahrgenommen werden können. Durch das Auffinden einer bereits gelegten Pheromonspur wird eine Ameise dann motiviert, diesem Weg nachzugehen und ihrerseits wiederum Pheromone abzulegen. Mit dem folgenden Beispiel soll aufgezeigt werden, wie dieses kommunikative, autokatalytische Verhalten mehrerer Ameisen dazu beitragen kann, den kürzesten Weg zwischen zwei Punkten zu finden.

Beispiel:

Den Ausgangspunkt stellen die beiden in der Ausgangssituation der Abbildung 15.5 skizzierten Wege zwischen den Punkten A und D dar. Auf den Kanten zwischen den Punkten ist die Länge des jeweiligen Wegs angegeben. Der Weg über B weist dabei insgesamt eine Länge von 2 auf, während der Weg über C eine Gesamtlänge von 1 besitzt.

Abbildung 15.5   Illustration der Grundidee der Ameisensysteme

Ausgangssituation:

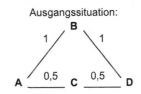

Zeitpunkt $t = 0$:

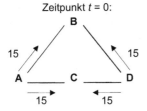

Zeitpunkt $t = 1$

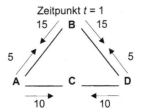

Quelle: Eigene Darstellung

Zum Zeitpunkt $t = 0$ befinden sich am Punkt A 30 Ameisen, die zum Punkt D wollen. Am Punkt D befinden sich ebenfalls 30 Ameisen, die jedoch den Punkt A als Ziel haben. Da zum Zeitpunkt $t = 0$ noch keine Pheromonspuren vorhanden sind, ist für alle Ameisen die Entscheidung für einen der beiden Wege gleich wahrscheinlich. Es kann also davon ausgegangen werden, dass die Wegstrecken ABD, ACD, DBA und DCA von jeweils 15 Ameisen gewählt werden. Dieser Sachverhalt ist in der Abbildung 15.5 unten links dargestellt, wobei die Pfeile mit der jeweiligen Zahlenangabe die Richtung der einzelnen Wegstrecken und die Anzahl der diesen Weg wählenden Ameisen andeuten. Es wird angenommen, dass alle

Ameisen pro Zeiteinheit eine Längeneinheit zurücklegen. Dies bedeutet, dass zum Zeitpunkt $t = 1$ alle Ameisen, die den Weg über den Knoten C gewählt haben, ihr jeweiliges Ziel bereits erreicht haben, während die Ameisen auf dem Weg über B erst die Hälfte des Wegs zurückgelegt haben. Damit befinden sich zum Zeitpunkt $t = 1$ auf dem gesamten Weg über den Knoten C Pheromonspuren von 30 Ameisen, während der Weg über B lediglich halb so viele Pheromonspuren aufweist. Die sich am Punkt B befindenden 30 Ameisen setzen ihren Weg nun fort, während die jeweils 15 Ameisen, die mit dem Punkt A bzw. D ihr Ziel bereits erreicht haben, zu ihrem Ausgangspunkt zurückkehren möchten. Damit ergibt sich aufgrund des unterschiedlichen Pheromongehalts auf den beiden Wegen die in der Abbildung 15.5 unten rechts dargestellte proportionale Aufteilung der Ameisen. Der kürzere Weg wird also von mehr Ameisen gewählt als der längere Weg.

15.3   Übungsaufgaben zu heuristischen Verfahren

Nachfolgend finden sich drei Übungsaufgaben zu heuristischen Verfahren. Bei den Übungsaufgaben ist auch jeweils der Themenbereich angegeben, auf den sich diese Aufgabe bezieht. Des Weiteren ist im Anschluss an die jeweilige Aufgabe auch eine Lösung dargestellt. Dabei ist zu beachten, dass es sich um einen Lösungsvorschlag handelt und manchmal auch andere Lösungswege denkbar wären.

Aufgabe 1:   **(Marktsegmentierung)**

Für 6 zu klassifizierende PKW sei die folgende Datenmatrix gegeben:

PKW i	Höchstgeschwindigkeit im km/Stunde ($k = 1$)	Verbrauch in l/100 km ($k = 2$)
1	150	6
2	240	12
3	200	8
4	170	5
5	170	6
6	190	9

a) Bestimmen Sie die Distanzmatrix $\mathbf{D} = (d(i,j))_{6,6}$ mit

$$d(i,j) = \sum_{k=1}^{2} \frac{1}{\max_i a_{ik} - \min_i a_{ik}} |a_{ik} - a_{jk}| \, .$$

b) Bestimmen Sie eine Zerlegung in drei Klassen mit Hilfe der Startheuristik.

c) Bestimmen Sie **eine** optimale Folgegruppierung mit Hilfe der Austauschheuristik.

d) Interpretieren Sie die erhaltenen Klassen.

Lösung zur Aufgabe 1:

a) Unter Anwendung der gegebenen Distanzfunktion ergeben sich die nachfolgenden drei exemplarischen Distanzberechnungen:

$$d(1,2) = \frac{1}{240-150} \cdot |150-240| + \frac{1}{12-5} \cdot |6-12| = \frac{90}{90} + \frac{6}{7} = 1,86$$

$$d(1,3) = \frac{1}{90} \cdot |150-200| + \frac{1}{7} \cdot |6-8| = 0,84$$

$$d(5,6) = \frac{1}{90} \cdot |170-190| + \frac{1}{7} \cdot |6-9| = 0,65$$

Die so berechneten Distanzen können anschließend in der Distanzmatrix D zusammengefasst werden:

$$D = \begin{pmatrix} 0 & 1,86 & 0,84 & 0,37 & 0,22 & 0,87 \\ & 0 & 1,02 & 1,78 & 1,63 & 0,98 \\ & & 0 & 0,76 & 0,62 & 0,25 \\ & & & 0 & 0,14 & 0,79 \\ & & & & 0 & 0,65 \\ & & & & & 0 \end{pmatrix}$$

b) Auf Basis der zuvor bestimmten Distanzmatrix kann die Startheuristik angewandt werden.

(1) $\max\limits_{i,j} d(i,j) = d(1,2) = 1,86$, d. h. die PKWs 1 und 2 stellen die ersten beiden Klassenzentren dar.

(2) Der PKW 6 besitzt, wie nachfolgend gezeigt, die maximale minimale Entfernung zu den bereits bestimmten Klassenzentren und wird damit als weiteres Klassenzentrum gewählt.

	zu 1	zu 2	min	
3	0,84	1,02	0,84	
4	0,37	1,78	0,37	
5	0,22	1,63	0,22	
6	0,87	0,98	0,87	← max

Somit wurden die geforderten 3 Klassenzentren ermittelt und es müssen keine weiteren Klassenzentren bestimmt werden.

(3) Die anschließende Zuordnung der restlichen Objekte erfolgt anhand der minimalen Distanzen zu den bereits ermittelten Klassenzentren. Eine entsprechende Zuordnung liefert das folgende Ergebnis:

$$K_1 = \{1, 4, 5\}, \ K_2 = \{2\} \text{ und } K_3 = \{6, 3\}$$

c) Ausgehend von der Gruppierung $K_1 = \{1, 4, 5\}$, $K_2 = \{2\}$ und $K_3 = \{6, 3\}$ kann eine optimale Folgegruppierung mittels der Austauschheuristik wie folgt bestimmt werden:

(1) $SI = \frac{1}{3} \cdot (0{,}37 + 0{,}22 + 0{,}14) + 0 + \frac{1}{2} \cdot (0{,}25) = 0{,}37$

(2) Die Tauschoptionen der PKW sowie die resultierenden Werte für die Größe SI sind nachfolgend angegeben:

Kunde 1: $\{4, 5\}$, $\{2, 1\}$, $\{6, 3\}$, $SI = 1{,}13$ oder $\{4, 5\}$, $\{2\}$, $\{6, 3, 1\}$, $SI = 0{,}72$

Kunde 2: Kein Tausch möglich, da 3 Klassen gefordert sind.

Kunde 3: $\{1, 4, 5, 3\}$, $\{2\}$, $\{6\}$, $SI = 0{,}74$ oder $\{1, 4, 5\}$, $\{2, 3\}$, $\{6\}$, $SI = 0{,}75$

Kunde 4: $\{1, 5\}$, $\{2, 4\}$, $\{6, 3\}$, $SI = 1{,}13$ oder $\{1, 5\}$, $\{2\}$, $\{6, 3, 4\}$, $SI = 0{,}71$

Kunde 5: $\{1, 4\}$, $\{2, 5\}$, $\{6, 3\}$, $SI = 1{,}13$ oder $\{1, 4\}$, $\{2\}$, $\{6, 3, 5\}$, $SI = 0{,}69$

Kunde 6: $\{1, 4, 5, 6\}$, $\{2\}$, $\{3\}$, $SI = 0{,}76$ oder $\{1, 4, 5\}$, $\{2, 6\}$, $\{3\}$, $SI = 0{,}73$

(3) Dieser Schritt entfällt, da keine Tauschoption die Größe SI reduziert.

(4) Es ist keine Verbesserung der Größe SI möglich, die Startgruppierung ist lokal optimal.

Aufgabe 2: (Transportplanung)

Die nachfolgende Tabelle enthält die Ausgangsdaten für ein Transportproblem. Von drei Auslieferungslagern A1, A2 und A3 aus können die Abnehmer in vier Städten S1, S2, S3 und S4 beliefert werden, wobei die jeweiligen Transportkosten pro Mengeneinheit in der Tabelle eingetragen sind. Die Kapazitäten der drei Auslieferungslager sowie die aggregierten Bedarfsmengen der Abnehmer in den vier Städten sind in der Tabelle ebenfalls angegeben.

von nach	S1	S2	S3	S4	Angebotsmenge
A1	30	10	40	60	100
A2	10	5	30	30	50
A3	20	20	30	30	50
Bedarfsmenge	50	50	50	50	

a) Bestimmen Sie mit Hilfe der Matrixminimummethode die kostenminimalen Transportmengen und -wege und geben Sie die zugehörigen Gesamttransportkosten an.

b) Bestimmen Sie mit Hilfe der Vogelschen Approximationsmethode die kostenminimalen Transportmengen und -wege und geben Sie die zugehörigen Gesamttransportkosten an.

Lösung zur Aufgabe 2:

a) Das in der Aufgabenstellung gegebene Transportproblem kann wie folgt mittels der Matrixminimummethode gelöst werden:

	S1	S2	S3	S4	Angebotsmenge
A1	30	10	40	60	100
A2	10	5	30	30	50
A3	20	20	30	30	50
Bedarfsmenge	50	50	50	50	

Das erste Minimum der Transportkosten ergibt sich mit 5 Geldeinheiten, so dass 50 Einheiten von A2 nach S2 mit Kosten von insgesamt 250 Geldeinheiten transportiert werden. Da die Bedarfsmenge von Stadt S2 damit befriedigt ist und die Angebotsmenge im Auslieferungslager A2 leer ist, resultiert das nachfolgende Tableau:

	S1	S3	S4	Angebotsmenge
A1	30	40	60	100
A3	20	30	30	50
Bedarfsmenge	50	50	50	

Das Minimum in diesem Tableau beträgt 20 Geldeinheiten. Demzufolge werden von A3 nach S1 insgesamt 50 Einheiten mit Kosten in Höhe von 1000 Geldeinheiten transportiert. Daraus resultiert nachfolgendes Tableau:

	S3	S4	Angebotsmenge
A1	40	60	100
Bedarfsmenge	50	50	

Damit werden zunächst 50 Einheiten von A1 nach S3 mit Kosten in Höhe von 2000 Geldeinheiten und anschließend 50 Einheiten von A1 nach S4 mit Kosten in Höhe von 3000 Geldeinheiten transportiert. Die resultierenden Gesamtkosten belaufen sich dann auf 6250 Geldeinheiten.

b) Das in der Aufgabenstellung gegebene Transportproblem kann wie folgt mittels der Vogelschen Approximationsmethode gelöst werden.

Für die Ausgangsdaten sind die zusätzlichen Kosten im nachfolgenden Tableau abgebildet. Die höchsten zusätzlichen Kosten ergeben sich mit 20 Geldeinheiten für das Auslieferungslager A1. Daher werden 50 Einheiten von A1 nach S2 mit Kosten in Höhe von 500 Geldeinheiten geliefert. Dadurch wird der Bedarf von S2 befriedigt und die Angebotsmenge von A1 auf 50 Einheiten reduziert.

	S1	S2	S3	S4	Angebot	Δ
A1	30	10	40	60	100	30 − 10 = 20
A2	10	5	30	30	50	10 − 5 = 5
A3	20	20	30	30	50	20 − 20 = 0
Bedarf	50	50	50	50		
Δ	10	5	0	0		

Nach der Anpassung der Bedarfs- und Angebotsmengen ergibt sich das nachfolgende Tableau:

	S1	S3	S4	Angebot	Δ
A1	30	40	60	50	10
A2	10	30	30	50	20
A3	20	30	30	50	10
Bedarf	50	50	50		
Δ	10	0	0		

Die höchsten zusätzlichen Kosten in diesem Tableau betragen wiederum 20 Geldeinheiten bei dem Auslieferungslager A2. Daher werden 50 Einheiten von A2 nach S1 mit Kosten von 500 Geldeinheiten transportiert. Es resultiert dann das folgende Tableau:

	S3	S4	Angebot	Δ
A1	40	60	50	20
A3	30	30	50	0
Bedarf	50	50		
Δ	10	30		

Die höchsten zusätzlichen Kosten in diesem Tableau betragen 30 Geldeinheiten für S4. Es werden demnach 50 Einheiten von A3 nach S4 mit Kosten in Höhe von 1500 Geldeinheiten und schließlich noch 50 Einheiten von A1 nach S3 mit Kosten in Höhe von 2000 Geldeinheiten transportiert. Die resultierenden Gesamtkosten belaufen sich damit auf 4500 Geldeinheiten.

Aufgabe 3:   (Tourenplanung)

An einem bestimmten Tag sollen von einem Auslieferungsdepot aus vier Abnehmer A, B, C und D beliefert werden. In der nachfolgenden Graphik sind auf den Kanten die Transportzeiten zwischen den einzelnen Abnehmerorten angegeben und bei den Abnehmern stehen die an diesem Tag jeweils zu liefernden Mengen desselben Produkts. Zur Auslieferung stehen vier LKWs zur Verfügung, wobei jeder LKW eine Ladekapazität von maximal 50 Mengeneinheiten hat. Des Weiteren ist die Auslieferungszeit inklusive Be- und Entladezeiten je LKW und Tag auf 12 Zeiteinheiten beschränkt. Für das Beladen der LKWs wird pro 10 Mengeneinheiten eine halbe Zeiteinheit benötigt. Für den Entladevorgang fällt wiederum pro 10 Mengeneinheiten eine halbe Zeiteinheit an.

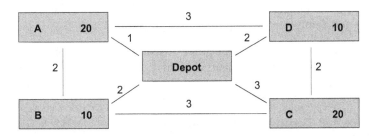

Führen Sie mit Hilfe des Savings-Verfahrens eine Tourenplanung durch, so dass die anfallende Gesamtauslieferungszeit möglichst gering wird.

Lösung zur Aufgabe 3:

Die Einzelbelieferungen der vier Abnehmer stellen sich wie folgt dar:

■ Tour „Depot–A–Depot" mit einer reinen Fahrzeit von 2·1 = 2 Stunden. Bei einer Kapazitätsauslastung von 20 Mengeneinheiten ergibt sich eine Be- und Entladezeit von jeweils einer Zeiteinheit und damit eine Auslieferungszeit von 2 + 2 = 4 Stunden.

■ Tour „Depot–B–Depot" mit einer reinen Fahrzeit von 2·2 = 4 Stunden. Bei einer Kapazitätsauslastung von 10 Mengeneinheiten ergibt sich eine Be- und Entladezeit von jeweils 0,5 Zeiteinheiten und damit eine Auslieferungszeit von 4 + 1 = 5 Stunden.

■ Tour „Depot–C–Depot" mit einer reinen Fahrzeit von 2·3 = 6 Stunden. Bei einer Kapazitätsauslastung von 20 Mengeneinheiten ergibt sich eine Be- und Entladezeit von jeweils einer Zeiteinheit und damit eine Auslieferungszeit von 6 + 2 = 8 Stunden.

■ Tour „Depot–D–Depot" mit einer reinen Fahrzeit von 2·2 = 4 Stunden. Bei einer Kapazitätsauslastung von 10 Mengeneinheiten ergibt sich eine Be- und Entladezeit von jeweils 0,5 Zeiteinheit und damit eine Auslieferungszeit von 4 + 1 = 5 Stunden.

Durch die Zusammenfassung von jeweils zwei benachbarten Abnehmern in eine Tour resultieren die nachfolgend angegebenen Ersparnisse gegenüber den Einzelbelieferungen sowie die entsprechenden Auslieferungszeiten und Kapazitätsauslastungen:

■ Tour „Depot–A–B–Depot" mit einer Ersparnis von 2 + 1 – 2 = 1 Stunde. Bei einer Kapazitätsauslastung von 30 Mengeneinheiten ergibt sich eine Be- und Entladezeit von jeweils 1,5 Zeiteinheit und damit eine Auslieferungszeit von 8 Stunden.

■ Tour „Depot–A–D–Depot" mit einer Ersparnis von 1 + 2 – 3 = 0 Stunden. Bei einer Kapazitätsauslastung von 30 Mengeneinheiten ergibt sich eine Be- und Entladezeit von jeweils 1,5 Zeiteinheit und damit eine Auslieferungszeit von 9 Stunden.

■ Tour „Depot–B–C–Depot" mit einer Ersparnis von 2 + 3 – 3 = 2 Stunden. Bei einer Kapazitätsauslastung von 30 Mengeneinheiten ergibt sich eine Be- und Entladezeit von jeweils 1,5 Zeiteinheit und damit eine Auslieferungszeit von 11 Stunden.

■ Tour „Depot–C–D–Depot" mit einer Ersparnis 2 + 3 – 2 = 3 Stunden. Bei einer Kapazitätsauslastung von 30 Mengeneinheiten ergibt sich eine Be- und Entladezeit von jeweils 1,5 Zeiteinheit und damit eine Auslieferungszeit von 10 Stunden.

Die Tour „Depot–C–D–Depot" bringt die größte Ersparnis und wird daher gebildet, so dass nach dieser Iteration die Lösung mit den drei Touren „Depot–A–Depot", „Depot–B–Depot" und „Depot–C–D–Depot" vorliegt. Ausgehend davon ergeben sich die folgenden Zusammenfassungen:

- Tour „Depot–A–B–Depot" mit einer Ersparnis von 2 + 1 – 2 = 1 Stunde bei einer Auslieferungszeit von 8 Stunden und einer Kapazitätsauslastung von 30 Mengeneinheiten

- Tour „Depot–B–C–D–Depot" ergibt eine Auslieferungszeit von 13 Stunden und ist damit aufgrund der maximalen Auslieferungszeit von 12 Stunden nicht zulässig

- Tour „Depot–C–D–A–Depot" ergibt eine Auslieferungszeit von 14 Stunden und ist damit aufgrund der maximalen Auslieferungszeit von 12 Stunden nicht zulässig

Die einzige Zusammenfassung ist mit der Tour „Depot–A–B–Depot" möglich. Eine weitere Verbesserung ist sowohl wegen der Kapazitätsauslastung als auch der Fahrtzeitbeschränkung nicht möglich. Damit resultieren als Endlösung die beiden Touren „Depot–A–B–Depot" und „Depot–C–D–Depot" mit einer Gesamtauslieferungszeit von 8 + 10 = 18 Stunden.

15.4   Literaturhinweise

Allgemeine Darstellungen zu speziellen Heuristiken können beispielsweise den Arbeiten von Hauke und Opitz (2003), Kistner (2003), Scholz (2018) und Zimmermann (2008) entnommen werden. Heuristiken für das Gruppierungsproblem werden speziell bei Bacher et al. (2010), Backhaus et al. (2021) sowie Bankhofer und Vogel (2008), für das Transportproblem bei Burgard (2020), Heinrich (2013) und Kadlec (2013) sowie für das Tourenplanungsproblem bei Domschke und Scholl (2010), Neumann und Morlock (2003) sowie Suhl und Mellouli (2013) behandelt. Entsprechende Übungsaufgaben finden sich bei Heinrich (2013), Lasch (2020), Lasch (2021), Lasch und Janker (2017), Zimmermann (2008).

Alle in diesem Kapitel behandelten Metaheuristiken sind in Domschke und Scholl (2010) beschrieben. Umfassende Werke zu Metaheuristiken stellen die Arbeiten von Feldmann (2013) sowie Osman und Kelly (1996) dar. Speziell für den Ansatz des Simulated Annealing sei exemplarisch auf Domschke et al. (2015a), Klein und Scholl (2012), Nikolaev und Jacobson (2010) sowie Taha (2010), für das Tabu Search auf Domschke et al. (2015a), Gendreau und Potvin (2010), Klein und Scholl (2012), Taha (2010) und Zimmermann (2008), für genetische Algorithmen auf Klein und Scholl (2012), Nissen (2013) Reeves (2010) und Taha (2010) und für Ameisensysteme auf Bankhofer und Hilbert (1999), Dorigo und Stützle (2004) sowie Grimme und Bossek (2018) verwiesen. Weitere Metaheuristiken wie evolutionäre Algorithmen und Ansätze der Schwarmoptimierung sind z.B. in Nissen (2013) und Weiker (2015) bzw. Clerk (2010) sowie Grimme und Bossek (2018) zu finden. Übungsaufgaben zu Metaheuristiken können Grimme und Bossek (2018) entnommen werden.

16 Simulation

Im vorherigen Kapitel 15 wurden bereits heuristische Verfahren vorgestellt, die vor allem dann zur Anwendung kommen, wenn reale Problemstellungen sehr komplex und umfangreich sind, so dass entsprechende Modelle nur mit hohem Rechenaufwand oder gar nicht exakt gelöst werden können. Falls für eine Problemstellung auch keine sinnvollen Heuristiken existieren, stellt die **Simulation** einen alternativen Lösungsansatz dar. Ganz allgemein kann Simulation als ein Experimentieren an einem gegebenen Modell der Realität beschrieben werden. Es erfolgt also eine wirklichkeitsgetreue Nachbildung eines realen Geschehens durch ein Modell und die Eigenschaften des Modells werden mit dem Ziel untersucht, aus dem Modell auf die Realität zu schließen. Sind alle Modelldaten und -variablen determiniert, so spricht man von einer **deterministischen Simulation**, enthält das Modell hingegen auch Zufallsvariablen, so ergibt sich das Feld der **stochastischen Simulation**, das die Hauptanwendung im Bereich des Operations Research darstellt. Zusammenfassend können damit die folgenden **Charakteristika** für den Ansatz der Simulation genannt werden:

- Es muss ein Modell zugrunde liegen.

- Es handelt sich um ein Experiment mit meist zufallsabhängigen Ergebnissen.

- Im Allgemeinen werden sehr viele Durchführungen (**Simulationsläufe**) benötigt.

- Aus den resultierenden Häufigkeitsverteilungen wird auf das reale Geschehen geschlossen.

Im nachfolgenden Abschnitt 16.1 sollen zunächst betriebliche Anwendungsbeispiele für eine stochastische Simulation aufgezeigt werden, um die Grundidee dieses Ansatzes zu verdeutlichen. Der Abschnitt 16.2 widmet sich dann der Erzeugung von Zufallszahlen, die für entsprechende Simulationen benötigt werden. In Abschnitt 16.3 sind noch einige Übungsaufgaben mit Lösungen zum Themenbereich der Simulation dargestellt und in Abschnitt 16.4 werden schließlich noch Literaturhinweise gegeben.

16.1 Betriebliche Anwendungsbeispiele

Wie bereits angedeutet, kommt der Ansatz der Simulation bei betriebswirtschaftlichen Problemstellungen vor allem dann zur Anwendung, wenn stochastische Komponenten in entsprechenden Modellen enthalten sind. Derartige Modelle wurden im Wesentlichen in Teil 4 dieses Lehrbuchs mit den homogenen Markovketten, den Wartschlangensystemen und der stochastischen Lagerhaltung behandelt, aber auch in Abschnitt 9.3 in Form der Zeitplanung von Projekten mit stochastischen Vorgangsdauern. Bei den dort betrachteten Modellen wurden meist Vereinfachungsannahmen unterstellt, um exakte Lösungen erhalten zu können. Nachfolgend sollen exemplarisch zwei dieser Modelle mit dem Ansatz der Simulation analysiert werden, um die grundlegende Idee und Herangehensweise dieses Ansatzes aufzuzeigen, der natürlich auch auf komplexere Modelle übertragen werden kann. Dabei wird mit

© Springer Fachmedien Wiesbaden GmbH, ein Teil von Springer Nature 2022
U. Bankhofer, *Quantitative Unternehmensplanung*, Studienbücher
Wirtschaftsmathematik, https://doi.org/10.1007/978-3-8348-2466-0_16

dem nachfolgenden einfachen Beispiel zunächst das Problem der Zeitplanung eines Projekts betrachtet, bei dem stochastische Vorgangsdauern vorliegen.

Beispiel:

Betrachtet wird das im linken Teil der Abbildung 16.1 dargestellte Projekt in Form eines Vorgangspfeilnetzes, wobei die Vorgangsdauern in den jeweils angegebenen Intervallen als gleichverteilt angenommen werden.

Abbildung 16.1   Simulation der kürzesten Projektdauer

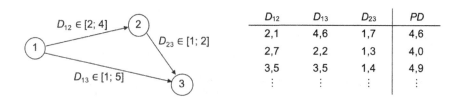

D_{12}	D_{13}	D_{23}	PD
2,1	4,6	1,7	4,6
2,7	2,2	1,3	4,0
3,5	3,5	1,4	4,9
⋮	⋮	⋮	⋮

Quelle: Eigene Darstellung

Zur Simulation der kürzesten Projektdauer müssen nun Zufallszahlen generiert werden, die den zugehörigen Verteilungen für die einzelnen Vorgangsdauern folgen. Auf die grundlegenden Möglichkeiten einer Erzeugung von Zufallszahlen wird im nachfolgenden Abschnitt noch ausführlicher eingegangen, an dieser Stelle werden einfach die rechts in der Abbildung 16.1 angedeuteten, zufällig generierten Realisierungen der als Zufallsvariablen D_{12}, D_{13} und D_{23} betrachteten Vorgangsdauern für die Vorgänge (1, 2), (1, 3) und (2, 3) herangezogen. Für die jeweiligen Realisierungen der Vorgangsdauern wird dann der längste Weg im Netzplan und damit die kürzeste Projektdauer ermittelt. Für die drei angegebenen Zeilen ergeben sich dabei die folgenden Berechnungen zur Bestimmung der jeweils kürzesten Projektdauer PD: $\max\{2{,}1 + 1{,}7; 4{,}6\} = 4{,}6$; $\max\{2{,}7 + 1{,}3; 2{,}2\} = 4{,}0$; $\max\{3{,}5 + 1{,}4; 3{,}5\} = 4{,}9$. In realen Problemstellungen sollte die Anzahl der Simulationsläufe natürlich weitaus größer sein, um aus den einzelnen Ergebnissen dann eine Wahrscheinlichkeitsverteilung für die kürzeste Projektdauer sinnvoll ermitteln zu können. Darauf wird an dieser Stelle aber nicht weiter eingegangen.

Als zweiter exemplarischer Anwendungsbereich der Simulation sollen Warteschlangensysteme betrachtet werden. Für den Fall eines entsprechenden Systems mit einer einzelnen Bedienstation werden die Zufallsvariablen A_t als Anzahl der Ankünfte zum Zeitpunkt t und B_t als Bedienungsdauer in Zeiteinheiten zum Zeitpunkt t (falls die Bedienung beginnt) eingeführt. Des Weiteren beschreibt die Zufallsvariable U_t die Anzahl der Einheiten in der Warteschlange zum Zeitpunkt t. Mit a als realisierte Anzahl aller Ankünfte bis zum Zeitpunkt t, b als realisierte Gesamtbedienungszeit bis zum Zeitpunkt t und u als realisierte Gesamtwartezeit aller Einheiten bis zum Zeitpunkt t gilt dann:

$$a = \sum_{i=1}^{t} a_i , \quad b = \sum_{i=1}^{t} b_i , \quad u = \sum_{i=1}^{t} u_i$$

Erzeugt man nun mittels Zufallszahlen Realisierungen der Ankünfte a_t und der Bedienungsdauern b_t, dann können nach Durchführung der Simulation verschiedene für das Warteschlangenmodell relevante Kenngrößen des Prozesses berechnet werden. Das stochastische Simulationsverfahren selbst läuft dabei folgendermaßen ab:

- **Schritt 1:** Initialisierung (Verteilungen, Zufallszahlen, $t = 0$, $a = b = u = 0$, $u_t = 0$)

- **Schritt 2:** Bestimme a_{t+1} durch Zufallszahl $\Rightarrow a = a + a_{t+1}$ und $u_{t+1} = u_t + a_{t+1}$

- **Schritt 3:** (BS = Bedienstation)

    - BS frei mit $u_{t+1} > 0 \Rightarrow$ Bestimme b_t durch Zufallszahl, $u_{t+1} = u_{t+1} - 1$, weiter **Schritt 4**
    - BS frei mit $u_{t+1} = 0 \Rightarrow t = t + 1$, weiter **Schritt 2** (oder **ENDE**)
    - BS nicht frei $\Rightarrow$ weiter **Schritt 4**

- **Schritt 4:** $u = u + u_{t+1}$, $b = b + 1$, $t = t + 1$, weiter **Schritt 2** (oder **ENDE**)

Mit dem nachfolgenden Beispiel soll dieser Ansatz kurz illustriert werden.

Beispiel:

Betrachtet wird ein Warteschlangenmodell mit einer Bedienstation. Für die Anzahl der Ankünfte und für die Bedienungsdauer werden die folgenden empirisch beobachteten Verteilungen herangezogen:

$$P(A_t = a_t) = \begin{cases} 0,6 & \text{für } a_t = 0 \\ 0,3 & \text{für } a_t = 1 \\ 0,1 & \text{für } a_t = 2 \end{cases} , \quad P(B_t = b_t) = \begin{cases} 0,5 & \text{für } b_t = 1 \\ 0,3 & \text{für } b_t = 2 \\ 0,2 & \text{für } b_t = 3 \end{cases}$$

Um die Realisierungen der Ankünfte a_t und der Bedienungsdauern b_t zu den einzelnen Zeitpunkten t zu erhalten, werden in [0, 1] gleichverteilte Zufallszahlen herangezogen, die in den entsprechenden Spalten der Tabelle 16.1 angegeben sind. Dabei erfolgt für die Anzahl der Ankünfte zum Zeitpunkt t die folgende Zuordnung der Realisierung auf Basis der jeweiligen Zufallszahl z: $z \in [0; 0,6] \to a_t = 0$, $z \in (0,6; 0,9] \to a_t = 1$, $z \in (0,9; 1] \to a_t = 2$. Analog ergibt sich die Zuordnung einer Realisierung für die jeweilige Bedienungsdauer zum Zeitpunkt t wie folgt: $z \in [0; 0,5] \to b_t = 1$, $z \in (0,5; 0,8] \to b_t = 2$, $z \in (0,8; 1] \to b_t = 3$. Die in der Tabelle 16.1 dargestellten Simulationsläufe für $t = 1, ..., 25$ sollen nun zu ausgewählten Zeitpunkten kurz erläutert werden. Zum Zeitpunkt $t = 1$ kommt aufgrund der Zufallszahl 0,21 keine Einheit in das System, so dass auch keine Einheit in die Warteschlange muss. Da die Bedienstation frei ist, erfolgt direkt der Übergang zum Zeitpunkt $t = 2$. Die Zufallszahl 0,82 gibt jetzt eine ankommende Einheit vor, die zunächst in die Warteschlange muss. Aufgrund der freien Bedienstation wird mit der Zufallszahl 0,32 eine Bedienungsdauer von einer Zeiteinheit zugeordnet und die Einheit wird sofort wieder aus der Warteschlange entfernt, da sie eigentlich gar nicht warten musste. Die Gesamtanzahl der Ankünfte bis zum Zeitpunkt $t = 2$ beträgt damit $a = 1$, die Gesamtbediendauer ergibt sich mit $b = 1$ und als Gesamtwartezeit erhält man $u = 0$. Diese Zahlen ändern sich auch bis einschließlich $t = 6$ nicht, da aufgrund der jeweiligen Zufallszahlen keine neuen Einheiten in das System kommen.

Tabelle 16.1 Simulation einer Warteschlange

Zeitpunkt	Zufallszahl	a_t	a	u_t	Zufallszahl	b_t	u_t	b	u
1	0,21	0	0	0					
2	0,82	1	1	1	0,32	1	0	1	0
3	0,27	0	1	0				1	0
4	0,58	0	1	0				1	0
5	0,46	0	1	0				1	0
6	0,33	0	1	0				1	0
7	0,78	1	2	1	0,11	1	0	2	0
8	0,29	0	2	0				2	0
9	0,79	1	3	1	0,13	1	0	3	0
10	0,03	0	3	0				3	0
11	0,87	1	4	1	0,97	3	0	4	0
12	0,34	0	4	0	–	–	–	5	0
13	0,16	0	4	0	–	–	–	6	0
14	0,73	1	5	1	0,66	2	0	7	0
15	0,09	0	5	0	–	–	–	8	0
16	0,45	0	5	0				8	0
17	0,17	0	5	0				8	0
18	0,65	1	6	1	0,38	1	0	9	0
19	0,99	2	8	2	0,17	1	1	10	1
20	0,73	1	9	2	0,82	3	1	11	2
21	0,70	1	10	2	–	–	2	12	4
22	0,73	1	11	3	–	–	3	13	7
23	0,21	0	11	3	0,07	1	2	14	9
24	0,15	0	11	2	0,02	1	1	15	10
25	0,35	0	11	1	0,46	1	0	16	10

Quelle: Eigene Darstellung

Erst zum Zeitpunkt $t = 7$ kommt aufgrund der Zufallszahl 0,78 wieder eine Einheit in das System, die allerdings mit einer Bedienungsdauer von einer Zeiteinheit auch gleich wieder abgefertigt wird. Auch die Zeitpunkte $t = 8$, 9 und 10 bringen keine Besonderheiten mit sich, so dass erst für $t = 11$ eine Erläuterung notwendig ist: Zu diesem Zeitpunkt kommt zwar nur eine Einheit in das System, allerdings beträgt die Bedienungsdauer aufgrund der Zufallszahl 0,97 jetzt drei Zeiteinheiten. Damit ist die Bedienstation bis einschließlich $t = 13$ ausgelastet, was in der Tabelle 16.1 mit den Gedankenstrichen symbolisiert wird. Da allerdings zu den Zeitpunkten $t = 12$ und 13 keine Einheiten in das System kommen, müssen auch keine Einheiten in der Warteschlange stehen. Dies ändert sich erst zum Zeitpunkt $t = 19$. Aufgrund der Zufallszahl 0,99 kommen zu diesem Zeitpunkt zwei Einheiten in das System, die sich zunächst in die Warteschlange stellen. Eine Einheit davon kann allerdings mit einer Bedienungsdauer von einer Zeiteinheit gleich bedient werden, so dass nur die andere Einheit tatsächlich warten muss und sich die Gesamtwartezeit auf $u = 1$ erhöht. Da zum Zeitpunkt $t = 20$ wieder eine neue Einheit in das System kommt und die bereits wartende Einheit jetzt mit einer Bedienungsdauer von drei Zeiteinheiten abgefertigt wird, muss die neue Einheit insgesamt drei Zeiteinheiten warten. Auch die zu den Zeitpunkten $t = 21$ und 22 ankommenden Einheiten müssen warten, so dass sich die Gesamtwartezeit auf $u = 7$ erhöht. Von den insgesamt drei wartenden Einheiten wird schließlich zum Zeitpunkt $t = 23$ eine Einheit bedient, was aber bedeutet, dass die anderen zwei Einheiten jeweils warten müssen. Analog resultiert dann noch die Erhöhung der Gesamtwartezeit zum Zeitpunkt $t = 24$ aufgrund der noch einen wartenden Einheit. Da ab $t = 23$ keine Einheiten mehr in das System kommen, wird die letzte wartende Einheit in $t = 25$ bedient und die Gesamtwartezeit erhöht sich nicht weiter. Abschließend lassen sich auf Basis der Ergebnisse zum Zeitpunkt $t = 25$ (Betrachtungszeitraum) mit den Werten $a = 11$ (Gesamtanzahl der Ankünfte), $b = 16$ (Gesamtbedienzeit) und $u = 10$ (Gesamtwartezeit) die folgenden Kennzahlen für das simulierte Wartesystem berechnen:

- Mittlere Ankunftsrate: $a/t = 11/25 = 0{,}44$

- Mittlere Bedienungszeit: $b/a = 16/11 = 1{,}45$

- Mittlere Abfertigungsrate: $a/b = 11/16 = 0{,}69$

- Mittlere Wartezeit pro Einheit: $u/a = 10/11 = 0{,}91$

- Mittlere Warteschlangenlänge: $u/t = 10/25 = 0{,}40$

- Mittlere Servicegrad der Bedienstation: $b/t = 16/25 = 0{,}64$

- Mittlere Anzahl von Einheiten im System: $(b + u)/t = (16 + 10)/25 = 1{,}04$

- Mittlere Verweilzeit: $(b + u)/a = (16 + 10)/11 = 2{,}36$

Dabei bleibt noch anzumerken, dass die Anzahl der Simulationsläufe für dieses Beispiel weitaus höher sein müsste, um verlässliche Aussagen ableiten zu können.

16.2   Erzeugung von Zufallszahlen

Zur Durchführung der Simulationsläufe in den Beispielen des vorherigen Abschnitts wurden Zufallszahlen herangezogen, die zunächst generiert werden müssen. Dabei beschränkt man sich im Allgemeinen auf die Erzeugung sogenannter **Standardzufallszahlen**. Dies sind Zufallszahlen, die im Intervall [0, 1] gleichverteilt sind. Diese Herangehensweise hat im Wesentlichen zwei Gründe. Zum einen ist die Generierung derartiger Zufallszahlen vergleichsweise einfach und zum anderen können Zufallszahlen anderer Verteilungen auf der Basis von Standardzufallszahlen direkt abgeleitet werden. Im Folgenden wird daher zunächst auf die Generierungsmöglichkeiten von Standardzufallszahlen eingegangen. Im Anschluss daran werden dann für ausgewählte Verteilungen entsprechende Umrechnungsvorschriften dargestellt.

Die einfachste Möglichkeit zur Erzeugung **echter Zufallszahlen** ist die Verwendung von technischen oder physikalischen Generatoren wie beispielsweise das Ziehen aus einer Urne, die Verwendung eines Roulette-Rads oder eines Würfels sowie das Heranziehen von Zerfallsprozessen radioaktiver Substanzen oder das Rauschen elektronischer Bauelemente. Diese Generatoren liefern zunächst in $\{0, \ldots, n\}$ gleichverteilte Zufallszahlen, aus denen dann mit Hilfe einer geeigneten Zuordnungsvorschrift in $\{0, \ldots, 9\}$ gleichverteilte Zufallszahlen erzeugt werden. Für $n = 29$ kann dies z. B. durch die Vorschrift $\{0, 1, 2\} \rightarrow 0$, $\{3, 4, 5\} \rightarrow 1$, $\ldots$, $\{27, 28, 29\} \rightarrow 9$ erfolgen. Bei einer vorgegebenen Anzahl an Nachkommastellen erhält man daraus entsprechende Standardzufallszahlen z_i, indem die in $\{0, \ldots, 9\}$ gleichverteilten Zufallszahlen $x_1, x_2, \ldots$ gemäß $z_1 = 0{,}x_1x_2\ldots, \ldots$ der Reihe nach herangezogen werden, bis jeweils die Anzahl der gewünschten Nachkommastellen erreicht wird. Diese Standardzufallszahlen füllen dann streng genommen nur das Intervall $[0, 1)$ aus, wobei der Unterschied zwischen offenen und geschlossenen Intervallen vernachlässigbar ist. Der Vorteil echter Zufallszahlen liegt vor allem darin, dass sie nicht vorhersehbar sind. Demgegenüber müssen als Nachteile aber die aufwendige Erzeugung sowie die nicht vorhandene Reproduzierbarkeit genannt werden.

Die bei echten Zufallszahlen genannten Nachteile können vermieden werden, wenn man alternativ auf (standardisierte) **Pseudozufallszahlen** übergeht, die durch deterministische Rechenvorschriften erzeugt werden. Dabei sollen die Ergebnisse das Intervall $[0; 1]$ möglichst gleichmäßig und regellos ausfüllen. Pseudozufallszahlen bringen allerdings das Problem mit sich, dass sie immer periodisch sind. Eine Folge von Zufallszahlen $z_1, z_2, z_3, \ldots$ heißt genau dann **periodisch**, wenn ein $i_0 \in \mathbb{N}$ und ein $n \in \mathbb{N}$ existieren, so dass $z_{i+n} = z_i$ für alle $i \geq i_0$ gilt. Das Minimum von n heißt **Periodenlänge** p. Ist q das Minimum von i_0, so heißt $z_1, z_2, \ldots, z_{q-1}$ **Vorperiode** und $z_q, z_{q+1}, \ldots, z_{q+p-1}$ **erste Periode**.

Beispiel:

Die nachfolgend dargestellten Zufallszahlen

$$
\begin{array}{cccc}
z_1, z_2 & z_3, z_4, z_5 & z_6, z_7, z_8 & z_9, z_{10}, z_{11} \\
1{,}2 & 3{,}4{,}5 & 3{,}4{,}5 & 3{,}4{,}5 \quad \cdots \\
\underbrace{\phantom{1{,}2}}_{\text{Vorperiode}} & \underbrace{\phantom{3{,}4{,}5}}_{\text{1. Periode}} & \underbrace{\phantom{3{,}4{,}5}}_{\text{2. Periode}} & \underbrace{\phantom{3{,}4{,}5}}_{\text{3. Periode}}
\end{array}
$$

besitzen die Periodenlänge $p = 3$, da $z_{i+n} = z_i$ für $i \geq i_0 = 3, 6, \ldots$ und $n = 3, 6, \ldots$ gilt. Mit $q = 3$ ergibt sich die Vorperiode mit z_1 und z_2 und die erste Periode mit z_3, z_4 und z_5.

Es ist sofort ersichtlich, dass die Periode bei Pseudozufallszahlen immer länger sein sollte als die Anzahl der tatsächlich benutzten Pseudozufallszahlen. Das wichtigste Verfahren zur Erzeugung von Pseudozufallszahlen ist die sogenannte **gemischte Kongruenzmethode**, die wie folgt abläuft:

- **Initialisierung:** Wähle $m \in \mathbb{N}$, $y_0 \in \mathbb{N}$ mit $y_0 < m$ und $a, b \in \mathbb{N}$

- **Iteration** i $(i = 1, 2, \ldots)$: Berechne $y_i \in [0, m)$ mit $y_i = (a \cdot y_{i-1} + b) \bmod m$ und $z_i = y_i / m$.

- **Ergebnis:** Pseudozufallszahlen $z_i \in [0, 1)$ $(i = 1, 2, \ldots)$

Dabei ist noch anzumerken, dass die oben verwendete Modulo-Funktion mod den Rest der Division $(a \cdot y_{i-1} + b)/m$ angibt. Des Weiteren bleibt noch festzuhalten, dass für $m = 2^r$ $(r \in \mathbb{N})$, $a = 4k + 1$ $(k \in \mathbb{N})$ sowie b und y_0 jeweils ungerade die Periodenlänge mit $p = m$ resultiert.

Beispiel:

Zur Erzeugung von Zufallszahlen wird die gemischte Kongruenzmethode auf Basis folgender Parameter $y_0 = 1$ und $b = 1$ sowie $r = 3$ und $k = 1$ und somit $m = 8$ und $a = 5$ verwendet:

- $y_1 = (5 \cdot 1 + 1) \bmod 8 = 6 \Rightarrow z_1 = 6/8$

- $y_2 = (5 \cdot 6 + 1) \bmod 8 = 7 \Rightarrow z_2 = 7/8$

- $y_3 = (5 \cdot 7 + 1) \bmod 8 = 4 \Rightarrow z_3 = 4/8$

- $y_4 = (5 \cdot 4 + 1) \bmod 8 = 5 \Rightarrow z_4 = 5/8$

- $y_5 = (5 \cdot 5 + 1) \bmod 8 = 2 \Rightarrow z_5 = 2/8$

- $y_6 = (5 \cdot 2 + 1) \bmod 8 = 3 \Rightarrow z_6 = 3/8$

- $y_7 = (5 \cdot 3 + 1) \bmod 8 = 0 \Rightarrow z_7 = 0/8$

- $y_8 = (5 \cdot 0 + 1) \bmod 8 = 1 \Rightarrow z_8 = 1/8$

- $y_9 = (5 \cdot 1 + 1) \bmod 8 = 6 \Rightarrow z_9 = 6/8$

Wie zu sehen ist, beträgt die Periodenlänge in diesem Beispiel $p = 8$.

Gebräuchliche Festlegungen für m und a im Rahmen der gemischten Kongruenzmethode und die dabei jeweils resultierende Periodenlänge p sind in der Tabelle 16.2 angegeben.

Tabelle 16.2   Gebräuchliche Werte für m und a bei der gemischten Kongruenzmethode

m	a	p
$2^{31} = 2.147.483.648$	$2^{16} + 3 = 65.539$	$2^{29} = 536.870.912$
$2^{35} = 34.359.738.368$	$5^{13} = 1.220.703.125$	$2^{33} = 8.589.934.592$
$2^{31} - 1 = 2.147.483.647$	16.807	$2^{31} - 2 = 2.147.483.646$

Quelle: Eigene Darstellung

Dabei ist noch zu beachten, dass auch bei sehr hohem p nicht garantiert ist, dass die erzeugten Zufallszahlen innerhalb einer Periode tatsächlich das Intervall $[0, 1)$ gleichmäßig und regellos ausfüllen. Es sollte daher eine Überprüfung erfolgen. Durch den Vergleich des Mittelwerts und der Varianz der Zufallszahlen mit den zu erwartenden Werten kann rein deskriptiv die Gleichmäßigkeit der Verteilung wie folgt untersucht werden:

$$\bar{z} = \frac{1}{p}\sum_{i=1}^{p} z_i \approx 0,5 \text{ und } s^2 = \frac{1}{p}\sum_{i=1}^{p}\left(z_i - \bar{z}\right)^2 \approx \frac{1}{12}$$

Eine Überprüfung der Regellosigkeit ist darüber hinaus auf Basis der Periodenkorrelationen

$$\rho_k = \frac{1}{p}\sum_{i=1}^{p}\left(z_i - \bar{z}\right)\left(z_{i+k} - \bar{z}\right) \approx 0 \text{ für } k = 1,...,p$$

möglich, die jeweils den Wert null annehmen sollten. Schließlich kann auch noch eine induktive statistische Untersuchung mit Hilfe des χ^2-Anpassungstests oder des Kolmogorov-Smirnoff-Tests zur Überprüfung der Gleichmäßigkeit der Verteilung sowie mit Hilfe von Run-Tests zur Überprüfung der Regellosigkeit erfolgen.

Um **Zufallszahlen weiterer Verteilungen** zu erzeugen, werden nun Standardzufallszahlen z_i $(i = 1, 2, ...)$ gemäß der jeweiligen Verteilungsfunktion transformiert. Im Fall einer **Gleichverteilung** im Intervall $[a, b]$ resultieren die entsprechenden Zufallszahlen x_i $(i = 1, 2, ...)$ dann gemäß

$$x_i = a + (b - a)\cdot z_i.$$

Betrachtet man hingegen eine **allgemeine diskrete Verteilung** mit den Realisierungen $y_1, ..., y_n$ und den dazugehörigen Wahrscheinlichkeiten $p_1, ..., p_n$, dann genügen die folgenden Zufallszahlen x_i $(i = 1, 2, ...)$ dieser Verteilung:

$$x_i = \begin{cases} y_1 & \text{falls } z_i \in [0;p_1] \\ y_k & \text{falls } z_i \in \left(\sum_{j=1}^{k-1} p_j, \sum_{j=1}^{k} p_j\right] \text{ für } k = 2,...,n \end{cases}$$

Im Fall einer **Binomialverteilung** bzw. B(n, p)-Verteilung resultieren entsprechende Zufallszahlen x_i $(i = 1, 2, ...)$ gemäß der folgenden Transformationsvorschrift:

$$x_i = \left|\left\{j \in \left\{(i-1)\cdot n + 1,...,i\cdot n\right\} : z_j < p\right\}\right|$$

Beispiel:

Es sollen Zufallszahlen für eine B$(3, \frac{1}{2})$-Verteilung generiert werden, wobei die Standardzufallszahlen $z_1 = 0{,}22$; $z_2 = 0{,}48$; $z_3 = 0{,}09$; $z_4 = 0{,}82$; $z_5 = 0{,}57$ und $z_6 = 0{,}13$ gegeben sind. Auf Basis dieser sechs Standardzufallszahlen können dann zwei B$(3, \frac{1}{2})$-verteilte Zufallszahlen x_1 und x_2 gemäß

$$x_1 = \left| \left\{ j \in \{1,\ldots,3\} : z_j < \tfrac{1}{2} \right\} \right| = 3 \text{ und } x_2 = \left| \left\{ j \in \{4,\ldots,6\} : z_j < \tfrac{1}{2} \right\} \right| = 1$$

bestimmt werden.

Bei einer **Standardnormalverteilung** bzw. N(0; 1)-Verteilung können entsprechende Zufallszahlen x_i (i = 1, 2, ...) jeweils aus 12 Standardzufallszahlen $z_1, \ldots, z_{12}$ näherungsweise aufgrund des zentralen Grenzwertsatzes wie folgt ermittelt werden:

$$x_i = \sum_{j=1}^{12} z_j - 6$$

Diese standardnormalverteilten Zufallszahlen x_i (i = 1, 2, ...) lassen sich dann gemäß

$$y_i = x_i \cdot \sigma + \mu$$

in Zufallszahlen y_i (i = 1, 2, ...) transformieren, die einer allgemeinen **Normalverteilung** bzw. N(μ, σ)-Verteilung genügen. Schließlich können Zufallszahlen x_i (i = 1, 2, ...), die einer **Exponentialverteilung** bzw. Exp(λ) genügen sollen, gemäß der folgenden Vorschrift aus Standardzufallszahlen z_i (i = 1, 2, ...) bestimmt werden:

$$x_i = \frac{-\ln z_i}{\lambda}$$

16.3   Übungsaufgaben zur Simulation

Nachfolgend finden sich zwei Übungsaufgaben zur Simulation. Im Anschluss an die jeweilige Aufgabe wird auch eine Lösung dargestellt. Dabei ist zu beachten, dass es sich um einen Lösungsvorschlag handelt und manchmal auch andere Lösungswege denkbar wären.

Aufgabe 1:   **(Simulation)**

Die Kfz-Zulassungsstelle einer Kleinstadt ist von einer bedienenden Person besetzt. Aufgrund vermehrter Klagen über zu lange Wartezeiten soll eine Simulation dieses Bediensystems durchgeführt werden. Dazu können die nachfolgend angegeben Wahrscheinlichkeitsfunktionen für die Anzahl der Ankünfte A_t und die Bedienungsdauer in Zeiteinheiten B_t (falls eine Bedienung beginnt) im Zeitpunkt t herangezogen werden:

$$P(A_t = a_t) = \begin{cases} 0,2 & \text{für } a_t = 0 \\ 0,5 & \text{für } a_t = 1 \\ 0,2 & \text{für } a_t = 2 \\ 0,1 & \text{für } a_t = 3 \end{cases}, \quad P(B_t = b_t) = \begin{cases} 0,7 & \text{für } b_t = 1 \\ 0,2 & \text{für } b_t = 2 \\ 0,1 & \text{für } b_t = 3 \end{cases}$$

Des Weiteren stehen die folgenden Standardzufallszahlen zur Verfügung, die in der vorgegebenen Reihenfolge zu verwenden sind:

$$0{,}85;\ 0{,}66;\ 0{,}35;\ 0{,}11;\ 0{,}05;\ 0{,}73;\ 0{,}45;\ 0{,}18;\ 0{,}52$$

Führen Sie auf Basis dieser Angaben eine Simulation mit fünf Simulationsläufen durch. Gehen Sie davon aus, dass das System zum Zeitpunkt $t = 0$ leer ist. Ermitteln Sie auf Basis der Simulationsergebnisse die mittlere Ankunftsrate, die mittlere Abfertigungsrate, den mittleren Auslastungsgrad sowie die mittlere Wartezeit.

Lösung zur Aufgabe 1:

Für die Anzahl der Ankünfte zum Zeitpunkt t erfolgt die Zuordnung der Realisierung auf Basis der jeweiligen Zufallszahl z wie folgt: $z \in [0;\ 0{,}2] \rightarrow a_t = 0$, $z \in (0{,}2;\ 0{,}7] \rightarrow a_t = 1$, $z \in (0{,}7;\ 0{,}9] \rightarrow a_t = 2$, $z \in (0{,}9;\ 1] \rightarrow a_t = 3$. Die Zuordnung einer Realisierung für die jeweilige Bedienungsdauer zum Zeitpunkt t wird gemäß $z \in [0;\ 0{,}7] \rightarrow b_t = 1$, $z \in (0{,}7;\ 0{,}9] \rightarrow b_t = 2$, $z \in (0{,}9;\ 1] \rightarrow b_t = 3$ durchgeführt. Damit ergeben sich die in der nachfolgenden Tabelle angegebenen Simulationsläufe:

t	Zufallszahl	a_t	a	u_t	Zufallszahl	b_t	u_t	b	u
1	0,85	2	2	2	0,66	1	1	1	1
2	0,35	1	3	2	0,11	1	1	2	2
3	0,05	0	3	1	0,73	2	0	3	2
4	0,45	1	4	1	–	–	1	4	3
5	0,18	0	4	1	0,52	1	0	5	3

Zum Zeitpunkt $t = 1$ kommen aufgrund der Zufallszahl 0,85 zwei Personen in das System, so dass zunächst beide Personen in die Warteschlange müssen. Da die Bedienstation frei ist, kann eine Person direkt bedient werden. Aufgrund der Zufallszahl 0,66 beträgt die Bedienungsdauer eine Zeiteinheit. Damit ist eine Person weiterhin in der Warteschlange und die Bedienstation ist in der Folgeperiode frei. Nach dieser Iteration beträgt $a = 2$, $b = 1$ und $u = 1$. Zum Zeitpunkt $t = 2$ kommt aufgrund der Zufallszahl 0,35 eine weitere Person in das Bediensystem. Mit der wartenden Person aus der letzten Iteration befinden sich somit 2 Personen in der Warteschlange. Da die Bedienstation zum Zeitpunkt $t = 2$ frei geworden ist, kann nun die erste wartende Person bedient werden. Die Bedienung dauert aufgrund der Zufallszahl 0,11 wiederum eine Zeiteinheit an. Damit verbleibt eine Person in der Warteschlange und die Werte a, b und u werden um eins erhöht. Zum Zeitpunkt $t = 3$ kommt keine weitere Person aufgrund der Zufallszahl 0,05 in das Bediensystem. Die aus der letzten Iteration wartende Person kann nun bedient werden, da die Bedienstation zum Zeitpunkt $t = 3$ frei geworden ist. Die Warteschlange ist nachfolgend also leer. Die zu bedienende Person kann innerhalb von 2 Zeiteinheiten (Zufallszahl 0,73) bedient werden. Damit bleiben die Bedienstation für den Folgezeitpunkt besetzt und a sowie u unverändert. Zum Zeitpunkt $t = 4$ betritt aufgrund der Zufallszahl 0,45 eine weitere Person das Bediensystem. Diese Person kann zu diesem Zeitpunkt nicht direkt bedient werden, da die Bedienstation aus der vorherigen Periode noch besetzt ist. Sie verweilt demnach in der Warteschlange. Deshalb können a und u um eine Einheit erhöht und da die Bedienung zum Zeitpunkt $t = 5$ abgeschlossen wird, $b = 4$ gesetzt werden. Zum Zeitpunkt $t = 5$ betritt keine weitere Person aufgrund der Zufallszahl 0,18 das Bediensystem. Die zum Zeitpunkt $t = 4$ noch wartende Person kann nun bedient werden. Die Bedienzeit beträgt eine Zeiteinheit (Zufallszahl 0,52) und die Person kann damit zum Ende der Zeitperiode das System wieder verlassen. Abschließend lassen sich auf Basis der Ergebnisse zum Zeitpunkt $t = 5$ (Betrachtungszeitraum) mit den Werten $a = 4$ (Gesamtanzahl der Ankünfte), $b = 5$ (Gesamtbedienzeit) und $u = 3$ (Gesamtwartezeit) die geforderten Kennzahlen für das simulierte Wartesystem berechnen:

Mittlere Ankunftsrate: $\lambda = \frac{a}{t} = \frac{4}{5} = 0,8$

Mittlere Abfertigungsrate: $\mu = \frac{a}{b} = \frac{4}{5} = 0,8$

Mittlere Auslastungsgrad: $\rho = \frac{\lambda}{\mu} = \frac{0,8}{0,8} = 1$

Mittlere Wartezeit: $E(W) = \frac{u}{a} = \frac{3}{4} = 0,75$

Aufgabe 2: (Simulation)

Am Check-in zu dem selten gebuchten Flug FL15369 gibt es aktuell nur einen Schalter. Die Fluggesellschaft beauftragt Sie mit der Überprüfung der Auslastung des Mitarbeiters an dem besagten Check-in Schalter. Zu diesem Zweck soll eine Simulation des Bediensystems durchgeführt werden. Die Wahrscheinlichkeitsfunktionen für die Anzahl der Ankünfte A_t und die Bedienungsdauer B_t (in Minuten) für eine zum Zeitpunkt t beginnende Bedienung sind wie folgt gegeben:

$$P(A_t = a_t) = \begin{cases} 0,4 \text{ für } a_t = 0 \\ 0,2 \text{ für } a_t = 1 \\ 0,2 \text{ für } a_t = 2 \\ 0,1 \text{ für } a_t = 3 \\ 0,1 \text{ für } a_t = 4 \end{cases}, \quad P(B_t = b_t) = \begin{cases} 0,7 \text{ für } b_t = 1 \\ 0,3 \text{ für } b_t = 2 \end{cases}$$

Sie beginnen Ihre Simulationsstudie mit der Erzeugung von Standardzufallszahlen und erhalten die folgenden Werte:

0,58; 0,03; 0,64; 0,17; 0,41; 0,87; 0,09; 0,28; 0,63; 0,33; 0,99; 0,65; 0,38

a) Nutzen Sie die gegebenen Zufallszahlen in der aufgeführten Reihenfolge und führen Sie eine Simulation mit sieben Simulationsläufen durch. Zum Zeitpunkt $t = 0$ sei das System leer.

b) Bestimmen Sie die mittlere Ankunfts- und Abfertigungsrate, die mittlere Warteschlangenlänge und die mittlere Anzahl von Fluggästen im System.

c) Die Fluggesellschaft plant folgende Maßnahme zur Effizienzsteigerung: Wenn ein Mitarbeiter mindestens 20 % seiner Zeit am Schalter keine Passagiere bedient „und Däumchen dreht", soll er zusätzlich zu seiner Tätigkeit am Schalter noch andere Aufgaben zwischendurch erledigen. Die Entscheidung für oder gegen diese Maßnahme soll anhand der von

Ihnen durchgeführten Simulationsstudie getroffen werden. Bekommt der Mitarbeiter am betrachteten Schalter eine zusätzliche Aufgabe aufgedrückt oder kann er sich in den eventuell auftretenden freien Minuten kurz erholen?

d) Welche Ankunftsrate ist im Mittel zu erwarten? Vergleichen Sie diese mit der in a) bestimmten Ankunftsrate und geben Sie bei einer Abweichung einen möglichen Grund an.

Lösung zur Aufgabe 2:

a)   Zunächst werden die folgenden Intervalle festgelegt, um auf Basis der Zufallszahlen die Werte für a_t und b_t zuordnen zu können:

Zufallszahl	a_t
[0; 0,4]	0
(0,4; 0,6]	1
(0,6; 0,8]	2
(0,8; 0,9]	3
(0,9; 1,0]	4

Zufallszahl	b_t
[0; 0,7]	1
(0,7; 1,0]	2

Die sieben Simulationsläufe erzielen folgende Ergebnisse:

t	Zufallszahl	a_t	a	Zufallszahl	b_t	b	u_t	u
1	0,58	1	1	0,03	1	1	0	0
2	0,64	2	3	0,17	1	2	1	1
3	0,41	1	4	0,87	2	3	1	2
4	0,09	0	4	-	-	4	1	3
5	0,28	0	4	0,63	1	5	0	3
6	0,33	0	4	-	-	5	0	3
7	0,99	4	8	0,65	1	6	3	6

Die letzte Zufallszahl wird nicht benötigt.

b)   Mittlere Ankunftsrate: $\frac{a}{t} = \frac{8}{7} \approx 1,14$

Mittlere Abfertigungsrate: $\frac{a}{b} = \frac{8}{6} \approx 1,33$

Mittlere Warteschlangenlänge: $\frac{u}{t} = \frac{6}{7} \approx 0,86$

Mittlere Anzahl von Fluggästen im System: $\frac{(b+u)}{t} = \frac{6+6}{7} = \frac{12}{7} \approx 1,71$

c)   Der Mitarbeiter bekommt keine zusätzlichen Aufgaben, wenn sein Service- bzw. Auslastungsgrad größer als 4/5 ist bzw. er weniger als 1/5 seiner Zeit am Schalter „frei" hat.

$1-\text{Servicegrad} = 1 - \frac{b}{t} = 1 - \frac{6}{7} = \frac{1}{7} < \frac{1}{5}$

Laut der Simulation beträgt der Servicegrad 6/7, demnach hat der Mitarbeiter nur 1/7 seiner Zeit „frei" und er bekommt keine zusätzlichen Aufgaben.

d) Erwartungswert für die Ankunftsrate:

$\mu = 0 \cdot 0,4 + 1 \cdot 0,2 + 2 \cdot 0,2 + 3 \cdot 0,1 + 4 \cdot 0,1 = 1,3 > 1,14$

Im Mittel ist eine Ankunftsrate von 1,3 zu erwarten. Diese ist höher als die durch die Simulation erhaltene Ankunftsrate. Ein Grund dafür ist die geringe Anzahl an Simulationsläufen. Mit steigender Anzahl an Simulationsläufen würde sich die dadurch geschätzte Ankunftsrate langfristig immer mehr an den Erwartungswert annähern.

16.4   Literaturhinweise

Ausführliche Darstellungen zum Ansatz der Simulation sind beispielsweise in Dumas et al. (2021), Finke (2017), Grundmann (2002), Gutenschwager et al. (2017), Hauke und Opitz (2003), Neumann und Morlock (2002), Ross (2013), Rubinstein und Kroese (2016), Suhl und Mellouli (2013) sowie Waldmann und Helm (2016) zu finden. Auf die Simulation von Wartesystemen im Straßenverkehr wird bei Bungartz et al. (2013), auf die Simulation von Produktions- und Standortplanung bei Justus (2018), auf die Simulation von Produktions- und Logistikprozessen bei März et al. (2011) und auf die Simulation von Produktionsplanung, Warteschlangen und der Risikoanalyse bei Werners (2013) eingegangen. Weitere unterschiedliche Anwendungen der Simulation werden in Berens et al. (2004) beschrieben.

Mit der Erzeugung von Zufallszahlen beschäftigen sich z. B. Domschke et al. (2015a), Finke (2017), Heinrich (2013), Müller und Denecke (2013), Neumann und Morlock (2002), Ross (2013), Rubinstein und Kroese (2016) sowie Waldmann und Helm (2016). Weitere Übungsaufgaben zur Simulation sind exemplarisch in Domschke et al. (2015b), Heinrich (2013) und Werners (2013) enthalten.

Literaturverzeichnis

Adam D. (1996): Planung und Entscheidung: Modelle - Ziele - Methoden, 4. Auflage, Gabler, Wiesbaden.

Aldous, J. M.; Wilson, R. J. (2000): Graphs and Applications: An Introductory Approach, Springer, London.

Alt, W. (2011): Nichtlineare Optimierung: Eine Einführung in Theorie, Verfahren und Anwendungen, 2. Auflage, Vieweg + Teubner, Wiesbaden.

Altrogge, G. (1996): Netzplantechnik, 3. Auflage, Oldenbourg, München.

Aurich W.; Schröder H.-U. (1977): Unternehmensplanung im Konjunkturverlauf, Moderne Industrie, München.

Avriel, M. (2003): Nonlinear Programming: Analysis and Methods, Dover Publications, Mineola.

Bacher, J.; Pöge, A.; Wenzig, K. (2010): Clusteranalyse, Anwendungsorientierte Einführung in Klassifikationsverfahren, Oldenbourg, München.

Backhaus, K.; Erichson, B.; Gensler, S.; Weiber, R.; Weiber, T. (2021): Multivariate Analysemethoden: Eine anwendungsorientierte Einführung, 16. Auflage, Springer Gabler, Berlin.

Bamberg, G.; Baur, F.; Krapp, M. (2022): Statistik: Eine Einführung für Wirtschafts- und Sozialwissenschaftler, 19. Auflage, De Gruyter Oldenbourg, Berlin.

Bank, B. (2021): Theorie der linearen parametrischen Optimierung, De Gruyter, Berlin.

Bankhofer, U. (1999a): Zur Klassifikation von Verbrauchsfaktoren im Rahmen der Materialbedarfsplanung, in: Zeitschrift für Betriebswirtschaft (ZfB), 8/1999, Gabler, Wiesbaden, S. 913-925.

Bankhofer, U. (1999b): Materialklassifikation mit Hilfe von Methoden der Multivariaten Datenanalyse, in: Gaul, W.; Schader, M. (Hrsg.), Mathematische Methoden der Wirtschaftswissenschaften, Physica, Heidelberg, S. 29-38.

Bankhofer, U. (2000a): Industrielles Standortmanagement: Ergebnisse einer empirischen Untersuchung, in: Zeitschrift für Planung (ZP), Band 11, Heft 3, S. 329-352.

Bankhofer, U. (2000b): Facility Location Planning with Qualitative Location Factors, in: Gaul, W.; Decker, R. (Hrsg.), Classification and Information Processing at the Turn of the Millennium, Proceedings of the 23rd Annual Conference of the Gesellschaft für Klassifikation, University of Bielefeld, Springer, Berlin, Heidelberg, S. 288-295.

Bankhofer, U. (2001): Industrielles Standortmanagement: Aufgabenbereiche, Entwicklungstendenzen und problemorientierte Lösungsansätze, Reihe „Neue betriebswirtschaftliche Forschung", Gabler, Wiesbaden.

Bankhofer, U.; Hilbert, A. (1999): Kombinatorische Optimierung mit Ameisensystemen: Grundprinzip, Implementationsmöglichkeiten und betriebswirtschaftliche Anwendungsbereiche, in: OR-News, Juli/1999, Gesellschaft für Operations Research, S. 16-19.

Bankhofer, U.; Vogel, J. (2008): Datenanalyse und Statistik: Eine Einführung für Ökonomen im Bachelor, Gabler, Wiesbaden.

Bartmann, D.; Beckmann, M. J. (2013): Lagerhaltung: Modelle und Methoden, Springer, Berlin.

Bas, E. (2020): Einführung in Wahrscheinlichkeitsrechnung, Statistik und Stochastische Prozesse, Springer Vieweg, Wiesbaden.

Baum, D. (2013): Grundlagen der Warteschlangentheorie, Springer, Berlin.

Behrends, E. (2013): Markovprozesse und stochastische Differentialgleichungen: Vom Zufallsspaziergang zur Black-Scholes-Formel, Springer Spektrum, Wiesbaden.

Berens, W.; Delfmann, W.; Schmitting, W. (2004): Quantitative Planung, 4. Auflage, Schäffer-Poeschel, Stuttgart.

© Springer Fachmedien Wiesbaden GmbH, ein Teil von Springer Nature 2022
U. Bankhofer, *Quantitative Unternehmensplanung*, Studienbücher Wirtschaftsmathematik, https://doi.org/10.1007/978-3-8348-2466-0

Bertsekas, D. P. (2016): Nonlinear Programming, 3. Auflage, Athena Scientific, Belmont.

Bloech, J. (1974): Lineare Optimierung für Wirtschaftswissenschaftler, Springer, Wiesbaden.

Bol, G. (1980): Lineare Optimierung: Theorie und Anwendungen, Athenäum, Königstein/Taunus.

Bolch, G.; Greiner, S.; de Meer, H.; Trivedi, K. S. (2006): Queuing Networks and Markov Chains, Wiley & Sons, Hoboken, New Jersey.

Bonart, T.; Bär, J. (2018): Quantitative Betriebswirtschaftslehre Band I, Grundlagen, Operations Research, Statistik, Springer Gabler, Wiesbaden.

Bradtke, T. (2015): Grundlagen in Operations Research für Ökonomen, Oldenbourg, München.

Bretzke, W. (2020): Logistische Netzwerke, 4. Auflage, Springer Vieweg, Berlin.

Bronner, R. (2018): Planung und Entscheidung: Grundlagen - Methoden - Fallstudien, 3. Auflage, De Gryter, Berlin.

Büsing, C. (2010): Graphen- und Netzwerkoptimierung, Spektrum, Heidelberg.

Bungartz, H.; Zimmer, S.; Buchholz, M.; Pflüger, D. (2013): Modellbildung und Simulation: Eine anwendungsorientierte Einführung, 2. Auflage, Springer Spektrum, Berlin, Heidelberg.

Burgard, M. (2020): Transportprobleme der Operations Research: Lösungsfindung durch den Simplex-Algorithmus und heuristische Verfahren, GRIN, München.

Burkard, R. E. (2013): Methoden der Ganzzahligen Optimierung, Springer, Berlin.

Buzacott, J. A.; Corsten, H.; Gössinger, R.; Schneider, H. M. (2009): Produktionsplanung und -steuerung, De Gruyter Oldenbourg, Berlin.

Clerk, M. (2010): Particle Swarm Optimization, Wiley & Sons, Hoboken, New Jersey.

Corsten, H.; Corsten, H.; Gössinger, R. (2008): Projektmanagement: Einführung, 2. Auflage, Oldenbourg, München.

Diestel, R. (2017): Graphentheorie, 5. Auflage, Springer, Heidelberg.

Dinkelbach, W. (2012): Sensitivitätsanalysen und parametrische Programmierung, Springer, Berlin.

Dittes, F. (2015): Optimierung: Wie man aus allem das Beste macht, Springer Vieweg, Berlin, Heidelberg.

Domschke, W. (2007): Logistik: Transport, Grundlagen, lineare Transport- und Umladeprobleme, 5. Auflage, Oldenbourg, München.

Domschke, W.; Drexl, A. (1996): Logistik: Standorte, 4. Auflage, Oldenbourg, München.

Domschke, W.; Drexl, A.; Klein, R.; Scholl, A.; Voß, S. (2015a): Einführung in Operations Research, 9. Auflage, Springer Gabler, Berlin, Heidelberg.

Domschke, W.; Drexl, A.; Klein, R.; Scholl, A.; Voß, S. (2015b): Übungen und Fallbeispiele zum Operations-Research, 8. Auflage, Springer Gabler, Berlin, Heidelberg.

Domschke, W.; Scholl, A. (2008): Grundlagen der Betriebswirtschaftslehre: Eine Einführung aus entscheidungsorientierter Sicht, Springer, Berlin.

Domschke, W.; Scholl, A. (2010): Logistik: Rundreisen und Touren, 5. Auflage, Oldenbourg, München.

Domschke, W.; Scholl, A.; Voß, S. (1997): Produktionsplanung: Ablauforganisatorische Aspekte, 2. Auflage, Springer, Berlin.

Dorigo, M.; Stützle, T. (2004): Ant Colony Optimization, MIT Press/Bradford Books, Cambridge.

Dumas, M.; La Rosa, M.; Mendling, J.; Reijers, H. (2021): Grundlagen des Geschäftsprozessmanagements, Springer Vieweg, Berlin.

Ehrmann, H. (2013): Unternehmensplanung, 6. Aufage, Kiehl, Ludwigshafen.

Ellinger, T.; Beuermann, G.; Leisten, R. (2003): Operations Research: Eine Einführung, 6. Auflage, Springer, Berlin.

Feldmann, M. (2013): Naturanaloge Verfahren: Metaheuristiken zur Reihenfolgeplanung, Springer, Berlin.

Fink, C. A. (2003): Prozessorientierte Unternehmensplanung, Gabler Edition Wissenschaft, Deutscher Universitätsverlag, Wiesbaden.

Finke, R. (2017): Grundlagen des Risikomanagements: Quantitative Risikomanagement-Methoden für Einsteiger und Praktiker, 2. Auflage, Wiley-VCH, Weinheim.

Fratzl, H. (1992): Ein- und mehrstufige Lagerhaltung, Wirtschaftswissenschaftliche Beiträge, Vol. 62, Physica, Heidelberg.

Gendreau, M.; Potvin, J. Y. (2010): Tabu Search, in: Gendreau, M.; Potvin, J. Y. (Hrsg.) Handbook of Metaheuristics, International Series in Operations Research & Management Science, Vol 146., Springer, Boston, S. 41-59.

Gohout, W. (2013): Operations Research: Einige ausgewählte Gebiete der linearen und nichtlinearen Optimierung, 4. Auflage, Oldenbourg, München.

Grimme, C.; Bossek, J. (2018): Einführung in die Optimierung: Konzepte, Methoden und Anwendungen, Springer Vieweg, Berlin, Heidelberg.

Gritzmann, P. (2013): Grundlagen der Mathematischen Optimierung: Diskrete Strukturen, Komplexitätstheorie, Konvexitätstheorie, Lineare Optimierung, Simplex-Algorithmus, Dualität, Springer, Berlin

Gross, D.; Harris, C. M. (1994): Fundamentals of Queuing Theory, Wiley & Sons, New York.

Grundmann, W. (2002): Operations Research:; Formeln und Methoden, Teubner, Stuttgart.

Gudehus, T. (2012): Logistik 2: Netzwerke, Systeme und Lieferketten, 4. Auflage, Springer Vieweg, Berlin, Heidelberg.

Günther, M. (2011): Hochflexibles Workforce Management: Herausforderungen und Lösungsverfahren, Springer, Berlin.

Günther, H.-O.; Tempelmeier, H. (2011): Produktion und Logistik, 9. Auflage, Springer, Berlin.

Gutenschwager, K.; Rabe, M.; Spieckermann, S.; Wenzel, S. (2017): Simulation in Produktion und Logistik: Grundlagen und Anwendungen, Springer Vieweg, Berlin.

Häfner, H. (1992): Ein Warteschlangenansatz zur integrierten Produktionsplanung, Physica, Heidelberg.

Hammer, R. (2015): Unternehmensplanung: Planung und Führung, 9. Auflage, De Gruyter Oldenbourg, Berlin.

Hansen, K. (1994): Prognose mit Hilfe von Markovprozessen, in: Mertens, P. (Hrsg.), Prognoserechnung, Physica, Heidelberg, S. 279-308.

Harbrecht, H.; Multerer, M. (2022): Algorithmische Mathematik, Springer Spektrum, Berlin.

Hauke W.; Opitz O. (2003): Mathematische Unternehmensplanung, 2. Auflage, Books On Demand, Norderstedt.

Hedtstück, U. (2013): Simulation diskreter Prozesse, Springer Vieweg, Berlin.

Heim, S. (2021): Rationales Entscheiden im Rahmen der Kreditaufnahme, Springer Gabler, Wiesbaden.

Heinrich, G. (2013): Operations Research, 2. Auflage, Oldenbourg, München.

Heinrich, G.; Grass, J. (2006): Operations Research in der Praxis, Oldenbourg, München.

Henking, A.; Bluhm, C.; Fahrmeir, L. (2006): Kreditrisikomessung: Statistische Grundlagen, Methoden und Modellierung, Springer, Berlin.

Herzog, A. (2021): Simulation mit dem Warteschlangensimulator, Studienbücher Wirtschaftsmathematik, Springer Gabler, Wiesbaden.

Heßler, A. (2020): Stochastische Leistungsanalyse von Lagersystemen: Analytische Modelle bei fahrtzeitoptimierten Einzelspielen, Springer Gabler, Wiesbaden.

Hildebrandt, L.; Wagner, U. (2000): Marketing and operations research – a literature survey, in: OR Spectrum 22(1), Springer, S. 5-18.

Hillier, F. S.; Liebermann, G. J. (1996): Operations Research, 5. Auflage, De Gruyter Oldenbourg, Berlin.

Hinterhuber, H. H.; Thom, M. (1979): Innovationen im Unternehmen, in: Literatur-Berater Wirtschaft, Heft 2, S. 13-19.

Hochstättler, W. (2017): Lineare Optimierung, Springer, Berlin.

Hofer, C. (1975): Toward a Contingency Theory of Business Strategy, in: Academic of Management Journal, 15, S. 784-810.

Homburg, C. (2000): Quantitative Betriebswirtschaftslehre: Entscheidungsunterstützung durch Modelle, 3. Auflage, Gabler, Wiesbaden.

Hopfenbeck, W. (2002): Allgemeine Betriebswirtschafts- und Managementlehre, 14. Auflage, Moderne Industrie, Landsberg.

Hörschgen, H.; Kirsch, J.; Käßer-Pawelka, G.; Grenz J. (1993): Marketing-Strategien: Konzepte zur Strategienbildung im Marketing, 2. Auflage, Wissenschaft & Praxis, Sternenfels.

Irle, A. (2005): Wahrscheinlichkeitstheorie und Statistik: Grundlagen - Resultate - Anwendungen, 2. Auflage, Springer, Berlin.

Jarre, F.; Stoer, J. (2019): Optimierung: Einführung in mathematische Theorie und Methoden, 2. Auflage, Springer Spektrum, Wiesbaden.

Jiang, H.; Krishnamoorthy, M.; Sier, D. (2004): Staff Scheduling and Rostering: Theory and Applications, in: Annals of Operations Research, Vol. 127/128, Kluwer Academic Publishers, Dordrecht.

Jockisch, M.; Rosendahl, J. (2009): Klassifikation von Modellen, in: Bandow, G.; Holzmüller, H. H. (Hrsg.), „Das ist gar kein Modell!", Unterschiedliche Modelle und Modellierungen in Betriebswirtschaftslehre und Ingenieurwissenschaften, Gabler, Wiesbaden, S. 23-52.

Jungnickel, D. (2008): Graphs, Networks and Algorithms, 3. Auflage, Springer, Berlin.

Justus, N. (2018): Ein Planungssystem für Zulieferer in der Maschinenbaubranche: Entwicklung eines einheitlichen Branchen-Workflows von ETO bis MTS, Springer Gabler, Wiesbaden.

Kadlec, V. (2013): Lineare Optimierung im Transportwesen, Springer, Berlin.

Kallrath, J. (2013): Gemischte-ganzzahlige Optimierung: Modellierung in der Praxis, Mit Fallstudien aus Chemie, Energiewirtschaft, Papierindustrie, Metallgewerbe, Produktion und Logistik, 2. Auflage, Springer Spektrum, Wiesbaden.

Kersting, G.; Wakolbinger, A. (2014): Stochastische Prozesse, Mathematik Kompakt, Birkhäuser, Basel.

Killat, U. (2015): Entwurf und Analyse von Kommunikationsnetzen, Springer Vieweg, Wiesbaden.

Kistner, K. P. (2003): Optimierungsmethoden, Physica, Heidelberg.

Kistner, K. P. (2011): Warteschlangen-Modelle in der Produktionsplanung: Möglichkeiten und Grenzen, in: Zeitschrift für Betriebswirtschaft, 81, S. 55-79.

Klein, R.; Scholl, A. (2012): Planung und Entscheidung: Konzepte, Modelle und Methoden einer modernen betriebswirtschaftlichen Entscheidungsanalyse, 2. Auflage, Vahlen, München.

Klenke, A. (2020): Wahrscheinlichkeitstheorie, 4. Auflage, Springer Spektrum, Berlin.

Klose, A: (2001): Standortplanung in distributiven Systemen: Modelle, Methoden, Anwendungen, Springer, Berlin.

Köpcke, Y. (2010): Multikriterielle mathematische Optimierung, GRIN-Verlag, München.

Koller, M. (2010): Stochastische Modelle in der Lebensversicherung, Springer, Berlin.

Koop, A.; Moock, H. (2018): Lineare Optimierung - eine anwendungsorientierte Einführung in Operations Research, 2. Auflage, Springer-Spektrum, Wiesbaden.

Korte, B.; Vygen, J. (2012): Kombinatorische Optimierung: Theorie und Algorithmen, 2. Auflage, Springer, Berlin.

Kripfganz, J.; Perlt, H. (2020): Praktische Komplexitätstheorie in Beispielen, Hanser, München.

Küfer, K.-H.; Ruzika, S.; Halffmann, P. (2019): Multikriterielle Optimierung und Entscheidungsunterstützung, Springer Gabler, Berlin.

Langer, S. (1987): Warteschlangenmodelle, in: Biethahn, J.; Schmidt, B. (Hrsg.), Simulation als betriebliche Entscheidungshilfe, Fachberichte Simulation, Vol 6., Springer, Berlin, S. 70-78.

Lasch, R. (2020): Strategisches und operatives Logistikmanagement: Distribution, 3. Auflage, Springer Gabler, Wiesbaden.

Lasch, R. (2021): Strategisches und operatives Logistikmanagement: Beschaffung, 3. Auflage, Springer Gabler, Wiesbaden.

Lasch, R.; Janker, C. G. (2017): Übungsbuch Logistik, Springer Gabler, Wiesbaden.

Lasch, R.; Schulte, G. (2021): Quantitative Logistik-Fallstudien: Aufgaben und Lösungen zu Beschaffung, Produktion und Distribution – Mit Planungssoftware, 5. Auflage, Springer Gabler, Wiesbaden.

Lippold, D. (2019): Marktorientierte Unternehmensplanung: Eine Einführung, 2. Auflage, Springer Gabler, Wiesbaden.

Lorenzen, G. (1974): Parametrische Optimierung und einige Anwendungen, Oldenbourg, München.

Little, J. D. C. (2018): Operations Research in Marketing: What's Up, Forgotten Books, London.

Mack, O. (2004): Unternehmensplanung, in: Irgel, L. (Hrsg.), Gablers Wirtschaftswissen für Praktiker, Gabler, Wiesbaden, S. 77-90.

Maniak, U. (2001): Wasserwirtschaft: Einführung in die Bewertung wasserwirtschaftlicher Vorhaben, Springer, Berlin.

März, L.; Krug, W.; Rose, O.; Weigert, G. (2011): Simulation und Optimierung in Produktion und Logistik, Praxisorientierter Leitfaden mit Fallbeispielen, Springer, Berlin, Heidelberg.

Mayer, C.; Weber, C.; Francas, D. (2011): Lineare Algebra für Wirtschaftswissenschaftler: Mit Aufgaben und Lösungen, 4. Auflage, Gabler, Wiesbaden.

Meffert, H.; Burmann, C.; Kirchgeorg, M.; Eisenbeiß, M. (2018): Marketing: Grundlagen marktorientierter Unternehmensführung Konzepte - Instrumente - Praxisbeispiele, 13. Auflage, Gabler, Wiesbaden.

Meintrup, D.; Schäffler, S. (2005): Stochastik, Statistik und ihre Anwendungen. Springer, Berlin.

Mosler, A. (2017): Integrierte Unternehmensplanung, Gabler, Wiesbaden.

Müller, C.; Denecke, L. (2013): Stochastik in den Ingenieurwissenschaften, Statistik und ihre Anwendungen, Springer Vieweg, Berlin.

Müller-Merbach, H. (1973): Operations Research: Methoden und Modelle der Optimalplanung, 3. Auflage, Vahlen München.

Nemhauser, G.; Wolsey, L. (1999): Integer and Combinatorial Optimization, Wiley Interscience, New York.

Nesterov, Y. (2003): Introductory Lectures on Convex Optimization: A Basic Course, Springer Science & Business Media, Berlin.

Neumann, F. (2005): Prozessmanagement in der Computertomographie unter Anwendung der Netzplantechnik, Dissertation, Humboldt-Universität Berlin, Berlin.

Neumann, K. (2013): Produktions- und Operations-Management, Springer, Berlin.

Neumann, K.; Morlock, M. (2002): Operations Research, 2. Auflage, Hanser, München.

Nickel, S.; Stein, O.; Waldmann, K.-H. (2014): Operations Research, Springer, Berlin.

Nieschlag R.; Dichtl E.; Hörschgen H. (2002): Marketing, 19. Auflage, Duncker & Humbold, Berlin.

Nikolaev, A. G.; Jacobson, S. H. (2010): Simulated Annealing, in: Gendreau, M.; Potvin, J. Y. (Hrsg.) Handbook of Metaheuristics, International Series in Operations Research & Management Science, Vol 146., Springer, Boston, S. 1-39.

Nissen, V. (2013): Einführung in Evolutionäre Algorithmen: Optimierung nach dem Vorbild der Evolution, Springer, Berlin.

Nitzsche, M. (2009): Graphen für Einsteiger, 3. Auflage, Vieweg, Wiesbaden.

Nocedal, J.; Wright, S. (2000): Numerical Optimization, Springer Science & Business Media, Berlin.

Noltemeier, H. (1970): Sensitivitätsanalyse bei diskreten linearen Optimierungsproblemen, Springer, Berlin.

Nordmann, H. (2002): Lineare Optimierung: Ein Rezeptbuch, Books On Demand, Norderstedt.

Noosten, D. (2022): Netzplantechnik: Grundlagen und Anwendung im Bauprojektmanagement, 2. Auflage, Springer Vieweg, Wiesbaden.

Opitz, O.; Etschberger, S.; Burkart, W.; Klein, R. (2017): Mathematik: Lehrbuch für das Studium der Wirtschaftswissenschaften, 12. Auflage, De Gruyter Oldenbourg, Berlin.

Osman, I. H.; Kelly, J. P. (1996): Meta-Heuristics: Theory and Applications, Kluwer, Norwell.

Papageorgiou, M.; Leibold, M.; Buss, M. (2015): Optimierung: Statische, dynamische, stochastische Verfahren für die Anwendung, 4. Auflage, Springer Vieweg, Berlin, Heidelberg.

Pfohl, H. C. (2018): Logistiksysteme, Springer Vieweg, Berlin

Raulf, F. (2012): Der Simplex Algorithmus leicht gemacht!, GRIN-Verlag, München.

Reeves, C. R. (2010): Genetic Algorithms, in: Gendreau, M.; Potvin, J. Y. (Hrsg.) Handbook of Metaheuristics, International Series in Operations Research & Management Science, Vol 146., Springer, Boston, S. 109-139.

Reinhardt, R.; Hoffmann, A.; Gerlach, T. (2013): Nichtlineare Optimierung, Springer, Berlin.

Romeike, F.; Stallinger, M. (2021): Stochastische Szenariosimulation in der Unternehmenspraxis: Risikomodellierung, Fallstudien, Umsetzung in R, Springer Gabler, Wiesbaden.

Rosenkranz, F. (2018): Unternehmensplanung: Grundzüge der modell- und computergestützten Planung mit Übungen, De Gruyter, Berlin.

Ross, S. M. (2013): Simulation, Academic Press, San Diego.

Rubinstein, R. Y.; Kroese, D. P. (2016): Simulation and the Monte Carlo Method, Wiley & Sons, Hoboken, New Jersey.

Runzheimer, B. (1989): Operations Research II: Methoden der Entscheidungsvorbereitung bei Risiko. 2. Auflage, Springer, Wiesbaden.

Runzheimer, B. (1999): Operations Research: Lineare Planungsrechnung, Netzplantechnik, Simulation und Warteschlangentheorie, 7. Auflage, Gabler, Wiesbaden.

Runzheimer, B.; Cleff, T.; Schäfer, W. (2005): Operations Research 1: Lineare Planungsrechnung und Netzplantechnik, 8. Auflage, Gabler, Wiesbaden.

Schickinger, T.; Steger, A. (2013): Diskrete Strukturen 2: Wahrscheinlichkeitstheorie und Statistik, Springer, Berlin.

Schnabel, A. (2020): Heuristiken für die gewinnorientierte Planung ressourcenbeschränkter Projekte mit erweiterbaren Kapazitäten, Springer Gabler, Wiesbaden.

Schneeweiß, C. (1995): Grundlagen der Warteschlangentheorie, in: Söhner, V. (Hrsg.), Hierarchisch integrierte Produktionsplanung und -steuerung, Schriften zur Quantitativen Betriebswirtschaftslehre, Vol. 9, Physica, Heidelberg, S. 63-92.

Schneider, H.; Buzacott, J.; Rücker, T. (2004): Operative Produktionsplanung und -steuerung, Konzepte und Modelle des Informations- und Materialflusses in komplexen Fertigungssystemen, Oldenbourg, München.

Scholz, D. (2018): Optimierung interaktiv, Springer Spektrum, Berlin.

Schwarze, J. (2014a): Projektmanagement mit Netzplantechnik, 11. Auflage, NWB Studium, Herne.

Schwarze, J. (2014b): Übungen zu Projektmanagement mit Netzplantechnik, 6. Auflage, NWB Studium, Herne.

Schwenkert, R.; Stry, Y. (2015): Operations Research kompakt: Eine an Beispielen orientierte Einführung, Springer, Berlin.

Shaikh, M.; Mehta, M.; Shah, M.; Ali, M; Mahana, S. (2018): Application of operations research in financial markets and marketing, in: International Journal of Advance Research, Ideas and Innovations in Technology, Volume 3, Heft 10.

Sommereder, M. (2008): Modellierung von Warteschlangensystemen mit Markov-Ketten: Grundlagen, Konzepte, Methoden, Verlag Dr. Müller, Saarbrücken.

Spellucci, P. (2013): Numerische Verfahren der nichtlinearen Optimierung, Springer, Berlin.

Spengler, T.; Fichtner, W.; Geiger, M.; Rommelfanger, H.; Metzger, O. (2017): Entscheidungsunterstützung in Theorie und Praxis, Tagungsband zum Workshop FEU 2016 der Gesellschaft für Operations Research e.V., Springer Gabler, Wiesbaden.

Stegbauer, C.; Häußling, R. (2010): Handbuch Netzwerkforschung, Band 4, VS Verlag Springer, Wiesbaden.

Stein, O. (2021a): Grundzüge der Parametrischen Optimierung, Springer Spektrum, Berlin, Heidelberg.

Stein, O. (2021b): Grundzüge der Nichtlinearen Optimierung, Springer Spektrum, Berlin, Heidelberg.

Suhl, L.; Mellouli, T. (2013): Optimierungssysteme, Modelle, Verfahren, Software, Anwendungen, 3. Auflage, Springer Gabler, Berlin, Heidelberg.

Sydsaeter, K.; Hammond, P.; Strom, A.; Carvajal, A. (2018): Mathematik Für Wirtschaftswissenschaftler: Basiswissen mit Praxisbezug, 5. Auflage, Pearson, München.

Taha, H. A. (2010): Operations Research: An Introduction, International Edition, 9. Auflage, Pearson.

Tempelmeier, H. (2020): Analytics im Bestandsmanagement in Supply Chains, 7. Auflage, Books on Demand, Norderstedt.

ten Hompel, M.; Schmidt, T.; Dregger, J. (2018): Materialflusssysteme, Förder- und Lagertechnik, 4. Auflage, Springer Vieweg, Berlin.

Tittmann, P. (2022): Graphentheorie: Eine anwendungsorientierte Einführung, 4. Auflage, Hanser, München.

Ulbrich, M.; Ulbrich, S. (2012): Nichtlineare Optimierung, Birkhäuser, Basel.

Unger, T.; Dempe S. (2010): Lineare Optimierung: Modell, Lösung, Anwendung, Vieweg+Teubner, Wiesbaden.

Vanhoucke, M. (2012): Project Management with Dynamic Scheduling: Baseline Scheduling, Risk Analysis and Project Control, Springer, Berlin.

von Känel, S. (2020): Projekte und Projektmanagement, Springer Gabler, Wiesbaden.

Waldmann, K.-H.; Helm, W. E. (2016): Simulation stochastischer Systeme: Eine anwendungsorientierte Einführung, Springer Gabler, Berlin, Heidelberg.

Waldmann, K.-H.; Stocker, U. M. (2012): Stochastische Modelle: Eine anwendungsorientierte Einführung, Springer, Berlin

Warmer, C. (2018): Analyse, Gestaltung und Optimierung des Transports von Teilladungen im interkontinentalen Seeverkehr, Springer Gabler, Wiesbaden.

Webel, K.; Wied, D. (2016): Stochastische Prozesse, Springer Gabler, Wiesbaden.

Weiker, K. (2015): Evolutionäre Algorithmen, 3. Auflage, Springer Vieweg, Wiesbaden.

Wegener, I. (2013): Komplexitätstheorie: Grenzen der Effizienz von Algorithmen, Springer, Berlin.

Werners, B. (2013): Grundlagen des Operations Research: Mit Aufgaben und Lösungen, 3. Auflage, Springer Gabler, Berlin, Heidelberg.

Witt, K.; Müller, M. (2020): Algorithmische Informationstheorie: Berechenbarkeit und Komplexität verstehen, Springer Spektrum, Berlin.

Wöhe, G.; Döring, U.; Brösel, G. (2020): Einführung in die Allgemeine Betriebswirtschaftslehre, 27. Auflage, Vahlen, München.

Zelewski, S. (2013): Komplexitätstheorie: als Instrument zur Klassifizierung und Beurteilung von Problemen des Operations Research, Springer, Berlin.

Zentes, J.; Morschett, D.; Schramm- Klein, H. (2004): Außenhandel, Marketingstrategien und Managementkonzepte, Gabler, Wiesbaden.

Zimmermann, H.-J. (2008): Operations Research: Methoden und Modelle, 2. Auflage, Vieweg+Teubner, Wiesbaden.

Zimmermann, W.; Stache, U. (2001): Operations Research: Quantitative Methoden zur Entscheidungsvorbereitung, De Gruyter Oldenbourg, Berlin.

Zimmermann, J.; Stark, C.; Rieck, J. (2006): Projektplanung, Modelle, Methoden, Management, Springer, Heidelberg.

Stichwortverzeichnis

© Springer Fachmedien Wiesbaden GmbH, ein Teil von Springer Nature 2022
U. Bankhofer, *Quantitative Unternehmensplanung*, Studienbücher
Wirtschaftsmathematik, https://doi.org/10.1007/978-3-8348-2466-0

Printed in the United States
by Baker & Taylor Publisher Services